模式识别与机器学习

孙仕亮
赵　静
编著

清华大学出版社
北京

内容简介

本书系统介绍模式识别与机器学习的基础理论、模型与算法，同时适当融入前沿知识。本书以贝叶斯学习的思想贯穿始终，并适时与其他重要知识点（如支持向量机、深度学习）等进行交叉和关联，便于读者在形成良好知识体系的同时保持对整个领域知识的全面把握。

全书共 14 章和 4 个附录，循序渐进地对模式识别与机器学习领域进行剖析。首先介绍贝叶斯学习基础、逻辑回归、概率图模型基础、隐马尔可夫模型和条件随机场，接着介绍支持向量机、人工神经网络与深度学习、高斯过程、聚类、主成分分析与相关的谱方法，最后介绍确定性近似推理、随机近似推理和强化学习。附录包括传统的模式识别与机器学习方法中的近邻法和决策树，还有向量微积分和随机变量的变换等与本学科方向强相关的重要知识点。

本书内容深入浅出，生动有趣，力求反映这一领域的核心知识体系和新的发展趋势。全书内容都尽可能做到丰富完整，重点章节附有思考与计算习题，便于读者对知识的巩固和融会贯通。

本书适合作为本科生和研究生（硕/博）课程的教材，也可作为希望从事人工智能相关工作的科技工作者的自学参考书。

图书在版编目（CIP）数据

模式识别与机器学习/孙仕亮，赵静编著. —北京：清华大学出版社，2020.10（2023.8 重印）
ISBN 978-7-302-55892-7

Ⅰ. ①模…　Ⅱ. ①孙…　②赵…　Ⅲ. ①模式识别　②机器学习　Ⅳ. ①TP391.4　②TP181

中国版本图书馆 CIP 数据核字（2020）第 108956 号

责任编辑：张　玥
封面设计：常雪影
责任校对：时翠兰
责任印制：丛怀宇

出版发行：清华大学出版社
网　　址：http://www.tup.com.cn，http://www.wqbook.com
地　　址：北京清华大学学研大厦 A 座　　**邮　　编**：100084
社 总 机：010-83470000　　**邮　　购**：010-62786544
投稿与读者服务：010-62776969，c-service@tup.tsinghua.edu.cn
质量反馈：010-62772015，zhiliang@tup.tsinghua.edu.cn
课件下载：http://www.tup.com.cn，010-83470236
印 装 者：三河市龙大印装有限公司
经　　销：全国新华书店
开　　本：185mm×230mm　　**印　　张**：21.5　　**字　　数**：285 千字
版　　次：2020 年 10 月第 1 版　　**印　　次**：2023 年 8 月第 6 次印刷
定　　价：69.50 元

产品编号：078299-01

前　言

最早系统地接触“模式识别与机器学习”是在2001年秋季清华大学开设的“模式识别”课堂上。从那时至今，我一直在模式识别与机器学习领域学习，并从事教学与科研工作。2007年参加工作后，我开始讲授研究生的“模式识别与机器学习”课程，后来也讲授高年级本科生的“模式识别与机器学习”课程。2009年在英国伦敦大学学院的访学进一步拓宽了我的知识面，也促使我萌发了关于该领域应该包含哪些核心内容的思考。在长期的教学与科研过程中，我一方面深感模式识别与机器学习领域发展之快，另一方面随着对该领域认识的加深，也逐渐有了撰写一本体现自己理解与认识的高质量教材的想法。2017年，与清华大学出版社协商后，开始着手具体写作工作。

在成书过程中，为力求做到每章内容丰富完整，两位编著者查阅了大量资料，也参考了所在的“模式识别与机器学习”实验室师生收集的素材，最终完成了对本领域核心内容的系统梳理。全书以贝叶斯学习的思想为潜在主线，从基础理论到典型模型与算法，再到近似推理，循序渐进地呈现模式识别与机器学习的核心知识体系。全书共14章和4个附录，除第1章引言外，第2～14章可以分为三部分：第2～6章为第一部分，主要介绍贝叶斯学习和概率图模型，包括贝叶斯学习基础、逻辑回归、概率图模型基础、隐马尔可夫模型和条件随机场；第7～11章为第二部分，主要介绍典型场景（如监督/非监督、回归/分类/降维等）下的模型与算法，包括支持向量机、人工神经网络与深度学习、高斯过程、聚类、主成分分析与相关的谱方法；第12～14章为第三部分，主要介绍近似推理和强化学习，包括确定性近似推理、随机近似推理和强化学习。附录包括传统模式识别与机器学习方法中的近邻法和决策树，以及向量微积分和随机变量的变换等与本学科强相关的知识点。

对于书中的知识点，我们都有相关的研究积累或应用经验，这为本书的质量提供了基本保障。但是由于我们的理论水平和实践经验尚有局限性，书中难免存在不足之处，敬请读者能提出宝贵建议，后续有机会再版时将加以改进。

孙仕亮

2020年4月

于上海

目　　录

第1章 引 言

学习目标：

(1) 明确模式识别与机器学习的含义，感受它与人类智慧的联系；

(2) 理解几类典型机器学习系统的计算流程；

(3) 了解部分前沿研究方向，体会模式识别与机器学习领域的魅力；

(4) 了解全书知识体系的构成思路。

模式识别与机器学习是信息时代经常出现的名词，也是一门重要和实用的学科。初次接触时，人们往往觉得这个名称有些抽象，不好理解。因为它并不像 Python 编程语言、计算机图像处理等名词那样不言自明。然而，通过学习本章，在理解了模式识别与机器学习的含义之后，相信很多人会觉得这是一个十分有趣、引人入胜的研究领域。是的，它就像谍战电影、推理小说那样充满了对未知世界的探索与思考。如果你自己对未知充满好奇，并愿意持续探索和钻研，那么它会适合你，你也会不断成长和提高，并有可能得出有益于整个世界的科学发现。

1.1 基本概念

模式识别植根于工程应用，而机器学习发源于计算机科学。什么是模式，什么是机器，从模式识别与机器学习的名称中并不能直观地理解。其实，模式是指数据中蕴含的规律，模式识别是指从数据中识别或发现这些规律，并加以有效使用。为了进行模式识别，往往要借助计算设备进行编程实现和决策执行，这种计算设备即机器。机器学习从计算设备的角度出发，是指机器从不具备某方面能力到具备此能力的学习过程，这种能力即发现数据中的规律并加以使用的能力。因此，模式识别和机器学习实际上是同一研究领域，人们从不同的角度出发，就有了不同的名称偏好。本书致力于对模式识别与机器学习的理论、模型与算法作系统性介绍，并将模式识别与机器学习简称为机器学习。

机器学习的方法由人设计。为了让机器更智能地完成各类任务，借鉴人类的智能行为是一种途径。而理论来源于实践，并可以进一步指导实践。有些机器学习方法必定会反映人类社会中的一些智能或明智的做法，也可能反过来指导人类的行为。因此，机器学习并非遥不可及，它其实离每个人都很近。通过本节后续内容的介绍，我们可以体会机器学习与人类智慧之间的关联，并增强对基本概念的认识。

1.1.1　投票选举

选举是人类社会中常见的活动，比如班级班长的选举、人大代表的选举。如果选举人对被选举人不了解，而且也没有时间充分了解，往往会用一种偷懒的策略，比如根据自己好朋友的选择进行选举。这其实跟机器学习中的近邻法(附录 A)很像，或者说近邻法潜在地借鉴了人类的这种行为。

什么是好朋友，怎么理解这个“好”，其实是一种距离的度量选择问题。选举人有共同的兴趣爱好，住处很近，或者平时经常交往等，都可以视为一种距离度量，作为一种好朋友的定义。通俗地讲，机器学习中的近邻法，是根据离当前样本最近的一个或多个样本的类别标签来进行类别预测的。这其中的“近”通过选择合适的距离度量来实现，比如欧氏距离或者测地线距离等，可以认为对应于投票选举中的“好”。因此，投票选举和近邻法之间有类似之处。

图 1-1 所示为机器学习中的近邻法示意图。

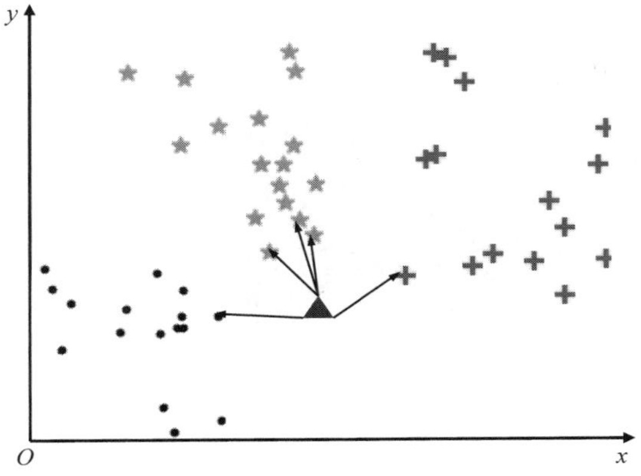

图 1-1 机器学习中的近邻法示意图

注：5-近邻分类中三角形表示的测试点会判别与之距离最近的 5 个点中得票最高的类别，即五角星所在的类别

反过来，通过对机器学习中近邻法的研究，还可以反思如何投票选举更合理。例如，近邻法中要用多少个近邻才最合理，如果近邻的标签含有噪声、不能被信任该怎么办等。对这些问题的研究可以使得投票选举更完善。还有，如果好朋友是通过认真调研做出的选择，那么将更值得信任，反之则几乎没有参考意义。

1.1.2 三个小皮匠胜过诸葛亮

《三国志》中有这样一则故事，如图 1-2 所示。

这个故事说的是综合多人的智慧有可能超越单个很卓越的人的智慧，体现了一种以多胜寡、以弱胜强的哲理。为什么综合多人的智慧可以胜出？因为人不是万能的，而每个人的专长也有差异。遇到新问题时，结合众人智慧会利于得出好的解决方案。机器学习中的集成学习方法跟这则故事体现出的人类智慧非常匹配，它是一种考虑训练多个预测器，并且将它们的预测结果进行集成的思路。

三国时，诸葛亮带领士兵追击敌人，乌江挡住了他们的去路，他想了很多办法都没有成功。后来，三个小皮匠帮他出了一个好主意，让他用牛皮做成许多筏子，最后他的军队顺利过了江。

图 1-2　小皮匠与诸葛亮的故事[1]

同时，集成学习中也延伸出一些新的问题和反思。例如，多少个预测器（比如采用神经网络预测器）的集成效果最好，如何将不同预测器的结果进行加权考虑，等等。

1.1.3　主动学习

人们常有这样的经验：学习态度积极主动的人，能更快地掌握新知识，并可能通过对知识的主动探求达到知识的边界。机器学习中就有一类被称为主动学习的方法，这二者之间具有密切的关系。可以说，机器学习中的主动学习来源于生活，却高于生活。它强调的是对未标注样本的主动、选择性标注，通过标注少量“重要”的样本减少人工标注的成本。其中，主动识别重要样本以尽快提升学习系统性能的做法，和人类社会中通过自觉主动学习尽快增强本领具有类似之处。

通过研究机器学习中的主动学习，可以反过来思考如何让人们更好地掌握知识，比如启发人们选择最合适的学习资料以及学习的途径和方法等。图 1-3 展示了机器学习中的主动学习（比如采用第 7 章介绍的支持向量机分类模型）原理示意图。

图1-3　机器学习中的主动学习原理示意图

1.2　典型的机器学习系统

接下来介绍几种典型的机器学习系统，帮助读者从宏观上了解机器学习系统的信息处理流程及一些重要的应用领域。后续章节将介绍重要的理论与方法，它们可以用于搭建具体的机器学习系统，解决相应的实际问题。

1.2.1　医学图像诊断

医学图像，如计算机断层扫描（CT）图像、磁共振图像、超声成像、病理图像等，能反映人体的特定信息，是进行疾病诊断和治疗的重要依据。有时，为了增强诊断和决策的准确性，还可以联合使用多种医学图像进行诊断和决策。下面以病理图像为例介绍基于机器学习的医学图像诊断。

病理图像是在高倍显微镜下看到的将人体组织做成病理切片后的图像，通过扫描仪数字化后即可进行计算机辅助分析。病理诊断被奉为医学诊断的“金标准”，是对病人进行正确治疗的基石。一张病理切片经数字化后非常大，通常可以取一个窗口的图像进行分析，相当于对人体组织的不同位置进行诊断。图1-4给出了两幅按窗口截取后的病理图像，分别是正常的和患肿瘤的组织图像。

运用机器学习进行病理图像诊断，通常有两种做法。第一种是首先运用

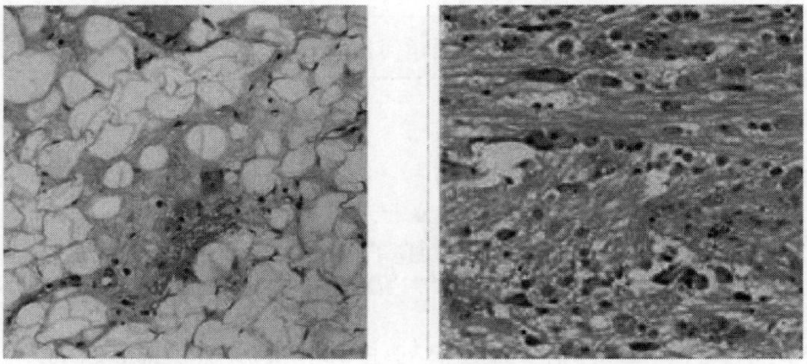

(a) 正常组织病理图像　　(b) 肿瘤组织病理图像

图 1-4　病理图像[2]

专家经验或某种特征提取算法提取图像特征(可以称为“特征工程”阶段),然后基于此特征设计分类器进行疾病诊断。第二种是运用“端到端”的方式,直接从原始输入图像出发设计分类器,隐式地进行特征提取。从机器学习对医学图像诊断的流程认识上来讲,可以认为整个过程是先找到刻画数据的有用特征,然后基于此特征区分不同类型的图像,达到诊断的效果。其中,确定分类器模型参数的过程是一种用数据进行训练的过程,也是机器从训练数据中学习的过程。

1.2.2　时间序列识别

视频中的人体行为识别具有重要的应用价值。例如,在人机交互中,通过对人体行为的识别可以及时判断用户的意图,并做出响应。还可以通过对行为的识别和分析发现异常行为或暴力行为,体现视频监控的功能。

考虑用于视频监控的人体行为识别问题。由于人体行为表现为一系列随时间连贯且具有依赖关系的轨迹,所以人体行为识别是一种特殊的时间序列识别问题。图 1-5 展示了视频监控中的人体行为轨迹识别。短视频分类、自然语言情感分析等也是常见的时间序列识别的例子。

为了识别不同的时间序列,可以采用对每类时间序列建立序列模型的方

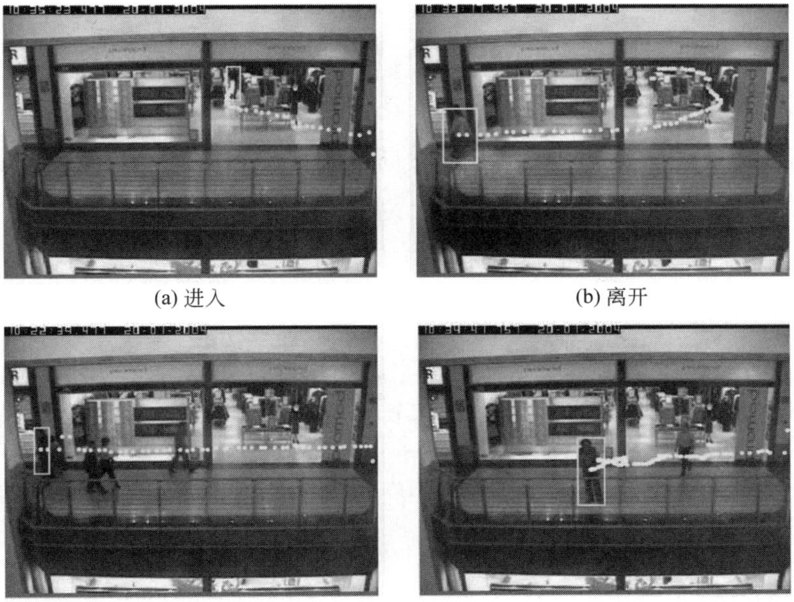

(a) 进入　(b) 离开

(c) 经过　(d) 徘徊

图 1-5　人体行为轨迹识别示例(图像来自购物中心监控)[3]

法。例如,首先运用隐马尔可夫模型、隐条件随机场模型或高斯过程动态系统等概率模型建立每类数据的序列模型,然后通过比较似然相对大小的方法,对新的时间序列进行分类。还可以运用循环神经网络等非概率模型设计分类器,直接通过监督学习(监督学习使用的训练数据中含有类别标签,这种标签是一种监督信息,类似于学生学习时旁边有教师进行监督和指导)方法进行模型训练,并对新的时间序列进行识别。

1.2.3　对话系统

对话系统是一种人与机器的双向信息交换系统,按实现功能的不同,通常分为领域任务型对话系统和开放域对话系统两类。领域任务型对话系统以完成一项具体的领域任务为目标,如车载导航机器人和各公司的智能客服等。开放域对话系统,如闲聊型对话机器人等,目的是满足用户的闲聊需求或者常识性问答需求，以产生内容丰富且有意义的问答。

对话系统是一种多轮问答系统，它输入用户的文本或语音，通过自然语言理解、对话管理、自然语言生成等环节将输入信息转变为文本，生成文本或语音输出进行回复，然后再根据用户的后续输入不断给出回复。图 1-6 给出了对话系统的人机交互流程示意图。对话系统涉及多种模式识别与机器学习技术，如语音识别、词性标注、命名实体识别、情感分析、基于强化学习的对话策略学习、语言生成等。

图 1-6　对话系统的人机交互流程示意图

1.2.4　异常检测

随着物联网时代的到来，众多设备得以与网络连接。为了顺利开展业务，人们会用各种传感器定期或不定期地记录设备的行为，由此产生大量的时序数据。对这些时序数据进行监控，及时发现网络中设备的异常行为并进行处理，能为业务的顺利开展提供重要保障。这构成了异常检测的一种典型应用场景。其中，异常行为不同于以往的正常状态，而且出现频次也低得多。从机器学习的角度看，异常检测可看作是一个正常和异常类别极不均衡的分类问题。

在很多应用场景中，还需要在线异常检测，即要求能够随着系统的运行实时地给出决策，以便于快速地恢复业务。因此，在线异常检测需要运算量较低的算法，能快速地进行计算并输出决策结果。而且，遇到设备出现概念漂移时，所记录的时间序列数据的正常特性会发生改变，这将要求算法具备在线学习的能力，能够较快地完成模型或算法的更新，从而适应新的正常行为。时间序列预测是进行异常检测的一类常用方法，其基本思想是通过对下一时刻时间序列的预测值和真实值的偏离程度进行异常的判定。图 1-7 给出了一段关于 CPU 使用率的时间序列数据，以及真实的异常点标注。

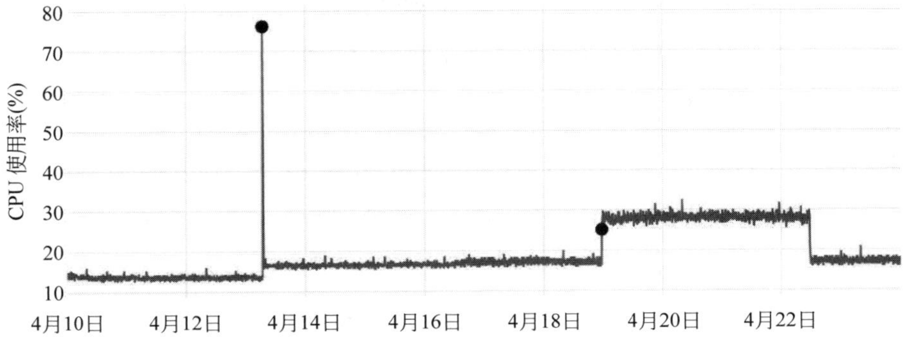

图 1-7　某数据中心服务器的 CPU 使用率的时间序列数据[4]

注：黑色圆点表示异常点

1.3　前沿研究方向举例

本书后续章节侧重介绍重要的基本理论与方法。作为补充，这里介绍几个前沿研究方向，以使读者对模式识别与机器学习领域有更全面的认识。需要注意的是，模式识别与机器学习领域中有趣的研究方向还有很多，如半监督学习、主动学习、元学习、深度学习、可解释性、概率模型与近似推理、视觉问答、文本摘要、机器翻译、图像描述等。

1.3.1　多视图机器学习

人类社会正进入数据总量和复杂性不断增加的数据爆炸时代。有效处理海量复杂数据并提取有用信息，已成为一个全球性的研究热点。当前复杂数据（如自然语言处理中融合知识库和训练文本库的问答系统构建、基于雷达信号和可见光图像的海上目标检测与识别等）中不断呈现的多源异质或多传感器感知等多视图特性，正成为制约人工智能和机器学习技术应用的关键之一。为突破多视图数据处理瓶颈,实现信息的融合与增强,开展多视图机器学习的研究至关重要。

多视图机器学习的研究主旨是通过对视图间相互关系的建模与发掘,精确建立视图间的正则化约束或概率依赖关系,最终增强学习系统的性能。其中,多个视图可以来自同一模态(由相同类型的传感器感知),也可来自不同模态,从而具备不同的物理含义。多视图机器学习的研究潜力巨大,在智能医疗、跨媒体智能、自动驾驶、智能交通等领域都具有重要的应用价值。

不同于传统机器学习,多视图机器学习需要额外考虑各视图对学习任务的充分性、视图间的互补性、视图间噪声类型与量级的差异性,以及视图间数据异质导致的模型与算法的特异性、视图间时序数据不同步、部分视图数据缺失等诸多要素。这使得精确建立视图间的正则化约束或概率依赖关系变得非常困难。多视图机器学习的理论分析、模型与算法设计充满挑战,并成为当前学术研究的热点之一。图 1-8 展示了一种多视图数据,以及可能使用的多视图学习原理。

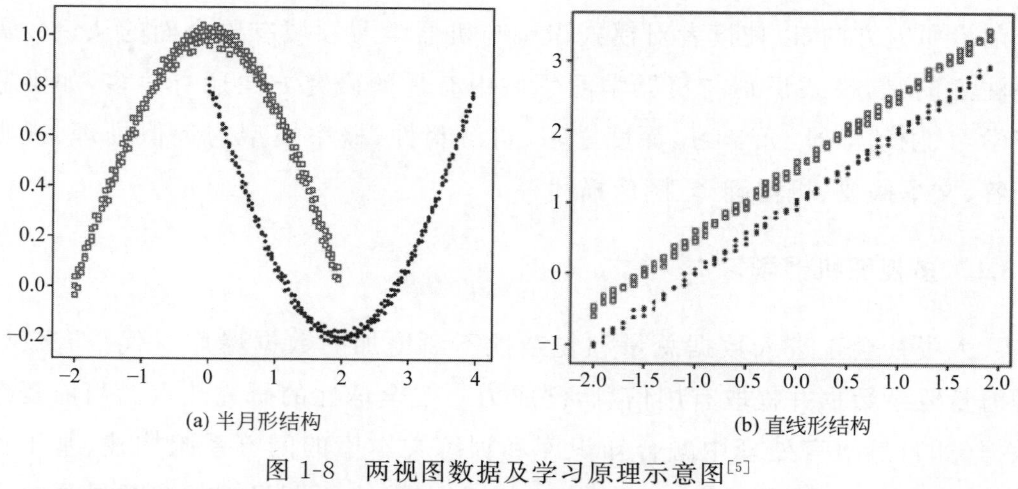

图 1-8　两视图数据及学习原理示意图[5]

注:两个视图分别呈现出半月形和直线形的类别结构,一种可能的多视图学习原理是约束同一样本的两个视图的分类结果尽可能一致

1.3.2　强化学习

强化学习研究智能体(即机器学习算法)如何在同外部环境的交互中进行学习,其学习结果往往可体现为在什么状态下该采取什么样的动作。它解决的是序列决策问题,智能体做出的动作通常会影响其状态,并收到来自外部环境的奖励,然后在新的状态下再采取下一个动作,并收到相应的奖励,从而通过最大化收益进行值函数或策略的学习。强化学习中的奖励信号可以很灵活地设置,在同一问题中,它往往根据不同动作所取得的效果选用不同的奖励值。探索与利用是强化学习要考虑的两个方面,探索体现了对新的未知状态的探查,利用体现了根据当前已有的经验对值函数或策略的学习。图 1-9 展示了强化学习的基本原理。

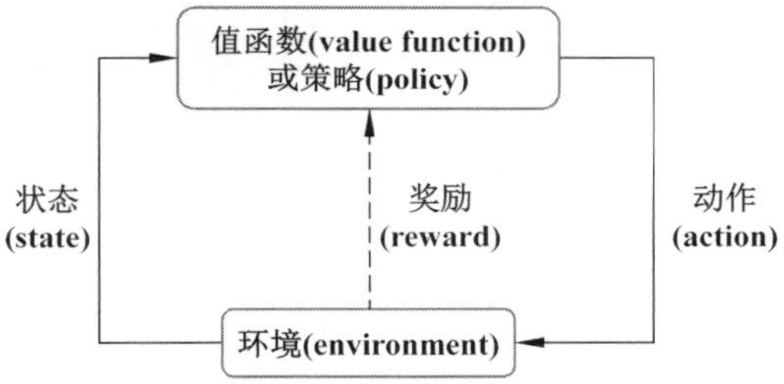

图 1-9　强化学习基本原理示意图

过去几年里,强化学习的研究取得了快速发展。强化学习对于现实世界任务的解决能力正在快速提升,其在诸如神经网络机器翻译、物联网时序数据异常检测等问题中逐渐得到成功应用。随着对低样本需求算法(如基于环境模型的算法可通过环境模型产生更多数据)和可迁移算法的研究,强化学习在现实世界问题中的应用将会不断增多。

1.3.3　可信人工智能

伴随机器学习技术的发展,机器学习系统也被部署到越来越重要的场景中。其在为人类生活提供便利的同时，也带来了不容小觑的安全威胁，因为目前的机器学习技术仍存在许多缺陷。比如，机器学习算法所优化的目标有时与人类的预期并不一致；它过分依赖数据，使其性能与用于训练的数据质量密切相关；机器学习算法，尤其是深度学习算法的运行过程并不完全透明，有时就连设计者也很难解释其内部工作原理。鉴于这些原因，机器学习系统并不总是令人信任，有时它会以不被人们所期望的方式工作，甚至产生故障或失效，从而可能对用户的生命或财产造成巨大损失。这类问题称为机器学习的安全可信问题，属于可信人工智能这一新兴领域的研究范畴。图 1-10 给出了一个不鲁棒的机器学习系统示例。

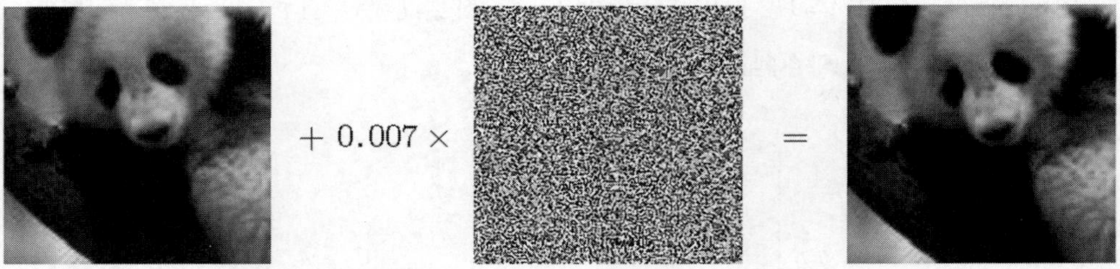

图 1-10　不鲁棒的机器学习系统示例[6]

注：熊猫图像被加入特定噪声之后，人类仍然可以正确识别，然而机器却识别为长臂猿

虽然本书介绍的是模式识别与机器学习技术，但是仍然要看到整个社会对可信人工智能的需求。除了创造新的人工智能技术，人类需要想得更远，例如，人工智能技术对外界是否安全、它的可靠程度如何，等等。在学习模式识别与机器学习的初期就意识到这个问题，将非常有助于对机器学习技术的性能边界理解，并促进可信人工智能的发展。这方面的研究工作至少可以从人工智能算法的理论性能保证、机器学习系统的鲁棒性与可解释性增强等方面开展。

1.4　后续章节安排

全书以贝叶斯学习的思想为潜在主线，从基础理论到典型模型与算法再到近似推理，循序渐进地呈现模式识别与机器学习的核心知识体系。全书共分 14 章和 4 个附录。除本章外，第 2～14 章可以分为三部分：第 2～6 章为第一部分，主要介绍贝叶斯学习和概率图模型，具体包括贝叶斯学习基础、逻辑回归、概率图模型基础、隐马尔可夫模型和条件随机场；第 7～11 章为第二部分，主要介绍典型场景（如监督/非监督、回归/分类/降维等）下的模型与算法，具体包括支持向量机、人工神经网络与深度学习、高斯过程、聚类、主成分分析与相关的谱方法；第 12～14 章为第三部分，主要介绍近似推理和强化学习，具体包括确定性近似推理、随机近似推理和强化学习。附录包括传统模式识别与机器学习方法近邻法和决策树，以及向量微积分和随机变量的变换等与本学科强相关的知识点。

参考文献

[1]　上海市中小学（幼儿园）课程改革委员会. 九年义务教育课本语文一年级第二学期[M]. 上海：上海教育出版社，2015.

[2]　Liu Y，Yin M，Sun S. Multi-view Learning and Deep Learning for Microscopic Neuroblastoma Pathology Image Diagnosis [C]//PRICAI 2018：Trends in Artificial Intelligence. Switzerland：Springer International Publishing，2018：545-558.

[3]　Nascimento J C，Figueiredo M A，Marques J S. Trajectory Classification Using Switched Dynamical Hidden Markov Models[J]. IEEE Transactions on Image Processing，2009，19(5)：1338-1348.

[4]　Lavin A，Ahmad S. Evaluating Real-Time Anomaly Detection Algorithms：The

Numenta Anomaly Benchmark[C]//Proceedings of the 14th IEEE International Conference on Machine Learning and Applications. New York：IEEE，2015：38-44.

[5] Chao G，Sun S. Consensus and Complementarity Based Maximum Entropy Discrimination for Multi-view Classification[J]. Information Sciences，2016，367-368(11)：296-310.

[6] Goodfellow I，Shlens J，Szegedy C. Explaining and Harnessing Adversarial Examples[C/OL]//Proceedings of the 3rd International Conference on Learning Representations. 2015：1-11.[2020-02-28]. https://arxiv.org/pdf/1412.6572.pdf.

第 2 章　贝叶斯学习基础

学习目标：

（1）掌握贝叶斯公式在机器学习中的应用思路；

（2）熟练运用贝叶斯决策方法；

（3）明确分类器相关的基本概念；

（4）掌握基于高斯分布的贝叶斯分类器；

（5）理解朴素贝叶斯分类器；

（6）熟练运用各种参数估计方法。

机器学习通常从观测数据中学习模型，从而对未观测数据进行预测。机器学习系统在构建模型、训练模型和进行预测的过程中往往会涉及不确定性。例如，带噪声的观测数据是具有不确定性的，模型中的参数和模型的结构是具有不确定性的，训练好的模型对未观测数据的预测也往往是含有不确定性的。我们希望机器学习系统能够处理这些不确定性，并且能够给出具有不确定性的预测。我们希望明确地知道系统的处理能力，当系统遇到一些无法处理的场景时，应该能够给出表示无法处理的回答（比如输出自己的预测信心），而不是给出一个错误的结果。因此，在构建机器学习系统时，考虑这些不确定性能够更好地从观测数据中进行学习，并且给出更加精确、理性的预测结果。

概率理论提供了一种系统地建模不确定性的框架。基于概率框架的机器学习能够通过概率理论量化不确定性。此时，学习可以看作是推理出合理的模型以用于解释观测数据的过程，预测则是利用学习好的模型对未观测数据进行相关推理，得到预测结果的概率分布。无论是在学习还是预测过程中,贝叶斯公式都起到了非常重要的作用。

本章介绍与贝叶斯学习相关的基础知识,包括贝叶斯公式、贝叶斯决策以及贝叶斯参数估计。贝叶斯公式是贝叶斯学习的核心,许多推理都离不开贝叶斯公式。贝叶斯决策是概率框架下实施统计决策的基本方法,可以用于分类决策和回归决策,本章主要介绍贝叶斯分类决策。贝叶斯参数估计是一种对概率模型中的参数进行估计的方法,为便于理解其思想,将分别介绍最大似然估计、最大后验估计和贝叶斯参数估计。此外,为便于理解贝叶斯决策的工作原理,本章还介绍两种使用贝叶斯决策的实例,即基于高斯分布的贝叶斯决策和朴素贝叶斯分类器,并介绍其贝叶斯参数估计方法。

2.1 贝叶斯公式

贝叶斯公式(Bayesian formula)也称为逆概率公式,是为了计算事件的"逆向概率"。顾名思义,逆向概率与通常意义下的"正向概率"是反向的。"正向概率"是指根据建模假设中隐含的因果关系评估观测数据的概率分布,而计算"逆向概率"则是根据观测数据反推相关的隐变量的概率分布。

这里通过一个具体的例子讲解"正向概率"与"逆向概率"。例如,假设某个动物园里雌性和雄性熊猫的比例是 4∶6,雌性熊猫中 90%的熊猫是干净整洁的,雄性熊猫中 20%是干净整洁的。那么,在动物园中看到一只干净整洁的雄性熊猫的概率是多少?这即是求解"正向概率"问题。反之,如果看到一只熊猫是干净整洁的,它是雄性的概率是多少?这就是"逆向概率"问题,可以通过贝叶斯公式求解。

贝叶斯公式描述了随机变量的概率分布之间的关系。介绍贝叶斯公式之前,先介绍几个常见概念(以关于离散变量的概率为例),以及不同概率之间的转换关系。

首先,按照是否具有观测数据进行划分,概率可以分为先验概率(prior

probability)、似然概率(likelihood probability)、后验概率(posterior probability)。假设 w 表示模型参数,先验概率是指在没有观测数据情况下的概率,表示为 $p(w)$,是一种非条件概率。似然概率是指在给定变量 w 的条件下观测变量 x 的概率,表示为 $p(x|w)$。后验概率是指在给定观测数据的条件下变量 w 的概率,表示为 $p(w|x)$。

其次,按照变量存在的形式进行划分,可以分为联合概率(joint probability)、边缘概率(marginal probability)、条件概率(conditional probability)。联合概率是指多个变量的联合概率,如 $p(w,x)$。边缘概率是指单一变量的概率,如 $p(w)$或 $p(x)$。条件概率是在给定某个变量的值的条件下其他变量的概率,例如 $p(w|x)$或 $p(x|w)$。

联合概率等于条件概率与边缘概率相乘,在我们的例子中具有的形式为

$$p(w,x)=p(x|w)p(w) \tag{2.1}$$

$$p(w,x)=p(w|x)p(x) \tag{2.2}$$

某变量的边缘概率等于联合概率关于除该变量以外的变量求和,在我们的例子中具有的形式为

$$p(x)=\sum_{w}p(w,x) \tag{2.3}$$

$$p(w)=\sum_{x}p(w,x) \tag{2.4}$$

贝叶斯公式刻画的是先验概率、似然概率与后验概率之间的关系。贝叶斯公式并非直接公理,而是由概率的基本运算组合而成,可以通过上述关系推导得到。通过公式(2.1)(2.2)和(2.3)可以得到计算后验概率 $p(w|x)$的贝叶斯公式为

$$p(w|x)=\frac{p(w,x)}{p(x)}=\frac{p(x|w)p(w)}{\sum_{w}p(w,x)} \tag{2.5}$$

需要注意的是,本书有时对离散随机变量和连续随机变量的概率分布符号不作明确区分,以简洁地表达对二者都适用的情况,读者可根据上下文判

断出该用概率还是概率密度函数。

2.2 贝叶斯决策

贝叶斯决策(Bayesian decision)是概率框架下实施决策的基本方法,它通过综合考虑决策的后验分布和错误决策的损失做出决策。其中,贝叶斯公式被用于计算后验分布。贝叶斯决策的前提是假设:①决策问题可以以概率分布的形式描述;②与决策有关的概率分布均是可计算的。

同样,以熊猫的性别分类问题为例讲解贝叶斯决策,即根据熊猫的形态特征来判断熊猫的性别。使用 w 表示性别,$w=1$ 时表示雌性,$w=2$ 时表示雄性。由于熊猫属于哪一种性别并不确定,因此 w 是一个随机变量。在不同地区(动物园或某个野生动物保护区),熊猫的雌雄比例有可能不同,因此假定熊猫为雌性的先验概率为 $p(w=1)$,为雄性的先验概率为 $p(w=2)$,并且 $p(w=1)+p(w=2)=1$。除了变量 w 以外,还需要另外一个随机变量来刻画熊猫的形态特征。假设 x 表示观测变量,其中 $x=1$ 表示熊猫是干净整洁的,$x=0$ 反之。在某种类别下,计算得到观测变量 x 的概率分布,即为似然函数 $p(x|w)$。

在给定决策问题的概率描述(先验概率分布和似然函数)之后,贝叶斯决策使用贝叶斯公式推导出性别变量 w 的后验分布 $p(w|x)$,然后通过决策规则做出决策。这里主要介绍两种比较常用的贝叶斯决策规则:最小错误率和最小风险。

2.2.1 最小错误率贝叶斯决策

最小错误率贝叶斯决策的目标是希望决策的平均错误率尽可能小。在熊猫性别分类问题中,若某样本的类别是 2(雄性),但被分为类别 1(雌性)时,或者样本的类别是 1(雌性),但被分为类别 2(雄性)时,认为是分类错误。因此样本的条件分类错误率表示为

$$p(\text{error}\mid x)=\begin{cases}p(w=1\mid x) & \text{如果 } x \text{ 被判定为雄性}(w=2)\\ p(w=2\mid x) & \text{如果 } x \text{ 被判定为雌性}(w=1)\end{cases} \tag{2.6}$$

综合考虑样本的分布情况，决策的平均错误率可以表示为

$$\begin{aligned}p(\text{error})&=\int_{-\infty}^{\infty}p(\text{error}\mid x)p(x)\mathrm{d}x\\ &=\int_{R_1}p(x,w=2)\mathrm{d}x+\int_{R_2}p(x,w=1)\mathrm{d}x\end{aligned} \tag{2.7}$$

其中，R_1 表示通过决策被分为第一类的区域，R_2 表示通过决策被分为第二类的区域。分析公式(2.7)，如果希望平均分类错误率尽可能小，即 $p(\text{error})$要达到最小，那么要保证每一个样本应该被划分到被积函数小的区域内。也就是说，如果 $p(x,w=2)>p(x,w=1)$，那么 x 应该被划分到第二类；如果 $p(x,w=2)<p(x,w=1)$，那么 x 应该被划分到第一类。由于联合分布可以写成条件分布与边缘分布的乘积，即 $p(x,w)=p(w\mid x)p(x)$，并且对于同样的样本，$p(x)$取值相同，贝叶斯决策只需要判断后验概率 $p(w\mid x)$的值。

因此，对于二类分类问题，最小错误率贝叶斯决策为

$$\begin{cases}x \text{ 被判定为第一类} & \text{如果 } p(w=1\mid x)>p(w=2\mid x)\\ x \text{ 被判定为第二类} & \text{如果 } p(w=1\mid x)<p(w=2\mid x)\end{cases} \tag{2.8}$$

该决策符合最小错误率的原因也可以通过画图进行直观解释。图 2-1 展示了联合概率 $p(w,x)$在 $w=1$ 和 $w=2$ 时的分布情况(图中的概率分布曲线)，以及在不同决策下的平均错误率(图中的阴影区域)。假设决策边界的左边被分为第一类，右边被分为第二类。为方便描述，将图中的阴影划分为 5 个区域：A、B、C、D、E。当以 x_a 为决策边界时，阴影区域 $A+C+D$ 的面积表示将第二类判定为第一类的错误率 $\int_{x<x_a}p(x\mid w=2)p(w=2)\mathrm{d}x$，阴影区域 E 的面积表示将第一类判定为第二类的错误率 $\int_{x>x_a}p(x\mid w=1)p(w=1)\mathrm{d}x$。当以 x_b 为决策边界时，总错误率会随之减小，近似三角形区域 A 的面积表示减小的错误率。当决策边界再向左移到 x_c 时，总错误率会随之增加，近似三角

形区域 B 的面积表示增加的错误率。因此 $x=x_b$ 为错误率最小的决策边界，且此时 $p(x,w=2)=p(x,w=1)$。

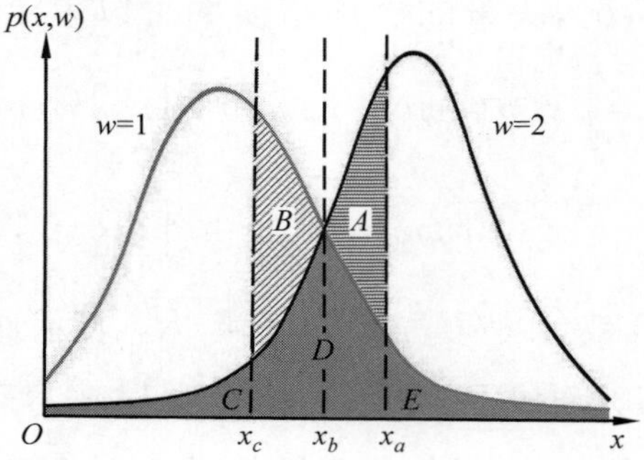

图 2-1　二类分类的最小错误率贝叶斯决策示意图

注：图中近似三角形阴影区域 A 和 B 的面积分别表示相比于 $x=x_b$ 为决策边界，$x=x_a$ 和 $x=x_c$ 作为决策边界时所增加的平均错误率

考虑一般的多分类问题，假设存在 C 个类别，将特征空间分为区域 R_1，R_2，…，R_C。每一类样本都可能会被错分成其他类，那么决策的平均错误率可表示为

$$\begin{aligned} p(\text{error}) = & \left[\int_{R_2} p(x,w=1)\mathrm{d}x + \int_{R_3} p(x,w=1)\mathrm{d}x + \cdots + \int_{R_C} p(x,w=1)\mathrm{d}x\right] + \\ & \left[\int_{R_1} p(x,w=2)\mathrm{d}x + \int_{R_3} p(x,w=2)\mathrm{d}x + \cdots + \int_{R_C} p(x,w=2)\mathrm{d}x\right] + \cdots + \\ & \left[\int_{R_1} p(x,w=C)\mathrm{d}x + \int_{R_2} p(x,w=C)\mathrm{d}x + \cdots + \int_{R_{C-1}} p(x,w=C)\mathrm{d}x\right] \\ = & \sum_{i=1}^{C}\sum_{j=1,j\neq i}^{C}\int_{R_j} p(x,w=i)\mathrm{d}x \end{aligned} \tag{2.9}$$

显然，可能错分的情况存在 $C(C-1)$ 种，涉及的计算很多，所以通常可以采用计算平均正确率 $p(\text{correct})$ 来计算 $p(\text{error})$，即

$$\begin{aligned} p(\text{error}) &= 1 - p(\text{correct}) \\ &= 1 - \left[\int_{R_1} p(x,w=1)\mathrm{d}x + \int_{R_2} p(x,w=2)\mathrm{d}x + \cdots + \right. \end{aligned}$$

$$\left.\int_{R_C} p(x, w=C)\mathrm{d}x\right]$$

$$=1-\sum_{c=1}^{C}\int_{R_c} p(x, w=c)\mathrm{d}x \tag{2.10}$$

因此，对于更一般化的多类分类问题，最小错误率决策表示为最大化平均正确率，平均正确率 $p(\text{correct})$的计算为

$$p(\text{correct})=\sum_{c=1}^{C}\int_{R_c} p(x, w=c)\mathrm{d}x \tag{2.11}$$

由公式(2.11)可以看出，最大化 $p(\text{correct})$等价于将 x 判别为联合概率 $p(x, w)$最大的类别，同时也等价于判别为后验概率 $p(w|x)$最大的类别，即决策输出 $h(x)$表示为

$$h(x)=\underset{c}{\operatorname{argmax}}\, p(w=c|x) \tag{2.12}$$

在实际分类应用中，往往不必计算后验概率。根据贝叶斯公式，后验概率可以表示为联合概率除以边缘概率 $p(x)$，对于所有类别，分母都是相同的。所以在决策时，实际上只需比较分子即可。因此，只需要计算 $p(x|w)p(w)$，将样本判别为其值最大的类别。

2.2.2　最小风险贝叶斯决策

在实际应用场景中，常常会更多地考虑分类错误导致的不同损失，甚至会引入拒绝分类等不寻常的决策。例如，在对野外大熊猫的调查中，如果识别系统将捕捉的其他动物图像误判为大熊猫，可通过人工进一步判断，但是如果将大熊猫图像误判为其他动物而导致遗漏，对稀有动物调查任务来说，损失更大。最小风险贝叶斯决策就是考虑不同决策导致不同损失时的一种决策方法。

下面给出损失的定义，考虑一个多类分类问题，样本的真实类别为第 j 类，但是被误判为第 i 类的损失为

$$\lambda_{ij}=\lambda(h(x)=i|w=j) \tag{2.13}$$

对于 C 类分类问题，损失矩阵是一个 $C\times C$ 的矩阵$(\lambda_{ij})_{C\times C}$。根据损失的定义可知，损失矩阵的对角元素通常为 0。

基于最小风险的贝叶斯决策的目标是最小化决策带来的平均损失，也称为最小化风险(risk)。这里的平均损失有两重含义，第一重含义是获得观测值后，决策造成的损失对实际所属类别的各种可能的平均，称为条件风险(conditional risk)，即

$$R(h(x)|x)=\sum_i \lambda(h(x)|w=i)p(w=i|x) \tag{2.14}$$

第二重含义是，条件风险对 x 的数学期望，称为总体风险，即

$$R(h(x))=\mathbb{E}(R(h(x)|x))=\int R(h(x)|x)p(x)\mathrm{d}x \tag{2.15}$$

其中$\mathbb{E}$表示随机变量的期望。基于最小风险的贝叶斯决策将选取使得条件风险最小的决策，该决策同时也会使得总体风险最小。具体流程是，在给定损失矩阵的条件下计算出每个决策的条件风险，然后选取条件风险最小的决策，决策函数的计算公式为

$$h(x)=\underset{j}{\mathrm{argmin}}\sum_i \lambda(h(x)=j|w=i)p(w=i|x) \tag{2.16}$$

下面以二类分类问题为例介绍最小风险贝叶斯决策的过程。使用标记 α_1 表示把样本判别为第一类，α_2 表示把样本判别为第二类。二类分类问题中的损失矩阵(λ_{ij})是一个 2×2 的矩阵。那么条件风险的计算为

$$R(\alpha_1|x)=\lambda_{11}p(w=1|x)+\lambda_{12}p(w=2|x) \tag{2.17}$$

$$R(\alpha_2|x)=\lambda_{21}p(w=1|x)+\lambda_{22}p(w=2|x) \tag{2.18}$$

根据最小风险贝叶斯决策规则，如果满足以下条件

$$(\lambda_{21}-\lambda_{11})p(w=1|x)>(\lambda_{12}-\lambda_{22})p(w=2|x) \tag{2.19}$$

或者满足其等价表示

$$(\lambda_{21}-\lambda_{11})p(x|w=1)p(w=1)>(\lambda_{12}-\lambda_{22})p(x|w=2)p(w=2) \tag{2.20}$$

则 x 将被判别为第一类；否则，将被判别为第二类。

从最小风险贝叶斯决策与最小错误率贝叶斯决策的定义来看，二者之间具有一定的关系。当决策损失定义为 0-1 损失时，也就是

$$\lambda(\alpha_i \mid w=j)=\begin{cases}0 & i=j \\ 1 & i\neq j\end{cases} \tag{2.21}$$

此时，条件风险等于条件错误率，计算公式为

$$\begin{aligned} R(\alpha_i \mid x) &= \sum_{j=1}^{C}\lambda(\alpha_i \mid w=j)p(w=j \mid x) \\ &= \sum_{j\neq i}p(w=j \mid x) \\ &= 1-p(w=i \mid x) \end{aligned} \tag{2.22}$$

即最小风险贝叶斯决策与最小错误率贝叶斯决策在 0-1 损失时相同。

2.3　分类器的相关概念

分类是机器学习中的一项基本任务，本节介绍一些相关概念。以图像识别为例，如果要机器来判断一张图像是大熊猫还是小熊猫，这是一个二类分类问题，如果要区分一张图片是大熊猫、小熊猫还是棕熊（图 2-2），或者区分更多其他的动物，就是一个多类分类问题。虽然人类可以通过肉眼很容易地区分大熊猫、小熊猫和棕熊这三种动物，但是机器学习需要设计一个合理的分类器来对图像加以判别，并且需要制定标准，对分类器加以评估。因此，实现分类的关键是构建分类器，分类器的构建离不开判别函数和决策面，而分

(a) 大熊猫　　(b) 小熊猫　　(c) 棕熊

图 2-2　大熊猫、小熊猫和棕熊图像示例[1]

类器的评估通常需要计算分类器的错误率。下面首先介绍分类器、判别函数和决策面，然后介绍如何计算分类器的错误率。

2.3.1 分类器、判别函数和决策面

分类器是一个计算系统，它通过计算一系列判别函数的值做出分类决策，实现对输入数据进行分类的目的。

判别函数是输入特征的函数，其结果可以直接用于做出分类决策。

在分类问题中，分类器会把输入空间划分成多个决策区域，即 $R_1, R_2, \cdots, R_C$，这些决策区域之间的边界称为决策面或决策边界。

下面通过实例来解释分类器、判别函数和决策面。例如，对于一个 C 类图像识别任务，分类器将提取的特征作为输入向量 $\boldsymbol{x}$（如使用图像的尺度不变特征[2]表示一张图像），然后输出一个对应的类标签 y。这其中包含两个步骤，首先分类器计算出 C 个判别函数，记为

$$g_i(\boldsymbol{x}), \quad i=1,2,\cdots,C \tag{2.23}$$

其次，分类器会把一个特征向量 $\boldsymbol{x}$ 划分为类别 c，如果满足如下条件

$$g_c(\boldsymbol{x}) > g_c{}'(\boldsymbol{x}), \quad \forall c' \neq c \tag{2.24}$$

在输入空间中，使得 $g_c(\boldsymbol{x})=g_c{}'(\boldsymbol{x}), c'\neq c$ 成立的边界就是决策面。

了解了分类器的相关概念之后，这里总结出不同种类的分类器构建方法，并给出贝叶斯决策所属的种类及其承担的角色。分类器的构建方法有很多种，常用的方法可以分为三大类，这里按照复杂度依次降低的顺序介绍。其中生成式模型和判别式模型都基于概率框架，生成式模型构建所有观测的联合分布，而判别式模型只关心给定输入数据时输出数据的条件分布。

(1) 使用生成式模型构建分类器。

这类分类器基于概率框架和贝叶斯决策。其主要思想是首先构建并学习出输入特征和输出类别的联合分布，然后利用贝叶斯公式推导出输出类别

的后验分布，最后结合决策损失函数构建判别函数进行分类决策。通常需要建模类条件概率分布和类别先验概率。这类分类器的一个实例是朴素贝叶斯分类器。

（2）使用判别式模型构建分类器。

这类分类器也基于概率框架，其主要思想是直接构建并学习出输出类别在输入特征条件下的条件分布，然后结合决策损失函数构建判别函数进行分类决策。这类分类器的一个实例是逻辑回归。

（3）直接构建判别函数。

这类分类器通常不使用概率表示，其主要思想是构造函数直接建模输入特征与判别结果之间的关系，该函数即是分类器的判别函数。分类器可以根据判别函数的值做出决策。这类分类器的一个实例是 Fisher 线性判别。

2.3.2 分类器的错误率

得到训练好的分类器后，需要去评估这个分类器的性能好坏。当确定分类器后，其错误率亦随之确定。分类器的错误率可以用于比较对同一问题设计的多种分类器的优劣。分类器的错误率计算通常有以下三种方法。

（1）根据错误率的定义，按照公式进行计算。

错误率的计算涉及类别的先验概率、类条件概率分布，以及判别函数。使用正态分布作为类条件似然的分类器可以计算出错误率，2.4 节将给出一个基于高斯分布的贝叶斯分类器及其错误率分析。

（2）计算错误率的上界。

在无法直接计算错误率时，可以采用计算错误率上界的做法，比如用 Radmacher 复杂度理论或者 PAC-Bayes 理论确定上界。这里不介绍具体推导过程，感兴趣的读者可以参考文献[3-4]及其中引文。

（3）通过在测试数据上进行分类实验来估计错误率。

分类错误率的理论计算通常比较困难，通过实验的方式对错误率进行估计具有实际意义。在通常情况下，使用独立于训练样本集的测试集进行估计，使用分类错误的测试样本数占总测试样本数 M 的比例估计错误率，记为 Error，计算公式为

$$\text{Error}=\frac{1}{M}\sum_{i=1}^{M} I[h(\boldsymbol{x}_i)\neq y_i] \tag{2.25}$$

其中 $I[\cdot]$表示单位函数，当且仅当括号中的条件满足时，取值为 1，否则取值为 0。把 1－Error 称为精度 Accuracy，计算公式为

$$\text{Accuracy}=\frac{1}{M}\sum_{i=1}^{M} I[h(\boldsymbol{x}_i)= y_i] \tag{2.26}$$

更一般地，有时也用误差来指代错误率。在训练集上的错误率称为训练误差，或称为经验误差，在测试集上的错误率称为测试误差。

2.4 基于高斯分布的贝叶斯分类器

在许多现实问题中，数据的特征是连续的数值，而非离散的。使用贝叶斯决策需要对类条件概率分布进行建模。对于连续变量，需要建模类条件概率密度。连续变量常用的分布是高斯分布，即正态分布。选择高斯分布具有一定的合理性：一方面，观测值通常是很多种因素共同作用的结果，根据中心极限定理，近似服从正态分布；另一方面，高斯分布有很多良好的性质，基于高斯分布的模型的计算与分析较为简便。

下面使用图像分类的例子介绍如何在贝叶斯决策中引入高斯分布。例如，在关于大熊猫与小熊猫的图像识别问题中，每一张图像经过特征提取后可以获得一个特征向量，该特征向量是一个连续的多元变量，类条件概率密度就是不同类别(大熊猫或小熊猫)中的图像特征向量的概率密度。假设类条件概率密度为多元高斯密度。这里首先介绍高斯密度函数的形式，其次介绍基于高斯分布的贝叶斯决策，最后给出错误率分析。

（1）高斯密度函数。

高斯密度函数也称为正态密度函数。一元高斯密度函数的表达式为

$$p(x)=\frac{1}{\sqrt{2\pi}\sigma}\exp\left[-\frac{1}{2}\left(\frac{x-\mu}{\sigma}\right)^2\right] \tag{2.27}$$

其中 μ 是均值，σ^2 是方差，分别表示为 x 和$(x-\mu)^2$ 的数学期望，即

$$\mu=\mathbb{E}[x]=\int xp(x)\mathrm{d}x \tag{2.28}$$

$$\sigma^2=\mathbb{E}[(x-\mu)^2]=\int(x-\mu)^2p(x)\mathrm{d}x \tag{2.29}$$

多元高斯密度函数的表达式为

$$p(\boldsymbol{x})=\frac{1}{(2\pi)^{d/2}\mid\boldsymbol{\Sigma}\mid^{1/2}}\exp\left[-\frac{1}{2}(\boldsymbol{x}-\boldsymbol{\mu})^{\top}\boldsymbol{\Sigma}^{-1}(\boldsymbol{x}-\boldsymbol{\mu})\right] \tag{2.30}$$

其中 $\boldsymbol{\mu}$ 是均值，$\boldsymbol{\Sigma}$ 是协方差，d 是数据维度。

（2）基于高斯分布的贝叶斯决策。

这里介绍基于高斯密度函数的分类器的判别函数和决策面。假设类条件概率分布为高斯分布，其表示为

$$p(\boldsymbol{x}\mid w=i)=\mathcal{N}(\boldsymbol{\mu}_i,\boldsymbol{\Sigma}_i),\quad i=1,2,\cdots,C \tag{2.31}$$

贝叶斯决策得到的判别函数为

$$\begin{aligned}g_i(\boldsymbol{x})&=\ln p(\boldsymbol{x}\mid w=i)+\ln p(w=i)\\&=-\frac{d}{2}\ln2\pi-\frac{1}{2}\ln\mid\boldsymbol{\Sigma}_i\mid+\ln p(w=i)-\frac{1}{2}(\boldsymbol{x}-\boldsymbol{\mu}_i)^{\top}\boldsymbol{\Sigma}_i^{-1}(\boldsymbol{x}-\boldsymbol{\mu}_i)\end{aligned} \tag{2.32}$$

通过判别函数可以得到决策面 $g_i(x)=g_j(x)$，具体形式为

$$\begin{aligned}&-\frac{1}{2}[(\boldsymbol{x}-\boldsymbol{\mu}_i)^{\top}\boldsymbol{\Sigma}_i^{-1}(\boldsymbol{x}-\boldsymbol{\mu}_i)-(\boldsymbol{x}-\boldsymbol{\mu}_j)^{\top}\boldsymbol{\Sigma}_j^{-1}(\boldsymbol{x}-\boldsymbol{\mu}_j)]+\\&\ln\frac{p(w=i)}{p(w=j)}-\frac{1}{2}\ln\frac{\mid\boldsymbol{\Sigma}_i\mid}{\mid\boldsymbol{\Sigma}_j\mid}=0\end{aligned} \tag{2.33}$$

下面考虑所有类别的协方差矩阵都相等的情况。当 $\boldsymbol{\Sigma}_1=\boldsymbol{\Sigma}_2=\cdots=\boldsymbol{\Sigma}_C=$

$\boldsymbol{\Sigma}$ 时，判别函数(2.32)可简化为

$$g_i(\boldsymbol{x}) = -\frac{1}{2}(\boldsymbol{x}-\boldsymbol{\mu}_i)^\top \boldsymbol{\Sigma}^{-1}(\boldsymbol{x}-\boldsymbol{\mu}_i) + \ln p(w=i) \tag{2.34}$$

展开公式(2.34)，忽略与 i 无关的项 $\boldsymbol{x}^\top\boldsymbol{\Sigma}^{-1}\boldsymbol{x}$，判别函数进一步简化为

$$g_i(\boldsymbol{x}) = (\boldsymbol{\Sigma}^{-1}\boldsymbol{\mu}_i)^\top \boldsymbol{x} - \frac{1}{2}\boldsymbol{\mu}_i^\top\boldsymbol{\Sigma}^{-1}\boldsymbol{\mu}_i + \ln p(w=i) \tag{2.35}$$

此时判别函数是 $\boldsymbol{x}$ 的线性函数，决策面是一个超平面。当决策区域 R_i 与 R_j 相邻时，决策面满足方程

$$g_i(\boldsymbol{x}) - g_j(\boldsymbol{x}) = 0 \tag{2.36}$$

即

$$[\boldsymbol{\Sigma}^{-1}(\boldsymbol{\mu}_i-\boldsymbol{\mu}_j)]^\top(\boldsymbol{x}-\boldsymbol{x}_0) = 0 \tag{2.37}$$

其中

$$\boldsymbol{x}_0 = \frac{1}{2}(\boldsymbol{\mu}_i+\boldsymbol{\mu}_j) - \ln\frac{p(w=i)}{p(w=j)}[(\boldsymbol{\mu}_i-\boldsymbol{\mu}_j)^\top\boldsymbol{\Sigma}^{-1}(\boldsymbol{\mu}_i-\boldsymbol{\mu}_j)]^{-1}(\boldsymbol{\mu}_i-\boldsymbol{\mu}_j) \tag{2.38}$$

分析公式(2.37)可以发现，由于 $\boldsymbol{\Sigma}^{-1}(\boldsymbol{\mu}_i-\boldsymbol{\mu}_j)$ 与 $(\boldsymbol{x}-\boldsymbol{x}_0)$ 的内积为 0，因此二者正交。由于 $\boldsymbol{\Sigma}^{-1}(\boldsymbol{\mu}_i-\boldsymbol{\mu}_j)$ 与 $(\boldsymbol{\mu}_i-\boldsymbol{\mu}_j)$ 通常方向不同，因此决策面通过 $\boldsymbol{x}_0$，但不与 $(\boldsymbol{\mu}_i-\boldsymbol{\mu}_j)$ 正交。

当各类别的先验概率相等时，可以得到公式为

$$\boldsymbol{x}_0 = \frac{1}{2}(\boldsymbol{\mu}_i+\boldsymbol{\mu}_j) \tag{2.39}$$

即 $\boldsymbol{x}_0$ 为 $\boldsymbol{\mu}_i$ 与 $\boldsymbol{\mu}_j$ 连线的中点。图 2-3 展示了此时基于非对角协方差矩阵的二维高斯分布的贝叶斯决策面。

当各类别的先验概率不相等时，则 $\boldsymbol{x}_0$ 不在 $\boldsymbol{\mu}_i$ 与 $\boldsymbol{\mu}_j$ 连线的中点上，并且向先验概率小的方向偏移。在两分类问题下，决策面方程为

$$[\boldsymbol{\Sigma}^{-1}(\boldsymbol{\mu}_1-\boldsymbol{\mu}_2)]^\top\boldsymbol{x} - \frac{1}{2}(\boldsymbol{\mu}_1+\boldsymbol{\mu}_2)^\top\boldsymbol{\Sigma}^{-1}(\boldsymbol{\mu}_1-\boldsymbol{\mu}_2) + \ln\frac{p(w=1)}{p(w=2)} = 0 \tag{2.40}$$

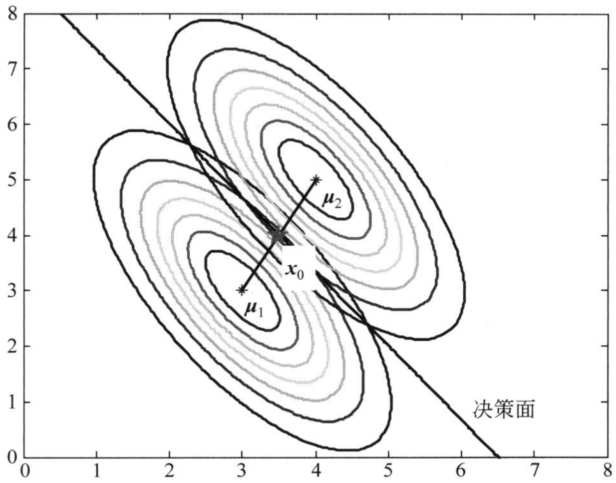

图 2-3　贝叶斯决策示意图

注：图中展示了当类别先验概率相等，两个类条件概率分布均为高斯分布且具有相等的非对角协方差矩阵时的贝叶斯决策的决策面，图中的椭圆形表示类条件概率密度等高线。

(3) 基于高斯分布的贝叶斯决策的错误率。

这里以二类问题为例，讨论两类协方差相同的情况。为了计算错误率，这里引入最小错误率决策的负对数似然比[5] $r(\boldsymbol{x})$，表达式为

$$r(\boldsymbol{x}) = -\ln p(\boldsymbol{x} \mid w = 1) + \ln p(\boldsymbol{x} \mid w = 2) \tag{2.41}$$

最小错误率贝叶斯决策可以表示为

$$\begin{cases} \boldsymbol{x}\text{ 被判定为第一类} & r(\boldsymbol{x}) = -\ln p(\boldsymbol{x} \mid w = 1) + \ln p(\boldsymbol{x} \mid w = 2) < \ln \dfrac{p(w = 1)}{p(w = 2)} \\ \boldsymbol{x}\text{ 被判定为第二类} & r(\boldsymbol{x}) = -\ln p(\boldsymbol{x} \mid w = 1) + \ln p(\boldsymbol{x} \mid w = 2) > \ln \dfrac{p(w = 1)}{p(w = 2)} \end{cases} \tag{2.42}$$

由于 $r(\boldsymbol{x})$ 是随机变量 $\boldsymbol{x}$ 的函数，因此 $r(\boldsymbol{x})$ 也是随机变量。记其条件概率密度函数为 $p(r \mid w)$，贝叶斯平均错误率的计算可以转变为关于 $r(\boldsymbol{x})$ 的积分。

令 $p_1(\text{error})$ 表示将第一类样本判定为第二类的错误率，$p_2(\text{error})$ 表示

将第二类样本判定为第一类的错误率，则通过先验概率加权可得平均错误率，即

$$p(\text{error}) = p(w=1)p_1(\text{error}) + p(w=2)p_2(\text{error}) \tag{2.43}$$

其中每一类错误率可以表示为

$$p_1(\text{error}) = \int_{R_2} p(\boldsymbol{x} \mid w=1)\mathrm{d}x = \int_{r_B}^{\infty} p(r \mid w=1)\mathrm{d}r \tag{2.44}$$

$$p_2(\text{error}) = \int_{R_1} p(\boldsymbol{x} \mid w=2)\mathrm{d}x = \int_{-\infty}^{r_B} p(r \mid w=2)\mathrm{d}r \tag{2.45}$$

其中 r_B 是关于随机变量 $r(\boldsymbol{x})$ 的决策边界，其值为

$$r_B = \ln\frac{p(w=1)}{p(w=2)} \tag{2.46}$$

因此，如果知道 $r(\boldsymbol{x})$ 的条件概率密度函数，即可算出错误率 $p_1(\text{error})$ 和 $p_2(\text{error})$。

根据 $p(\boldsymbol{x} \mid w=i) \sim \mathcal{N}(\boldsymbol{\mu}_i, \boldsymbol{\Sigma}_i)$，$i=1,2$，以及公式中 $r(\boldsymbol{x})$ 的定义，可得其计算公式为

$$\begin{aligned} r(\boldsymbol{x}) &= -\ln p(\boldsymbol{x} \mid w=1) + \ln p(\boldsymbol{x} \mid w=2) \\ &= -\left[-\frac{1}{2}(\boldsymbol{x}-\boldsymbol{\mu}_1)^{\top}\boldsymbol{\Sigma}_1^{-1}(\boldsymbol{x}-\boldsymbol{\mu}_1) - \frac{d}{2}\ln 2\pi - \frac{1}{2}\ln|\boldsymbol{\Sigma}_1|\right] + \\ &\quad \left[-\frac{1}{2}(\boldsymbol{x}-\boldsymbol{\mu}_2)^{\top}\boldsymbol{\Sigma}_2^{-1}(\boldsymbol{x}-\boldsymbol{\mu}_2) - \frac{d}{2}\ln 2\pi - \frac{1}{2}\ln|\boldsymbol{\Sigma}_2|\right] \\ &= \frac{1}{2}(\boldsymbol{x}-\boldsymbol{\mu}_1)^{\top}\boldsymbol{\Sigma}_1^{-1}(\boldsymbol{x}-\boldsymbol{\mu}_1) - \frac{1}{2}(\boldsymbol{x}-\boldsymbol{\mu}_2)^{\top}\boldsymbol{\Sigma}_2^{-1}(\boldsymbol{x}-\boldsymbol{\mu}_2) + \frac{1}{2}\ln\frac{|\boldsymbol{\Sigma}_1|}{|\boldsymbol{\Sigma}_2|} \end{aligned} \tag{2.47}$$

当两类的协方差矩阵相等时，即 $\boldsymbol{\Sigma}_1 = \boldsymbol{\Sigma}_2 = \boldsymbol{\Sigma}$，公式(2.47)可简化为

$$r(\boldsymbol{x}) = (\boldsymbol{\mu}_2 - \boldsymbol{\mu}_1)^{\top}\boldsymbol{\Sigma}^{-1}\boldsymbol{x} + \frac{1}{2}(\boldsymbol{\mu}_1^{\top}\boldsymbol{\Sigma}^{-1}\boldsymbol{\mu}_1 - \boldsymbol{\mu}_2^{\top}\boldsymbol{\Sigma}^{-1}\boldsymbol{\mu}_2) \tag{2.48}$$

$\boldsymbol{x}$ 虽是 d 维高斯分布的随机变量，$r(\boldsymbol{x})$ 却是一维的随机变量，并且是关于 $\boldsymbol{x}$ 的线性函数。公式(2.48)可以看成对 $\boldsymbol{x}$ 的各分量进行线性组合，然后平移，所

以 $r(\boldsymbol{x})$服从一维高斯分布。下面计算一维高斯分布 $p(r(\boldsymbol{x})|w=1)$的均值 m_1 和方差 σ_1^2,其中均值 m_1 的计算公式为

$$\begin{aligned} m_1 &= \mathbb{E}[r(\boldsymbol{x}) \mid w=1] \\ &= (\boldsymbol{\mu}_2 - \boldsymbol{\mu}_1)^\top \boldsymbol{\Sigma}^{-1} \boldsymbol{\mu}_1 + \frac{1}{2}(\boldsymbol{\mu}_1^\top \boldsymbol{\Sigma}^{-1} \boldsymbol{\mu}_1 - \boldsymbol{\mu}_2^\top \boldsymbol{\Sigma}^{-1} \boldsymbol{\mu}_2) \\ &= -\frac{1}{2}(\boldsymbol{\mu}_1 - \boldsymbol{\mu}_2)^\top \boldsymbol{\Sigma}^{-1} (\boldsymbol{\mu}_1 - \boldsymbol{\mu}_2) \end{aligned} \tag{2.49}$$

令 $m = \frac{1}{2}(\boldsymbol{\mu}_1 - \boldsymbol{\mu}_2)^\top \boldsymbol{\Sigma}^{-1} (\boldsymbol{\mu}_1 - \boldsymbol{\mu}_2)$,则 $m_1 = -m$,可以得到方差 σ_1^2 的计算公式为

$$\sigma_1^2 = \mathbb{E}[(r(\boldsymbol{x}) - m_1)^2 \mid w=1] = (\boldsymbol{\mu}_1 - \boldsymbol{\mu}_2)^\top \boldsymbol{\Sigma}^{-1} (\boldsymbol{\mu}_1 - \boldsymbol{\mu}_2) = 2m \tag{2.50}$$

同理可得 $p(r(\boldsymbol{x})|w=2)$的均值 m_2 和方差 σ_2^2 为

$$m_2 = \frac{1}{2}(\boldsymbol{\mu}_1 - \boldsymbol{\mu}_2)^\top \boldsymbol{\Sigma}^{-1} (\boldsymbol{\mu}_1 - \boldsymbol{\mu}_2) = m \tag{2.51}$$

$$\sigma_2^2 = (\boldsymbol{\mu}_1 - \boldsymbol{\mu}_2)^\top \boldsymbol{\Sigma}^{-1} (\boldsymbol{\mu}_1 - \boldsymbol{\mu}_2) = 2m \tag{2.52}$$

由于 $\sigma_1^2 = \sigma_2^2$,因此统一记为 σ^2。现根据公式(2.44)和(2.45)计算 $p_1(\text{error})$和 $p_2(\text{error})$,得到

$$\begin{aligned} p_1(\text{error}) &= \int_{r_B}^{\infty} p(r \mid w=1)\mathrm{d}r \\ &= \int_{r_B}^{\infty} \frac{1}{(2\pi)^{\frac{1}{2}}\sigma} \exp\left[-\frac{1}{2}\left(\frac{r+m}{\sigma}\right)^2\right]\mathrm{d}r \\ &= \int_{r_B}^{\infty} (2\pi)^{-\frac{1}{2}} \exp\left[-\frac{1}{2}\left(\frac{r+m}{\sigma}\right)^2\right]\mathrm{d}\left(\frac{r+m}{\sigma}\right) \\ &= \int_{\frac{r_B+m}{\sigma}}^{\infty} (2\pi)^{-\frac{1}{2}} \exp\left(-\frac{1}{2}\varphi^2\right)\mathrm{d}\varphi \end{aligned} \tag{2.53}$$

$$p_2(\text{error}) = \int_{-\infty}^{r_B} p(r \mid w=2)\mathrm{d}r$$

$$
\begin{aligned}
&=\int_{-\infty}^{r_B}(2\pi)^{-\frac{1}{2}}\exp\left[-\frac{1}{2}\left(\frac{r-m}{\sigma}\right)^2\right]\mathrm{d}\left(\frac{r-m}{\sigma}\right)\\
&=\int_{-\infty}^{\frac{r_B-m}{\sigma}}(2\pi)^{-\frac{1}{2}}\exp\left(-\frac{1}{2}\varphi^2\right)\mathrm{d}\varphi
\end{aligned}
\tag{2.54}
$$

其中，

$$
r_B=\ln\frac{p(w=1)}{p(w=2)},\quad \sigma=\sqrt{2m}
\tag{2.55}
$$

因此，$p_1(\text{error})$和 $p_2(\text{error})$表示为标准高斯分布$\mathcal{N}(0,1)$在对应区域上的概率值。

2.5 朴素贝叶斯分类器

贝叶斯决策分类器的关键是建模类条件概率分布与类先验概率。建模类条件概率分布需要建模不同类别情况下的所有特征的联合概率分布。在许多分类任务中，数据的特征比较多，特征空间会非常大。例如，如果数据具有 D 个二值的离散特征，那么特征空间的大小为 2^D。如果是更一般化的离散特征，或者连续特征，空间会更大。此外，在如此大的空间中，往往只有少量事件的概率比较高，大部分的概率分布取值会比较小。特别是对于离散特征，很多情况下特征的概率取值是 0。此时，类条件概率分布是比较稀疏的。为了解决特征空间大和类条件概率稀疏的问题，朴素贝叶斯(naïve Bayes)分类器对条件概率分布提出了特征条件独立的假设，这也是它与一般的贝叶斯分类器的核心不同之处。

朴素贝叶斯分类器采用了“特征条件独立”的假设，它假设已知类别的情况下，所有的特征相互独立。换言之，在类别已知的情况下，某一个特征的变化并不会影响另一个特征的改变。例如，对于一张大熊猫图像，它的特征可以表示为一个 D 维的向量，朴素贝叶斯假设向量的 D 个元素之间相互条件独立，其类条件联合分布可以写成 D 个独立的概率分布相乘。

基于此假设，类别 w 的后验概率可以写为

$$p(w \mid \boldsymbol{x})=\frac{p(w)p(\boldsymbol{x}\mid w)}{p(\boldsymbol{x})}\propto p(w)\prod_{d=1}^{D}p(x_d\mid w) \tag{2.56}$$

其中 D 为特征的个数，x_d 为第 d 个特征的值。因此，基于朴素贝叶斯分类器的分类结果为

$$\underset{w}{\operatorname{argmax}}\, p(w)\prod_{d=1}^{D}p(x_d\mid w) \tag{2.57}$$

2.6　参数估计

贝叶斯决策是概率框架下进行决策的基本方法，参数估计是概率模型训练过程中的重要内容。根据大数定律，先验概率 $p(w)$可通过样本数据在各类别出现的频率直接估计得到。例如，在多类分类模型中，令 N_c 表示第 c 类的样本数目，N 表示总的样本数目，可以估计出先验概率为

$$p(w=c)=\frac{N_c}{N} \tag{2.58}$$

基于两种不同的出发点，类条件概率分布的估计通常有两种策略：一是通过最大似然估计、最大后验估计等方法来确定唯一的参数值；二是使用贝叶斯参数估计，它认为参数同样是随机变量，假定其服从一个先验分布，并计算参数在给定观测数据集$\mathcal{D}$的后验分布 $p(\theta\mid\mathcal{D})$。贝叶斯参数估计与最大似然或最大后验估计不同，并不是得到参数的估计值 $\hat{\theta}$，而是得到参数的后验分布 $p(\theta\mid\mathcal{D})$，预测时要使用参数的后验分布，而非简单使用估计值 $\hat{\theta}$。下面具体介绍这三种参数估计方法：最大似然估计、最大后验估计和贝叶斯参数估计。

2.6.1　最大似然估计

最大似然估计（maximum likelihood estimation）是一种给定观测时估计

模型参数的方法,它试图在给定观测的条件下找到最大化似然函数的参数值。似然函数 $p(\mathcal{D}|\theta)$的形式取决于观测数据的分布,当数据是连续变量时,似然函数是概率密度函数。例如,假设数据的分布是高斯分布,那么似然函数就是所有观测数据以均值与协方差为参数的高斯密度函数,此时 $p(\mathcal{D}|\theta)=\mathcal{N}(\mathcal{D}|\boldsymbol{\mu},\Sigma)$。最大似然方法找到使得似然函数 $p(\mathcal{D}|\theta)$最大的模型参数 θ 的值,即

$$\hat{\theta}_{\mathrm{ml}}=\underset{\theta}{\operatorname{argmax}}\, p(\mathcal{D}|\theta) \tag{2.59}$$

在很多实际应用中,为了计算方便,通常使用似然函数的自然对数作为优化目标,称作对数似然(log-likelihood),那么参数的最大似然估计 $\hat{\theta}_{\mathrm{ml}}$还可以表示为

$$\hat{\theta}_{\mathrm{ml}}=\underset{\theta}{\operatorname{argmax}}\ln p(\mathcal{D}|\theta) \tag{2.60}$$

因为对数函数严格单调上升,不管使用似然函数还是对数似然,最大似然估计得到的结果是一致的。如果数据是独立同分布的且样本个数为 N,那么所有训练数据的对数似然函数表示为

$$\ln p(\mathcal{D}|\theta)=\sum_{i=1}^{N}\ln p(\boldsymbol{x}_i|\theta) \tag{2.61}$$

下面以前面介绍的基于高斯分布的贝叶斯分类器为例,给出高斯分布的最大似然估计。该分类器假设每一类数据是独立同分布的,并且类条件密度为高斯分布。能够进行贝叶斯决策的前提是高斯分布的参数已知,在实际应用中,这些模型参数需要利用观测数据进行估计。在该分类器中,不同的类别使用不同参数的类条件密度,需要对每一个类条件密度分别进行参数估计。假设某类别具有 N 个样本,则类条件密度(也就是似然密度函数)的对数为

$$\sum_{i=1}^{N}\ln p(\boldsymbol{x}_i|\theta)=\sum_{i=1}^{N}\ln\mathcal{N}(\boldsymbol{x}_i|\boldsymbol{\mu},\Sigma) \tag{2.62}$$

最大似然估计通过对公式(2.62)进行最大化,以得到均值与协方差的估计

值。通常的做法是对均值与协方差进行求导，使得导数等于零（导数的求解涉及向量微积分的知识，见附录 C)，从而求解出均值与协方差的估计值，即

$$\boldsymbol{\mu}_{\mathrm{ml}}=\frac{1}{N}\sum_{i=1}^{N}\boldsymbol{x}_i \tag{2.63}$$

$$\Sigma_{\mathrm{ml}}=\frac{1}{N}\sum_{i=1}^{N}(\boldsymbol{x}_i-\boldsymbol{\mu}_{\mathrm{ml}})(\boldsymbol{x}_i-\boldsymbol{\mu}_{\mathrm{ml}})^{\top} \tag{2.64}$$

2.6.2　最大后验估计

最大后验估计在最大似然估计的基础上考虑参数的先验分布，它通过贝叶斯公式获得参数的后验分布 $p(\theta|\mathcal{D})$，并以后验分布作为估计的优化目标。因此，最大后验估计是在给定观测数据条件下找到使得后验概率分布最大的模型参数。与最大似然估计类似，最大后验估计通常将后验分布的自然对数作为优化目标，即

$$\begin{aligned}\hat{\theta}_{\mathrm{map}}&=\underset{\theta}{\operatorname{argmax}}\ \ln p(\theta\mid\mathcal{D})\\&=\underset{\theta}{\operatorname{argmax}}\ \ln\frac{p(\mathcal{D}\mid\theta)p(\theta)}{p(\mathcal{D})}\\&=\underset{\theta}{\operatorname{argmax}}\ \ln p(\mathcal{D}\mid\theta)+\ln p(\theta)\end{aligned} \tag{2.65}$$

由公式(2.65)可以看出，最大后验估计与最大似然估计有着紧密的联系，最大后验估计的目标是在似然分布的基础上增加参数的先验分布，优化目标中新增的先验分布可以定性地认为是对参数增加了某种约束。当参数先验在参数定义域上服从均匀分布时（即无信息先验），最大后验估计与最大似然估计等价。

回顾基于高斯分布的贝叶斯分类器的例子，其类条件概率分布的参数也可以通过最大后验估计获得。最大后验估计需要假设参数的先验分布，这里在假设协方差已知情况下给出对均值的最大后验估计。由于均值的取值范围并没有约束，因此可以假设均值是服从高斯分布的，例如 $\boldsymbol{\mu}\sim\mathcal{N}(\mathbf{0},\boldsymbol{\Sigma}_{\mu})$，那

么均值的对数后验密度为

$$\begin{aligned}\ln p(\boldsymbol{\mu} \mid \mathcal{D}) &= \sum_{i=1}^{N} \ln p(\boldsymbol{x}_i \mid \boldsymbol{\mu}) + \ln p(\boldsymbol{\mu}) - \ln p(\mathcal{D}) \\ &= \sum_{i=1}^{N} \ln \mathcal{N}(\boldsymbol{x}_i \mid \boldsymbol{\mu}, \boldsymbol{\Sigma}) + \ln \mathcal{N}(\boldsymbol{\mu} \mid \boldsymbol{0}, \boldsymbol{\Sigma}_{\boldsymbol{\mu}}) - \ln p(\mathcal{D})\end{aligned} \tag{2.66}$$

均值的最大后验估计可以通过对公式(2.66)关于 $\boldsymbol{\mu}$ 求导，并且令导数等于 0，求解得到

$$\begin{aligned}\boldsymbol{\mu}_{\text{map}} &= N(N\boldsymbol{\Sigma}^{-1} + \boldsymbol{\Sigma}_{\boldsymbol{\mu}}^{-1})^{-1}\boldsymbol{\Sigma}^{-1}\boldsymbol{\mu}_{\text{m}\ell} \\ &= N\boldsymbol{\Sigma}_{\boldsymbol{\mu}}(N\boldsymbol{\Sigma}_{\boldsymbol{\mu}} + \boldsymbol{\Sigma})^{-1}\boldsymbol{\mu}_{\text{m}\ell}\end{aligned} \tag{2.67}$$

2.6.3 期望最大化算法

在实际问题中，机器学习模型常常会包含隐变量(hidden variable)。例如，对不完整数据建模时，使用隐变量定义缺失数据；或者对复杂的观测数据建模时，使用隐变量定义潜在因素。带有隐变量的模型往往使得对数边缘似然的表达式过于复杂，难以直接使用最大似然或最大后验估计得出解析解。期望最大化(expectation maximization，EM)算法[6]是一种迭代优化算法，常用于求解带有隐变量的概率模型的最大似然或最大后验估计。

首先，考虑一个概率模型，X 表示观测变量集，Z 表示隐变量集，θ 表示模型参数，目标是最大化观测变量集 X 对参数 θ 的对数似然函数，即

$$L(\theta) = \ln p(X \mid \theta) = \ln \int p(X, Z \mid \theta) \mathrm{d}Z \tag{2.68}$$

EM 算法通过迭代执行如下两个步骤来求解 $L(\theta)$。

E 步：根据给定观测变量集 X 和当前参数 θ 推理隐变量集 Z 的后验概率分布，并计算观测数据 X 和隐变量 Z 的对数联合概率分布关于 Z 的后验概率分布的期望。

M 步：最大化 E 步求得的期望，获得新的参数 θ。

算法 2-1 给出了使用 EM 算法进行最大似然估计的流程。

算法 2-1　期望最大化算法(expectation maximization,EM)

输入：观测数据 X

1：初始化参数 $\theta^{(1)}$

2：REPEAT

3：E 步：记 $\theta^{(t)}$ 为第 t 次迭代参数的估计值,计算对数联合概率分布 $\ln p(X,Z|\theta)$关于隐变量 Z 的后验概率分布 $p(Z|X,\theta^{(t)})$的期望,即：

$$Q(\theta \mid \theta^{(t)}) = E_{Z|X,\theta^{(t)}} \ln p(X,Z \mid \theta) = \int p(Z \mid X,\theta^{(t)}) \ln p(X,Z \mid \theta) \mathrm{d}Z$$

4：M 步：求解使 $Q(\theta|\theta^{(t)})$最大化的 θ,得到第 $t+1$ 次迭代的参数估计：

$$\theta^{(t+1)} = \underset{\theta}{\arg\max}\, Q(\theta \mid \theta^{(t)})$$

5：UNTIL 满足收敛条件：

$$\| \theta^{(t+1)} - \theta^{(t)} \| < \varepsilon_1 \text{ 或 } \| Q(\theta^{(t+1)} \mid \theta^{(t)}) - Q(\theta^{(t)} \mid \theta^{(t-1)}) \| < \varepsilon_2$$

其中 $\varepsilon_1,\varepsilon_2$ 是非常小的正数。

输出：参数 $\theta^{(t+1)}$

EM 算法也可以求解最大后验估计,只需在原目标函数 $L(\theta)$的基础上增加 $\ln p(\theta)$。反映到算法中,即将 E 步求得的期望增加 $\ln p(\theta)$后再进行最大化。EM 算法能够保证收敛,但是不能保证收敛到全局最优。在 M 步中,如果最大化求解困难,也可以求解使 $Q(\theta|\theta^{(t)})$的值增大的参数 θ,而不是最大化它,同样可保证算法收敛。需要注意的是,由于 EM 算法是局部最优的,通常选择多个不同的初值进行迭代,然后比较各个优化目标值,并选择最优解。

2.6.4　贝叶斯参数估计

贝叶斯参数估计不直接估计参数的值,而是通过贝叶斯公式推理出参数的后验分布。因此贝叶斯参数估计得到的是参数 θ 在给定观测数据集$\mathcal{D}$的后验分布 $p(\theta|\mathcal{D})$,其计算公式为

$$p(\theta \mid \mathcal{D}) = \frac{p(\mathcal{D} \mid \theta) p(\theta)}{p(\mathcal{D})} \tag{2.69}$$

进行后续预测时,预测分布需要关于参数的后验分布求期望。例如,在贝叶斯决策问题中,测试样本的类条件密度通过似然关于参数的后验分布求期望获得。不像最大似然或最大后验估计那样得到参数的估计值 $\hat{\theta}$,贝叶斯参数估计从训练数据$\mathcal{D}$学习出参数的后验分布 $p(\theta_c \mid \mathcal{D}, w=c)$。训练完成后,利用该后验分布可以得到测试样本 $\boldsymbol{x}_*$ 的类条件概率分布为

$$p(\boldsymbol{x}_* \mid w=c)=\int p(\boldsymbol{x}_* \mid w=c, \theta_c) p(\theta_c \mid \mathcal{D}, w=c) \mathrm{d}\theta_c \tag{2.70}$$

然后再使用贝叶斯决策进行分类决策。

回顾基于高斯分布的贝叶斯分类器的例子,其类条件概率分布的参数也可以使用贝叶斯估计。为便于与最大后验估计对比,这里做同样的假设,即假设协方差已知,且 $\boldsymbol{\mu} \sim \mathcal{N}(\mathbf{0}, \boldsymbol{\Sigma}_{\mu})$。利用贝叶斯公式可以推导出均值参数的后验分布为

$$p(\boldsymbol{\mu} \mid \mathcal{D})=\mathcal{N}(N\boldsymbol{\Sigma}_{\mu}(N\boldsymbol{\Sigma}_{\mu}+\boldsymbol{\Sigma})^{-1}\boldsymbol{\mu}_{\mathrm{m}\ell}, (\boldsymbol{\Sigma}_{\mu}^{-1}+N\boldsymbol{\Sigma}^{-1})^{-1}) \tag{2.71}$$

思考与计算

1. 对于 2.1 节给出的示例“假设某个动物园里的雌性和雄性熊猫的比例是 4∶6,雌性熊猫中 90%的熊猫是干净整洁的,雄性熊猫中 20%是干净整洁的”。计算在该动物园中看到一只干净整洁的雄性熊猫的概率是多少?如果看到一只熊猫是干净整洁的,它是雄性的概率是多少?

2. 举例说明最小风险贝叶斯决策与最小错误率贝叶斯决策的不同。

3. 给出在两类类别先验概率相等情况下,类条件概率分布是相等对角协方差矩阵的高斯分布的贝叶斯决策规则,并进行错误率分析。

4. 推导高斯分布的均值与协方差的最大似然估计,即公式(2.63)和公式(2.64)。

5. 推导高斯分布的均值的最大后验估计,即公式(2.67)。

6. 推导高斯分布的均值的贝叶斯参数估计,即公式(2.71)。

参考文献

[1] Deng J, Dong W, Socher R, et al. Imagenet: A Large-Scale Hierarchical Image Database[C]//Proceedings of the IEEE Conference on Computer Vision and Pattern Recognition. New York: IEEE, 2009: 248-255.

[2] Lowe D G. Object Recognition from Local Scale-Invariant Features[C]//Proceedings of the 17th IEEE International Conference on Computer Vision. NewYork: IEEE, 1999: 1150-1157.

[3] Sun S. Multi-view Laplacian Support Vector Machines[C]//Advanced Data Mining and Applications.Berlin: Springer, 2011: 209-222.

[4] Sun S, Shawe-Taylor J, Mao L. PAC-Bayes Analysis of Multi-view Learning[J]. Information Fusion, 2017, 35(5): 117-131.

[5] 张学工. 模式识别[M]. 3 版. 北京：清华大学出版社，2009.

[6] Dempster A P, Laird N M, Rubin D B. Maximum Likelihood from Incomplete Data via the EM Algorithm[J].Journal of the Royal Statistical Society: Series B (Methodological), 1977, 39(1): 1-22.

第3章 逻辑回归

学习目标：

(1) 掌握线性回归及其模型求解方法；

(2) 理解贝叶斯线性回归；

(3) 掌握逻辑回归及其模型求解方法；

(4) 理解贝叶斯逻辑回归。

分类与回归是机器学习中两类基本的任务，二者都属于监督学习的范畴，都是通过训练有标注的样本来学习输入与输出之间的关系，进而预测新样本的输出。分类与回归任务可以简单地通过数据输出的类型进行区分：通常情况下，当数据的输出取值是有限个离散值时，该任务是分类任务，例如当输出数据的取值为 1 或 0 时，该任务是一个二分类任务；当数据的输出取值是连续值时，该任务是回归任务。一方面，我们熟知的图像分类可以是二分类任务，也可以是多类分类任务。例如，判断一张图片是否是大熊猫是一个二类分类问题，判断一张图片是大熊猫、小熊猫还是棕熊是一个三类分类问题。另一方面，利用某个事物的已知特征来预测其具有连续取值的其他信息是回归问题。例如，通过一些特征，包括熊猫的年龄、性别、体重等，来预测熊猫的食量是回归问题。

从字面来看，逻辑回归似乎是一种回归方法，但事实上是分类方法。传统的逻辑回归用于处理二分类问题，通过进一步引入 softmax 函数，也可以处理多类分类问题。逻辑回归的名字主要是因为它从线性回归转变而来，并且在线性回归中引入 sigmoid 函数(逻辑函数)，实现对输出变量的非线性转换。逻辑回归可以给出样本属于某一类别的概率，该概率值可以被用于分类决策。例如，逻辑回归预测一张图片是大熊猫的概率为 0.7，如果使用 0.5 作为分类阈值，那么该图片就被判定为大熊猫。

由于逻辑回归与线性回归有着密切联系，下面首先介绍线性回归的相关方法，包括线性回归的确定性模型与概率模型，然后介绍逻辑回归的原理及贝叶斯逻辑回归。

3.1 线性回归

线性回归通过拟合关于观测数据的线性方程来建模两个变量间的关系，其中一个变量是自变量，另一个是因变量，自变量与因变量都可以是多元变量。多元自变量对应事物的多个输入特征，多元因变量对应事物的多种输出信息。例如，可以通过一个线性回归模型来关联熊猫的性别、年龄、体重和食量，其中性别、年龄和体重作为自变量，食量作为因变量。

下面给出线性回归的原理与表示。给定有 N 个样本的数据集 $\mathcal{D}=\{y_i, x_{i1}, x_{i2}, \cdots, x_{iD}\}_{i=1}^{N}$，线性回归模型假设因变量 y_i 与自变量 $\boldsymbol{x}_i$（由 $\{x_{i1}, x_{i2}, \cdots, x_{iD}\}$ 构成的 D 维向量）间是线性关系。此关系通过回归系数 $\boldsymbol{\beta}$ 构建，模型的形式为：

$$y_i=\beta_0 1+\beta_1 x_{i1}+\cdots+\beta_D x_{iD}=\boldsymbol{x}_i^{\top}\boldsymbol{\beta}, \quad i=1,2,\cdots,N \tag{3.1}$$

其中 $\boldsymbol{x}_i^{\top}\boldsymbol{\beta}$ 表示向量 $\boldsymbol{x}_i$ 和向量 $\boldsymbol{\beta}$ 之间的内积。通常我们会把一个常数 1 包含在自变量里，以得到简洁表示，也就是说，可以设 $x_{i0}=1, i=1,2,\cdots,N$。对应的 β_0 被称为截距。当 $D=1$，即 $\boldsymbol{x}_i$ 是标量且 y_i 也为简单的标量时，模型称为简单线性回归；当自变量 $\boldsymbol{x}_i$ 是向量时，模型称为多元线性回归。

另外，值得注意的是，自变量不一定是原始的数据特征，可以是原始特征的非线性函数。只要模型关于参数向量 $\boldsymbol{\beta}$ 是线性的，模型就被认为是线性模型；如果模型关于参数是非线性的，则被认为是非线性模型。假设 $\phi(\boldsymbol{x}_i)$ 表示对输入特征的变换函数，也称为基函数，那么线性回归可以表示为更一般化的形式，即

$$y_i=\phi(\boldsymbol{x}_i)^{\top}\boldsymbol{\beta} \tag{3.2}$$

常见的基函数有 3 种，即

① 多项式基函数。

$$\phi_j(x)=x^j \tag{3.3}$$

② 高斯基函数。

$$\phi_j(x)=\exp\left[-\frac{(x-\mu_j)^2}{2s^2}\right] \tag{3.4}$$

③ S 形(sigmoidal)基函数。

$$\phi_j(x)=\sigma\left(\frac{x-\mu_j}{s}\right),\quad \sigma(a)=\frac{1}{1+\exp(-a)} \tag{3.5}$$

3 种基函数的示意图如图 3-1 所示。

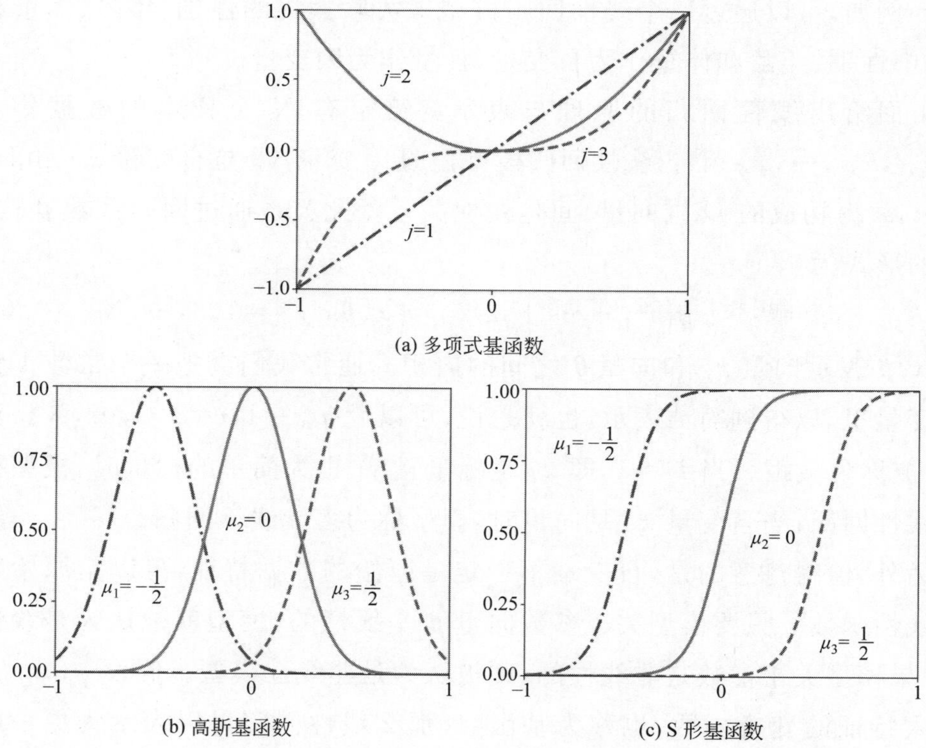

图 3-1　3 种基函数示意图

注：每张子图展示了使用不同参数产生的 3 条基函数曲线

得到回归模型后，可以通过公式(3.2)对新的测试数据进行预测，那么测试输入 $\boldsymbol{x}_*$ 的预测输出 y_* 表示为 $y_*=\phi(\boldsymbol{x}_*)^\top\boldsymbol{\beta}$。为得到该回归函数中参数的最优值，本节将介绍两种对线性回归模型的训练方法：最小二乘和正则化最小二乘。

【示例】 下面通过估计熊猫食量的例子介绍如何使用线性回归建模数据。一篇关于圈养大熊猫食竹量观察的文献记录了 4 只大熊猫的夜间食竹量，如表 3-1 所示。

表 3-1　大熊猫平均夜间食竹量[1]　　(单位：kg)

熊猫名	性别	年龄/岁	体重	1 月	2 月	3 月	4 月	5 月	6 月	7 月	8 月	9 月	10 月	11 月	12 月
莉莉	雌	10～11	102.5	2.8	3.3	2.6	3.5	2.7	4.9	1.3	1.7	1.9	1.6	2.5	3.9
青青	雌	3～4	82.5	3.4	3.7	3.7	3.9	4.1	5.7	1.6	2.1	2.4	2.7	3.3	4.1
金金	雄	22～23	128.0	1.9	2.5	1.7	2.1	2.2	4.5	1.1	1.5	1.2	1.7	1.7	2.1
平平	雄	9～10	82.0	4.2	4.4	4.1	4.6	4.5	6.9	3.2	3.5	3.4	3.4	3.7	4.5

从表 3-1 中可以看出，食竹量与熊猫的性别、年龄、体重及月份都有关系，并且从数据可以简单地分析得到食竹量与月份有两段不同的规律。因此可以以 7 月为界限，分两段进行线性回归，每一段有 24 个训练样本。在该示例中，自变量是一个四维向量 $\boldsymbol{x}=(x_1,x_2,x_3,x_4)$，因变量是一个标量 y。假定用线性模型建模，即

$$y_i=\beta_0+\beta_1 x_{i1}+\beta_2 x_{i2}+\beta_3 x_{i3}+\beta_4 x_{i4} \tag{3.6}$$

如果要进一步增强模型的灵活性，可以对某些自变量先进行非线性变换，得到新的自变量 $\tilde{\boldsymbol{x}}$，再进行线性回归建模。此时，虽然模型关于某些变量是非线性的，但是关于参数还是线性的。读者可以尝试对上述示例中的输入特征设置合适的非线性变换，然后进行线性回归建模。

正如前文中介绍的，使用概率模型是建模不确定性的有效方法。概率线性回归的一种实现方式是使用高斯随机噪声实现概率建模。具体来说，观测输出被假设为确定性的线性回归再加上一个高斯随机噪声，表示为

$$y = f(\boldsymbol{x}, \boldsymbol{\beta}) + \epsilon, \epsilon \sim \mathcal{N}(0, \sigma^2) \tag{3.7}$$

其中

$$f(\boldsymbol{x}, \boldsymbol{\beta}) = \phi(\boldsymbol{x})^{\top} \boldsymbol{\beta} \tag{3.8}$$

根据概率分布的变换关系，可以得到每个观测数据的似然概率分布为

$$p(y \mid \boldsymbol{x}, \boldsymbol{\beta}, \sigma^2) = \mathcal{N}(y \mid f(\boldsymbol{x}, \boldsymbol{\beta}), \sigma^2) \tag{3.9}$$

处理实际问题时，模型通常假设数据是独立同分布的，所有观测 $\boldsymbol{y}$ 的似然概率分布表示为

$$p(\boldsymbol{y} \mid X, \boldsymbol{\beta}, \sigma^2) = \prod_{i=1}^{N} \mathcal{N}(y_i \mid f(\boldsymbol{x}_i, \boldsymbol{\beta}), \sigma^2) \tag{3.10}$$

确定了模型的概率表示之后，对于新的测试数据，可以使用输出变量的期望作为预测值，计算表达公式为

$$\mathbb{E}[y \mid \boldsymbol{x}_*] = \int y p(y \mid \boldsymbol{x}_*, \boldsymbol{\beta}, \sigma^2) \mathrm{d}y = f(\boldsymbol{x}_*, \boldsymbol{\beta}) \tag{3.11}$$

关于如何确定模型中的参数值，下面将介绍对概率线性回归模型的最大似然估计和最大后验估计，并说明二者分别与最小二乘和正则化最小二乘之间的关系。

3.1.1 最小二乘与最大似然

最小二乘法(least square method)中“最小二乘”的意思是最小化误差的平方和，误差是指观测数据的真实输出值和由模型拟合的因变量值之间的差。下面分别给出最小二乘问题的描述，如何求解最小二乘问题，以及概率线性回归的最大似然估计。

(1) 最小二乘问题描述。

给定有 N 个数据点$(\boldsymbol{x}_i, y_i)$的数据集，其中 $\boldsymbol{x}_i$ 为自变量，y_i 为因变量。模型函数具有形式 $f(\boldsymbol{x}_i, \boldsymbol{\beta})$，其中 $\boldsymbol{\beta}$ 保存了 D 个可调整的参数。最小二乘问题的目标为调整模型函数的参数最好地拟合数据集。模型对数据的拟合程度是通过其误差来测量的。误差定义为因变量的真实值和模型预测值之间

的差，即

$$e_i = y_i - f(\boldsymbol{x}_i, \boldsymbol{\beta}) \tag{3.12}$$

以曲线拟合为例，误差的几何意义如图 3-2 所示。最小二乘法通过最小化平方误差和 S 学习最优参数值，即

$$S = \sum_{i=1}^{N} e_i^2 = \sum_{i=1}^{N} (y_i - f(\boldsymbol{x}_i, \boldsymbol{\beta}))^2 \tag{3.13}$$

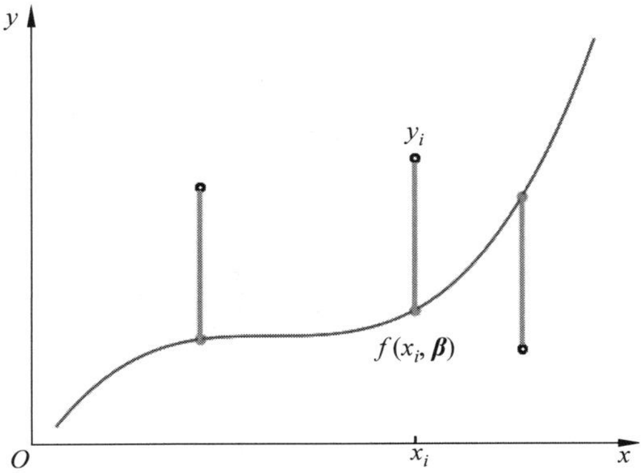

图 3-2　误差的几何意义示意图

注：图中纵向线段长度代表不同数据点的误差

(2) 求解最小二乘问题。

上述平方和的最小化可通过将对优化目标关于参数的导数设为 0 求解得到。如果分别考虑每一个参数，那么由于模型有 D 个参数，就有 D 个梯度方程，即

$$\frac{\partial S}{\partial \beta_d} = 0, \quad d = 1, 2, \cdots, D \tag{3.14}$$

代入公式(3.13)可得

$$-2\sum_{i=1}^{N} (y_i - f(\boldsymbol{x}_i, \boldsymbol{\beta})) \frac{\partial f(\boldsymbol{x}_i, \boldsymbol{\beta})}{\partial \beta_d} = 0, \quad d = 1, 2, \cdots, D \tag{3.15}$$

公式(3.15)中的梯度方程适用于所有最小二乘问题。每个具体问题有特定的模型表达式和相应的偏导数。当然，求解公式(3.13)给出的最小平方误差和

也可以直接使用向量微积分的方法，直接对优化目标关于参数向量求导解得。

下面以线性回归问题为例，具体介绍最小二乘法的解。由公式(3.2)可知，一般化的线性回归模型表示为 $f(\boldsymbol{x}_i,\boldsymbol{\beta})=\phi(\boldsymbol{x}_i)^\top\boldsymbol{\beta}$。定义 $\boldsymbol{X}=[\boldsymbol{x}_1,\boldsymbol{x}_2,\cdots,\boldsymbol{x}_N]^\top$，$\boldsymbol{y}=[y_1,y_2,\cdots,y_N]^\top$，$\boldsymbol{\Phi}=[\phi(\boldsymbol{x}_1),\phi(\boldsymbol{x}_2),\cdots,\phi(\boldsymbol{x}_N)]^\top$，那么模型在训练数据上的预测平方误差为

$$S=(\boldsymbol{y}-\boldsymbol{\Phi\beta})^\top(\boldsymbol{y}-\boldsymbol{\Phi\beta}) \tag{3.16}$$

根据公式(3.14)可以得到 $\boldsymbol{\beta}$ 的最优值满足

$$\frac{\mathrm{d}S}{\mathrm{d}\boldsymbol{\beta}}=\frac{\mathrm{d}((\boldsymbol{y}-\boldsymbol{\Phi\beta})^\top(\boldsymbol{y}-\boldsymbol{\Phi\beta}))}{d\boldsymbol{\beta}}=\boldsymbol{0}^\top \tag{3.17}$$

其中，$\boldsymbol{0}$ 表示元素为 0 的列向量，$\mathrm{d}((\boldsymbol{y}-\boldsymbol{\Phi\beta})^\top(\boldsymbol{y}-\boldsymbol{\Phi\beta}))$ 可利用向量微积分的运算法则(附录 C)作进一步化简，即

$$\begin{aligned}\mathrm{d}((\boldsymbol{y}-\boldsymbol{\Phi\beta})^\top(\boldsymbol{y}-\boldsymbol{\Phi\beta}))&=(\mathrm{d}(\boldsymbol{y}-\boldsymbol{\Phi\beta})^\top)(\boldsymbol{y}-\boldsymbol{\Phi\beta})+(\boldsymbol{y}-\boldsymbol{\Phi\beta})^\top\mathrm{d}(\boldsymbol{y}-\boldsymbol{\Phi\beta})\\&=2(\boldsymbol{y}-\boldsymbol{\Phi\beta})^\top\mathrm{d}(\boldsymbol{y}-\boldsymbol{\Phi\beta})\\&=-2(\boldsymbol{y}-\boldsymbol{\Phi\beta})^\top\boldsymbol{\Phi}\mathrm{d}\boldsymbol{\beta}\\&=2(\boldsymbol{\beta}^\top\boldsymbol{\Phi}^\top\boldsymbol{\Phi}-\boldsymbol{y}^\top\boldsymbol{\Phi})\mathrm{d}\boldsymbol{\beta}\end{aligned} \tag{3.18}$$

因此，得到 $\boldsymbol{\beta}$ 的最优值为

$$\hat{\boldsymbol{\beta}}_{\ell s}=(\boldsymbol{\Phi}^\top\boldsymbol{\Phi})^{-1}\boldsymbol{\Phi}^\top\boldsymbol{y} \tag{3.19}$$

确定性线性回归的优化准则通常使用损失函数来定义，最小二乘方法使用的是最小化平方误差和。概率线性回归的优化准则通常以最大似然为目标，这里给出其最大似然解，并说明与最小二乘之间的关系。

(3) 概率线性回归的最大似然估计。

当概率线性回归的似然假设为高斯分布时，如公式(3.10)，其对数似然的表达式可以进一步推导得出

$$\ln p(\boldsymbol{y}\mid X,\boldsymbol{\beta},\sigma^2)=-\frac{1}{2\sigma^2}\sum_{i=1}^{N}(y_i-f(\boldsymbol{x}_i,\boldsymbol{\beta}))^2-\frac{N}{2}\ln\sigma^2-\frac{N}{2}\ln(2\pi) \tag{3.20}$$

最大化公式(3.20)可以获得参数 $\boldsymbol{\beta}$ 和 σ^2 的最大似然估计。二者的结果为

$$\hat{\boldsymbol{\beta}}_{\mathrm{m}\ell}=(\boldsymbol{\Phi}^{\top}\boldsymbol{\Phi})^{-1}\boldsymbol{\Phi}^{\top}\boldsymbol{y} \tag{3.21}$$

$$\hat{\sigma}^2_{\mathrm{m}\ell}=\frac{1}{N}\sum_{i=1}^{N}(y_i-f(\boldsymbol{x}_i,\hat{\boldsymbol{\beta}}_{\mathrm{m}\ell}))^2 \tag{3.22}$$

因此,可以看出当观测数据服从高斯分布时,线性回归参数 $\boldsymbol{\beta}$ 的最小二乘解和最大似然估计是等价的。

3.1.2　正则化最小二乘与最大后验

回归模型经常遇到数据过拟合(overfitting)问题,也就是模型在训练集上的拟合误差很小,但是在测试集上的误差很大。过拟合通常发生在数据量较少或模型的复杂度太高时。例如,在线性回归中,对数据特征引入多项式变换,回归系数的数量越多,则会导致曲线的波动越大,此时曲线容易对数据产生过拟合。图 3-3 给出了 4 种多项式拟合的效果。

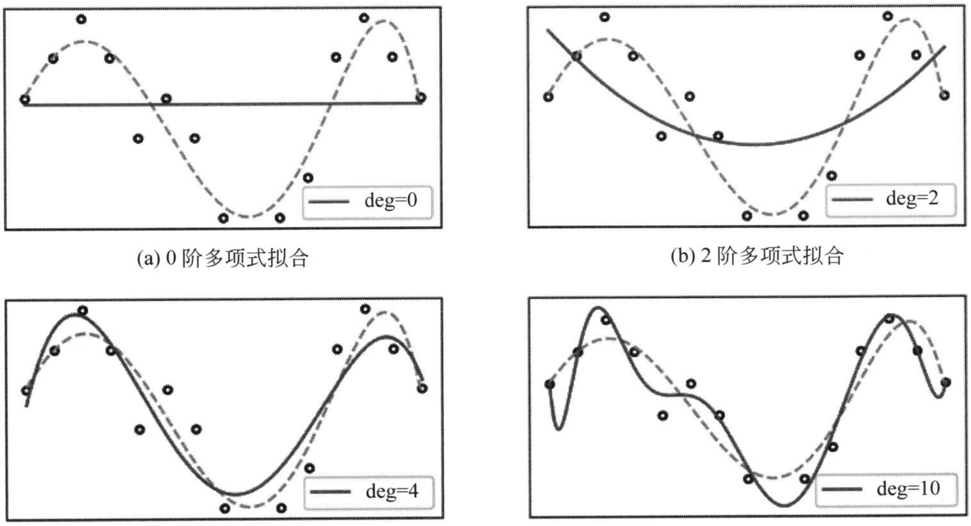

(a) 0 阶多项式拟合　(b) 2 阶多项式拟合

(c) 4 阶多项式拟合　(d) 10 阶多项式拟合

图 3-3　4 种不同的多项式拟合效果

注:图中小圆圈表示样本,虚线表示真实情况,实线表示拟合曲线,使用的多项式形式为 $f(x)=\sum_{j=0}^{\mathrm{deg}}w_jx^j$,deg 表示多项式的阶数,4 张子图分别使用不同的阶数

通常情况下，模型的复杂度是相对的，它与数据量相关。如果训练数据足够多，高复杂度的模型可以很好地拟合数据；如果数据量较少，就需要一个相对简单的模型来拟合数据。在实际应用中，数据量的多少通常是无法改变的，建模者可以控制的是模型的设置，希望可以通过某种约束实现对数据较为合适的拟合。对于使用多项式变换的线性回归的例子，回归系数是关键参数，如果固定多项式的次数，控制回归系数的大小同样可以控制模型复杂度。

（1）正则化最小二乘。

由于回归系数越大模型波动越大，为了降低过拟合的风险，可以对回归系数进行约束。对最小二乘进行正则化的方法叫作正则化最小二乘。例如，约束回归系数构成的向量的 L_2 范数的平方（$\|\boldsymbol{\beta}\|_{L_2}=\sqrt{\boldsymbol{\beta}^\top\boldsymbol{\beta}}$）不超过一个给定值。该约束相当于求解一个带有惩罚项（penalty term）$\lambda\|\boldsymbol{\beta}\|^2$ 的最小二乘的无约束最小化问题。此时，正则化最小二乘的优化目标为

$$S'=\sum_{i=1}^{N}(y_i-f(\boldsymbol{x}_i,\boldsymbol{\beta}))^2+\lambda\boldsymbol{\beta}^\top\boldsymbol{\beta} \tag{3.23}$$

其中 λ 是常数，可以通过模型选择的方法确定取值。使用 L_2 范数作为惩罚项的正则化最小二乘也称为岭回归[2]。

正则化最小二乘不仅限于 L_2 范数，其他如 L_1 范数（$\|\boldsymbol{\beta}\|_{L_1}=\sum_{d}|\beta_d|$）等也是可行的，不同的正则化项具有不同的约束性质。例如，L_2 范数的惩罚项可以帮助模型避免过拟合，L_1 范数的惩罚项除了使得模型减轻过拟合以外，还能够得到较为稀疏的参数解。为了直观理解两种正则化方法，图 3-4 展示了这两种正则化项的等高线。

（2）求解正则化最小二乘问题。

求解正则化最小二乘与求解最小二乘是类似的，同样可以使用求导数的方法得到参数的闭式解。对于使用 L_2 范数的正则化最小二乘，其最优解满足

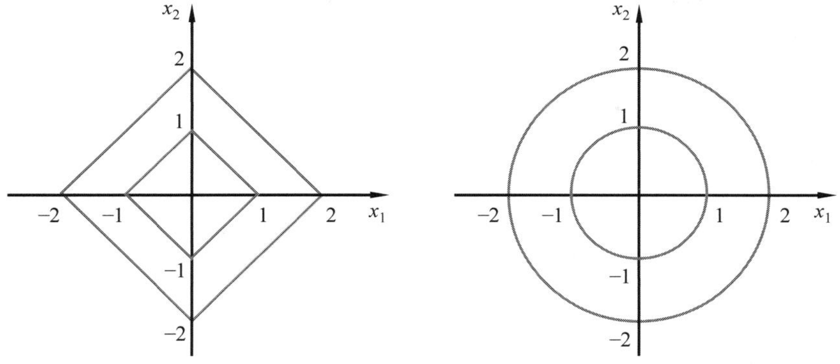

(a) L_1 范数　　(b) L_2 范数

图 3-4　L_1 范数和 L_2 范数的等高线示意图

注：图中的曲线表示二维空间中的向量 $\boldsymbol{x}=[x_1,x_2]^\top$ 的 L_1 范数 $\|\boldsymbol{x}\|_{L_1}$ 和 L_2 范数 $\|\boldsymbol{x}\|_{L_2}$ 的等高线

$$\frac{\mathrm{d}S'}{\mathrm{d}\boldsymbol{\beta}}=\frac{\mathrm{d}((\boldsymbol{y}-\boldsymbol{\Phi\beta})^\top(\boldsymbol{y}-\boldsymbol{\Phi\beta})+\lambda\boldsymbol{\beta}^\top\boldsymbol{\beta})}{\mathrm{d}\boldsymbol{\beta}}=\boldsymbol{0}^\top \tag{3.24}$$

$\mathrm{d}((\boldsymbol{y}-\boldsymbol{\Phi\beta})^\top(\boldsymbol{y}-\boldsymbol{\Phi\beta}))$可利用向量微积分的运算法则(附录 C)进一步化简为

$$\begin{aligned}\mathrm{d}((\boldsymbol{y}-\boldsymbol{\Phi\beta})^\top(\boldsymbol{y}-\boldsymbol{\Phi\beta})+\lambda\boldsymbol{\beta}^\top\boldsymbol{\beta})&=2((\boldsymbol{y}-\boldsymbol{\Phi\beta})^\top\mathrm{d}(\boldsymbol{y}-\boldsymbol{\Phi\beta})+\lambda\boldsymbol{\beta}^\top\mathrm{d}\boldsymbol{\beta})\\&=-2((\boldsymbol{y}-\boldsymbol{\Phi\beta})^\top\boldsymbol{\Phi}-\lambda\boldsymbol{\beta}^\top)\mathrm{d}\boldsymbol{\beta}\\&=2(\boldsymbol{\beta}^\top\boldsymbol{\Phi}^\top\boldsymbol{\Phi}-\boldsymbol{y}^\top\boldsymbol{\Phi}+\lambda\boldsymbol{\beta}^\top)\mathrm{d}\boldsymbol{\beta}\end{aligned} \tag{3.25}$$

因此，得到 $\boldsymbol{\beta}$ 的最优值为

$$\hat{\boldsymbol{\beta}}_{\text{rls}}=(\lambda\boldsymbol{I}+\boldsymbol{\Phi}^\top\boldsymbol{\Phi})^{-1}\boldsymbol{\Phi}^\top\boldsymbol{y} \tag{3.26}$$

(3) 概率线性回归的最大后验估计。

回顾 3.1.1 节，线性回归的似然假设为高斯分布时，如果使用最大后验估计来获取模型参数，需要假设参数的先验分布。在高斯似然的模型中，通常使用高斯分布作为先验，这样得到的概率线性回归中参数的后验分布还是高斯分布。一种简单常用的先验分布为

$$p(\boldsymbol{\beta}\mid\alpha)=\mathcal{N}(\boldsymbol{\beta}\mid\boldsymbol{0},\alpha^{-1}\boldsymbol{I}) \tag{3.27}$$

根据贝叶斯公式可以得出参数的对数后验分布为

$$\ln p(\boldsymbol{\beta} \mid X, \boldsymbol{y}, \alpha, \sigma^2) = -\frac{1}{2\sigma^2}\sum_{i=1}^{N}(y_i - f(\boldsymbol{x}_i, \boldsymbol{\beta}))^2 - \frac{\alpha}{2}\boldsymbol{\beta}^\top\boldsymbol{\beta} + \text{const} \tag{3.28}$$

其中 const 表示与 $\boldsymbol{\beta}$ 无关的项。将最大后验估计的优化目标(公式(3.28))与正则化最小二乘的目标(公式(3.23))对比可以发现,当 $\alpha=\lambda/\sigma^2$ 时,二者的解是等价的。因此,通过给模型参数增加先验并进行最大后验估计的方法同样可以达到减轻过拟合的效果。

3.2 贝叶斯线性回归

3.1 节介绍的使用最大似然估计与最大后验估计的线性回归模型,模型参数的值完全通过数据集训练得出。一旦得到 $\hat{\boldsymbol{\beta}}$,可以根据模型估计任意新数据点 $\boldsymbol{x}_*$ 的输出值:$\hat{y}=\phi(\boldsymbol{x}_*)^\top\hat{\boldsymbol{\beta}}$。它们得到的是参数的点估计,即给定数据时可能性最大的估计。但是,当数据集比较小或不确定性较大时,将估计表示为一个可能值的分布更加合理。这样得到的输出预测值将是一个分布。下面介绍可以给出参数与预测值分布的贝叶斯线性回归。

贝叶斯线性回归(Bayesian linear regression)将贝叶斯框架应用到线性回归中,回归系数 $\boldsymbol{\beta}$ 被假设为有一特定先验分布的随机变量,此先验分布可以影响回归系数的解。另外,贝叶斯参数估计不是给出回归系数的最佳单点估计,而是给出完整的后验分布,这种方式描述了估计量的不确定性。

考虑一个标准的线性回归问题,对于 $i=1,2,\cdots,N$,假设在给定自变量 $\boldsymbol{x}_i$ 的情况下,y_i 产生的公式为

$$y_i = \boldsymbol{x}_i^\top\boldsymbol{\beta} + \epsilon_i \tag{3.29}$$

其中 $\boldsymbol{\beta}$ 是 $D\times 1$ 维向量,ϵ_i 是独立同分布的随机变量,并且 $\epsilon_i \sim \mathcal{N}(0,\sigma^2)$。定义 $\boldsymbol{X}=[\boldsymbol{x}_1,\boldsymbol{x}_2,\cdots,\boldsymbol{x}_N]^\top$,$\boldsymbol{y}=[y_1,y_2,\cdots,y_N]^\top$,可以得到因变量 $\boldsymbol{y}$ 的似然函

数为

$$p(\boldsymbol{y} \mid \boldsymbol{X}, \boldsymbol{\beta}, \sigma^2) \propto (\sigma^2)^{-\frac{N}{2}} \exp\left[-\frac{1}{2\sigma^2}(\boldsymbol{y}-\boldsymbol{X\beta})^\top(\boldsymbol{y}-\boldsymbol{X\beta})\right] \tag{3.30}$$

即 $\boldsymbol{y} \sim \mathcal{N}(\boldsymbol{X\beta}, \sigma^2 \boldsymbol{I})$。

在贝叶斯方法中,参数的先验概率分布为模型提供了额外信息。先验可以根据领域知识和已知信息采取不同的函数形式。确定似然函数后,对于一个任意的先验分布,后验分布不一定存在解析形式。这里讨论可以使后验分布被解析地推导出来的情况,常用的方法是设置似然函数的共轭先验。下面给出共轭先验的定义。

如果先验分布和似然函数可以使后验分布和先验分布具有相同的形式,就称先验分布与似然函数是共轭的,该先验称为该似然函数的共轭先验。共轭的好处是让后验分布与先验分布具有相同的形式,从而便于求解。

以上文介绍的线性回归为例,给定模型的似然假设公式(3.30),需要进行贝叶斯估计的参数包括 $\boldsymbol{\beta}$ 和 σ^2。为了使得后验分布可以得到与先验分布相同的形式,这里假设参数 $\boldsymbol{\beta}$ 和 σ^2 的联合先验为

$$p(\boldsymbol{\beta}, \sigma^2) = p(\sigma^2) p(\boldsymbol{\beta} \mid \sigma^2) \tag{3.31}$$

其中 $p(\sigma^2)$是逆伽马分布 Inv-Gamma(a_0, b_0),即

$$p(\sigma^2) \propto (\sigma^2)^{-a_0-1} \exp\left(-\frac{b_0}{\sigma^2}\right) \tag{3.32}$$

而 $p(\boldsymbol{\beta} \mid \sigma^2)$的条件先验密度服从正态分布$\mathcal{N}(\mu_0, \sigma^2 \Lambda_0^{-1})$,即

$$p(\boldsymbol{\beta} \mid \sigma^2) \propto \exp\left[-\frac{1}{2\sigma^2}(\boldsymbol{\beta}-\boldsymbol{\mu}_0)^\top \Lambda_0 (\boldsymbol{\beta}-\boldsymbol{\mu}_0)\right] \tag{3.33}$$

给定 $\boldsymbol{\beta}$ 和 σ^2 的先验假设,根据贝叶斯公式,可以得到贝叶斯线性回归参数的后验分布为

$$p(\boldsymbol{\beta}, \sigma^2 \mid \boldsymbol{y}, \boldsymbol{X}) = p(\boldsymbol{\beta} \mid \sigma^2, \boldsymbol{y}, \boldsymbol{X}) p(\sigma^2 \mid \boldsymbol{y}, \boldsymbol{X}) \propto \\ p(\boldsymbol{y} \mid \boldsymbol{X}, \boldsymbol{\beta}, \sigma^2) p(\boldsymbol{\beta} \mid \sigma^2) p(\sigma^2) \tag{3.34}$$

将公式(3.30)、(3.32)和(3.33)代入(3.34),可得 $p(\boldsymbol{\beta} \mid \sigma^2, \boldsymbol{y}, \boldsymbol{X})$是高斯分布

$\mathcal{N}(\boldsymbol{\beta}|\boldsymbol{\mu}_N,\sigma^2\boldsymbol{\Lambda}_N^{-1})$，以及 $p(\sigma^2|\boldsymbol{y},\boldsymbol{X})$ 是逆伽马分布 Inv-Gamma$(\sigma^2|a_N,b_N)$，其参数的具体表示为

$$\begin{cases}\boldsymbol{\Lambda}_N=(\boldsymbol{X}^\top\boldsymbol{X}+\boldsymbol{\Lambda}_0)\\ \boldsymbol{\mu}_N=(\boldsymbol{\Lambda}_N)^{-1}(\boldsymbol{X}^\top\boldsymbol{y}+\boldsymbol{\Lambda}_0\boldsymbol{\mu}_0)\\ a_N=a_0+\dfrac{N}{2}\\ b_N=b_0+\dfrac{1}{2}(\boldsymbol{y}^\top\boldsymbol{y}+\boldsymbol{\mu}_0^\top\boldsymbol{\Lambda}_0\boldsymbol{\mu}_0-\boldsymbol{\mu}_N^\top\boldsymbol{\Lambda}_N\boldsymbol{\mu}_N)\end{cases} \tag{3.35}$$

3.3 逻辑回归

前文介绍了使用线性函数预测连续取值的变量，这类问题称为回归问题。很多时候，也需要预测离散取值变量，例如判断一张图像属于哪个目标类别，这变成了分类问题。逻辑回归在线性回归的基础上实现了二类和多类分类。

逻辑回归(logistic regression)[3]模型是一种常用的分类算法，也可以认为是一种因变量为离散值的回归模型。逻辑回归可以处理二类分类和多类分类问题。在二类逻辑回归中，因变量只有两种取值，例如“0”或“1”。在多类逻辑回归中，因变量有两种以上的离散取值。

本节首先介绍二类逻辑回归，然后介绍多类逻辑回归。

3.3.1 二类逻辑回归

二类逻辑回归模型使用一个或多个自变量(特征)来估计因变量取值的概率。输出通常被编码为“0”或“1”。模型本身根据输入仅仅建模了输出的概率，并不执行分类，即模型本身并不是一个分类器。当然，通常可以使用此模型构造一个分类器，例如，选择一个阈值，将概率大于此阈值的输入分为一类，小于此阈值的分为另一类。逻辑回归模型使用逻辑函数(logistic function)，将线性回归的返回值转换为区间[0,1]内的值，用于表示自变量属于某个类别的概率，即因变量取值为“0”或“1”的概率。

逻辑函数也称为 sigmoid 函数，输入可以是任意实数 $x(x \in \mathbb{R})$，输出的值属于区间[0,1]。逻辑函数 $\sigma(x)$ 的表达式为

$$\sigma(x)=\frac{e^x}{e^x+1}=\frac{1}{1+e^{-x}} \tag{3.36}$$

其函数曲线如图 3-5 所示。它是一个 S 形曲线，在横坐标取值远离 0 时，纵坐标的值趋近 0 或 1。

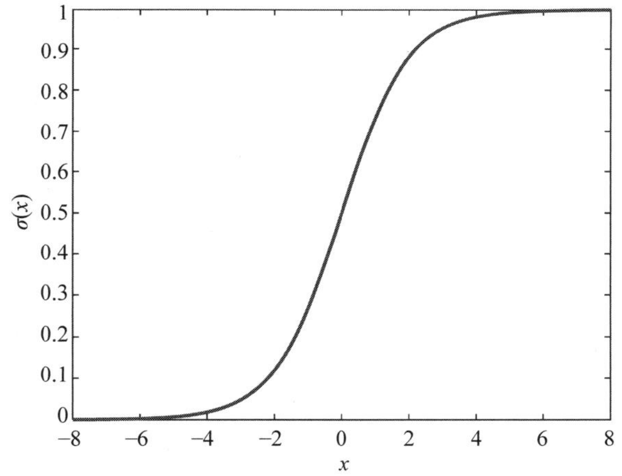

图 3-5　逻辑函数示意图

逻辑回归使用逻辑函数和回归模型可以解决二分类问题，其中逻辑函数的返回值用于表示二分类问题中的正类或负类的概率。假设 f 是自变量 $\boldsymbol{x}$ 的一个线性函数，即 $f=\boldsymbol{\theta}^\top \boldsymbol{x}$。逻辑回归假设样本 $\boldsymbol{x}$ 属于正类的概率为

$$p(y=1 \mid \boldsymbol{x})=h_{\boldsymbol{\theta}}(\boldsymbol{x})=\sigma(\boldsymbol{\theta}^\top \boldsymbol{x})=\frac{1}{1+\exp(-\boldsymbol{\theta}^\top \boldsymbol{x})} \tag{3.37}$$

那么，$\boldsymbol{x}$ 属于负类的概率为

$$p(y=0 \mid \boldsymbol{x})=1-p(y=1 \mid \boldsymbol{x})=1-h_{\boldsymbol{\theta}}(\boldsymbol{x})=\frac{1}{1+\exp(\boldsymbol{\theta}^\top \boldsymbol{x})} \tag{3.38}$$

逻辑回归可以从两个角度定义目标函数，一种是从最大似然的角度，一种是从直接构建损失的角度。逻辑回归的优化目标是学习得到合适的参数值，使得概率 $p(y=1|\boldsymbol{x})=h_{\boldsymbol{\theta}}(\boldsymbol{x})$ 在当 $\boldsymbol{x}$ 属于"1"类时值比较大，且 $p(y=0|\boldsymbol{x})=1-h_{\boldsymbol{\theta}}(\boldsymbol{x})$ 在当 $\boldsymbol{x}$ 属于"0"类时值比较大。

从最大似然的角度分析，假设每一个样本的类标签都是独立同分布的伯努利变量，伯努利变量取值为 1 和 0 的概率分别为公式(3.37)和公式(3.38)。对于有标签的训练集 $\{(\boldsymbol{x}_i, y_i): i=1,2,\cdots,N\}$，$N$ 个独立样本的联合似然可以写成

$$p(\boldsymbol{y} \mid \boldsymbol{\theta})=\prod_{i=1}^{N} p(y_i=1 \mid \boldsymbol{x}_i)^{y_i}(1-p(y_i=1 \mid \boldsymbol{x}_i))^{(1-y_i)} \tag{3.39}$$

最大化似然等价于最小化负对数似然，因此，最大似然得到的损失函数为

$$\begin{aligned}-\ln p(\boldsymbol{y} \mid \boldsymbol{\theta})=-\sum_{i=1}^{N}[&y_i \ln p(y_i=1 \mid \boldsymbol{x}_i)+\\&(1-y_i)\ln(1-p(y_i=1 \mid \boldsymbol{x}_i))]\end{aligned} \tag{3.40}$$

从构建损失函数的角度分析，逻辑回归使用真实概率分布与模型概率分布的交叉熵损失来直接定义训练集 $\{(\boldsymbol{x}_i, y_i): i=1,2,\cdots,N\}$ 的损失函数。假设每个样本的真实分布为 $q(y_i|\boldsymbol{x}_i)$，那么，$q(y_i=1|\boldsymbol{x}_i)=y_i$，且 $q(y_i=0|\boldsymbol{x}_i)=1-y_i$。分布 $q(y_i|\boldsymbol{x}_i)$ 和 $p(y_i|\boldsymbol{x}_i)$ 的交叉熵为

$$H(q(y_i \mid \boldsymbol{x}_i), p(y_i \mid \boldsymbol{x}_i))=-\sum_{y_i} q(y_i \mid \boldsymbol{x}_i)\ln p(y_i \mid \boldsymbol{x}_i) \tag{3.41}$$

因此，逻辑回归的交叉熵损失为

$$\begin{aligned}J(\boldsymbol{\theta})&=\sum_{i=1}^{N} H[q(y_i \mid \boldsymbol{x}_i), p(y_i \mid \boldsymbol{x}_i)]\\&=-\sum_{i=1}^{N}[y_i \ln h_{\boldsymbol{\theta}}(\boldsymbol{x}_i)+(1-y_i)\ln(1-h_{\boldsymbol{\theta}}(\boldsymbol{x}_i))]\end{aligned} \tag{3.42}$$

无论从最大似然角度还是最小损失函数角度，二者得到的目标损失是一致的。可以通过最小化 $J(\boldsymbol{\theta})$ 找到假设函数 $h_{\boldsymbol{\theta}}(\boldsymbol{x})$ 中 $\boldsymbol{\theta}$ 的最优值，从而学得分类器。关于该目标的优化得不到闭式解[4]，因此常用基于梯度的迭代优化方

法，例如一阶梯度下降或基于二阶梯度的牛顿法等。使用梯度下降等方法优化 $\boldsymbol{\theta}$，需要计算 $J(\boldsymbol{\theta})$ 关于 $\boldsymbol{\theta}$ 的梯度，计算公式为

$$\begin{aligned}\nabla_{\boldsymbol{\theta}} J(\boldsymbol{\theta}) &= \left(\frac{\mathrm{d}J(\boldsymbol{\theta})}{\mathrm{d}\boldsymbol{\theta}}\right)^{\top} = \left(\frac{\sum_{i=1}^{N}[(\sigma(\boldsymbol{\theta}^{\top}\boldsymbol{x}_i) - y_i)\boldsymbol{x}_i^{\top}]\mathrm{d}\boldsymbol{\theta}}{\mathrm{d}\boldsymbol{\theta}}\right)^{\top} \\ &= \sum_i \boldsymbol{x}_i[h_{\boldsymbol{\theta}}(\boldsymbol{x}_i) - y_i]\end{aligned} \tag{3.43}$$

其中，梯度的运算过程利用了 sigmoid 函数的导数性质：$\mathrm{d}\sigma(x)=\sigma(x)(1-\sigma(x))\mathrm{d}x$。使用牛顿法进行优化，则还需要计算 Hessian 矩阵。

得到合适的参数值后，对于新的测试样本 $\boldsymbol{x}_*$，如果 $p(y=1|\boldsymbol{x}_*)>p(y=0|\boldsymbol{x}_*)$，那么将此样本标记为“1”类，否则标记为“0”类。相应的决策函数为：如果 $p(y=1|\boldsymbol{x}_*)>0.5$，那么 $y_*=1$。通常情况下，选择 0.5 作为阈值进行决策，在很多实际应用中，也可以根据特定的情况选择不同的阈值。例如，如果对正例的判别查准率要求高，可以选择大于 0.5 的值作为阈值；如果对正例的查全率要求高，可以选择小于 0.5 的值作为阈值。

3.3.2　多类逻辑回归

多类逻辑回归（multinomial logistic regression）的基本原理与二类逻辑回归类似，差别在于多类逻辑回归中因变量 y_i 的取值可以大于两个，一个 C 类逻辑回归的因变量可以在 $1\sim C$ 取任意一个整数。多类逻辑回归使用 softmax 实现从实数到类别概率的转换。

定义类别标签为 $c\in\{1,2,\cdots,C\}$，每一个类别对应于一个回归函数，即

$$f_c(\boldsymbol{x}_i)=\boldsymbol{\theta}_c^{\top}\boldsymbol{x}_i \tag{3.44}$$

其中 $\boldsymbol{\theta}_c$ 是与类别 c 对应的回归系数，$\boldsymbol{x}_i$ 是第 i 个样本向量。经过 softmax 函数转换后得到样本属于某一类别的概率为

$$p(y_i=c)=\frac{\exp(\boldsymbol{\theta}_c^{\top}\boldsymbol{x}_i)}{\sum_{k=1}^{C}\exp(\boldsymbol{\theta}_k^{\top}\boldsymbol{x}_i)} \tag{3.45}$$

根据公式(3.45),样本被分为概率最大的那一类。每个向量 $\boldsymbol{\theta}_c$ 中未知的参数可以通过最大似然或最小化交叉熵进行优化。多类逻辑回归的似然函数为

$$p(\boldsymbol{y} \mid \boldsymbol{\theta}_1,\boldsymbol{\theta}_2,\cdots,\boldsymbol{\theta}_C)=\prod_{i=1}^{N}\prod_{c=1}^{C}p\,(y_i=c \mid \boldsymbol{x}_i)^{I(y_i=c)} \tag{3.46}$$

其中,$I(y_i=c)$仅当 $y_i=c$ 时函数值为1,其余为0。对应的负对数似然,也就是交叉熵损失为

$$-\ln p(\boldsymbol{y} \mid \boldsymbol{\theta}_1,\boldsymbol{\theta}_2,\cdots,\boldsymbol{\theta}_K)=-\sum_{i=1}^{N}\sum_{c=1}^{C}I(y_i=c)\ln p(y_i=c \mid \boldsymbol{x}_i) \tag{3.47}$$

与二类逻辑回归类似,由于优化目标中包含非线性函数,通常得不到闭式解,因此常用的方法是基于梯度的迭代优化。此外,无论是二类逻辑回归还是多类逻辑回归,使用最大后验估计或最小化带惩罚项的交叉熵损失可以防止模型过拟合。

3.4 贝叶斯逻辑回归

本节以两分类为例介绍贝叶斯逻辑回归(Bayesian logistic regression)。逻辑回归是一种判别式概率线性分类器 $p(y=1 \mid \boldsymbol{x},\boldsymbol{\theta})=\sigma(\boldsymbol{\theta}^\top\boldsymbol{x})$。贝叶斯逻辑回归通过贝叶斯参数估计学习参数的后验分布,并且利用该分布进行预测。

已知观测数据 $\boldsymbol{X}=[\boldsymbol{x}_1,\boldsymbol{x}_2,\cdots,\boldsymbol{x}_N]^\top$,$\boldsymbol{y}=[y_1,y_2,\cdots,y_N]^\top$,逻辑回归使用的似然分布导致后验分布 $p(\boldsymbol{\theta} \mid \boldsymbol{X},\boldsymbol{y})$ 难以有解析表达,因此通常使用其他典型分布 $q(\boldsymbol{\theta})$ 来近似后验分布。预测时,即便使用了近似分布,对新样本 $\boldsymbol{x}_*$ 的预测分布 $p(y_*=1 \mid \boldsymbol{x}_*)\approx\int\sigma(\boldsymbol{\theta}^\top\boldsymbol{x}_*)q(\boldsymbol{\theta})\mathrm{d}\boldsymbol{\theta}$ 的估计仍然是难解的。因此,贝叶斯逻辑回归通常使用近似求解方法。

一方面,后验分布 $p(\boldsymbol{\theta}|\boldsymbol{X},\boldsymbol{y})$等于先验乘以似然,再进行归一化。其中先验通常假设为

$$p(\boldsymbol{\theta}) = \mathcal{N}(\boldsymbol{\theta} \mid \boldsymbol{m}_0, \boldsymbol{S}_0) \tag{3.48}$$

逻辑回归的似然为

$$p(\boldsymbol{y} \mid X, \boldsymbol{\theta}) = \prod_{i=1}^{N} p(y_i = 1 \mid \boldsymbol{x}_i)^{y_i}(1 - p(y_i = 1 \mid \boldsymbol{x}_i))^{1-y_i} \tag{3.49}$$

对逻辑回归中的后验分布进行精确求解非常困难，这时可以通过使用拉普拉斯近似得到近似的高斯后验分布 $q(\boldsymbol{\theta})$。

另一方面，预测分布 $p(y_* = 1|\boldsymbol{x}_*) \approx \int \sigma(\boldsymbol{\theta}^\top \boldsymbol{x}_*) q(\boldsymbol{\theta}) \mathrm{d}\boldsymbol{\theta}$ 需要关于 sigmoid 函数和高斯分布的乘积求积分，其精确求解也是十分困难的，可通过将 sigmoid 函数用逆 probit 函数近似得到其近似解[4]。下面对这两方面的近似进行详细介绍。

(1) 拉普拉斯近似。

对后验分布的拉普拉斯近似是通过数值优化算法得到一个以 $\boldsymbol{\theta}_0$ 为均值的高斯分布 $q(\boldsymbol{\theta})$，作为真实后验的近似分布为

$$q(\boldsymbol{\theta}) = \frac{1}{(2\pi)^{D/2} \mid \boldsymbol{S}_N \mid^{1/2}} \exp\left[-\frac{1}{2}(\boldsymbol{\theta} - \boldsymbol{\theta}_0)^\top \boldsymbol{S}_N^{-1}(\boldsymbol{\theta} - \boldsymbol{\theta}_0)\right] = \mathcal{N}(\boldsymbol{\theta} \mid \boldsymbol{\theta}_0, \boldsymbol{S}_N) \tag{3.50}$$

其中，均值 $\boldsymbol{\theta}_0$ 是真实后验分布的最大值对应的变量值，协方差矩阵是负对数真实后验分布 $-\ln p(\boldsymbol{\theta}|X, \boldsymbol{y})$ 的 Hessian 矩阵（附录 C）在 $\boldsymbol{\theta} = \boldsymbol{\theta}_0$ 处的逆，即 $\boldsymbol{S}_N = (-\nabla\nabla \ln p(\boldsymbol{\theta}|X, \boldsymbol{y})|_{\boldsymbol{\theta}=\boldsymbol{\theta}_0})^{-1}$。下面来看均值 $\boldsymbol{\theta}_0$ 和协方差矩阵 $\boldsymbol{S}_N$ 的具体计算过程。

已知参数服从高斯先验 $p(\boldsymbol{\theta}) = \mathcal{N}(\boldsymbol{\theta}|m_0, S_0)$，其中 m_0 和 S_0 是超参数。后验分布 $p(\boldsymbol{\theta}|X, \boldsymbol{y}) \propto p(\boldsymbol{\theta}) p(\boldsymbol{y}|X, \boldsymbol{\theta})$。将先验概率（公式(3.48)）和逻辑回归的似然函数（公式(3.49)）代入贝叶斯公式可得

$$\ln p(\boldsymbol{\theta} \mid X, \boldsymbol{y}) = -\frac{1}{2}(\boldsymbol{\theta} - m_0)^\top \boldsymbol{S}_0^{-1}(\boldsymbol{\theta} - m_0) + \sum_{i=1}^{N}[y_i \ln p(y_i = 1 \mid \boldsymbol{x}_i, \boldsymbol{\theta}) + (1 - y_i)\ln(1 - p(y_i = 1 \mid \boldsymbol{x}_i, \boldsymbol{\theta}))] + \text{const} \tag{3.51}$$

最大化该对数后验分布 $\ln p(\boldsymbol{\theta}|\boldsymbol{X},\boldsymbol{y})$，可以得到参数的最大后验估计 $\boldsymbol{\theta}_{\text{map}}$，作为近似分布 $q(\boldsymbol{\theta})$的均值。$-\ln p(\boldsymbol{\theta}|\boldsymbol{X},\boldsymbol{y})$的 Hessian 矩阵计算为

$$
\begin{aligned}
\boldsymbol{H} &= -\nabla\nabla\ln p(\boldsymbol{\theta} \mid \boldsymbol{X},\boldsymbol{y}) = \frac{-\mathrm{d}^2\ln p(\boldsymbol{\theta} \mid \boldsymbol{X},\boldsymbol{y})}{\mathrm{d}\boldsymbol{\theta}\mathrm{d}\boldsymbol{\theta}^\top} \\
&= \frac{\mathrm{dTr}[(\boldsymbol{\theta}-\boldsymbol{m}_0)^\top\boldsymbol{S}_0^{-1}\mathrm{d}\boldsymbol{\theta}] - \left(\mathrm{d}\sum_{i=1}^{N}((y_i-\sigma(\boldsymbol{\theta}^\top\boldsymbol{x}_i))\boldsymbol{x}_i^\top\mathrm{d}\boldsymbol{\theta})\right)}{\mathrm{d}\boldsymbol{\theta}\mathrm{d}\boldsymbol{\theta}^\top} \\
&= \frac{\mathrm{Tr}[\boldsymbol{S}_0^{-1}\mathrm{d}\boldsymbol{\theta}\mathrm{d}\boldsymbol{\theta}^\top] + \mathrm{Tr}\left[\sum_{i=1}^{N}\sigma(\boldsymbol{\theta}^\top\boldsymbol{x}_i)(1-\sigma(\boldsymbol{\theta}^\top\boldsymbol{x}_i))\boldsymbol{x}_i\boldsymbol{x}_i^\top\mathrm{d}\boldsymbol{\theta}\mathrm{d}\boldsymbol{\theta}^\top\right]}{\mathrm{d}\boldsymbol{\theta}\mathrm{d}\boldsymbol{\theta}^\top} \\
&= \boldsymbol{S}_0^{-1} + \sum_{i=1}^{N}p(y_i=1 \mid \boldsymbol{x}_i,\boldsymbol{\theta})(1-p(y_i=1 \mid x_i,\boldsymbol{\theta}))\boldsymbol{x}_i\boldsymbol{x}_i^\top
\end{aligned}
\tag{3.52}
$$

其中运算过程利用了 sigmoid 函数的导数性质：$\mathrm{d}\sigma(x)=\sigma(x)(1-\sigma(x))\mathrm{d}x$。得到 $\boldsymbol{H}$ 之后，根据 $\boldsymbol{S}_N=(\boldsymbol{H}|_{\boldsymbol{\theta}=\boldsymbol{\theta}_{\text{map}}})^{-1}$得到近似分布的协方差矩阵 $\boldsymbol{S}_N$，可以得到后验分布的高斯近似 $q(\boldsymbol{\theta})=\mathcal{N}(\boldsymbol{\theta}|\boldsymbol{\theta}_{\text{map}},\boldsymbol{S}_N)$。

(2) 逆 probit 函数近似。

得到近似后验分布后，对于给定的新特征向量 $\boldsymbol{x}_*$，其属于类别“1”的预测分布可以通过似然关于后验 $p(\boldsymbol{\theta}|\boldsymbol{X},\boldsymbol{y})$的积分得到，即

$$
\begin{aligned}
p(y_*=1 \mid \boldsymbol{x}_*) &= \int p(y_*=1,\boldsymbol{\theta} \mid x_*)\mathrm{d}\boldsymbol{\theta} \\
&= \int p(y_*=1 \mid \boldsymbol{x}_*,\boldsymbol{\theta})p(\boldsymbol{\theta} \mid \boldsymbol{X},\boldsymbol{y})\mathrm{d}\boldsymbol{\theta} \\
&\approx \int \sigma(\boldsymbol{\theta}^\top\boldsymbol{x}_*)q(\boldsymbol{\theta})\mathrm{d}\boldsymbol{\theta}
\end{aligned}
\tag{3.53}
$$

属于类别“0”的概率为

$$
p(y_*=0 \mid \boldsymbol{x}_*) = 1 - p(y_*=1 \mid \boldsymbol{x}_*) \tag{3.54}
$$

下面对公式(3.53) 作进一步化简，由于函数 $\sigma(\boldsymbol{\theta}^\top\boldsymbol{x}_*)$ 仅通过 $\boldsymbol{\theta}^\top\boldsymbol{x}_*$ 的值依赖于 $\boldsymbol{\theta}$，因此定义新的变量 $a=\boldsymbol{\theta}^\top\boldsymbol{x}_*$，并引入 Dirac delta 函数 $\delta(\cdot)$，可以得

到 $\sigma(\boldsymbol{\theta}^\top \boldsymbol{x}_*) \approx \int \delta(a-\boldsymbol{\theta}^\top \boldsymbol{x}_*)\sigma(a)\mathrm{d}a$。因此，公式(3.53)的结果可以表示为

$$\begin{aligned}\int \sigma(\boldsymbol{\theta}^\top \boldsymbol{x}_*)q(\boldsymbol{\theta})\mathrm{d}\boldsymbol{\theta} &= \int\left(\int \delta(a-\boldsymbol{\theta}^\top \boldsymbol{x}_*)\sigma(a)\mathrm{d}a\right)q(\boldsymbol{\theta})\mathrm{d}\boldsymbol{\theta} \\ &= \int \sigma(a)\int \delta(a-\boldsymbol{\theta}^\top \boldsymbol{x}_*)q(\boldsymbol{\theta})\mathrm{d}\boldsymbol{\theta}\mathrm{d}a\end{aligned} \tag{3.55}$$

其中，$\int \delta(a-\boldsymbol{\theta}^\top \boldsymbol{x}_*)q(\boldsymbol{\theta})\mathrm{d}\boldsymbol{\theta}$ 是关于 a 的函数，并且可验证为是一个高斯概率分布，记为 $p(a)=\mathcal{N}(a \mid \mu_a, \sigma_a^2)$，其中均值与方差分别为

$$\mu_a = \mathbb{E}[a] = \int p(a)a\,\mathrm{d}a = \int q(\boldsymbol{\theta})\boldsymbol{\theta}^\top \boldsymbol{x}_*\,\mathrm{d}\boldsymbol{\theta} = \boldsymbol{\theta}_{\mathrm{map}}^\top \boldsymbol{x}_* \tag{3.56}$$

$$\begin{aligned}\sigma_a^2 &= \mathrm{var}[a] = \int p(a)a^2\mathrm{d}a - \mathbb{E}[a]^2 = \int q(\boldsymbol{\theta})(\boldsymbol{\theta}^\top \boldsymbol{x}_*)^2\mathrm{d}\boldsymbol{\theta} - (\boldsymbol{\theta}_{\mathrm{map}}^\top \boldsymbol{x}_*)^2 \\ &= \boldsymbol{x}_*^\top S_N \boldsymbol{x}_*\end{aligned} \tag{3.57}$$

预测分布可以表示为

$$p(y=1 \mid \boldsymbol{x}_*) = \int \sigma(a)p(a)\mathrm{d}a = \int \sigma(a)\,\mathcal{N}(a \mid \mu_a, \sigma_a^2)\mathrm{d}a \tag{3.58}$$

注意，在公式(3.58)的积分中，关于 sigmoid 和 Gaussian 乘积的积分是不可解的，通常使用逆 probit 函数来替代 sigmoid 函数。定义标准高斯分布的累积分布函数为

$$\Phi(a) = \int_{-\infty}^{a} \mathcal{N}(w \mid 0,1)\mathrm{d}w \tag{3.59}$$

该函数也称为逆 probit 函数。由于累积分布函数的值域是(0,1)，因此可用逆 probit 函数来近似 sigmoid 函数。为使二者尽可能一致，需对逆 probit 函数的自变量进行放缩，即使用 $\Phi(\lambda a)$ 来近似 $\sigma(a)$，并且 λ 通常设置为 $\lambda=\sqrt{\pi/8}$，此时两者在原点具有相同的斜率（即导数相同）[4]。高斯分布和逆 probit 函数相乘后的积分还是一个逆 probit 函数，即

$$\int \Phi(\lambda a)\,\mathcal{N}(a \mid \mu_a, \sigma_a^2)\mathrm{d}a = \Phi\left(\frac{\mu_a}{(\lambda^{-2}+\sigma_a^2)^{1/2}}\right) \tag{3.60}$$

将公式(3.60)应用到公式(3.58)中，可以获得最终的预测概率为

$$p(y=1\mid \boldsymbol{x}_*)=\int\sigma(a)\,\mathcal{N}(a\mid \mu_a,\sigma_a^2)\mathrm{d}a\approx\sigma(\mu_a/(1+\pi\sigma_a^2/8)^{1/2}) \tag{3.61}$$

其中 $\mu_a=\boldsymbol{\theta}_{\text{map}}^\top\boldsymbol{x}_*$，$\sigma_a^2=\boldsymbol{x}_*^\top\boldsymbol{S}_N\boldsymbol{x}_*$。对应于 $p(y=1\mid\boldsymbol{x}_*)=0.5$ 的决策边界由 $\mu_a=0$ 给出。

思考与计算

1. 选择一个 UCI 数据集，比较线性回归和岭回归的错误率。
2. 请编程实现二分类的逻辑回归，要求采用牛顿法进行优化求解。
3. 证明一元高斯似然关于方差的共轭先验是逆伽马分布。
4. 思考如何优化使用 L_1 范数进行正则化的最小二乘。

参考文献

[1] 王雄清，刘安全，陈仁武. 圈养大熊猫全年食竹量观察[J]. 四川动物，1989，8(4)：18.

[2] Draper N R，Nostrand R C V. Ridge Regression and James-Stein Estimation：Review and Comments[J]. Technometrics，1979，21(4)：451-466.

[3] Cox D R. The Regression Analysis of Binary Sequences[J]. Journal of the Royal Statistical Society. Series B (Methodological)，1958，20(2)：215-242.

[4] Bishop C M. Pattern Recognition and Machine Learning [M]. New York：Springer，2006.

第 4 章　概率图模型基础

学习目标：

(1) 明确判别式和生成式概率图模型的区别；

(2) 掌握有向图模型的模型表示、条件独立性刻画，理解常见的有向图模型；

(3) 掌握无向图模型的模型表示、条件独立性刻画，理解常见的无向图模型；

(4) 掌握对树状结构因子图进行推理的和积算法和最大和算法。

概率图模型结合了概率论和图论的知识，使用图的结构来描述多个随机变量之间的关系，在模式识别与机器学习中发挥着重要作用[1]。一方面，概率图模型可以提供一种相对直观的模型表示，图的方式比使用大段概率公式更容易使人理解变量之间的依赖关系，便于启发建模者探索新的模型。概率图模型可以通过图的结构直观地表示变量之间的条件独立性。这样，通过联系实际数据并构建合理必要的条件独立性，可以进一步简化模型中变量的联合分布，将其写成某些因子相乘的形式。另一方面，概率图模型的相关知识除了可构建具有图结构的模型表示以外，还包括对模型中变量的推理方法。概率图模型的推理包括求解具有复杂依赖关系的图中某些变量的边缘分布，以及求解使得联合后验分布最大的变量的取值等。

概率图模型为使用概率论对数据进行分析提供了系统的建模和推理方法。从对数据的建模方式来区分，概率图模型可以分为判别式模型和生成式模型。判别式模型对条件概率分布进行建模，直接构建从输入变量到输出变量的概率映射,可以直接用于预测。常见的判别式模型有逻辑回归、条件随机场等。判别式模型的好处是可以简单直接地刻画所关心的目标输出与输入的关系,避免对输入特征的建模。生成式模型对联合概率分布进行建模,即建模输入特征和输出数据共同的概率分布,然后从联合分布计算后验分布,从而进行预测。常见的生成式模型有朴素贝叶斯模型、隐马尔可夫模型等。生成式模型的好处是可以充分利用先验知识,并且可以建模输入特征,更加适合已知先验知识或输入特征有缺失的任务。

概率图模型由节点(node)和连接两个节点的边(edge)组成,每个节点可以表示一个随机变量或一组随机变量,节点之间的边表示随机变量之间的依赖关系。从图中的边是否有方向来区分,概率图模型分为有向图模型和无向图模型,也分别称为贝叶斯网络和马尔可夫网络。图 4-1 给出了有向图模型和无向图模型的例子。

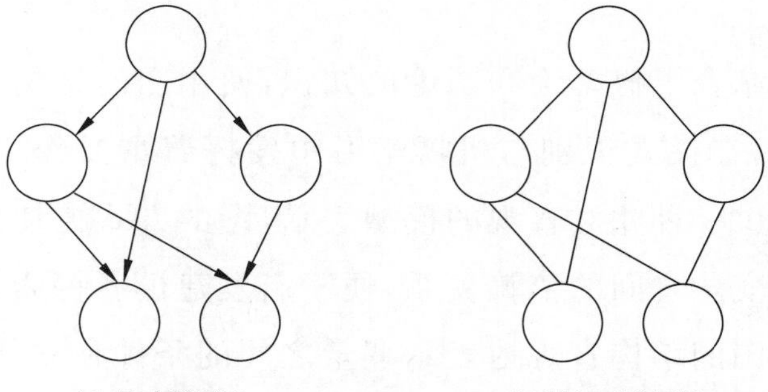

(a) 贝叶斯网络　　(b) 马尔可夫网络

图 4-1　概率图模型示意图

有向图模型也称为贝叶斯网络,可以刻画变量之间的有向依赖关系,从而体现因果关系。贝叶斯网络被成功应用于各个学科领域[2-4],例如,在语音识别领域,著名的隐马尔可夫模型就是一种贝叶斯网络。在音素识别任务中,隐马尔可夫模型可以通过变量的有向依赖构建音素到语音之间的表征关系,以及音素到音素之间的转换关系。

无向图模型也称为马尔可夫网络,可以刻画变量之间的相互约束关系。

例如，可以使用一个马尔可夫网络建模一张图像，其中网络中的每一个节点代表图像的每一个像素点，节点之间的连接代表像素点之间存在关联关系。马尔可夫随机场和条件随机场是两种典型的无向图模型，被广泛应用于计算机视觉和图像处理任务中[5]。

本章首先分别介绍有向图模型和无向图模型，包括各自的模型表示、模型中的条件独立性刻画以及常见的具体模型。然后介绍统一的推理方法，包括推理出所关心变量的边缘概率分布和求解对应最大概率分布的隐变量的值。

4.1　有向图模型

有向图模型（directed graphical model）即贝叶斯网络（Bayesian network），通常使用有向无环图来表示概率分布。有向图模型的特点是，除了可以表示所有变量的联合分布，也可以表示直接相连的节点之间的条件分布。顾名思义，有向图模型中的节点使用有向边连接，用来表示有向依赖关系，也表示两个变量之间的因果关系（父节点是因，子节点是果），因此有时也叫因果网络（causal network）。

4.1.1　模型表示

一个贝叶斯网络由两部分组成。即①有向无环图$\mathcal{G}=(V,E)$，其中 V 表示有向图中节点的集合，E 表示图中有向边的集合。如果有一条边从节点 a 指向节点 b，那么节点 a 称为节点 b 的父节点，节点 b 称为节点 a 的子节点。每个节点可以有多个父节点，也可以有多个子节点。②父节点到子节点的条件概率分布。

贝叶斯网络描述了变量之间的依赖关系，同时也刻画了变量之间的独立关系。贝叶斯网络可以提供因子化形式的联合分布，这种因子化形式的联合分布等价地暗含了所有变量中存在的条件独立性。

下面来看如何给出一个贝叶斯网络的联合分布表示。首先考虑一个具有 K 个随机变量的联合分布的一般化表示，根据概率分布的乘法运算法则，K 个随机变量的联合分布可以写为

$$p(x_1,x_2,\cdots,x_K)=p(x_1)p(x_2\mid x_1)\cdots p(x_K\mid x_1,x_2,\cdots,x_{K-1}) \tag{4.1}$$

联合分布(公式(4.1))可以表示为一个含有 K 个节点的有向图，每个节点对应一个随机变量，节点之间的有向边对应于公式右侧的每个条件分布，每条边由所有编号较低的节点指向当前节点。可以想象，这是一个有向无环图，可以表达任意分布。

然而，在实际建模中，网络的设置往往各不相同，其中某些变量只受部分变量影响。这类贝叶斯网络所表达的联合分布虽然也可以通过公式(4.1)表示，但它并不是一个紧凑的表示。

贝叶斯网络定义的紧凑的联合分布表示为

$$p(x_1,x_2,\cdots,x_K)=\prod_{k=1}^{K}p(x_k\mid \mathrm{Pa}_{x_k}) \tag{4.2}$$

其中，Pa_{x_k} 表示节点 x_k 的父节点。公式(4.2)给出了贝叶斯网络的联合分布表示，该因子化的形式暗含了模型中的条件独立性。反之，模型的紧凑的联合分布表示也可以由模型的条件独立性的假设所推出。关于贝叶斯网络的条件独立的形式化表示将在4.1.2节给出。

【示例】 下面对照一个贝叶斯网络示例(图4.2)来理解联合分布的表示。

根据公式(4.2)，可以得出该贝叶斯网络的联合分布为

$$p(a,b,\cdots,g)=p(a)p(b)p(f)p(c\mid a,f)p(g\mid b,f)p(d\mid c)p(e\mid d) \tag{4.3}$$

如果给出如公式(4.3)所示的贝叶斯网络的联合分布形式，同样也可以画出图4-2所示的贝叶斯网络表示。

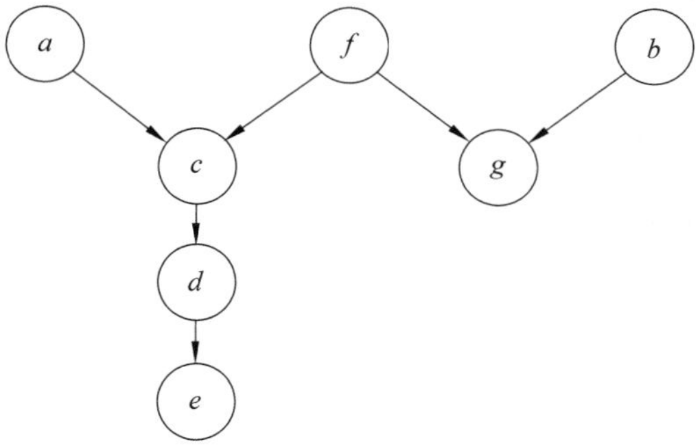

图 4-2　贝叶斯网络示例

4.1.2　条件独立性

4.1.1 节介绍了对贝叶斯网络给出紧凑的联合分布的表示。这种表示与变量的条件独立性密不可分。确切地说，公式中联合分布的表示蕴含了模型中所有变量的条件独立性。除了因子化的联合分布以外，贝叶斯网络还包含另一种关于条件独立性假设的语义表示，这种性质也叫作局部条件独立性。称为局部条件独立性的原因是这种语义仅仅描述了贝叶斯网络中部分节点之间的独立性关系。局部条件独立性的语义表示与 4.1.1 节的紧凑的联合分布表示是等价的。条件独立性是概率图模型中重要的概念之一，接下来首先通过概率公式来理解什么是独立性和条件独立性。

设两个随机变量 a 和 b，如果它们的联合概率分布可以表示为只包括因子 a 和只包括因子 b 的两个分布的乘积，即 $p(a,b)=p(a)p(b)$，则称随机变量 a 和 b 是相互独立的，经常使用一种简化的形式来表示 a 和 b 的独立性，即

$$a \perp b \tag{4.4}$$

独立性在很多情况下都是不成立的，但是在给定一个额外的随机变量 c 后，如果 a 和 b 在给定 c 后的联合分布可以写为 $p(a,b|c)=p(a|c)p(b|c)$，此时称 a 和 b 是条件独立的(conditionally independent)，可以简记为

$$a \perp b \mid c \tag{4.5}$$

下面给出贝叶斯网络关于条件独立性假设的形式化语义表示，也被称为局部条件独立性。

在给定父节点的条件下，贝叶斯网络中每一个节点与其他非后代节点条件独立。也就是说，由一个有向无环图$\mathcal{G}$及其联合分布 $p(x_1, x_2, \cdots, x_K)$构成的一个贝叶斯网络，其联合分布满足如下条件独立性[6]：

$$\forall k, x_k \perp \text{NonDesc}(x_k) \mid \text{Pa}(x_k) \tag{4.6}$$

其中，$\text{NonDesc}(x_k)$表示除 $\text{Pa}(x_k)$之外 x_k 的非后代节点。

贝叶斯网络的联合分布与其局部条件独立性是对贝叶斯网络的两种等价描述。也就是说，由公式(4.2)给出的联合分布的紧凑表示可以推导出公式(4.6)给出的条件独立性，反之亦然。由条件独立性假设得到联合分布的紧凑表示是显而易见的，这里不再证明。下面给出由联合分布的紧凑表示推出条件独立性的证明。

【证明】 为了证明公式(4.6)，只需要证明

$$p(x_k \mid \text{NonDesc}(x_k), \text{Pa}(x_k)) = p(x_k \mid \text{Pa}(x_k)) \tag{4.7}$$

公式(4.7)的左边即条件分布 $p(x_k \mid \text{NonDesc}(x_k), \text{Pa}(x_k))$，可以根据贝叶斯公式写为

$$p(x_k \mid \text{NonDesc}(x_k), \text{Pa}(x_k)) = \frac{p(x_k, \text{NonDesc}(x_k), \text{Pa}(x_k))}{p(\text{NonDesc}(x_k), \text{Pa}(x_k))} \tag{4.8}$$

公式(4.8)中的分子可以表示为

$$\begin{aligned}
& p(x_k, \text{NonDesc}(x_k), \text{Pa}(x_k)) \\
&= \sum_{\text{Desc}(x_k)} p(x_k, \text{NonDesc}(x_k), \text{Pa}(x_k), \text{Desc}(x_k)) \\
&= \sum_{\text{Desc}(x_k)} p(x_k \mid \text{Pa}(x_k)) \prod_{x_i \in \text{Desc}(x_k)} p(x_i \mid \text{Pa}(x_i)) \prod_{x_j \in \text{NonDesc}(x_k) \cup \text{Pa}(x_k)} p(x_j \mid \text{Pa}(x_j)) \\
&= p(x_k \mid \text{Pa}(x_k)) \prod_{x_j \in \text{NonDesc}(x_k) \cup \text{Pa}(x_k)} p(x_j \mid \text{Pa}(x_j)) \sum_{\text{Desc}(x_k)} \prod_{x_i \in \text{Desc}(x_k)} p(x_i \mid \text{Pa}(x_i))
\end{aligned}$$

$$= p(x_k \mid \mathrm{Pa}(x_k)) \prod_{x_j \in \mathrm{NonDesc}(x_k) \cup \mathrm{Pa}(x_k)} p(x_j \mid \mathrm{Pa}(x_j)) \tag{4.9}$$

在公式(4.9)的化简过程中，第一个等号使用了概率的边缘表示，第二个等号使用了联合分布的紧凑表示，第三个等号使用了乘法分配律提出相同的项，第四个等号使用了 $\sum_{\mathrm{Desc}(x_k)} \prod_{x_i \in \mathrm{Desc}(x_k)} p(x_i \mid \mathrm{Pa}(x_i)) = 1$ 的事实。

公式(4.8)中的分母可以表示为

$$p(\mathrm{NonDesc}(x_k), \mathrm{Pa}(x_k)) = \prod_{x_j \in \mathrm{NonDesc}(x_k) \cup \mathrm{Pa}(x_k)} p(x_j \mid \mathrm{Pa}(x_j)) \tag{4.10}$$

因此，可以得出 $p(x_k \mid \mathrm{NonDesc}(x_k), \mathrm{Pa}(x_k)) = p(x_k \mid \mathrm{Pa}(x_k))$。证毕。

通过联合分布的紧凑表示或通过局部条件独立性的形式化语义，都可以分析出贝叶斯网络中变量的一些条件独立性，但是这两种方法并没有包括所有的独立性情况。事实上，通过图的一些特殊结构和规则，可以简单直观地得到所关心变量的条件独立性。接下来介绍三种基本的变量依赖情况，三种情况对应三种不同的图结构：顺序结构(头到尾)、发散结构(尾到尾)、汇总结构(头到头)。

图 4-3 所示为顺序结构，节点 c 连接了一个箭头的头部和另一个箭头的尾部。顺序结构具有条件独立性，即在给定 c 的条件下，a 和 b 条件独立。

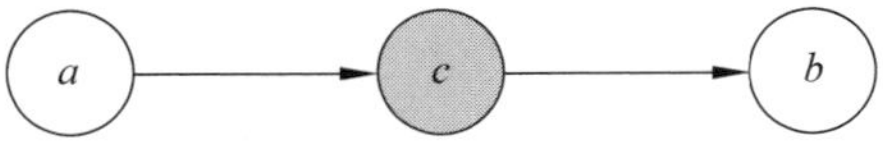

图 4-3　顺序结构[①]

条件独立性可以根据图模型的联合概率分布推导得出。图中概率图模型的联合分布为

$$p(a, b, c) = p(a) p(c \mid a) p(b \mid c) \tag{4.11}$$

因此可以得出

① 在本书的概率图模型表示中，如无特别描述，带阴影的圆圈表示观测到的变量节点，空心的圆圈表示未观测到的变量节点。

$$p(a,b \mid c)=\frac{p(a,b,c)}{p(c)}=\frac{p(a)p(c \mid a)p(b \mid c)}{p(c)}=p(a \mid c)p(b \mid c) \tag{4.12}$$

图 4-4 所示为发散结构,节点 c 连接了两个箭头的尾部。发散结构具有条件独立性,即在给定 c 的条件下,a 和 b 条件独立。

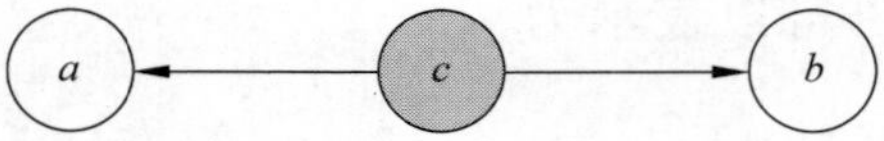

图 4-4　发散结构

图 4-4 中概率图模型的联合分布为

$$p(a,b,c)=p(a \mid c)p(b \mid c)p(c) \tag{4.13}$$

因此可以得出

$$p(a,b \mid c)=\frac{p(a,b,c)}{p(c)}=p(a \mid c)p(b \mid c) \tag{4.14}$$

图 4-5 所示为汇总结构,节点 c 连接了两个箭头的头部。汇总结构不具有条件独立性:在给定 c 的条件下,a 和 b 条件不独立。但是在图 4-6 所示的汇总结构中,a 和 b 独立。

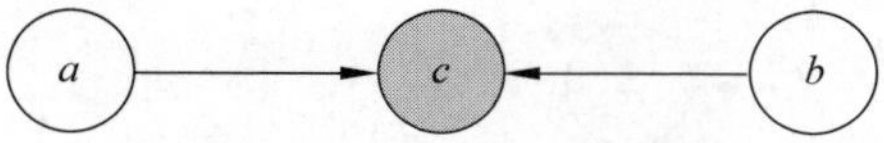

图 4-5　汇总结构 1

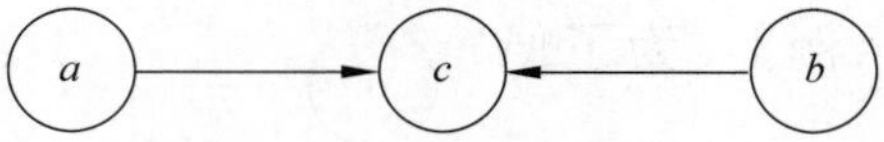

图 4-6　汇总结构 2

汇总结构与前两种结构有很大的不同。观测到节点 c 后,原本独立的 a 和 b 反而变得不独立。独立的性质也可以通过联合分布推导得出,首先写出图 4-6 中汇总结构的联合概率分布为

$$p(a,b,c)=p(a)p(b)p(c \mid a,b) \tag{4.15}$$

关于 c 求积分或求和后得到 a 和 b 的联合分布可以表示为各自边缘分布的乘积,即

$$p(a,b)=p(a)p(b) \tag{4.16}$$

除上述三种基本情况之外，还有很多复杂的条件独立性的情况无法使用简单的图结构表达，这些更为一般的条件独立性可以通过有向分隔（d-分隔）的规则进行刻画。下面介绍 d-分隔规则。

设$\mathcal{G}=\{V,E\}$是一个贝叶斯网络（有向图模型），集合 A、B、C 是 V 中相互不相交的子集，其中 C 中的节点是被观测到的。考虑从 A 中节点到 B 中节点所有可能的路径，如果路径上存在一个节点满足如下两个条件之一，那么该条路径是被阻隔的。

① 该节点是被观测的（在集合 C 中），并且它与所连接的节点具有发散结构（尾到尾）或顺序结构（头到尾）。

② 该节点及其后代节点都未被观测（不在集合 C 中），并且它与所连接的节点具有汇总结构（头到头）。

如果从 A 中节点到 B 中节点的所有路径都被阻隔，就可以说从 A 到 B 的路径是被阻隔的，或者叫 d-分隔的。

对于一个贝叶斯网络，在给定观测的节点集合 C 的条件下，如果 A 到 B 的所有路径都被阻隔，就可以说 A 和 B 在给定 C 的情况下条件独立，图中所有变量的联合概率分布将满足 $A \perp B \mid C$[6]。

【示例】 为了便于理解如何使用 d-分隔判断条件独立性，图 4-7 列举了两个例子。

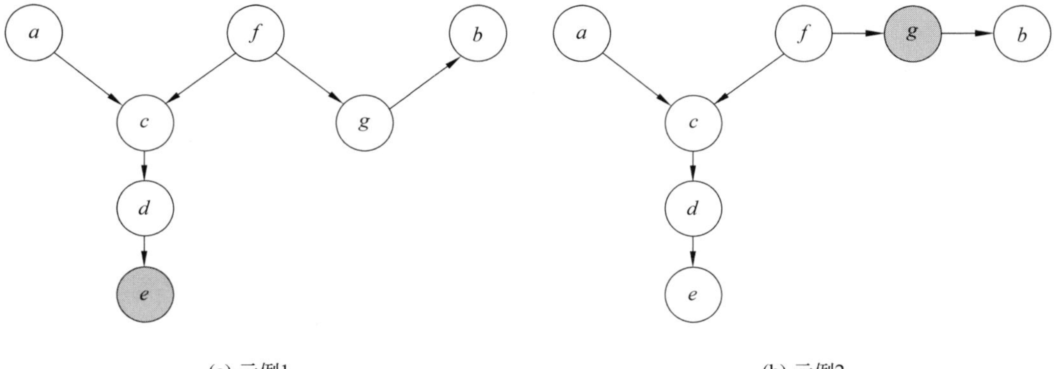

(a) 示例1　　(b) 示例2

图 4-7　使用 d-分隔判断条件独立性示例

在图 4-7 的两个有向图中，节点 a 到节点 b 只有一条路径。在有向图 4-7(a)中，由于节点 c 是汇总结构，而且 c 的后代节点 e 是被观测到的，因此 a 到 f 不被阻隔；节点 f 是发散结构，但是未观测，因此 c 到 g 不被阻隔；节点 g 是顺序结构，但是未观测，因此 f 到 b 不被阻隔。总的来说，a 到 b 不是 d-分隔的，因此有向图 4-7(a)中给定节点 e 后，节点 a 和节点 b 不是条件独立的。在 4-7(b)图中，节点 g 是顺序结构且被观测，因此 f 到 b 是被阻隔的。这一点就可以确定 a 到 b 是 d-分隔的，因此在给定节点 g 后，节点 a 和 b 条件独立，即有 $a \perp b \mid g$。

在概率图模型中，马尔可夫毯（Markov blanket）是一个与条件独立性相关的重要概念，下面给出其定义。

在所考虑的随机变量的全集 U 中，对于给定的变量 $x \in U$ 和变量集 $\mathrm{MB} \subset U$，其中 $x \notin \mathrm{MB}$，若有

$$x \perp \{U - \mathrm{MB} - \{x\}\} \mid \mathrm{MB} \tag{4.17}$$

则称满足上述条件的最小变量集 MB 为 x 的马尔可夫毯。由定义可以看出，在概率图模型中，单个节点仅与它的马尔可夫毯有直接关系，在给定马尔可夫毯的条件下，它与除马尔可夫毯之外的其他所有节点都条件独立。

在有向图模型中，一个节点的马尔可夫毯包括该节点的父节点、子节点以及子节点的共同父节点。图 4-8 展示了一个有向图的马尔可夫毯。

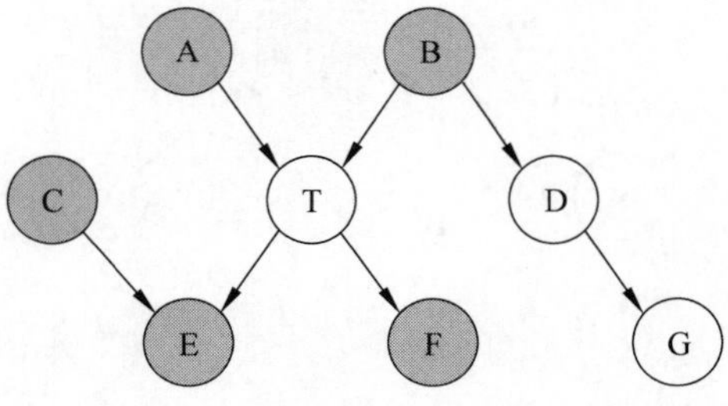

图 4-8　有向图的马尔可夫毯示例

注：图中纹理填充的节点构成了节点 T 的马尔可夫毯

4.1.3　常见的有向图模型

有向图模型是一类模型框架。针对不同的应用，研究者提出了很多不同的模型实例，例如，用于分类的朴素贝叶斯模型和用于时序数据建模的隐马尔可夫模型等。本节仅以朴素贝叶斯和隐马尔可夫模型为例，介绍各自的模型假设及其概率图模型表示。

(1) 朴素贝叶斯网络。

朴素贝叶斯(naive Bayes)是一类简单的贝叶斯网络，常用于分类任务，也叫朴素贝叶斯分类器。假设 $\boldsymbol{x}$ 是一个 D 维的样本向量，其中每一个元素 x_d 表示 $\boldsymbol{x}$ 的一个特征或属性，$z=1,2,\cdots,C$，表示数据 $\boldsymbol{x}$ 所属的类别，例如 $z=c$ 表示数据属于第 c 类。在朴素贝叶斯分类器中，D 个特征在已知类别的条件下独立。图 4-9 展示了朴素贝叶斯的概率图模型表示，其中，观测到的特征变量 $x_1,x_2,\cdots,x_D$ 依赖于类别变量 z，并且在已知类别 z 的条件下，特征 $x_1,x_2,\cdots,x_D$ 之间是条件独立的。

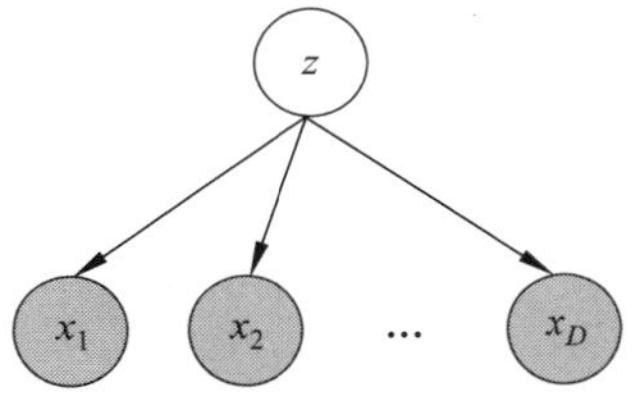

图 4-9　朴素贝叶斯网络

由于朴素贝叶斯网络中各个特征之间是条件独立的，因此每一个样本的类条件概率分布为

$$p(\boldsymbol{x} \mid z=c)=\prod_{d=1}^{D} p(x_d \mid z=c) \tag{4.18}$$

已知类条件概率分布，贝叶斯分类器通过计算后验概率 $p(z=c|\boldsymbol{x})$进行决策。根据贝叶斯公式可以得到后验概率为

$$p(z=c \mid \boldsymbol{x})=\frac{p(z=c)p(\boldsymbol{x} \mid z=c)}{p(\boldsymbol{x})}=\frac{p(z=c)}{p(\boldsymbol{x})}\prod_{d=1}^{D} p(x_d \mid z=c) \tag{4.19}$$

由于 $p(\boldsymbol{x})$ 对于所有类别都是相同的，朴素贝叶斯分类器等价于寻找一

个类别 c，使得 $p(z=c)\prod_{d=1}^{D}p(x_d \mid z=c)$ 最大。

虽然朴素贝叶斯网络简单，并且分类结果较好，但是在大多数情况下，各个特征彼此条件独立这一假设是很难保证的。因此，更一般的贝叶斯网络允许变量之间存在更复杂的依赖关系，可具有更广的适用范围。

(2) 隐马尔可夫模型。

隐马尔可夫模型(hidden Markov model)是一种含有隐变量的时序数据模型，可以用图 4-10 表示。

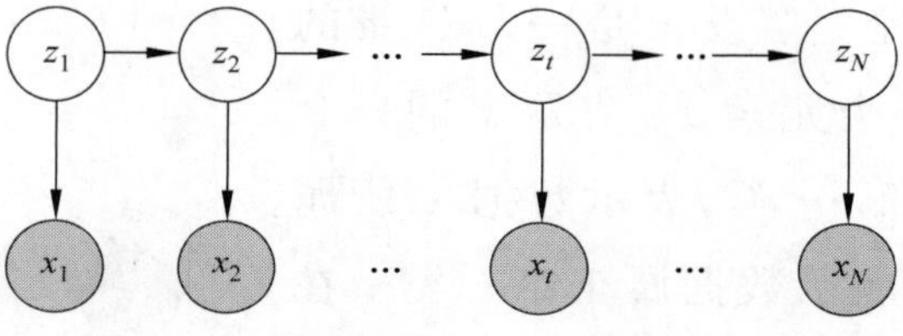

图 4-10　隐马尔可夫模型

在隐马尔可夫模型中，变量 z_t 表示与时间 t 有关的隐变量(不可被观测到的变量)，x_t 表示观测变量(常用带阴影的节点来表示)，其中带箭头的边表示变量之间的依赖关系。如图 4-10 所示，在任意时刻 t，给定 z_t，观测变量 x_t 的取值与其他隐变量无关。同时，对于任意时刻的隐变量 z_t，如果给定其前一时刻的隐变量 z_{t-1}，则与更早时刻的隐变量没有关系。图 4-10 对应的联合概率分布为

$$p(x_1,z_1,x_2,z_2,\cdots,x_N,z_N)=p(z_1)p(x_1 \mid z_1)\prod_{t=2}^{N}p(z_t \mid z_{t-1})p(x_t \mid z_t) \tag{4.20}$$

已知模型的联合分布，可以通过计算测试序列的边缘似然 $p(x_1^*,x_2^*,\cdots,x_N^*)$ 来评估测试序列，或通过最大化隐变量的后验分布 $p(z_1^*,z_2^*,\cdots,z_N^* \mid \boldsymbol{x}^*)$ 来预测测试序列的隐状态序列。

4.2　无向图模型

无向图模型，也称为马尔可夫随机场(Markov random field)或马尔可夫网络(Markov network)，是一类用无向图描述一组具有局部马尔可夫性的随机变量的联合概率分布的模型。无向图模型与有向图模型的表现形式不同，节点之间使用不带方向的边连接，表示变量之间的相互约束或兼容关系。相连节点的关系通常使用势能函数来刻画，而非条件概率分布。

4.2.1　模型表示

无向图模型使用无向图来描述变量之间的关系，每条边代表两个变量之间有概率依赖关系，但并不一定是因果关系。图 4-11 给出了一个无向图模型的例子，图中的边分别表示了 4 个变量$\{x_1, x_2, x_3, x_4\}$之间的依赖关系。

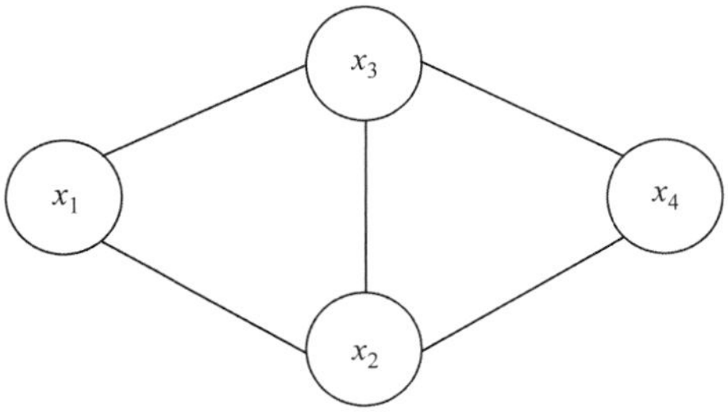

图 4-11　无向图模型示例

对于一个随机变量的集合 $X=\{x_1, x_2, \cdots, x_K\}$和相应的有 K 个节点的无向图$\mathcal{G}(V,E)$(可以存在环路)，图中的节点表示随机变量，如果$\mathcal{G}$满足局部马尔可夫性质，即任一变量 x_k 在给定它的邻居的情况下条件独立于所有其他变量，表示为 x_k 在给定邻居变量和给定其他所有变量条件下的概率分布相同，即

$$p(x_k \mid X_{\backslash k}) = p(x_k \mid X_{\mathrm{ne}(k)}) \tag{4.21}$$

其中 $X_{\mathrm{ne}(k)}$表示变量 x_k 的邻居的集合，$X_{\backslash k}$表示除 x_k 之外其他变量的集合，

那么$\mathcal{G}$就构成了一个马尔可夫随机场。

无向图模型的联合分布一般以全连通子图为单位进行分解。无向图中的一个全连通子图,称为团(clique),即团内的所有节点之间都有边直接相连。在图 4-12 中,除了单点团外,共有 7 个团,包括$\{x_1,x_2\}\{x_1,x_3\}\{x_2,x_3\}\{x_3,x_4\}\{x_2,x_4\}\{x_1,x_2,x_3\}\{x_2,x_3,x_4\}$。在所有团中,如果一个团不能被其他团包含,这个团就称为一个最大团(maximal clique)。

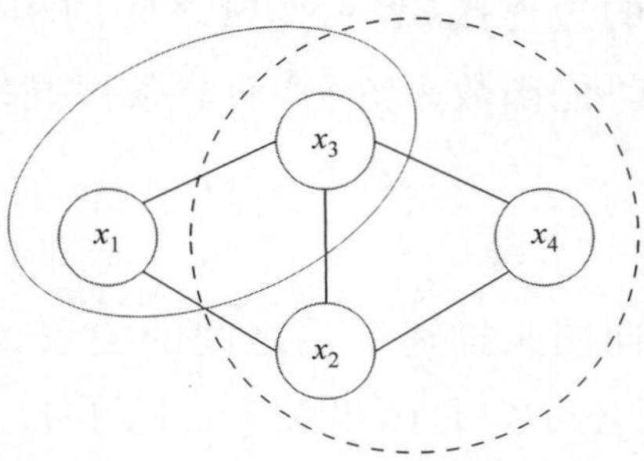

图 4-12　无向图模型中的团和最大团示例

注:实线中的节点和边构成一个团,虚线中的节点和边构成一个最大团

无向图中的联合概率分布可以分解为一系列定义在最大团上的非负函数的乘积形式,即

$$p(X)=\frac{1}{Z}\prod_{c\in C}\phi_c(X_c) \tag{4.22}$$

其中 C 为$\mathcal{G}$中的最大团集合,X_c 表示团 c 中变量的集合,$\phi_c(X_c)\geqslant 0$ 是定义在团 c 上的势能函数(potential function),Z 是配分函数(partition function),用于将乘积归一化为概率分布形式,即

$$Z=\sum_{X\in\mathcal{X}}\prod_{c\in C}\phi_c(X_c) \tag{4.23}$$

其中$\mathcal{X}$为随机变量的取值空间。

4.2.2　条件独立性

无向图中的局部马尔可夫性可以表示为

$$x_k \perp X_{\backslash \mathrm{ne}(k), \backslash k} \mid X_{\mathrm{ne}(k)} \tag{4.24}$$

其中 $X_{\backslash \mathrm{ne}(k), \backslash k}$ 表示除 $X_{\mathrm{ne}(k)}$ 和 x_k 之外的其他变量。对于图 4-12 中的 4 个变量，根据马尔可夫性，可得到 $x_1 \perp x_4 \mid x_2, x_3$。

无向图模型中的局部马尔可夫性与无向图的联合分布表示是等价的，可以通过 Hammersley-Clifford 定理描述。

Hammersley-Clifford 定理：如果一个分布 $p(X)>0$ 满足无向图中的局部马尔可夫性，即公式(4.24)，当且仅当 $p(X)$ 可以表示为一系列定义在最大团上的非负函数的乘积形式，即公式(4.22)。

【证明】 该定理描述了无向图具有局部马尔可夫性质的充要条件是图模型分布可表示为最大团的乘积。下面分别证明充分性和必要性[7]。

(1) 充分性证明。

定义 $Q_k = X_{\mathrm{ne}(k)} \cup \{x_k\}$ 表示 x_k 的邻居节点和 x_k 本身的集合，x_k 与其邻居的联合概率分布表示为

$$p(x_k, X_{\mathrm{ne}(k)}) = \sum_{V \backslash Q_k} p(X) \tag{4.25}$$

根据公式(4.25)和最大团的因子表示(公式(4.22))，可以得到条件概率分布为

$$p(x_k \mid X_{\mathrm{ne}(k)}) = \frac{p(x_k, X_{\mathrm{ne}(k)})}{p(X_{\mathrm{ne}(k)})} = \frac{\sum\limits_{V \backslash Q_k} \prod\limits_{c \in C} \phi_c(X_c)}{\sum\limits_{x_k} \sum\limits_{V \backslash Q_k} \prod\limits_{c \in C} \phi_c(X_c)} \tag{4.26}$$

根据是否包含 x_k，将最大团的集合 C 分为两组 C_k 和 S_k，其中 $C_k = \{c \in C : x_k \in c\}$，包含 x_k，$S_k = \{c \in C : x_k \notin c\}$，不包含 x_k，将公式(4.26)分解为 C_k 和 S_k，可以得到

$$p(x_k \mid X_{\mathrm{ne}(k)}) = \frac{\sum\limits_{V \backslash Q_k} \prod\limits_{c \in C_k} \phi_c(X_c) \prod\limits_{c \in S_k} \phi_c(X_c)}{\sum\limits_{x_k} \sum\limits_{V \backslash Q_k} \prod\limits_{c \in C_k} \phi_c(X_c) \prod\limits_{c \in S_k} \phi_c(X_c)} \tag{4.27}$$

根据 C_k 的定义可知，C_k 中所有节点都与 x_k 相连，因此这些节点一定属

于 Q_k。因为 $\sum_{V\setminus Q_k}\prod_{c\in C_k}\phi_c(X_c)$ 是对图$\mathcal{G}$中不包含 Q_k 的节点求和,那么可以将 $\prod_{c\in C_k}\phi_c(X_c)$ 作为一个常数提到求和的前面,公式(4.27) 转化为

$$p(x_k \mid X_{\mathrm{ne}(k)})=\frac{\prod_{c\in C_k}\phi_c(X_c)\sum_{V\setminus Q_k}\prod_{c\in S_k}\phi_c(X_c)}{\sum_{x_k}\prod_{c\in C_k}\phi_c(X_c)\sum_{V\setminus Q_k}\prod_{c\in S_k}\phi_c(X_c)} \tag{4.28}$$

由于因子 $\sum_{V\setminus Q_k}\prod_{c\in S_k}\phi_c(X_c)$ 不包含 x_k,并且在分子和分母中同时出现,因此条件分布可以进一步简化为

$$\begin{aligned}
p(x_k \mid X_{\mathrm{ne}(k)}) &= \frac{\prod_{c\in C_k}\phi_c(X_c)}{\sum_{x_i}\prod_{c\in C_k}\phi_c(X_c)} \\
&= \frac{\prod_{c\in C_k}\phi_c(X_c)}{\sum_{x_i}\prod_{c\in C_k}\phi_c(X_c)}\cdot\frac{\prod_{c\in S_k}\phi_c(X_c)}{\prod_{c\in S_k}\phi_c(X_c)} \\
&= \frac{\prod_{c\in C}\phi_c(X_c)}{\sum_{x_i}\prod_{c\in C}\phi_c(X_c)}=\frac{p(X)}{p(X_{V\setminus\{k\}})}=p(x_k \mid X_{V\setminus\{k\}})
\end{aligned} \tag{4.29}$$

充分性得证。

(2) 必要性证明。

无向图模型中所有团的势函数的乘积可以写为所有最大团的势函数的乘积,只需将最大团的势函数定义为所包含的团的势函数的乘积即可。因此,证明无向图模型的概率分布 $p(X)$可以表示为图中所有最大团的势函数的乘积,只需证明 $p(X)$可以表示为图上所有团的势函数的乘积。那么可通过证明如下两点得以实现:

① $p(X)=\prod_{s\subset V}f_s(X_s)$,其中 $f_s(X_s)$ 表示集合 $s(s\subset V)$ 上的势函数。

② 如果 s 不是一个团，那么 $f_s(X_s)=1$。

下面证明 $p(X)=\prod_{s\subset V} f_s(X_s)$。

首先，定义任意一个集合 $s(s\subset V)$的势函数，即

$$f_s(X_s)=\prod_{z\subset s} p(X_z, X_{V\backslash z}=0)^{\alpha}, \quad \alpha=(-1)^{(|s|-|z|)} \tag{4.30}$$

该势函数的含义是：势函数表示为 s 所有子集 $z(z\subset s)$上的乘积，且每一个因子仅依赖于子集 z 中的节点，图中其余节点设置为“0”。$|\cdot|$表示集合中节点的个数，可以发现，当集合 s 与集合 z 中的节点个数差为偶数时，$\alpha=1$，否则 $\alpha=-1$。

其次，引入一个恒等式，即

$$0=(1-1)^K=C_K^0-C_K^1+C_K^2+\cdots+(-1)^K C_K^K, \quad K>0 \tag{4.31}$$

其中 C_N^K 表示从 N 个元素中选取 K 个元素的所有组合的数目，目的是为了证明在 $\prod_{s\subset V} f_s(X_s)$ 中，除了 $p(X)$ 的其他因子可以相互抵消。

s 的子集 z 也是 V 的子集，包括 V 本身和 V 的真子集。对于任何一个在 V 中的真子集 $z(z\subsetneqq V)$，其对应的因子 $\Delta=p(X_z, X_{V\backslash z}=0)$ 在 $\prod_{s\subset V} f_s(X_s)$ 中的表示有以下几种情况：

① 当 $z\not\subset s$ 时，根据公式(4.30)，$f_s(X_s)$不包含因子 Δ。

② 当 $z=s$，即 $|s|=|z|$ 时，Δ 在 $\prod_{s\subset V} f_s(X_s)$ 中出现一次。

③ 当 $z\subset s$，$|s|-|z|=1$ 时，Δ^{-1} 出现 $C_{|V|-|z|}^1$ 次，因为 s 的选择有 $C_{|V|-|z|}^1$ 种。

④ 当 $z\subset s$，$|s|-|z|=2$ 时，Δ 出现 $C_{|V|-|z|}^2$ 次，因为 s 的选择有 $C_{|V|-|z|}^2$ 种。

⑤ 以此类推，可以发现在 $\prod_{s\subset V} f_s(X_s)$ 中，Δ 与 Δ^{-1} 交替出现。并且根据 z 集合与 s 集合的大小，可以确定 $\prod_{s\subset V} f_s(X_s)$ 包含多少个 Δ 与 Δ^{-1} 相乘。

根据上述规则展开$\prod_{s\subset V} f_s(X_s)$，得到等式，即

$$\begin{aligned}\prod_{s\subset V} f_s(X_s) &= \prod_{s\subset V}\prod_{z\subset s} p(X_z, X_{V\setminus z}=0)^{(-1)^{(|s|-|z|)}} \\ &= \prod_{s\subset V}\prod_{z\subset s} \Delta^{(-1)^{(|s|-|z|)}} \\ &= p(X_V, X_{V\setminus V}=0)\prod_{z\subsetneqq V}\Delta\times\Delta^{(-1)\times C^1_{|V|-|z|}}\times\Delta^{1\times C^2_{|V|-|z|}}\times\cdots\times \\ &\quad \Delta^{(-1)^{(|V|-|z|)}\times C^{|V|-|z|}_{|V|-|z|}} \\ &= p(X_V, X_{V\setminus V}=0)\prod_{z\subsetneqq V}\Delta^{(1-C^1_{|V|-|z|}+C^2_{|V|-|z|}+\cdots+(-1)^{(|V|-|z|)}C^{|V|-|z|}_{|V|-|z|})}\end{aligned} \tag{4.32}$$

根据公式(4.31)可得，当$|V|-|z|>0$时，$\Delta^{(1-C^1_{|V|-|z|}+C^2_{|V|-|z|}+\cdots+(-1)^{(|V|-|z|)}C^{|V|-|z|}_{|V|-|z|})}=\Delta^0=1$，因此，可以得出

$$\prod_{s\subset V} f_s(X_s) = p(X_V, X_{V\setminus V}=0) = p(X_V) = p(X) \tag{4.33}$$

下面证明如果 s 不是一个团，那么 $f_s(X_s)=1$。

s 如果不是一个团，一定会找到两个没有边连接的顶点 a 和 b。令 w 表示 s 中去掉顶点 a 和 b 之外的顶点集合，将 $z\subset s$ 分为 4 种情况：$z=w$、$z=w\cup\{a\}$、$z=w\cup\{b\}$、$z=w\cup\{a,b\}$，那么势函数(公式(4.30))可以表示为

$$\begin{aligned} f_s(X_s) &= \prod_{z\subset s} p(X_z, X_{V\setminus z}=0)^{\{(-1)^{(|s|-|z|)}\}} \\ &= \prod_{w\subset s\setminus\{a,b\}}\Big[p(X_w, X_{V\setminus w}=0)^{\{(-1)^{(|s|-|w|)}\}} p(X_{w\cup\{a,b\}}, X_{V\setminus w\cup\{a,b\}}=0)^{\{(-1)^{(|s|-|w|-2)}\}}\cdot \\ &\quad p(X_{w\cup\{a\}}, X_{V\setminus w\cup\{a\}}=0)^{\{(-1)^{(|s|-|w|-1)}\}} p(X_{w\cup\{b\}}, X_{V\setminus w\cup\{b\}}=0)^{\{(-1)^{(|s|-|w|-1)}\}}\Big] \\ &= \prod_{w\subset s\setminus\{a,b\}}\left[\frac{p(X_w, X_{V\setminus w}=0)p(X_{w\cup\{a,b\}}, X_{V\setminus w\cup\{a,b\}}=0)}{p(X_{w\cup\{a\}}, X_{V\setminus w\cup\{a\}}=0)p(X_{w\cup\{b\}}, X_{V\setminus w\cup\{b\}}=0)}\right]^{\{(-1)^{(|s|-|w|)}\}}\end{aligned} \tag{4.34}$$

单独提出 a 和 b 两个顶点，根据联合分布的性质，对 $p(X_w, X_{V\setminus w}=0)$ 进行分解，可以得到

$$\begin{aligned} p(X_w, X_{V\backslash w}=0) &= p(x_a=0, x_b=0, X_w, X_{V\backslash w\cup\{a,b\}}=0) \\ &= p(x_a=0 \mid x_b=0, X_w, X_{V\backslash w\cup\{a,b\}}=0) \\ &\quad p(x_b=0, X_w, X_{V\backslash w\cup\{a,b\}}=0) \end{aligned} \tag{4.35}$$

$p(X_{w\cup\{a\}}, X_{V\backslash w\cup\{a\}}=0)$也可以得到类似的分解。因此可得如下等式成立：

$$\begin{aligned} &\frac{p(X_w, X_{V\backslash w}=0)}{p(X_{w\cup\{a\}}, X_{V\backslash w\cup\{a\}}=0)} \\ &= \frac{p(x_a=0 \mid x_b=0, X_w, X_{V\backslash w\cup\{a,b\}}=0)\, p(x_b=0, X_w, X_{V\backslash w\cup\{a,b\}}=0)}{p(x_a \mid x_b=0, X_w, X_{V\backslash w\cup\{a,b\}}=0)\, p(x_b=0, X_w, X_{V\backslash w\cup\{a,b\}}=0)} \\ &= \frac{p(x_a=0 \mid x_b=0, X_w, X_{V\backslash w\cup\{a,b\}}=0)}{p(x_a \mid x_b=0, X_w, X_{V\backslash w\cup\{a,b\}}=0)} \end{aligned} \tag{4.36}$$

由于 x_a 和 x_b 没有相连，因此在给定图中的其余节点时，二者条件独立，x_b 的取值与 x_a 无关，因此这里用 x_b 替换 $x_b=0$，并且分子分母同时乘以 $p(x_b, X_w, X_{V\backslash w\cup\{a,b\}}=0)$，得到

$$\begin{aligned} &\frac{p(X_w, X_{V\backslash w}=0)}{p(X_{w\cup\{a\}}, X_{V\backslash w\cup\{a\}}=0)} \\ &= \frac{p(x_a=0 \mid x_b, X_w, X_{V\backslash w\cup\{a,b\}}=0)\, p(x_b, X_w, X_{V\backslash w\cup\{a,b\}}=0)}{p(x_a \mid x_b, X_w, X_{V\backslash w\cup\{a,b\}}=0)\, p(x_b, X_w, X_{V\backslash w\cup\{a,b\}}=0)} \end{aligned} \tag{4.37}$$

根据概率分布公式 $p(a,b)=p(a|b)p(a)$，将公式(4.37)进一步化简为

$$\frac{p(X_w, X_{V\backslash w}=0)}{p(X_{w\cup\{a\}}, X_{V\backslash w\cup\{a\}}=0)} = \frac{p(X_{w\cup\{b\}}, X_{V\backslash w\cup\{b\}}=0)}{p(X_{w\cup\{a,b\}}, X_{V\backslash w\cup\{a,b\}}=0)} \tag{4.38}$$

将公式(4.38)代入公式(4.34)中，得到 $f_s(X_s)=1$ 恒成立。证毕。

前面介绍了在有向图模型中，可以通过使用 d-分隔的检测方法判断一个特定的条件独立性质是否成立。无向图中的条件独立性判断要相对简单和直观。假设在一个无向图模型中有三个互不相交的节点集合，记为 A、B、C。可以通过两种方式来判断无向图是否满足如下条件独立性质：

$$A \perp B \mid C \tag{4.39}$$

① 考虑连接集合 A 的节点和集合 B 的节点的所有可能路径。如果所有这些路径都通过了集合 C 中的一个或多个节点，那么所有这样的路径都被

“阻隔”，因此条件独立性成立。然而，如果存在至少一条未被阻隔的路径，那么条件独立的性质不成立。

② 假设从图中把集合 C 中的节点以及与这些节点相连的边全部删除。然后，考查是否存在一条从 A 中任意节点到 B 中任意节点的路径。如果没有这样的路径，那么条件独立的性质成立。图 4-13 给出了一个满足条件独立性 $A \perp B | C$ 的无向图模型的例子。

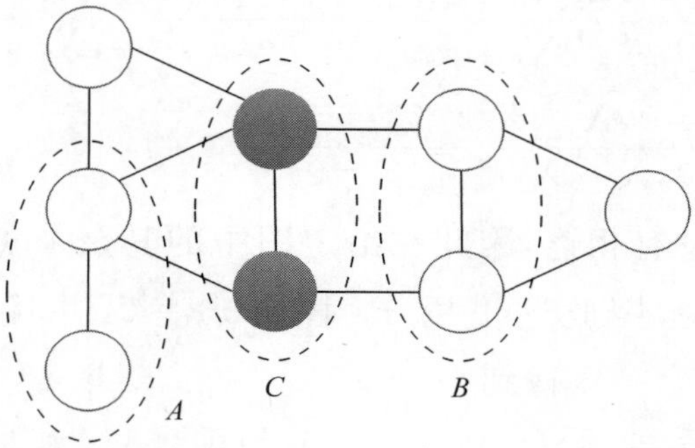

图 4-13　满足条件独立性 $A \perp B | C$ 的无向图模型示例

在无向图模型中，马尔可夫毯也可以刻画变量之间的条件独立性。下面给出无向图模型的马尔可夫毯的描述。

无向图模型的马尔可夫毯的形式相对简单。因为给定相邻节点后，节点条件独立于任何其他节点，无向图中某个节点的马尔可夫毯是与它相邻的节点构成的集合。图 4-14 展示了一个无向图的马尔可夫毯。

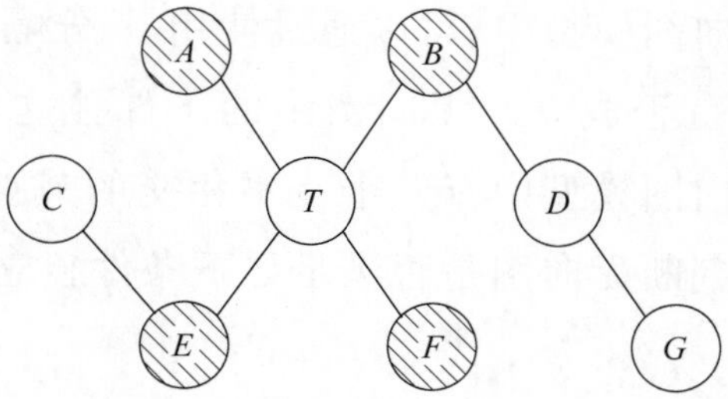

图 4-14　无向图模型的马尔可夫毯示例

注：节点 T 周围的四个纹理填充的节点构成了节点 T 的马尔可夫毯

4.2.3　常见的无向图模型

很多机器学习模型可以使用无向图模型来描述，比如对数线性模型（也叫最大熵模型）和条件随机场等。本节以对数线性模型和条件随机场为例，介绍各自的模型假设及其概率图模型表示。

（1）对数线性模型。

势能函数的一般定义为

$$\phi_c(\boldsymbol{x}_c \mid \boldsymbol{\theta}_c) = \exp(\boldsymbol{\theta}_c^\top f_c(\boldsymbol{x}_c)) \tag{4.40}$$

其中函数 $f_c(\boldsymbol{x}_c)$为定义在 $\boldsymbol{x}_c$ 上的特征向量，$\boldsymbol{\theta}_c$ 为权重向量。这样联合概率分布的对数形式为

$$\ln p(\boldsymbol{x} \mid \boldsymbol{\theta}) = \sum_{c \in C} \boldsymbol{\theta}_c^\top f_c(\boldsymbol{x}_c) - \ln Z(\boldsymbol{\theta}) \tag{4.41}$$

其中 $\boldsymbol{\theta}$ 代表所有势能函数中的参数 $\boldsymbol{\theta}_c$ 的全体。这种形式的无向图模型也称为对数线性模型或最大熵模型[8-9]。如果用对数线性模型来建模条件概率 $p(\boldsymbol{y}|\boldsymbol{x})$，那么带有参数的条件概率分布 $p(\boldsymbol{y}|\boldsymbol{x},\boldsymbol{\theta})$表示为

$$p(\boldsymbol{y} \mid \boldsymbol{x},\boldsymbol{\theta}) = \frac{1}{Z(\boldsymbol{x},\boldsymbol{\theta})} \exp(\boldsymbol{\theta}^\top f(\boldsymbol{x},\boldsymbol{y})) \tag{4.42}$$

其中 $Z(\boldsymbol{x},\boldsymbol{\theta}) = \sum_{\boldsymbol{y}} \exp[\boldsymbol{\theta}^\top f(\boldsymbol{x},\boldsymbol{y})]$。

（2）条件随机场。

条件随机场（conditional random field）[10]是一种直接建模条件概率分布的无向图模型。和最大熵模型不同，在条件随机场中，$\boldsymbol{y}$ 通常为具有结构化关系的随机向量，因此需要对 $p(\boldsymbol{y}|\boldsymbol{x})$进行因子分解。假设条件随机场的最大团集合为 C，则其条件概率分布表示为

$$p(\boldsymbol{y} \mid \boldsymbol{x},\boldsymbol{\theta}) = \frac{1}{Z(\boldsymbol{x},\boldsymbol{\theta})} \exp\left[\sum_{c \in C} \boldsymbol{\theta}_c^\top f_c(\boldsymbol{x},\boldsymbol{y}_c)\right] \tag{4.43}$$

其中 $Z(\boldsymbol{x},\boldsymbol{\theta}) = \sum_{\boldsymbol{y}} \exp\left[\sum_{c \in C} \boldsymbol{\theta}_c^\top f_c(\boldsymbol{x},\boldsymbol{y}_c)\right]$为归一化项。一个常用的条件随机场为图 4-15 所示的链式结构，条件概率分布可设定为

$$p(\boldsymbol{y} \mid \boldsymbol{x},\boldsymbol{\theta})=\frac{1}{Z(\boldsymbol{x},\boldsymbol{\theta})}\exp\Big(\sum_{n=1}^{N}\boldsymbol{\theta}_1^{\top}f_1(\boldsymbol{x},y_n)+\sum_{n=1}^{N-1}\boldsymbol{\theta}_2^{\top}f_2(\boldsymbol{x},y_n,y_{n+1})\Big) \tag{4.44}$$

其中，$f_1(\boldsymbol{x},y_n)$为状态特征，一般和位置 n 相关，$f_2(\boldsymbol{x},y_n,y_{n+1})$为转移特征，一般可以简化为 $f_2(y_n,y_{n+1})$。

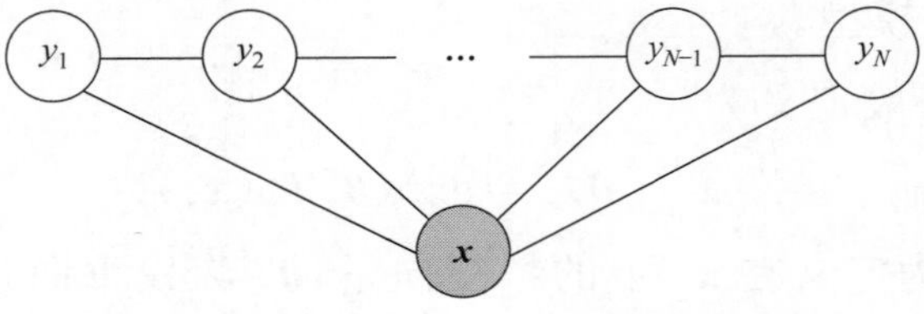

图 4-15　线性链条件随机场

4.3　图模型中的推理

图模型的推理通常是指计算图中某些变量的边缘分布，以及求解使得联合概率分布最大的某些变量的值。对于不同结构的图模型，推理的复杂度也不相同。简单结构的模型可以通过概率的运算法则比较直观地得到推理结果，具有复杂结构的模型则可能需要近似推理。事实上，具有树状结构的概率图模型，无论是有向图还是无向图，都可以表达成一种统一的图模型，这类图模型叫作因子图。对树状结构的因子图，存在一般化的推理算法，即和积算法和最大和算法。

本节首先介绍适用于链式图模型的推理方法，其次介绍什么是树结构，以及便于有向图模型和无向图模型推理计算的因子图，最后介绍基于因子图的一般化推理方法。

4.3.1　链式结构

这里给出一个链式无向图模型的例子，如图 4-16 所示。它对应的联合分

布为

$$p(\boldsymbol{x})=\frac{1}{Z}\Psi_{1,2}(x_1,x_2)\Psi_{2,3}(x_2,x_3)\cdots\Psi_{N-1,N}(x_{N-1},x_N) \tag{4.45}$$

图 4-16　链式无向图示例

现在考虑求解 $p(x_n)$ 的边缘概率分布，其中 x_n 是链上的具体节点。由于没有观测节点，则对应的边缘概率分布为

$$p(x_n)=\sum_{x_1}\cdots\sum_{x_{n-1}}\sum_{x_{n+1}}\cdots\sum_{x_N}p(\boldsymbol{x}) \tag{4.46}$$

进一步展开可得 x_n 的边缘概率分布为

$$p(x_n)=\frac{1}{Z}\left[\sum_{x_{n-1}}\Psi_{n-1,n}(x_{n-1},x_n)\cdots\left[\sum_{x_2}\Psi_{2,3}(x_2,x_3)\left[\sum_{x_1}\Psi_{1,2}(x_1,x_2)\right]\right]\right] \tag{4.47}$$
$$\left[\sum_{x_{n+1}}\Psi_{n,n+1}(x_n,x_{n+1})\cdots\left[\sum_{x_{N-1}}\Psi_{N-2,N-1}(x_{N-2},x_{N-1})\left[\sum_{x_N}\Psi_{N-1,N}(x_{N-1},x_N)\right]\right]\right]$$

显然，这个公式可以分解成两个因子的乘积再乘以归一化系数，即

$$p(x_n)=\frac{1}{Z}\mu_\alpha(x_n)\mu_\beta(x_n) \tag{4.48}$$

其中，$\mu_\alpha(x_n)$ 定义为从节点 x_{n-1} 到节点 x_n 的沿着链向前传递的消息，而 $\mu_\beta(x_n)$ 定义为从节点 x_{n+1} 到节点 x_n 沿着链向后传递的消息。$\mu_\alpha(x_n)$ 和 $\mu_\beta(x_n)$ 可以递推求解，其递推关系分别表示为

$$\begin{aligned}\mu_\alpha(x_n)&=\sum_{x_{n-1}}\Psi_{n-1,n}(x_{n-1},x_n)\left[\sum_{x_{n-2}}\cdots\right]\\&=\sum_{x_{n-1}}\Psi_{n-1,n}(x_{n-1},x_n)\mu_\alpha(x_{n-1})\end{aligned} \tag{4.49}$$

$$\begin{aligned}\mu_\beta(x_n)&=\sum_{x_{n+1}}\Psi_{n,n+1}(x_n,x_{n+1})\left[\sum_{x_{n+2}}\cdots\right]\\&=\sum_{x_{n+1}}\Psi_{n,n+1}(x_n,x_{n+1})\mu_\beta(x_{n+1})\end{aligned} \tag{4.50}$$

4.3.2 树结构

链式结构图上的确切推理可以在关于节点数量的线性时间内完成。树结构是除链式结构之外的更一般的结构,也可以通过消息传递进行高效推理。本节介绍几种图模型结构,它们可以转化为树状因子图,从而可以采用一般化的算法进行推理,这类一般化的推理算法称为和积算法。和积算法为具有树结构的因子图的确切推理提供了一个高效的框架。

在无向图模型的情形中,树被定义为满足下面性质的图:任意一对节点之间有且只有一条路径。于是,无向树图中不存在环路。在有向图的情形中,树的定义为:有一个没有父节点的节点,被称为根,其他所有的节点都只有一个父节点。如果有向图中存在具有多个父节点的节点,但是在任意两个节点之间仍然只有一条路径(忽略箭头方向),那么这个图被称为多树(polytree)。无向树、有向树和有向多树都可以转换为树状结构的因子图。图 4-17 展示了这三种不同结构的概率图模型。

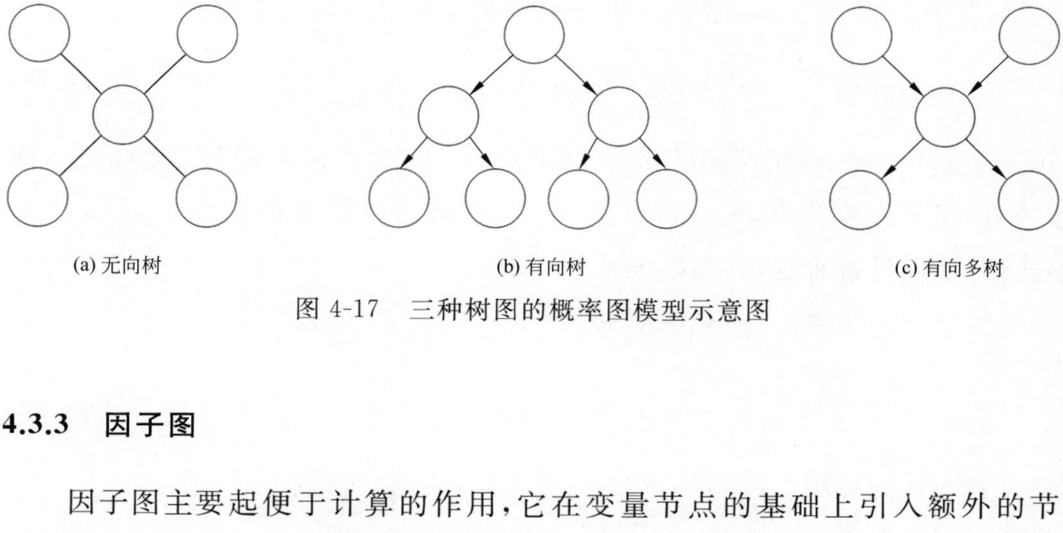

图 4-17　三种树图的概率图模型示意图

4.3.3 因子图

因子图主要起便于计算的作用,它在变量节点的基础上引入额外的节点,表示因子本身。因子图与图模型的对应关系如下。

① 因子图中的变量节点与对应图模型中的变量节点相同。

② 因子图中对应图模型中同一因子的节点之间存在一个因子节点。

③ 因子图中的边都是无向边，连接因子节点与相对应的变量节点。

因子图并不是唯一的，通常会选择最具信息量的因子图。概率图模型中随机变量的联合概率分布 $p(X)$ 可以写成因子图中各个因子 $f_s(x_s)$ 的乘积形式，即

$$p(X)=\prod_s f_s(x_s) \tag{4.51}$$

图 4-18 展示了一个因子图，其中所有变量的联合概率分布可以表示为

$$p(X)=f_a(x_1,x_2)f_b(x_1,x_2)f_c(x_2,x_3)f_d(x_3) \tag{4.52}$$

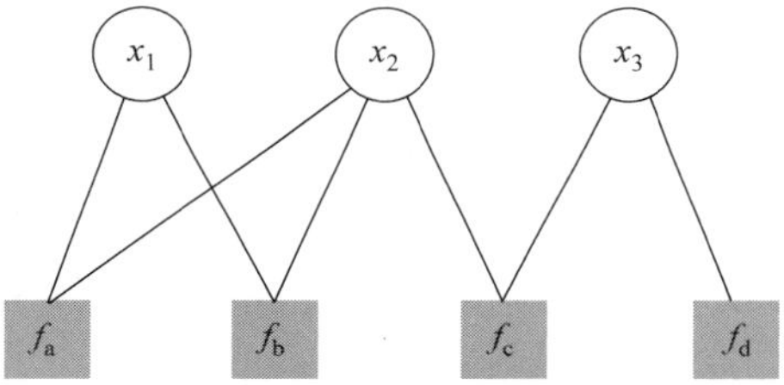

图 4-18　因子图示例[①]

4.3.4　和积算法

和积算法是针对树状因子图中节点的边缘分布进行推理的算法。因子图中的边是无方向的，所以可按照无向图模型树图的定义来判断因子图是否是树状结构。对有向图和无向图的推理可以通过对因子图的和积算法实现。和积算法利用因子图的结构达成如下目的。

① 获得对因子图中节点的边缘分布的高效确切推理。

② 在需要计算多个边缘分布时实现计算共享。

和积算法适用于连续的和离散的变量，离散变量涉及求和运算，连续变量涉及积分运算。本节以离散变量为例介绍和积算法，对于连续变量，需要

① 在本书的因子图表示中，如没有特别说明，空心的圆圈表示变量节点，带阴影的方形表示因子节点。

将相应的求和运算转换为积分运算。和积算法适用于任何树状的因子图，无论想要进行推理的模型是简单还是复杂，只要是树状因子图，对节点进行边缘分布推理都可以直接套用和积算法。

和积算法把概率依赖关系看成信息的传递，用传递的思想求解边缘概率分布，因此和积算法是一种消息传递算法。有向图模型中的信念传播算法是和积算法的一个特例，信念传播的基本思想也是消息传递。和积算法的核心数学思想是交换求和运算和求积运算的次序，这样可以得到高效的边缘化操作，并且可以重复利用已经运算过的消息。交换求和与求积运算的依据是乘法分配律，即

$$\sum_{i,j,k} x_i y_j z_k = \left(\sum_i x_i\right) \times \left(\sum_j y_j\right) \times \left(\sum_k z_k\right) \tag{4.53}$$

既然和积算法体现了消息传递的思想，下面给出什么是因子图中的消息，并给出消息传递的推导过程，以及节点的边缘分布与消息之间的关系。消息分为以下两种：

① 从因子节点到变量节点的消息。

② 从变量节点到因子节点的消息。

图 4-19 给出了一个消息传递的总过程示意图。该图展示了如何使用消息传递计算节点 x 的边缘分布。图中的虚线表示消息传递的过程，消息首先经过“……”状虚线处，然后经过“-·-·-·-”状虚线处，最后经过“----”状虚线处。x 的边缘分布表示为“----”状虚线处所有消息的乘积。

下面给出因子图中变量的边缘分布的推理，并介绍消息传递的具体细节。假设一个图模型的联合分布是 $p(X)$，对于某个节点的边缘分布，可以通过概率的加法运算获得 $p(x)=\sum_{X\backslash x} p(X)$，其中联合分布可以通过因子化的形式表示为 $p(X)=\prod_i f_i(x_i)$，通过交换边缘分布 $p(x)=\sum_{X\backslash x}\prod_i f_i(x_i)$ 中的加法和乘法运算的次序可以实现边缘分布的高效计算。具体的实现过程依赖于因子图的结构。

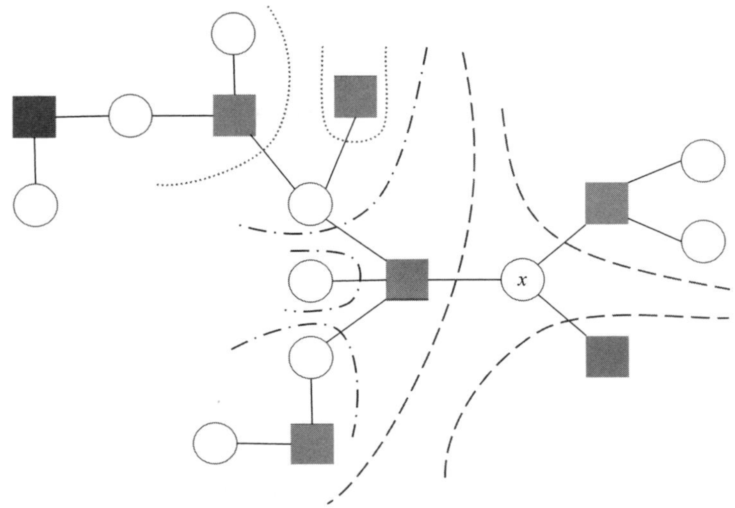

图 4-19　消息传递的总过程示意图

首先，把因子图中的所有因子进行分组表示，并引入因子节点到变量节点的消息。按照与目标节点 x 的邻居因子 f_s 的关系进行分组表示，$F_s(x,X_s)$表示与 f_s 有关的一组因子，其中 X_s 是与 x 通过因子 f_s 关联的变量节点的集合。假设 x 有 $\hat{S}$ 个邻居因子，那么所有的因子就可以划分为 $\hat{S}$ 组。所有变量的联合分布可以写成

$$p(X)=\prod_{s\in \mathrm{ne}(x)} F_s(x,X_s) \tag{4.54}$$

边缘分布则可以表示为

$$\begin{aligned} p(x) &= \prod_{s\in \mathrm{ne}(x)} \left[\sum_{X_s} F_s(x,X_s)\right] \\ &= \prod_{s\in \mathrm{ne}(x)} \mu_{f_s\to x}(x) \end{aligned} \tag{4.55}$$

公式(4.55)引入了从因子节点到变量节点的消息的定义，即

$$\mu_{f_s\to x}(x)=\sum_{X_s} F_s(x,X_s) \tag{4.56}$$

公式(4.56)可以理解为把 X_s 中所有变量与 x 的依赖关系都合并到连接二者

的因子 f_s 中，作为传递给 x 的消息。图 4-20 展示了一个因子图的部分结构，其中 $\mu_{f_s \to x}(x)$ 表示由因子节点 f_s 到变量节点 x 的消息。

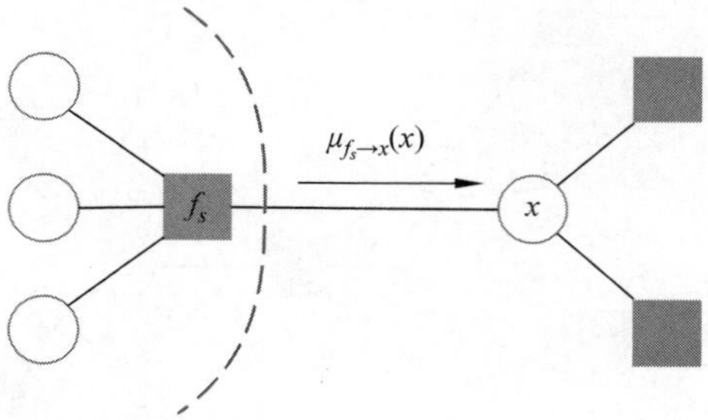

图 4-20　从因子节点到变量节点的消息示意图

注：虚线左边所有节点的集合是 X_s，虚线左边所有因子的集合是 $F_s(x, X_s)$

其次，考虑每一组因子的具体表示，进一步分组，并引入变量到因子的消息。$F_s(x, X_s)$ 组里的因子可以再被细分。如果把与 x_m 相连的所有因子分为一组，记为 $G_m(x_m, X_{sm})$，其中 X_{sm} 表示与 x_m 有关的但除去通过 f_s 直接连接的其他变量的集合，那么，$F_s(x, X_s)$ 可以表示为

$$F_s(x, X_s) = f_s(x, x_1, \cdots, x_M) G_1(x_1, X_{s1}) \cdots G_M(x_M, X_{sM}) \quad (4.57)$$

为了使边缘分布的推导过程适用递推表示，引入从变量节点到因子节点的消息的定义，该消息表示为

$$\mu_{x_m \to f_s}(x_m) = \sum_{X_{sm}} G_m(x_m, X_{sm}) \quad (4.58)$$

该定义可以理解为把 X_{sm} 中的所有变量与 x_m 的依赖关系合并到 x_m 中，作为消息传递给 f_s。图 4-21 展示了一个因子图的部分结构，其中 $\mu_{x_M \to f_s}(x_M)$ 表示变量节点 x_M 传递给因子节点 f_s 的消息。

最后，根据因子的分组表示和消息的定义，得出消息传递的递推表示。根据 $G_m(x_m, X_{sm})$ 的定义，可以得到其与 $F_\ell(x_m, X_{m\ell})$ 的关系为

$$G_m(x_m, X_{sm}) = \prod_{\ell \in \mathrm{ne}(x_m) \setminus f_s} F_\ell(x_m, X_{m\ell}) \quad (4.59)$$

根据两种消息的定义，结合公式(4.59)，可以得出如下递推关系：

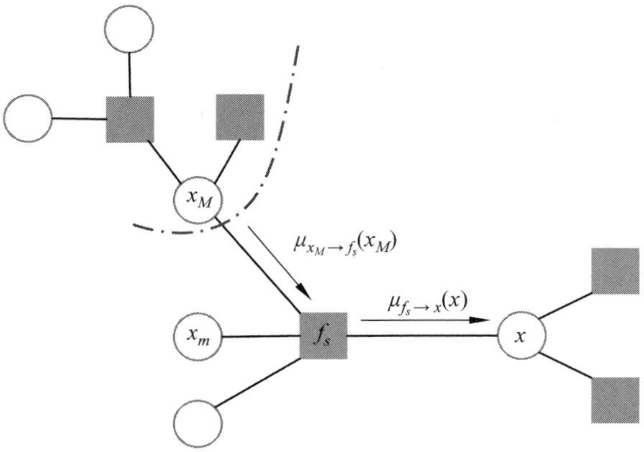

图 4-21　从变量节点到因子节点的消息示意图

注：虚线左上方所有变量节点的集合是$\{x_M, X_{sM}\}$，虚线左上方所有因子节点的集合是 $G_M(x_M, X_{sM})$

$$
\begin{aligned}
\mu_{x_m \to f_s}(x_m) &= \prod_{\ell \in \mathrm{ne}(x_m) \backslash f_s} \left[\sum_{X_{m\ell}} F_\ell(x_m, X_{m\ell}) \right] \\
&= \prod_{\ell \in \mathrm{ne}(x_m) \backslash f_s} \mu_{f_\ell \to x_m}(x_m)
\end{aligned} \tag{4.60}
$$

根据两种消息的定义，结合公式(4.57)，可以得出递推关系为

$$
\begin{aligned}
\mu_{f_s \to x}(x) &= \sum_{x_1} \cdots \sum_{x_M} f_s(x, x_1, \cdots, x_M) \prod_{m \in \mathrm{ne}(f_s) \backslash x} \left[\sum_{X_{sm}} G_m(x_m, X_{sm}) \right] \\
&= \sum_{x_1} \cdots \sum_{x_M} f_s(x, x_1, \cdots, x_M) \prod_{m \in \mathrm{ne}(f_s) \backslash x} \mu_{x_m \to f_s}(x_m)
\end{aligned} \tag{4.61}
$$

公式(4.60)和公式(4.61)展示了消息传递的中间过程，图 4-22 给出两种消息的起始设置。

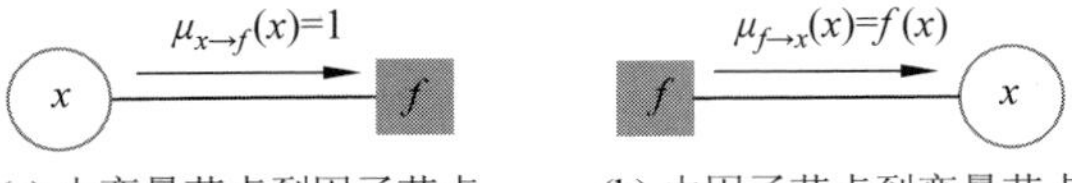

(a) 由变量节点到因子节点的初始消息　(b) 由因子节点到变量节点的初始消息

图 4-22　消息的起始设置示意图

和积算法利用上文给出的消息传递实现对任意变量的边缘分布的推理。回顾公式(4.55)给出的节点 x 的边缘分布的计算，其结果等于传入该节点的消息的乘积。能够推理任意变量的边缘分布的前提是得到所有消息的值。所以，对于一般的树状结构的因子图，如果要计算任意节点的边缘分布，其和积算法的步骤如下。

① 选择任何一个变量节点或因子节点作为根节点。

② 由叶子节点向根节点执行一次消息传递。

③ 由根节点向叶子节点执行一次消息传递。

④ 根据边缘分布的计算公式得出任意变量节点的边缘分布。

如果只需推理某个变量的边缘分布，可以将该变量设置为根节点，然后执行一次叶子节点向根节点的消息传递即可。图 4-19 展示了如何使用一次消息传递推理节点 x 的边缘分布。

【示例】 为了更好地理解如何使用和积算法(消息传递)实现边缘分布的推理，图 4-23 给出一个简单的因子图。接下来给出对该因子图运用和积算法的过程。

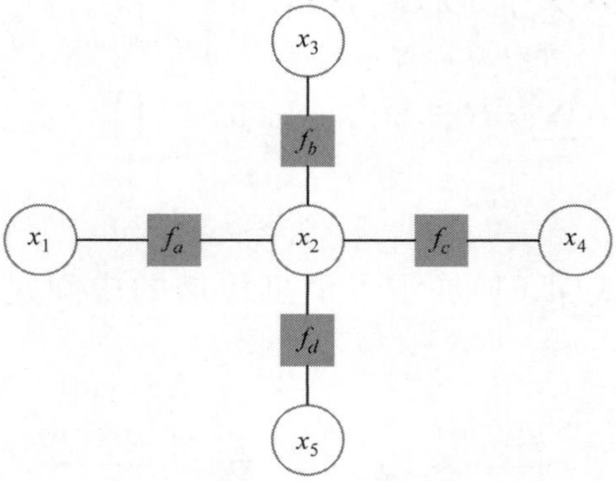

图 4-23　因子图示例

首先，以 x_3 为根节点进行两次消息传递，信息传递的示意图如图 4-24 所示。

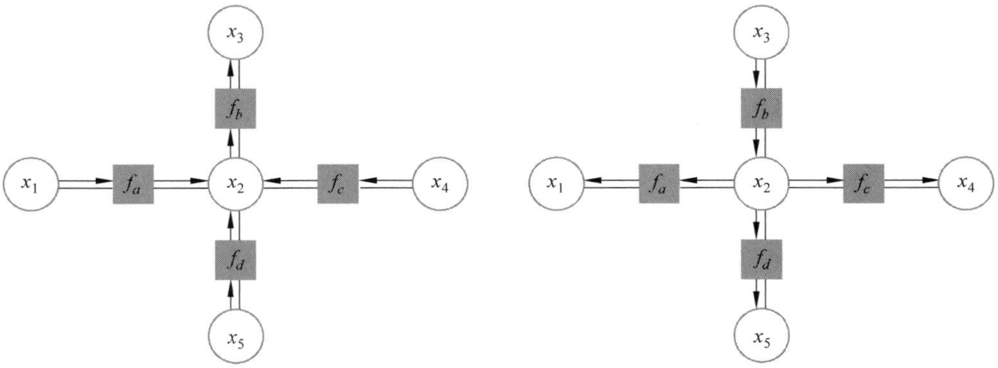

(a) 从叶子节点 x_1、x_4和x_5 向根节点 x_3 传递　　(b) 从根节点 x_3 向叶子节点x_1、x_4和x_5 传递

图 4-24　对应图 4-23 的和积算法的消息流示意图

从叶子节点向根节点的消息传递为

$$\mu_{x_1\to f_a}(x_1)=1 \tag{4.62}$$

$$\mu_{f_a\to x_2}(x_2)=\sum_{x_1} f_a(x_1,x_2) \tag{4.63}$$

$$\mu_{x_4\to f_c}(x_4)=1 \tag{4.64}$$

$$\mu_{f_c\to x_2}(x_2)=\sum_{x_4} f_c(x_2,x_4) \tag{4.65}$$

$$\mu_{x_5\to f_d}(x_5)=1 \tag{4.66}$$

$$\mu_{f_d\to x_2}(x_2)=\sum_{x_5} f_d(x_2,x_5) \tag{4.67}$$

$$\mu_{x_2\to f_b}(x_2)=\mu_{f_a\to x_2}(x_2)\mu_{f_c\to x_2}(x_2)\mu_{f_d\to x_2}(x_2) \tag{4.68}$$

$$\mu_{f_b\to x_3}(x_3)=\sum_{x_2} f_b(x_2,x_3)\mu_{x_2\to f_b}(x_2) \tag{4.69}$$

从根节点向叶子节点的消息传递为

$$\mu_{x_3\to f_b}(x_3)=1 \tag{4.70}$$

$$\mu_{f_b\to x_2}(x_2)=\sum_{x_3} f_b(x_2,x_3) \tag{4.71}$$

$$\mu_{x_2\to f_a}(x_2)=\mu_{f_b\to x_2}(x_2)\mu_{f_c\to x_2}(x_2)\mu_{f_d\to x_2}(x_2) \tag{4.72}$$

$$\mu_{f_a \to x_1}(x_1) = \sum_{x_2} f_a(x_1, x_2)\mu_{x_2 \to f_a}(x_2) \tag{4.73}$$

$$\mu_{x_2 \to f_c}(x_2) = \mu_{f_a \to x_2}(x_2)\mu_{f_b \to x_2}(x_2)\mu_{f_d \to x_2}(x_2) \tag{4.74}$$

$$\mu_{f_c \to x_4}(x_4) = \sum_{x_2} f_c(x_2, x_4)\mu_{x_2 \to f_c}(x_2) \tag{4.75}$$

$$\mu_{x_2 \to f_d}(x_2) = \mu_{f_a \to x_2}(x_2)\mu_{f_b \to x_2}(x_2)\mu_{f_c \to x_2}(x_2) \tag{4.76}$$

$$\mu_{f_d \to x_5}(x_5) = \sum_{x_2} f_d(x_2, x_5)\mu_{x_2 \to f_d}(x_2) \tag{4.77}$$

然后，根据所得到的消息的值，可以计算任意节点的边缘分布。例如，节点 x_2 的边缘分布为

$$p(x_2) = \mu_{f_a \to x_2}(x_2)\mu_{f_b \to x_2}(x_2)\mu_{f_c \to x_2}(x_2)\mu_{f_d \to x_2}(x_2) \tag{4.78}$$

除了计算单个变量节点的边缘分布外，和积算法还可方便地用于求解与一个因子节点相连的所有变量节点的边缘分布。而且，在部分变量已观测的情况下，还可以通过引入单位函数，高效地计算单个变量节点或属同一因子的变量节点的后验分布。

4.3.5 最大和算法

在现实应用中，还有一类比较常见的问题是求解使得联合概率分布最大的所有变量的值，及其对应的概率分布值。这个问题可以使用最大和算法进行求解。

求解目标可以表示为最大化联合概率分布，即

$$\boldsymbol{x}^{\max} = \underset{\boldsymbol{x}}{\operatorname{argmax}}\, p(\boldsymbol{x}) \tag{4.79}$$

最大值对应的概率分布为

$$p(\boldsymbol{x}^{\max}) = \max_{\boldsymbol{x}} p(\boldsymbol{x}) \tag{4.80}$$

最大化联合概率分布通常会转化为最大化对数联合概率分布，可以表示为

$$\max_{\boldsymbol{x}} \ln p(\boldsymbol{x}) \tag{4.81}$$

如果先计算联合分布，再进行最大求解，运算复杂度会非常高。该问题

可以借鉴和积算法的思想，运算时交换最大化和加法运算的次序，以 3 个变量为例，基本原理可以表示为

$$\max_{i,j,k}(x_i+y_j+z_k)=(\max_i x_i)+(\max_j y_j)+(\max_k z_k) \tag{4.82}$$

具体的求解算法称为最大和算法，是一种动态规划算法。

最大和算法的实现过程与和积算法类似，但是只需执行一次从叶子节点到根节点的单向的消息传递，消息传递中的求和运算也对应地改为最大化运算，仍以图 4-19～图 4-21 为例，可以分别得到因子节点到变量节点和变量节点到因子节点的递推表示为

$$\mu_{f_s\to x}(x)=\max_{x_1,x_2,\cdots,x_M}\left[\ln f_s(x,x_1,\cdots,x_M)+\sum_{m\in \mathrm{ne}(f_s)\setminus x}\mu_{x_m\to f_s}(x_m)\right] \tag{4.83}$$

$$\mu_{x_m\to f_s}(x_m)=\sum_{\ell\in \mathrm{ne}(x_m)\setminus f_s}\mu_{f_\ell\to x_m}(x_m) \tag{4.84}$$

消息的初始设置为

$$\mu_{x\to f}(x)=0 \tag{4.85}$$

$$\mu_{f\to x}(x)=\ln f(x) \tag{4.86}$$

传到根节点的消息的最大值就是所要求解的最大值，即

$$\ln p^{\max}=\max_x\left[\sum_{s\in \mathrm{ne}(x)}\mu_{f_s\to x}(x)\right] \tag{4.87}$$

使得概率分布取最大值的根节点的值为

$$x^{\max}=\arg\max_x\left[\sum_{s\in \mathrm{ne}(x)}\mu_{f_s\to x}(x)\right] \tag{4.88}$$

要求解使得联合概率分布最大的所有变量的值，需要在消息传递过程中记录使得当前消息取得最大值时变量之间的对应关系，比如计算下式

$$\arg\max_{x_1,x_2,\cdots,x_M}\left[\ln f_s(x,x_1,\cdots,x_M)+\sum_{m\in \mathrm{ne}(f_s)\setminus x}\mu_{x_m\to f_s}(x_m)\right] \tag{4.89}$$

然后根据根节点的取值进行回溯求解。

最大和算法的回溯过程可类比 4×100 米接力跑比赛中寻找冠军队伍成员的过程。在接力赛中，所有队伍的成员完成 400 米赛跑之后，每个队伍的最后一名成员跑完的时刻决定了冠军队伍，找到了最先达到终点的成员即可以

通过回溯(接力棒传递记录)找到所在队伍的所有成员。

【示例】 为了更清楚地了解最大和算法的过程,列举一个链式结构因子图的例子,如图 4-25 所示,并给出其应用最大和算法得到的解。

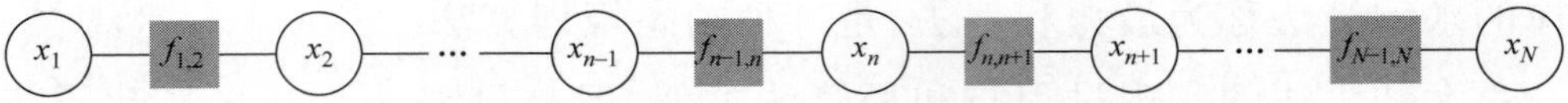

图 4-25 链式结构因子图示例

根据图 4-25 给出的因子图,把 x_N 作为根节点,x_1 作为叶子节点,那么消息的起始值为

$$\mu_{x_1 \to f_{1,2}}(x_1) = 0 \tag{4.90}$$

中间的消息传递过程为

$$\mu_{x_n \to f_{n,n+1}}(x_n) = \mu_{f_{n-1,n} \to x_n}(x_n) \tag{4.91}$$

$$\mu_{f_{n-1,n} \to x_n}(x_n) = \max_{x_{n-1}} [\ln f_{n-1,n}(x_{n-1}, x_n) + \mu_{x_{n-1} \to f_{n-1,n}}(x_{n-1})] \tag{4.92}$$

中间结果的记录函数为

$$\phi_n(x_n) = \underset{x_{n-1}}{\operatorname{argmax}} [\ln f_{n-1,n}(x_{n-1}, x_n) + \mu_{x_{n-1} \to f_{n-1,n}}(x_{n-1})] \tag{4.93}$$

到根节点的消息的最大值,即对数联合概率分布的最大值为

$$\ln p^{\max} = \max_{x_N} [\mu_{f_{N-1,N} \to x_N}(x_N)] \tag{4.94}$$

使得概率分布最大的根节点的取值为

$$x_N^{\max} = \underset{x_N}{\operatorname{argmax}} [\mu_{f_{N-1,N} \to x_N}(x_N)] \tag{4.95}$$

其他变量的取值则可以按照记录函数向后回溯依次得出,即

$$x_{n-1}^{\max} = \phi_n(x_n^{\max}) \tag{4.96}$$

思考与计算

1. 设计一个贝叶斯网络的图模型,并写出所有变量的联合分布。

2. 分析图 4-7 所示的贝叶斯网络中其他变量之间的条件独立性。

3. 写出图 4-13 所示的无向图的联合概率分布表示。

4. 使用和积算法推导出图 4-23 所示的因子图中其他变量的边缘分布。

参考文献

[1] Pernkopf F, Peharz R, Tschiatschek S. Introduction to Probabilistic Graphical Models[J]. Academic Press Library in Signal Processing, 2014, 1(1): 989-1064.

[2] Larrañaga P, Moral S. Probabilistic Graphical Models in Artificial Intelligence[J]. Applied Soft Computing, 2011, 11(2): 1511-1528.

[3] Pourret O, Naim P, Marcot B. Bayesian Networks: A Practical Guide to Applications[M]. Chichester: John Wiley & Sons, 2008.

[4] Bilmes J, Bartels C. A Review of Graphical Model Architectures for Speech Recognition[J]. IEEE Signal Processing Magazine, 2005, 22(5): 89-100.

[5] Li S Z. Markov Random Field Modeling in Image Analysis[M]. Tokyo: Springer Science & Business Media, 2009.

[6] Koller D, Friedman N. Probabilistic Graphical Models: Principles and Techniques [M]. Cambridge, MA: MIT Press, 2009.

[7] Cheung S. Proof of Hammersley-Clifford Theorem[EB/OL]. (2008-02-01) [2020-02-28]. http://www.nada.kth.se/ ~stefan/kurs1447/slides/hc_proof.pdf.

[8] Berger A L, Pietra S A D, Pietra V J D. A Maximum Entropy Approach to Natural Language Processing[J]. Computational Linguistics, 1996, 22(1): 39-71.

[9] Pietra S A D, Pietra V J D, Lafferty J. Inducing Features of Random Fields[J]. IEEE Transactions on Pattern Analysis and Machine Intelligence, 1997, 19(4): 380-393.

[10] Lafferty J, McCallum A, Pereira F C N. Conditional Random Fields: Probabilistic Models for Segmenting and Labeling Sequence Data [C]// Proceedings of the International Conference on Machine Learning. New York: ACM, 2001: 282-289.

第 5 章　隐马尔可夫模型

学习目标：

(1) 明确命名实体识别的含义；

(2) 掌握隐马尔可夫模型的模型表示；

(3) 掌握用于模型推理的前向—后向算法、维特比算法；

(4) 掌握用于参数学习的期望最大化算法；

(5) 了解隐马尔可夫模型的模型扩展。

在现实应用中，很多数据并不符合独立同分布假设，它们具有结构化的表示。序列数据是一种典型的较为简单的结构化数据，大家熟知的时间序列就是一种特殊的序列数据。顾名思义，时间序列是指随时间变化的数据，例如语音信号或运动物体的视频。然而，序列数据不仅限于时间序列，所有具有前后关系的数据都是序列数据，如自然语言文本等。

隐马尔可夫模型(hidden Markov model)是用于建模序列数据的概率模型[1]，广泛应用于各种时序数据处理的领域，如语音识别、自然语言建模、在线手写体识别等。下面介绍使用隐马尔可夫模型进行命名实体识别的例子。

命名实体识别的目的是提取句子中的实体块，如人名或动物名、地名、组织机构名。命名实体识别可被形式化为序列标注任务，即给定观测序列，识别出对应的标签序列，然后根据识别出的标签序列得到实体。命名实体识别通常采用 BIO 的标注形式，其中 B 表示实体的开头，I 表示实体的其他部分，O 表示非实体。考查如下例句：多年前，中国向美国赠送了一对大熊猫“玲玲”和“兴兴”。如果使用 TIM 代表时间实体，PLA 代表地名实体，PER 代表人名（或动物名）实体，要识别出“多年前”为时间实体，理想情况下需要将“多年前”标记为（B-TIM，I-TIM，I-TIM），其他类型的实体类似。该例句的正确标签序列为：B-TIM、I-TIM、I-TIM、B-PLA、I-PLA、O、B-PLA、I-PLA、O、O、O、O、O、O、O、O、B-PER、I-PER、O、B-PER、I-PER，具体对应关系如图 5-1 所示，从标签序列中可以提取出实体块[多年前][中国][美国][玲玲][兴兴]。

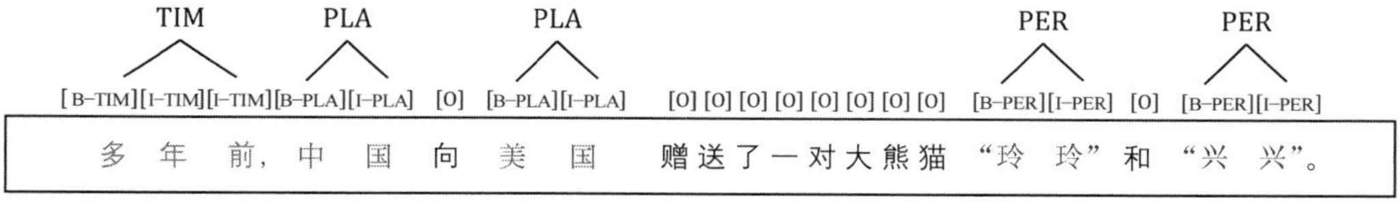

图 5-1　自然语言处理中的命名实体识别示例

进行命名实体识别之前，需要对隐马尔可夫模型进行训练。隐马尔可夫模型假设标签序列是未观测变量，即训练数据可以是没有标签的语料库，此时模型是一种非监督训练，识别时使用贝叶斯推理求取隐状态序列。

5.1　模型表示

隐马尔可夫模型与马尔可夫过程有着密切的联系，从马尔可夫过程入手更有助于理解隐马尔可夫模型。随机变量的集合称为随机过程，隐马尔可夫模型与马尔可夫过程均利用了随机过程中的马尔可夫性质。马尔可夫性质是对序列数据建模的一种常用假设，其含义是：如果在给定现在状态时，随机过程的后续状态与过去状态是条件独立的，那么此随机过程具有马尔可夫性质。最简单的马尔可夫性质是一阶马尔可夫性，意思是未来的状态只条件依赖于当前状态。以此类推，二阶马尔可夫性是指未来的状态只条件依赖于当前状态和上一时刻的状态。二阶及以上的马尔可夫性质统称为高阶马尔可夫性。

具有马尔可夫性质的随机过程称为马尔可夫过程,它的建模特点是直接假设观测序列具有马尔可夫性质。使用马尔可夫过程进行序列数据建模,可以刻画序列数据内部的依赖关系,但是在许多复杂情况中也表现出局限性。一方面,如果对观测序列进行过强的低阶马尔可夫假设,模型并非适用于某些真实的序列数据;另一方面,如果对观测序列使用高阶马尔可夫过程建模,会引入过多的模型参数。

为了建模序列数据内部的依赖关系,并且能够利用马尔可夫性质得到优雅的模型表示,隐马尔可夫模型在马尔可夫过程的基础上引入了隐状态序列。隐马尔可夫模型不再直接假设观测序列具有马尔可夫性,而是通过两个假设构建序列数据内部的依赖关系,即①假设隐状态序列是一个马尔可夫链;②假设每个时刻的观测在给定对应隐状态的条件下互相独立。条件独立假设使得模型的似然表示具有因子化的形式,马尔可夫性质也提供了一种建模隐状态序列内部依赖关系的方法。

假设 $z_1,z_2,\cdots,z_t,\cdots,z_T$ 表示隐状态序列,隐状态是离散变量,具有有限的 K 种取值,$S=\{1,2,\cdots,K\}$表示每个时刻所有可能隐状态的集合。假设 $x_1,x_2,\cdots,x_t,\cdots,x_T$ 表示观测序列,观测序列的取值可以是连续值,也可以是离散值。如果观测序列是离散变量,那么同样可以枚举出所有可能的取值以及观测数据在给定当前隐状态条件下的观测概率,例如 $V=\{v_1,v_2,\cdots,v_M\}$表示所有可能观测的集合,$\boldsymbol{B}=[b_{ij}]_{KM}$表示观测概率矩阵;如果观测序列是连续变量,那么观测数据的概率分布可以使用某种条件概率分布表示,例如假设 $p(x_t|z_t=k)=\mathcal{N}(u_k,\sigma_k^2)$。给定上述假设,隐马尔可夫模型可以使用图 5-2 所示的概率图模型表示。

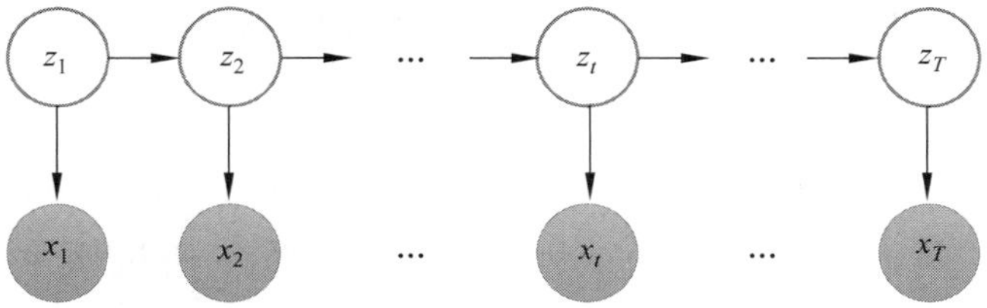

图 5-2　隐马尔可夫模型的概率图模型表示

下面介绍隐马尔可夫模型的具体表示。

首先，隐状态序列是一个马尔可夫链，初始状态的概率可以使用概率向量刻画，相邻时刻的隐状态之间的变化使用状态转移概率矩阵刻画。假设向量 $\boldsymbol{\pi}=[\pi_1,\pi_2,\cdots,\pi_K]^\top$表示模型中初始时刻状态的概率分布，即

$$p(z_1=k)=\pi_k \tag{5.1}$$

假设 $\mathbf{A}=[a_{ij}]_{KK}$ 是状态转移概率矩阵，表示在当前时刻状态为 i 在下一时刻状态为 j 的概率，即

$$p(z_{t+1}=j \mid z_t=i)=a_{ij}, \quad i,j=1,2,\cdots,K \tag{5.2}$$

图 5-3 给出了具有 3 个隐状态的隐马尔可夫模型的隐状态转移图。

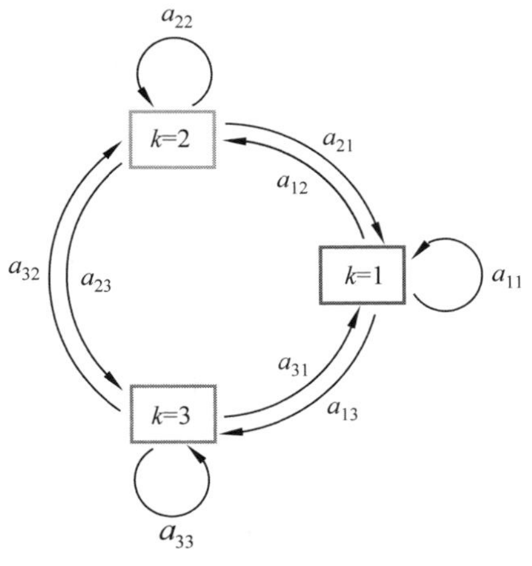

图 5-3　隐马尔可夫模型的状态转移示意图

其次，序列在每一个时刻的观测数据条件独立。如果观测序列是离散

值,假设$\boldsymbol{B}=[b_{ij}]_{KM}$是观测概率矩阵,也叫发射概率矩阵,表示在任意$t$时刻,隐状态是$i$的情况下生成观测$v_j$的概率为

$$p(x_t=v_j \mid z_t=i)=b_{ij}, \quad i=1,2,\cdots,K, \quad j=1,2,\cdots,M \tag{5.3}$$

如果观测序列可以是连续值或离散值,可以统一通过概率分布描述$p(x_t \mid z_t)$。这里使用更一般化的表示,使用$\boldsymbol{\phi}$表示分布的参数。例如,对于离散观测,可以假设离散分布,且参数为$\boldsymbol{\phi}=\boldsymbol{B}$,对于连续观测,可以假设高斯分布,且参数为$\boldsymbol{\phi}=\{\mu_k,\sigma_k^2\}_{k=1}^K$。

根据隐马尔可夫模型的先验分布和似然概率,可以写出模型关于观测变量与隐变量的联合分布为

$$p(\boldsymbol{x},\boldsymbol{z} \mid \boldsymbol{\pi},\mathbf{A},\boldsymbol{\phi})=p(z_1 \mid \boldsymbol{\pi})\left[\prod_{t=2}^{T} p(z_t \mid z_{t-1},\mathbf{A})\right]\prod_{t=1}^{T} p(x_t \mid z_t,\boldsymbol{\phi}) \tag{5.4}$$

使用隐马尔可夫模型进行中文命名实体识别任务时,观测序列是由汉字组成的句子,隐状态序列是每个汉字对应的标签。用隐状态的初始概率向量、状态转移概率矩阵及观测概率矩阵即可确定一个隐马尔可夫模型。在该任务中,初始概率向量为第一个汉字属于某个标签的概率,状态转移概率矩阵为从某一个标签转移到下一个标签的概率(对于状态转移矩阵$\mathbf{A}$,若当前词的标签为i,则下一个词的标签为j的概率为a_{ij});观测概率矩阵即发射概率矩阵,指某个标签生成某个汉字的概率。模型隐状态的数目是标签的类别数,观测的数目是汉字的个数。

5.2 模型推理

通常情况下,训练一个隐马尔可夫模型包括模型推理与参数学习,使用隐马尔可夫模型完成具体的预测任务时也需要模型推理。这里介绍的模型推理包括三个具体的推理目标;边缘似然的推理、隐状态序列的推理、隐状态边缘后验的推理。这些推理有些是为了完成具体任务,有些则是在进行诸如最大似然

估计时计算目标函数所需。进行模型推理时，均假设模型参数$\{\boldsymbol{\pi},\boldsymbol{A},\boldsymbol{\phi}\}$已知。

首先，目前模型表示可以给出观测变量与隐变量的联合分布，即公式(5.4)。然而，在使用隐马尔可夫模型对序列数据进行建模时，人们希望能够评价模型对数据的拟合程度。例如，隐马尔可夫模型可以用来进行序列数据分类，其方法是将模型作为类条件分布模型，然后通过贝叶斯决策对新的测试序列进行分类。这时需要通过计算模型的边缘似然进行评估。因此，一个重要的推理任务是对边缘似然的推理，即给定观测序列 $\boldsymbol{x}$ 和模型参数$\{\boldsymbol{\pi},\boldsymbol{A},\boldsymbol{\phi}\}$，计算某观测序列的概率 $p(\boldsymbol{x}|\boldsymbol{\pi},\boldsymbol{A},\boldsymbol{\phi})$。

其次，隐马尔可夫模型还可以进行最优隐状态序列的求解。例如，在应用示例中介绍的命名实体识别问题，其实是一个序列标注问题。对于隐马尔可夫模型而言，就是求解对应某个观测序列的最可能的隐状态序列，即给定观测序列 $\boldsymbol{x}$ 和模型参数$\{\boldsymbol{\pi},\boldsymbol{A},\boldsymbol{\phi}\}$，找到最优的隐状态序列 $\boldsymbol{z}$。

最后，在训练隐马尔可夫模型时，通常使用最大似然估计中的期望最大化方法，这种参数估计问题也需要推理进行辅助。例如，在期望步骤，需要计算的目标函数中包含隐状态序列的两种边缘后验分布，一个是单一时刻的边缘后验 $p(z_t|\boldsymbol{x})$，一个是相邻时刻的边缘后验 $p(z_t,z_{t+1}|\boldsymbol{x})$。

隐马尔可夫模型是一种链状的贝叶斯网络，其推理可以使用概率图模型推理的一般方法，虽然针对特定结构会有不同的表现形式。边缘似然的推理需要对隐变量进行积分，可以使用一般的和积算法，在隐马尔可夫模型中，常用的是前向-后向算法。隐状态序列的推理目标是求解最优隐变量，使用的是最大和算法，在隐马尔可夫模型中称为维特比解码算法。隐状态边缘后验的推理同样可以使用和积算法。下面将详细介绍隐马尔可夫模型的推理。

5.2.1　边缘似然的推理

边缘似然的推理是指给定某观测序列 $\boldsymbol{x}=(x_1,x_2,\cdots,x_T)$和模型参数$\{\boldsymbol{\pi},\boldsymbol{A},\boldsymbol{\phi}\}$，计算观测序列的概率 $p(\boldsymbol{x}|\boldsymbol{\pi},\boldsymbol{A},\boldsymbol{\phi})$。给定模型的联合分布以后，

求边缘似然的方法是对隐变量进行积分。由于隐变量是离散变量，一个直接的算法就是对状态的取值进行枚举。首先，列举所有可能的隐状态序列 $\boldsymbol{z}$，求出各个状态序列与观测序列的联合分布 $p(\boldsymbol{x},\boldsymbol{z}|\boldsymbol{\pi},\boldsymbol{A},\boldsymbol{\phi})$。然后，对所有可能的状态序列求和，得到 $p(\boldsymbol{x}|\boldsymbol{\pi},\boldsymbol{A},\boldsymbol{\phi})$。该方法虽然在理论上可行，但其高昂的复杂度使其在计算上不可行，因此需要使用和积算法，在隐马尔可夫模型中等价于前向—后向算法。

下面具体分析为何直接枚举求和不可行。给定模型参数$\{\boldsymbol{\pi},\boldsymbol{A},\boldsymbol{\phi}\}$，隐状态序列 $\boldsymbol{z}=(z_1,z_2,\cdots,z_T)$和观测序列 $\boldsymbol{x}=(x_1,x_2,\cdots,x_T)$的联合分布如公式(5.4)所示。对于所有的状态序列 $\boldsymbol{z}$ 求和，得到观测序列 $\boldsymbol{x}$ 的概率分布 $p(\boldsymbol{x})$，即

$$
\begin{aligned}
p(\boldsymbol{x}) &= \sum_{z} p(\boldsymbol{x},\boldsymbol{z}) \\
&= \sum_{z_1,z_2,\cdots,z_T} p(z_1 \mid \boldsymbol{\pi})\left[\prod_{t=2}^{T} p(z_t \mid z_{t-1},\boldsymbol{A})\right]\prod_{t=1}^{T} p(x_t \mid z_t,\boldsymbol{\phi})
\end{aligned} \tag{5.5}
$$

公式(5.5)的计算复杂度是 $O(TK^T)$，使得该算法在链长 T 较大时计算不可行。

下面分别介绍两种计算边缘分布的算法，即和积算法和前向—后向算法。

(1) 和积算法。

为了降低计算复杂度，在求和的过程中，一些公共运算可以被提出，从而只进行一次运算。正如第 4 章介绍的，可以借用乘法分配律实现消息传递算法，即和积算法。在链式结构中，和积算法可以用前向—后向算法的形式实现。首先构建图 5-4 所示的隐马尔可夫模型的因子图。

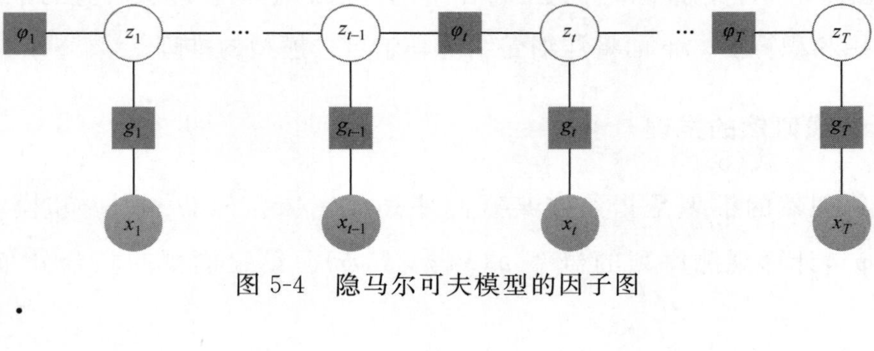

图 5-4　隐马尔可夫模型的因子图

其中，因子 ϕ_t 和 g_t 的表达为

$$\phi_1(z_1)=p(z_1) \tag{5.6}$$

$$\phi_t(z_{t-1},z_t)=p(z_t \mid z_{t-1}),\quad t=2,3,\cdots,T \tag{5.7}$$

$$g_t(x_t,z_t)=p(x_t \mid z_t),\quad t=1,2,\cdots,T \tag{5.8}$$

由于 x_n 是观测变量，不需要积分，在消息传递的过程中，该变量可以一直保留，因此因子图可以通过合并因子进一步简化，得到图 5-5 所示的简化版的因子图。其中，因子的表达为

$$f_1(z_1)=p(z_1)p(x_1 \mid z_1) \tag{5.9}$$

$$f_t(z_{t-1},z_t)=p(z_t \mid z_{t-1})p(x_t \mid z_t),\quad t=2,3,\cdots,T \tag{5.10}$$

在消息传递中，需要计算变量节点到因子节点的消息和因子节点到变量节点的消息。

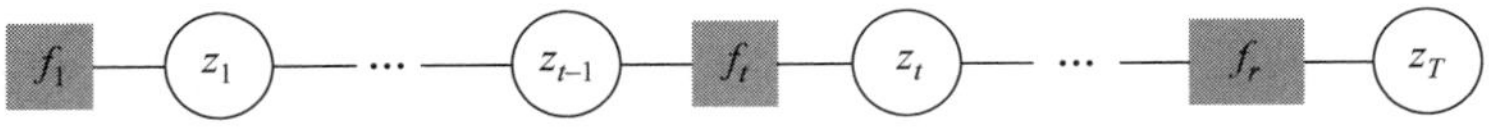

图 5-5　简化的隐马尔可夫模型因子图

这一节的目标是对所有的隐变量进行积分。可以首先得到某个时刻隐变量与观测变量的联合分布，然后进行一次单变量的求和。该隐变量的选择非常灵活，可以选择起始时刻或终止时刻的隐变量，也可以选择任意中间时刻的隐变量。如果选择起始时刻或终止时刻，因子图只需要执行单向的消息传递；如果选择中间时刻，则需要进行双向的消息传递。

首先，考虑前向传递，将最后一个节点 z_T 定为根节点，从叶子节点 f_1 到根节点 z_T 的消息传递可以写成

$$\mu_{z_{t-1}\to f_t}(z_{t-1})=\mu_{f_{t-1}\to z_{t-1}}(z_{t-1}) \tag{5.11}$$

$$\mu_{f_t\to z_t}(z_t)=\sum_{z_{t-1}} f_t(z_{t-1},z_t)\mu_{z_{t-1}\to f_t}(z_{t-1}) \tag{5.12}$$

递推关系（公式(5.11)和公式(5.12)）还可以化简为一个递推式，即

$$\mu_{f_t\to z_t}(z_t)=\sum_{z_{t-1}} f_t(z_{t-1},z_t)\mu_{f_{t-1}\to z_{t-1}}(z_{t-1}) \tag{5.13}$$

其中,初始消息为

$$\mu_{f_1\to z_1}(z_1)=f_1(z_1)=p(z_1)p(x_1\mid z_1) \tag{5.14}$$

由此可见,在链式结构中,消息传递可以只使用一种消息。执行了一次向前的消息传递之后,可以得到最后时刻隐变量的边缘分布为

$$p(z_T,\boldsymbol{x})=\mu_{f_T\to z_T}(z_T) \tag{5.15}$$

公式(5.15)之所以是隐变量和观测变量的联合,是因为消息传递使用了简化的因子图,将关于观测变量的因子合并到了新的因子中。因此,可以得到边缘似然概率分布为

$$p(\boldsymbol{x})=\sum_{z_T}p(z_T,\boldsymbol{x})=\sum_{z_T}\mu_{f_T\to z_T}(z_T) \tag{5.16}$$

这种前向消息传递在前向—后向算法中也称为前向算法,单独执行一次前向算法可以计算出边缘似然的概率分布。

然后,考虑后向传递,从根节点 z_T 到叶子节点 f_1 的消息传递可以写成

$$\mu_{f_{t+1}\to z_t}(z_t)=\sum_{z_{t+1}}f_{t+1}(z_t,z_{t+1})\mu_{f_{t+2}\to z_{t+1}}(z_{t+1}) \tag{5.17}$$

其中,初始消息为

$$\mu_{z_T\to f_T}(z_T)=1 \tag{5.18}$$

执行完所需要的向后消息传递后,可以得到与初始时刻隐变量有关的边缘分布为

$$p(z_1,\boldsymbol{x})=\mu_{f_2\to z_1}(z_1)f_1(z_1) \tag{5.19}$$

因此,可以得到边缘似然概率分布为

$$p(\boldsymbol{x})=\sum_{z_1}p(z_1,\boldsymbol{x})=\sum_{z_1}\mu_{f_2\to z_1}(z_1)p(z_1)p(x_1\mid z_1) \tag{5.20}$$

这种后向消息传递在前向—后向算法中也称为后向算法,单独执行一次后向算法同样可以计算出边缘似然的概率分布。

最后,考虑双向传递,即同时使用从叶子节点和根节点向中间传递的消息,运用的递推关系如公式(5.13)和公式(5.17)所示。那么,可以得到任意时刻的隐变量与观测变量的联合边缘分布为

$$p(z_t,\boldsymbol{x})=\mu_{f_t\to z_t}(z_t)\mu_{f_{t+1}\to z_t}(z_t) \tag{5.21}$$

边缘似然概率分布为

$$p(\boldsymbol{x})=\sum_{z_t}p(z_t,\boldsymbol{x})=\sum_{z_t}\mu_{f_t\to z_t}(z_t)\mu_{f_{t+1}\to z_t}(z_t) \tag{5.22}$$

(2) 前向—后向算法。

前向—后向算法(forward-backward algorithm)可以从和积算法的角度描述,也可以通过直接定义前向和后向概率分布,并利用概率论的运算法则得到递推关系。前向—后向算法包括前向算法和后向算法,使用单独的前向算法或后向算法,或者二者共同协作,都可以实现边缘概率分布的推理,最终计算出的边缘概率分布是一致的。下面分别介绍如何单独使用前向算法或后向算法,或同时使用二者得到隐马尔可夫模型的边缘似然概率分布。

前向算法是指从初始时刻到终止时刻进行递推运算,当计算到终止时刻时,可以获得目标概率分布。前向算法的关键是前向概率分布。

给定隐马尔可夫模型参数$\{\boldsymbol{\pi},\boldsymbol{A},\boldsymbol{\phi}\}$,定义初始时刻到时刻 t 的部分观测序列为 $x_1,x_2,\cdots,x_t$,时刻 t 的隐状态为 z_t 的概率分布为前向概率分布,记为

$$\alpha_t(z_t)=p(x_1,x_2,\cdots,x_t,z_t\mid\boldsymbol{\pi},\boldsymbol{A},\boldsymbol{\phi}) \tag{5.23}$$

利用概率论的运算法则可以得到前向概率分布 $\alpha_t(z_t)$的递推关系式为

$$\begin{aligned}
\alpha_t(z_t)&=p(x_1,x_2,\cdots,x_t,z_t)\\
&=p(x_1,x_2,\cdots,x_t\mid z_t)p(z_t)\\
&=p(x_t\mid z_t)p(x_1,x_2,\cdots,x_{t-1}\mid z_t)p(z_t)\\
&=p(x_t\mid z_t)p(x_1,x_2,\cdots,x_{t-1},z_t)\\
&=p(x_t\mid z_t)\sum_{z_{t-1}}p(x_1,x_2,\cdots,x_{t-1},z_{t-1},z_t)\\
&=p(x_t\mid z_t)\sum_{z_{t-1}}p(x_1,x_2,\cdots,x_{t-1},z_t\mid z_{t-1})p(z_{t-1})\\
&=p(x_t\mid z_t)\sum_{z_{t-1}}p(x_1,x_2,\cdots,x_{t-1}\mid z_{t-1})p(z_t\mid z_{t-1})p(z_{t-1})\\
&=p(x_t\mid z_t)\sum_{z_{t-1}}p(x_1,x_2,\cdots,x_{t-1},z_{t-1})p(z_t\mid z_{t-1})
\end{aligned}$$

$$=p(x_t \mid z_t)\sum_{z_{t-1}}\alpha_{t-1}(z_{t-1})p(z_t \mid z_{t-1}) \tag{5.24}$$

前向概率分布 $\alpha_t(z_t)$在初始时刻的值为

$$\alpha_1(z_1)=p(z_1)p(x_1 \mid z_1) \tag{5.25}$$

根据前向概率分布的定义，当前向算法计算到最后一个时刻时，可以得到最终边缘似然概率分布的计算式为

$$p(\boldsymbol{x} \mid \boldsymbol{\pi},\mathbf{A},\boldsymbol{\phi})=\sum_{z_T}p(x_1,x_2,\cdots,x_T,z_T)=\sum_{z_T}\alpha_T(z_T) \tag{5.26}$$

后向算法是指从终止时刻到初始时刻进行递推运算，当计算到初始时刻时，可以获得目标概率分布。后向算法的关键是后向概率分布。

给定隐马尔可夫模型参数$\{\boldsymbol{\pi},\mathbf{A},\boldsymbol{\phi}\}$，定义在时刻 t 隐状态为 z_t 的条件下，从时刻 $t+1$ 到时刻 T 的部分观测序列为 $x_{t+1},x_{t+2},\cdots,x_T$ 的概率分布为后向概率分布，记为

$$\beta_t(z_t)=p(x_{t+1},x_{t+2},\cdots,x_T \mid z_t,\boldsymbol{\pi},\mathbf{A},\boldsymbol{\phi}) \tag{5.27}$$

类似前向概率分布，后向概率分布也具有递推关系，即

$$\begin{aligned}
\beta_t(z_t)&=p(x_{t+1},x_{t+2},\cdots,x_T \mid z_t)\\
&=\sum_{z_{t+1}}p(x_{t+1},x_{t+2},\cdots,x_T,z_{t+1} \mid z_t)\\
&=\sum_{z_{t+1}}p(x_{t+1},x_{t+2},\cdots,x_T \mid z_{t+1},z_t)p(z_{t+1} \mid z_t)\\
&=\sum_{z_{t+1}}p(x_{t+1},x_{t+2},\cdots,x_T \mid z_{t+1})p(z_{t+1} \mid z_t)\\
&=\sum_{z_{t+1}}p(x_{t+2},x_{t+2},\cdots,x_T \mid z_{t+1})p(x_{t+1} \mid z_{t+1})p(z_{t+1} \mid z_t)\\
&=\sum_{z_{t+1}}\beta_{t+1}(z_{t+1})p(x_{t+1} \mid z_{t+1})p(z_{t+1} \mid z_t)
\end{aligned} \tag{5.28}$$

后向概率分布在最后时刻的值为

$$\beta_T(z_T)=1 \tag{5.29}$$

根据后向概率分布的定义，当后向算法计算到初始时刻时，可以得到最终边缘似然概率分布的计算为

$$p(\boldsymbol{x} \mid \boldsymbol{\pi}, \boldsymbol{A}, \boldsymbol{\phi}) = \sum_{z_1} p(x_2, x_3, \cdots, x_T \mid z_1) p(z_1) p(x_1 \mid z_1)$$

$$= \sum_{z_1} \beta_1(z_1) p(z_1) p(x_1 \mid z_1) \tag{5.30}$$

同时使用前向算法和后向算法的结果进行计算，当计算到同一时刻时，可以获得目标概率分布。利用前向概率分布和后向概率分布，可以将观测序列的概率分布写为

$$p(\boldsymbol{x} \mid \boldsymbol{\pi}, \boldsymbol{A}, \boldsymbol{\phi}) = \sum_{z_t} p(x_1, x_2, \cdots, x_t, z_t) p(x_{t+1}, x_{t+2}, \cdots, x_T \mid z_t)$$

$$= \sum_{z_t} \alpha_t(z_t) \beta_t(z_t) \tag{5.31}$$

5.2.2 隐状态序列的推理

隐状态序列的推理是指给定观测序列 $\boldsymbol{x} = (x_1, x_2, \cdots, x_T)$ 和模型参数 $\{\boldsymbol{\pi}, \boldsymbol{A}, \boldsymbol{\phi}\}$，求产生这个观测序列最可能的隐状态序列 $\boldsymbol{z}$，即使得联合概率分布 $p(\boldsymbol{x}, \boldsymbol{z} \mid \boldsymbol{\pi}, \boldsymbol{A}, \boldsymbol{\phi})$ 最大的 $\boldsymbol{z}$。与边缘概率分布的推理类似，若直接求解隐状态序列的推理，复杂度太高，因此通常使用概率图模型推理中的最大和算法，在隐马尔可夫模型中也称为维特比算法（Viterbi algorithm）[2]。下面介绍如何基于图 5-5 的因子图使用最大和算法进行推理，即从最大和算法的角度描述维特比算法。

回顾第 4 章中介绍的最大和算法，消息传递过程可以描述为

$$\mu_{z_{t-1} \to f_t}(z_{t-1}) = \mu_{f_{t-1} \to z_{t-1}}(z_{t-1}) \tag{5.32}$$

$$\mu_{f_t \to z_t}(z_t) = \max_{z_{t-1}} \{\ln f_t(z_{t-1}, z_t) + \mu_{z_{t-1} \to f_t}(z_{t-1})\} \tag{5.33}$$

进一步化简可以得到消息的递推表示为

$$\mu_{f_t \to z_t}(z_t) = \max_{z_{t-1}} \{\ln f_t(z_{t-1}, z_t) + \mu_{f_{t-1} \to z_{t-1}}(z_{t-1})\} \tag{5.34}$$

其中初始消息为

$$\mu_{f_1 \to z_1}(z_1) = \ln p(z_1) + \ln p(x_1 \mid z_1)$$

进行完所有前向消息传递之后，可以获得最后时刻的消息为

$$\mu_{f_T \to z_T}(z_T) = \max_{z_1, z_2, \cdots, z_{T-1}} p(x_1, x_2, \cdots, x_T, z_1, z_2, \cdots, z_T) \tag{5.35}$$

因此最大联合概率分布为

$$\max_{z_1, z_2, \cdots, z_T} p(x_1, x_2, \cdots, x_T, z_1, z_2, \cdots, z_T) = \max_{z_T} \mu_{f_T \to z_T}(z_T) \tag{5.36}$$

至此,仍然没有得到最可能的隐状态序列。已知上述消息传递过程,只需将传递过程中使得当前时刻消息最大的前一时刻的隐状态记录下来即可。使用 $\phi_t(z_t)$记录当 t 时刻的隐状态是 z_t 时,使得消息最大的前一时刻的隐状态的值,即

$$\phi_t(z_t) = \operatorname*{argmax}_{z_{t-1}} \{\ln f_t(z_{t-1}, z_t) + \mu_{f_{t-1} \to z_{t-1}}(z_{t-1})\} \tag{5.37}$$

先根据公式(5.36)计算最后时刻最可能的隐状态为

$$z_T^{\max} = \operatorname*{argmax}_{z_T} \mu_{f_T \to z_T}(z_T) \tag{5.38}$$

然后通过向后回溯的方法得到每个时刻最可能的隐状态为

$$z_t^{\max} = \phi_{t+1}(z_{t+1}^{\max}) \tag{5.39}$$

从而得出最可能的隐状态序列。

5.2.3 隐状态边缘后验的推理

隐状态边缘后验的推理可用于训练隐马尔可夫模型的期望最大化算法。5.3 节将给出在参数学习时如何使用期望最大化算法,以及需要计算隐状态边缘后验的原因。这里介绍所需的两类边缘后验推理:单个时刻的隐状态的边缘后验 $p(z_t|\boldsymbol{x})$和相邻时刻的两个隐状态的边缘后验 $p(z_t, z_{t+1}|\boldsymbol{x})$。两种边缘后验的推理均使用前面介绍的前向—后向算法。

首先,给出边缘后验 $p(z_t|\boldsymbol{x})$的推理。给定模型参数$\{\boldsymbol{\pi}, \boldsymbol{A}, \boldsymbol{\phi}\}$和观测序列 $\boldsymbol{x}$,隐状态 z_t 的后验概率分布为

$$p(z_t \mid \boldsymbol{x}) = \frac{p(z_t, \boldsymbol{x})}{p(\boldsymbol{x})} = \frac{\alpha_t(z_t)\beta_t(z_t)}{\sum_{z_t} \alpha_t(z_t)\beta_t(z_t)} \tag{5.40}$$

然后,给出边缘后验 $p(z_t, z_{t+1}|\boldsymbol{x})$的推理。给定模型参数$\{\boldsymbol{\pi}, \boldsymbol{A}, \boldsymbol{\phi}\}$和观

测序列 $\boldsymbol{x}$，隐状态 z_t 和 z_{t+1} 的联合后验概率分布为

$$
\begin{aligned}
p(z_t, z_{t+1} \mid \boldsymbol{x}) &= \frac{p(z_t, z_{t+1}, \boldsymbol{x})}{\sum_{z_t, z_{t+1}} p(z_t, z_{t+1}, \boldsymbol{x})} \\
&= \frac{\alpha_t(z_t) p(z_{t+1} \mid z_t) p(x_{t+1} \mid z_{t+1}) \beta_{t+1}(z_{t+1})}{\sum_{z_t, z_{t+1}} \alpha_t(z_t) p(z_{t+1} \mid z_t) p(x_{t+1} \mid z_{t+1}) \beta_{t+1}(z_{t+1})}
\end{aligned} \tag{5.41}
$$

5.3 参数学习

第 5.2 节在假设模型参数已知的前提下介绍了隐马尔可夫模型的推理。本节将介绍如何通过训练数据对模型的参数进行学习。

假设给定的训练数据包含 N 个观测序列 $X = \{\boldsymbol{x}^{(1)}, \boldsymbol{x}^{(2)}, \cdots, \boldsymbol{x}^{(N)}\}$，对应的隐状态序列为 $Z = \{\boldsymbol{z}^{(1)}, \boldsymbol{z}^{(2)}, \cdots, \boldsymbol{z}^{(N)}\}$，最大似然估计思想是对模型的边缘似然最大化，即 $p(X \mid \lambda) = \sum_Z p(X \mid Z, \lambda) p(Z \mid \lambda)$，$\lambda = \{\boldsymbol{\pi}, A, \boldsymbol{\phi}\}$。这种具有隐变量的模型通常使用期望最大化算法进行参数学习。期望最大化算法在隐马尔可夫模型中也被称为 Baum-Welch 算法[3]。

期望最大化算法可被看成一个逐次逼近地求模型参数的算法，它在“期望”步骤和“最大化”步骤之间交替执行。“期望”步骤是在给定当前的参数值和观测数据的情况下计算训练样本的期望对数似然。“最大化”步骤是求解使得当前期望最大的参数。交替执行“期望”和“最大化”步骤，直至收敛。

下面给出具体的求解过程。“期望”步骤需要计算观测数据的对数联合似然函数的期望，记为

$$
Q(\lambda, \tilde{\lambda}) = \mathbb{E}_{Z \mid X, \tilde{\lambda}}[\ln p(X, Z \mid \lambda)] = \sum_Z p(Z \mid X, \tilde{\lambda}) \ln p(X, Z \mid \lambda) \tag{5.42}
$$

其中 $\tilde{\lambda}$ 是隐马尔可夫模型参数的当前已有估计值，λ 是当前要优化的参数。假设样本序列之间相互独立，即满足 $p(X, Z \mid \lambda) = \prod_{n=1}^{N} p(\boldsymbol{x}^{(n)}, \boldsymbol{z}^{(n)} \mid \lambda)$，且

$p(Z \mid X, \tilde{\lambda}) = \prod_{n=1}^{N} p(\boldsymbol{z}^{(n)} \mid \boldsymbol{x}^{(n)}, \tilde{\lambda})$，可以得到对数联合似然的期望为

$$\begin{aligned}
Q(\lambda, \tilde{\lambda}) &= \sum_{n=1}^{N} \sum_{\boldsymbol{z}^{(n)}} p(\boldsymbol{z}^{(n)} \mid \boldsymbol{x}^{(n)}, \tilde{\lambda}) \ln p(\boldsymbol{x}^{(n)}, \boldsymbol{z}^{(n)} \mid \lambda) \\
&= \sum_{n=1}^{N} \sum_{\boldsymbol{z}^{(n)}} p(\boldsymbol{z}^{(n)} \mid \boldsymbol{x}^{(n)}, \tilde{\lambda}) \ln \Big\{ p(z_1^{(n)} \mid \boldsymbol{\pi}) \Big[\prod_{t=2}^{T} p(z_t^{(n)} \mid z_{t-1}^{(n)}, \boldsymbol{A}) \Big] \\
&\quad \prod_{t=1}^{T} p(x_t^{(n)} \mid z_t^{(n)}, \boldsymbol{\phi}) \Big\} \\
&= \sum_{n=1}^{N} \Big\{ \sum_{z_1^{(n)}} p(z_1^{(n)} \mid \boldsymbol{x}^{(n)}, \tilde{\lambda}) \ln \pi_{z_1^{(n)}} + \sum_{z_{t-1}^{(n)}, z_t^{(n)}} \sum_{t=2}^{T} p(z_{t-1}^{(n)}, z_t^{(n)} \mid \boldsymbol{x}^{(n)}, \tilde{\lambda}) \\
&\quad \ln a_{z_{t-1}^{(n)} z_t^{(n)}} + \sum_{z_t^{(n)}} \sum_{t=1}^{T} p(z_t^{(n)} \mid \boldsymbol{x}^{(n)}, \tilde{\lambda}) \ln p(x_t^{(n)} \mid z_t^{(n)}, \boldsymbol{\phi}) \Big\}
\end{aligned} \tag{5.43}$$

"最大化"步骤需要求解使 $Q(\lambda, \tilde{\lambda})$ 函数最大的参数 $\{\boldsymbol{\pi}, \boldsymbol{A}, \boldsymbol{\phi}\}$。值得注意的是，该步骤需要优化的是公式(5.43)中的参数 λ，即 $\{\boldsymbol{\pi}, \boldsymbol{A}, \boldsymbol{\phi}\}$，并不优化当前的估计值 $\tilde{\lambda}$。参数中的初始状态概率 $\boldsymbol{\pi}$ 需要满足 $\sum_{k=1}^{K} \pi_k = 1$，转移概率 $\boldsymbol{A}$ 需要满足 $\sum_{j=1}^{K} a_{ij} = 1, i = 1, 2, \cdots, K$。如果观测的是离散值，$\boldsymbol{\phi}$ 可表示为发射概率 $\boldsymbol{B}$，并需要满足 $\sum_{j=1}^{M} b_{ij} = 1, i = 1, 2, \cdots, K$。通过引入拉格朗日乘子 α_1、α_2、α_3，得到无约束优化问题，公式为

$$\underset{\boldsymbol{\pi}, A, B}{\operatorname{argmax}} Q(\lambda, \tilde{\lambda}) + \alpha_1 \Big(1 - \sum_{k=1}^{K} \pi_k\Big) + \alpha_2 \Big(1 - \sum_{j=1}^{K} a_{ij}\Big) + \alpha_3 \Big(1 - \sum_{j=1}^{M} b_{ij}\Big) \tag{5.44}$$

对优化目标(公式(5.44))分别关于 $\boldsymbol{\pi}$、$\boldsymbol{A}$、$\boldsymbol{B}$ 求导，并设置为零，可以得到

$$\pi_k = \frac{\sum_{n=1}^{N} p(z_1^{(n)} = k \mid \boldsymbol{x}^{(n)})}{\sum_{k=1}^{K} \sum_{n=1}^{N} p(z_1^{(n)} = k \mid \boldsymbol{x}^{(n)})}, \quad k = 1, 2, \cdots, K \tag{5.45}$$

$$a_{ij}=\frac{\sum_{n=1}^{N}\sum_{t=2}^{T}p(z_{t-1}^{(n)}=i,z_t^{(n)}=j \mid \boldsymbol{x}^{(n)})}{\sum_{j'=1}^{K}\sum_{n=1}^{N}\sum_{t=2}^{T}p(z_{t-1}^{(n)}=i,z_t^{(n)}=j' \mid \boldsymbol{x}^{(n)})},\quad i=1,2,\cdots,K;j=1,2,\cdots,K \tag{5.46}$$

$$b_{ij}=\frac{\sum_{n=1}^{N}\sum_{t=1}^{T}I(z_t^{(n)}=i,x_t^{(n)}=v_j)}{\sum_{j'=1}^{M}\sum_{n=1}^{N}\sum_{t=1}^{T}I(z_t^{(n)}=i,x_t^{(n)}=v_j{}')},\quad i=1,2,\cdots,K;j=1,2,\cdots,M \tag{5.47}$$

其中 $I(\cdot)$函数在括号中的条件满足时取值为 1,否则取值为 0。

如果观测的是连续值,并假设发射概率的分布是高斯分布,那么转移概率和初始概率与离散的情况一致,高斯分布的均值和方差分别为(这里给出观测为一维的情况):

$$\mu_k=\frac{\sum_{n=1}^{N}\sum_{t=1}^{T}p(z_t^{(n)}=k \mid \boldsymbol{x}^{(n)})x_t^{(n)}}{\sum_{n=1}^{N}\sum_{t=1}^{T}p(z_t^{(n)}=k \mid \boldsymbol{x}^{(n)})},\quad k=1,2,\cdots,K \tag{5.48}$$

$$\sigma_k^2=\frac{\sum_{n=1}^{N}\sum_{t=1}^{T}p(z_t^{(n)}=k \mid \boldsymbol{x}^{(n)})\,(x_t^{(n)}-\mu_k)^2}{\sum_{n=1}^{N}\sum_{t=1}^{T}p(z_t^{(n)}=k \mid \boldsymbol{x}^{(n)})},\quad k=1,2,\cdots,K \tag{5.49}$$

5.4　模型扩展

隐马尔可夫模型的优点是它可以刻画序列数据内部的依赖关系,但是,遇到实际问题时也会显示出局限性,需要进一步扩展。这里讨论对隐马尔可夫模型的重要扩展。

(1) 隐状态观测的模型。

标准隐马尔可夫模型使用非监督训练方法，但是对于某些实际问题，需要使用数据的标签。例如，在命名实体识别任务中，直接对未标注的文本使用隐马尔可夫模型进行非监督训练，难以得到好的结果。因此，使用隐马尔可夫模型进行命名实体识别时，通常使用已标注的文本[4]。此时，可以认为是隐状态观测的模型，新样本的识别过程与隐马尔可夫模型相同，但训练过程略有不同，这里介绍训练过程。

假设给定的训练数据包含 N 个观测序列和对应的状态序列 $\{(\boldsymbol{x}^{(1)},\boldsymbol{z}^{(1)}),(\boldsymbol{x}^{(2)},\boldsymbol{z}^{(2)}),\cdots,(\boldsymbol{x}^{(N)},\boldsymbol{z}^{(N)})\}$，那么可以使用最大似然估计学习隐马尔可夫模型的参数。

由于隐状态变量是离散值，状态的初始概率和转移概率的最大似然估计可以使用统计的方式获得。状态转移概率 a_{ij} 的估计为

$$a_{ij}=\frac{\sum_{n=1}^{N}\sum_{t=2}^{T}I(z_{t-1}^{(n)}=i,z_t^{(n)}=j)}{\sum_{n=1}^{N}\sum_{t=1}^{T-1}I(z_t^{(n)}=i)},\quad i=1,2,\cdots,K;j=1,2,\cdots,K \tag{5.50}$$

状态的初始概率 π_i 的估计为

$$\pi_k=\frac{\sum_{n=1}^{N}I(z_1^{(n)}=k)}{N},\quad k=1,2,\cdots,K \tag{5.51}$$

观测数据可以是离散值，也可以是连续值。如果观测数据是离散值，可以使用统计的方式获得发射概率矩阵，那么状态为 i 观测为 v_j 的发射概率 b_{ij} 的估计为

$$b_{ij}=\frac{\sum_{n=1}^{N}\sum_{t=1}^{T}I(z_t^{(n)}=i,x_t^{(n)}=v_j)}{\sum_{j'=1}^{M}\sum_{n=1}^{N}\sum_{t=1}^{T}I(z_t^{(n)}=i,x_t^{(n)}=v_{j'})},\quad i=1,2,\cdots,K;j=1,2,\cdots M \tag{5.52}$$

如果观测数据是连续值,那么需要对假设的连续分布的参数进行学习。这里以一维高斯分布为例,学习它的参数 μ_k 和 σ_k^2。根据高斯分布的最大似然估计可以得出

$$\mu_k=\frac{\sum_{n=1}^{N}\sum_{t=1}^{T}x_t^{(n)}I(z_t^{(n)}=k)}{\sum_{n=1}^{N}\sum_{t=1}^{T}I(z_t^{(n)}=k)},\quad k=1,2,\cdots,K \tag{5.53}$$

$$\sigma_k^2=\frac{\sum_{n=1}^{N}\sum_{t=1}^{T}(x_t^{(n)}-\mu_k)^2 I(z_t^{(n)}=k)}{\sum_{n=1}^{N}\sum_{t=1}^{T}I(z_t^{(n)}=k)},\quad k=1,2,\cdots,K \tag{5.54}$$

(2) 自回归隐马尔可夫模型。

标准隐马尔可夫模型的一个局限性是它在描述观测变量的长距离相关性时效果较差,因为这些相关性必须经由隐含状态的一阶马尔可夫链所体现。长距离的效果可以通过在原来的模型中添加额外连接的方式被包含到模型中。一种解决办法是推广隐马尔可夫模型,得到自回归隐马尔可夫模型(autoregressive hidden Markov model)[6],如图 5-6 所示[5]。其中,每个观测的概率分布依赖于之前的观测子集以及隐状态。在这个例子中,每个时刻观测的分布依赖于两个之前的观测和当前隐状态。对于离散观测来说,这对应于将发射概率分布的条件概率表进行扩展。

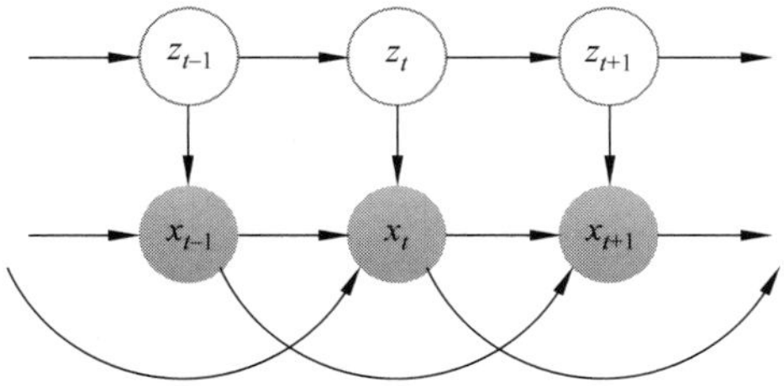

图 5-6　自回归隐马尔可夫模型示例

(3) 输入输出隐马尔可夫模型。

事实上,运用概率图模型的观点能产生基于隐马尔可夫模型的多种不同的图结构。一个例子是输入输出隐马尔可夫模型(input-output hidden Markov model)[6],其中,包含长度为 T 的观测输入序列 $o_1, o_2, \cdots, o_T$,以及对应的目标输出序列 $x_1, x_2, \cdots, x_T$。输入变量的值要么影响隐变量的分布,要么影响输出变量的分布,或者对两者都产生影响(图 5-7 所示)。

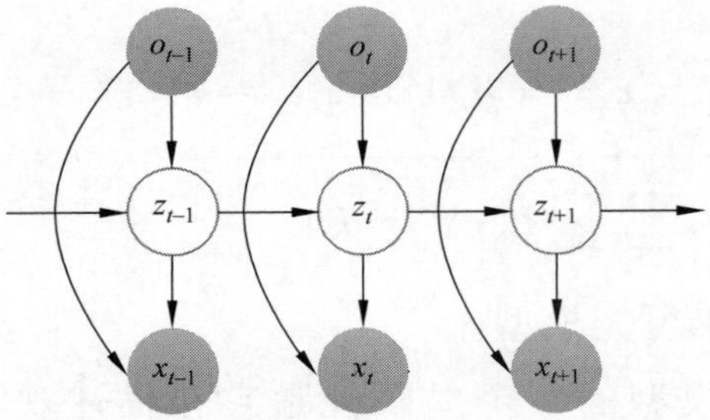

图 5-7 输入输出隐马尔可夫模型

(4) 因子隐马尔可夫模型。

隐马尔可夫模型的另一个变体是因子隐马尔可夫模型(factorial hidden Markov model),如图 5-8 所示[7]。其中,存在多个独立的隐变量马尔可夫链,并且在一个给定的时刻观测变量的概率分布条件依赖于相同时刻所有对应的隐变量的状态。

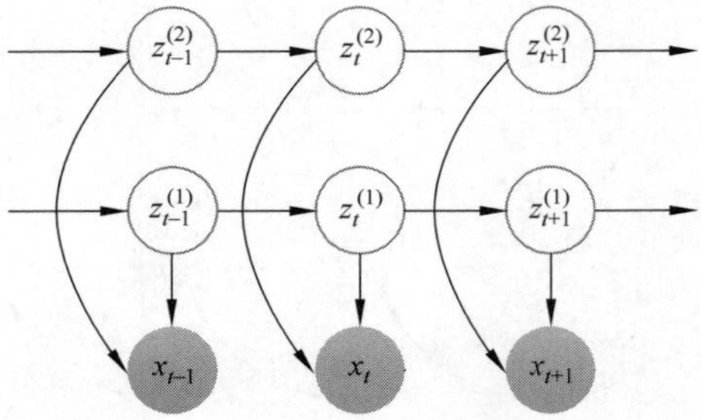

图 5-8 因子隐马尔可夫模型

（5）无限隐状态的隐马尔可夫模型。

隐马尔可夫模型需要事先给定隐状态数目 K，这在许多现实应用中难以确定。通常使用交叉验证的方法，从多个数值中选出合适的隐状态数目，这种方法比较耗时，而且需要设置验证集。无限隐状态的隐马尔可夫模型实现了自动确定隐状态数目的方法[8-9]，其思想是假设模型中包含无限个隐状态，使用狄利克雷过程（Dirichlet process）或贝塔过程（beta process）对隐状态的初始概率以及转移概率的先验进行建模，并且通过训练模型可自动学习出合适的隐状态数目。

思考与计算

1. 从三个盒子中有放回地取出彩色球（红和蓝）的过程可以看成一个隐马尔可夫模型 $\lambda=(\boldsymbol{\pi},\boldsymbol{A},\boldsymbol{B})$，其中，选择盒子的初始概率为 $\boldsymbol{\pi}$，选择盒子的转移概率为 $\boldsymbol{A}$，每个盒子中不同颜色的球的比例为发射概率 $\boldsymbol{B}$。各个参数的数值为

$$\boldsymbol{\pi}=(0.2,0.3,0.5)^{\top},\quad \boldsymbol{A}=\begin{bmatrix}0.5 & 0.1 & 0.4\\0.3 & 0.5 & 0.2\\0.2 & 0.2 & 0.6\end{bmatrix},\quad \boldsymbol{B}=\begin{bmatrix}0.5 & 0.5\\0.4 & 0.6\\0.7 & 0.3\end{bmatrix}$$

假设观测序列为“红、蓝、红、红、蓝、红”，用前向—后向算法计算第四个时刻从第三个盒子取球的概率。

2. 给定盒子和球组成的隐马尔可夫模型如题 1 所示，计算观测序列为“红、蓝、蓝、红”的概率。

3. 实现 Baum-Welch 算法，并且在某个公开的序列标注数据集上学习出对应的隐马尔可夫模型的参数。

4. 思考因子隐马尔可夫模型中如何计算全体隐变量的后验分布。

参考文献

[1] Elliott R J, Aggoun L, Moore J B. Hidden Markov Models: Estimation and Control[M]. New York: Springer, 1995.

[2] Viterbi A J. Error Bounds for Convolutional Codes and an Asymptotically Optimum Decoding Algorithm[J]. IEEE Transactions on Information Theory, 1967, 13(2): 260-269.

[3] Baum L E, Petrie T, Soules G, Weiss N. A Maximization Technique Occurring in the Statistical Analysis of Probabilistic Functions of Markov Chains[J]. Annals of Mathematical Statistics, 1970, 41(1): 164-171.

[4] Bikel D M, Schwartz R, Weischedel R M. An Algorithm That Learns What's in a Name[J]. Machine Learning, 1999, 34(1-3): 211-231.

[5] Ephraim Y, Malah D, Juang B H. On the Application of Hidden Markov Models for Enhancing Noisy Speech[J]. IEEE Transactions on Acoustics, Speech, and Signal Processing, 1989, 37(12): 1846-1856.

[6] Bengio Y, Frasconi P. An Input Output HMM Architecture[C]//Advances in Neural Information Processing Systems. Cambridge, MA: MIT Press, 1994: 427-434.

[7] Ghahramani Z, Jordan M I. Factorial Hidden Markov Models [J]. Machine Learning, 1997, 29(2-3): 245-273.

[8] Beal M J, Ghahramani Z, Rasmussen C E. The Infinite Hidden Markov Model [C]//Advances in Neural Information Processing Systems. Cambridge, MA: MIT Press, 2002: 577-584.

[9] Sun S, Zhao J, Gao Q. Modeling and Recognizing Human Trajectories with Beta Process Hidden Markov Models [J]. Pattern Recognition, 2015, 48 (8): 2407-2417.

第 6 章　条件随机场

学习目标：

（1）掌握条件随机场的模型表示；

（2）掌握用于模型推理的前向—后向算法、维特比算法；

（3）掌握用于参数学习的最大后验估计算法；

（4）理解线性链条件随机场与隐马尔可夫模型的关系；

（5）了解条件随机场的模型扩展。

许多现实问题需要输出一些结构化的内容，比如输出一个序列或一个图。例如，在自然语言处理领域，一些基础任务包括分词、词性标注、命名实体识别、语法解析等，都可以归结为结构化预测。当处理序列数据时，结构化预测也可以称为序列标注，其中序列的每一个元素对应一个标签，标签之间以及标签与元素之间存在依赖关系。条件随机场（conditional random field）[1]是一种解决结构化预测问题的概率模型。它是一种判别式无向图模型，其中无向图模型的边可以捕获必要的依赖关系。判别式的建模方法可以避开对复杂输入特征的建模，直接构建结构化输出与输入特征之间的关系。

条件随机场在结构化预测问题中应用广泛，特别是在序列数据和图像数据相关的结构化预测任务中表现出优异的性能，常见的应用包括自然语言处理中的词性标注和命名实体识别，以及图像分割和对象识别等。

条件随机场与隐马尔可夫模型对样本标签的识别过程类似，然而二者的训练方式及模型假设具有较大差异。以第 5 章介绍的命名实体识别为例，首先，条件随机场是监督模型，模型训练通常使用带标签的语料数据库。使用条件随机场进行训练时，输入序列是由汉字组成的句子，输出序列是每个汉字对应的标签。其次，条件随机场不对观测文本进行概率分布假设，而是通过特征函数的方式构建观测与标签之间以及标签与标签之间的关系，并建立标签序列在给定观测文本情况下的全局条件分布。

6.1 模型表示

条件随机场是无向图模型，定义输入特征为 $\boldsymbol{x}$，输出标签为 $\boldsymbol{y}$，模型的条件分布可通过能量函数$\mathcal{E}(\boldsymbol{x},\boldsymbol{y},\boldsymbol{\theta})$定义，即

$$p(\boldsymbol{y} \mid \boldsymbol{x})=\frac{1}{Z(\boldsymbol{x},\boldsymbol{\theta})}\exp\{-\mathcal{E}(\boldsymbol{x},\boldsymbol{y},\boldsymbol{\theta})\} \tag{6.1}$$

其中归一化因子 $Z(\boldsymbol{x},\boldsymbol{\theta})$（配分函数）定义为 $Z(\boldsymbol{x},\boldsymbol{\theta})=\sum_{\boldsymbol{y}}\exp\{-\mathcal{E}(\boldsymbol{x},\boldsymbol{y},\boldsymbol{\theta})\}$。为了更好地理解条件随机场，这里首先介绍能量函数的相关特性，以及基于能量函数的模型特点。

能量函数通常用于衡量变量之间的兼容程度，能量越高，代表兼容性越弱。当使用基于能量函数的模型进行监督学习任务时，模型学习（参数估计）的目的是找到能量函数的最优参数，使得正确标签对应的能量尽可能低，其他标签对应的能量尽可能高。在进行模型预测时，则通过最小化相应的能量来找到合适的标签。

通常情况下，模型使用能量函数来构建损失函数，作为模型的优化目标。能量函数和损失函数具有多种选择，能量函数可通过设计特征函数来构建，常用的损失函数包括负对数似然损失等。

下面介绍链式结构模型的能量函数的构建方法。假设模型中的能量函数是关于参数 $\boldsymbol{\theta}$ 的一个线性函数，通常将负的能量函数表示为特征的线性加和，即

$$-\mathcal{E}(\boldsymbol{x},\boldsymbol{y},\boldsymbol{\theta})=\boldsymbol{\theta}^{\top}\boldsymbol{F}(\boldsymbol{x},\boldsymbol{y}) \tag{6.2}$$

其中 $\boldsymbol{F}(\boldsymbol{x},\boldsymbol{y})$ 是依赖于输入特征 $\boldsymbol{x}$ 和输出标签 $\boldsymbol{y}$ 的特征函数向量。标签 $\boldsymbol{y}=\{\boldsymbol{y}_1,\boldsymbol{y}_2,\cdots,\boldsymbol{y}_T\}$ 是一个长度为 T 的序列，序列中各个标签之间的依赖关系由各因子体现，如图 6-1 所示。图中方框内的线性函数表示对数域中链式结构模型的因子，它取决于输入 $\boldsymbol{x}$ 和成对标签 $(\boldsymbol{y}_{t-1},\boldsymbol{y}_t)$，$\boldsymbol{\theta}_t$ 是可训练的参数。

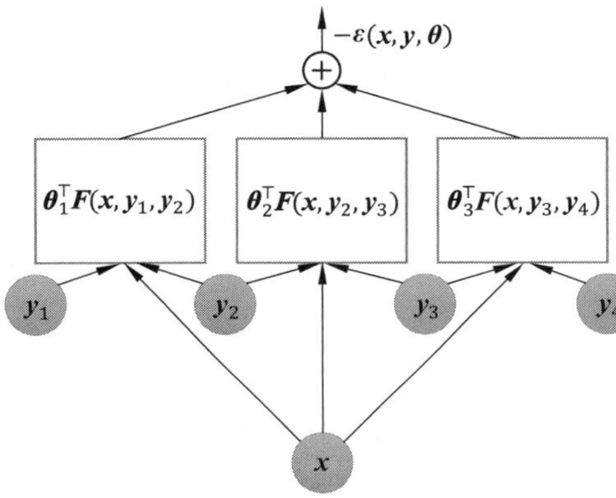

图 6-1　对数域中链式结构模型的因子表示示意图

通常情况下，每个因子可能取决于两个及以上的标签，这里仅讨论最多两个标签的情况。假设模型的能量包含成对能量 $\mathcal{E}(\boldsymbol{x},\boldsymbol{y}_{t-1},\boldsymbol{y}_t)$ 和单点能量 $\mathcal{E}(\boldsymbol{x},\boldsymbol{y}_\ell)$，此时模型的总能量表示为

$$\mathcal{E}(\boldsymbol{x},\boldsymbol{y},\boldsymbol{\theta})=-\left\{\sum_{t=2}^{T}\boldsymbol{\theta}_t^\top\boldsymbol{F}_t(\boldsymbol{x},\boldsymbol{y}_{t-1},\boldsymbol{y}_t)+\sum_{\ell=1}^{T}\boldsymbol{\theta}_\ell^\top\boldsymbol{F}_\ell(\boldsymbol{x},\boldsymbol{y}_\ell)\right\} \tag{6.3}$$

这里不同的因子使用不同的特征函数，并且对应不同的参数，全局参数向量 $\boldsymbol{\theta}$ 是所有 $\boldsymbol{\theta}_t$ 和 $\boldsymbol{\theta}_\ell$ 的集合。在大多数情况下，假设相同类型的因子共享相同的参数向量和特征函数，因此能量函数可以简化为

$$\mathcal{E}(\boldsymbol{x},\boldsymbol{y},\boldsymbol{\theta})=-\left\{\sum_{t=2}^{T}\boldsymbol{\theta}_e^\top\boldsymbol{F}_e(\boldsymbol{x},\boldsymbol{y}_{t-1},\boldsymbol{y}_t)+\sum_{\ell=1}^{T}\boldsymbol{\theta}_p^\top\boldsymbol{F}_p(\boldsymbol{x},\boldsymbol{y}_\ell)\right\} \tag{6.4}$$

与公式(6.3)相比，公式(6.4)所需训练的参数数量得到缩减。此外，共享参数的方法还可以学习到数据中的一些共性。

6.1.1 线性链条件随机场

线性链条件随机场是一种常见的结构化输出模型，如图 6-2 所示。线性链条件随机场模型建模观测序列 $\boldsymbol{x}=\{\boldsymbol{x}_1,\boldsymbol{x}_2,\cdots,\boldsymbol{x}_T\}$ 和标签序列 $\boldsymbol{y}=\{\boldsymbol{y}_1,\boldsymbol{y}_2,\cdots,\boldsymbol{y}_T\}$ 之间的映射。t 时刻的观测由 $\boldsymbol{x}_t=[x_{t,1},x_{t,2},\cdots,x_{t,M}]^\top\in\mathbb{R}^M$ 给出，对应的标签为 $\boldsymbol{y}_t=[y_{t,1},y_{t,2},\cdots,y_{t,L}]^\top\in\{0,1\}^L$，其中所有可能的标签集合的大小为 L，$y_{t,\ell}=1$ 表示序列在 t 时刻的标签属于第 ℓ 类。

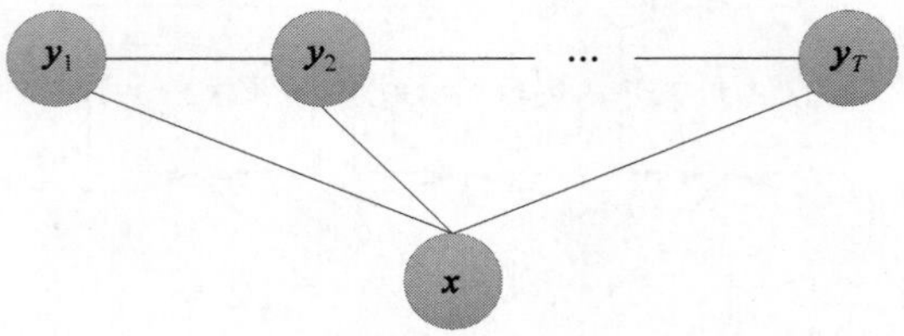

图 6-2 线性链条件随机场示意图

注：每个因子依赖于所有观测序列

图 6-2 所示的线性链条件随机场的条件概率分布为

$$p(\boldsymbol{y}\mid\boldsymbol{x})=\frac{1}{Z(\boldsymbol{x},\boldsymbol{\theta})}\exp[-\mathcal{E}(\boldsymbol{x},\boldsymbol{y},\boldsymbol{\theta})] \tag{6.5}$$

其中，序列中各个输出之间的依赖关系由能量函数 $\mathcal{E}(\boldsymbol{x},\boldsymbol{y},\boldsymbol{\theta})$ 捕获，并且具有如下表示：

$$\mathcal{E}(\boldsymbol{x},\boldsymbol{y},\boldsymbol{\theta})=-\left\{\sum_{t=2}^{T}\boldsymbol{\theta}_e^\top\boldsymbol{F}_e(\boldsymbol{x},\boldsymbol{y}_{t-1},\boldsymbol{y}_t)+\sum_{\ell=1}^{T}\boldsymbol{\theta}_p^\top\boldsymbol{F}_p(\boldsymbol{x},\boldsymbol{y}_\ell)\right\} \tag{6.6}$$

将能量函数中包含的特征函数进行统一表示，可以得到通常的线性链条件随机场[2]的表示。

下面给出线性链条件随机场的一般表示。

假设随机变量 Y 和 X，令 $\boldsymbol{\theta}=\{\theta_k\}\in\mathbb{R}^K$ 表示参数向量，令 $\mathcal{F}=\{f_k(\boldsymbol{x},\boldsymbol{y}',\boldsymbol{y}'')\}_{k=1}^K$ 表示大小为 K、结果为实值的特征函数的集合。一个线性链条件随机场表示为：在随机变量 X 取值为 $\boldsymbol{x}$ 的条件下，随机变量 Y 取值为

$\boldsymbol{y}$ 的条件概率分布,具体形式为

$$p(\boldsymbol{y} \mid \boldsymbol{x}) = \frac{1}{Z(\boldsymbol{x},\boldsymbol{\theta})} \prod_{t=1}^{T} \exp\left\{ \sum_{k=1}^{K} \theta_k f_k(\boldsymbol{x},\boldsymbol{y}_{t-1},\boldsymbol{y}_t) \right\} \tag{6.7}$$

其中,$Z(\boldsymbol{x},\boldsymbol{\theta})$是一个只依赖于输入的归一化项,即

$$Z(\boldsymbol{x},\boldsymbol{\theta}) = \sum_{\boldsymbol{y}} \prod_{t=1}^{T} \exp\left\{ \sum_{k=1}^{K} \theta_k f_k(\boldsymbol{x},\boldsymbol{y}_{t-1},\boldsymbol{y}_t) \right\} \tag{6.8}$$

这里将公式(6.6)中的 $\boldsymbol{F}_e(\boldsymbol{x},\boldsymbol{y}_{t-1},\boldsymbol{y}_t)$和 $\boldsymbol{F}_p(\boldsymbol{x},\boldsymbol{y}_\ell)$包含的特征函数统一使用 $f_k(\boldsymbol{x},\boldsymbol{y}_{t-1},\boldsymbol{y}_t)$表示。并且为了统一表示,特征函数中引入了一个假定的特殊"初始"时刻标签 $\boldsymbol{y}_0$,事实上,$f_k(\boldsymbol{x}_1,\boldsymbol{y}_0,\boldsymbol{y}_1)$只与 $\boldsymbol{x}_1$ 和 $\boldsymbol{y}_1$ 有关。

线性链条件随机场中的每个因子不一定依赖于所有时刻的输入特征,每个因子可以只跟单个时刻的输入特征相关,如图 6-3 所示。这是一种常用的线性链条件随机场,其条件概率分布表示为

$$p(\boldsymbol{y} \mid \boldsymbol{x}) = \frac{1}{Z(\boldsymbol{x},\boldsymbol{\theta})} \prod_{t=1}^{T} \exp\left\{ \sum_{k=1}^{K} \theta_k f_k(\boldsymbol{x}_t,\boldsymbol{y}_{t-1},\boldsymbol{y}_t) \right\} \tag{6.9}$$

其中,$Z(\boldsymbol{x},\boldsymbol{\theta})$是归一化项,即

$$Z(\boldsymbol{x},\boldsymbol{\theta}) = \sum_{\boldsymbol{y}} \prod_{t=1}^{T} \exp\left\{ \sum_{k=1}^{K} \theta_k f_k(\boldsymbol{x}_t,\boldsymbol{y}_{t-1},\boldsymbol{y}_t) \right\} \tag{6.10}$$

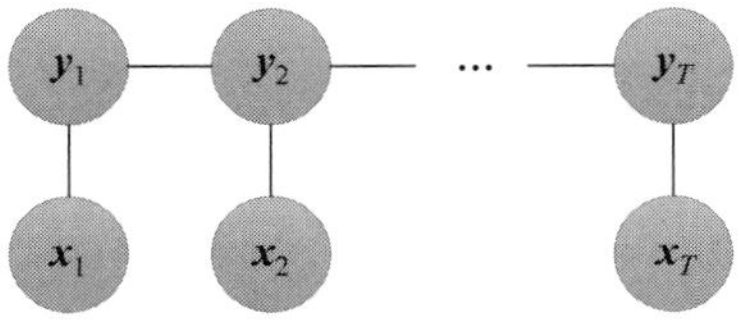

图 6-3　线性链条件随机场示意图

注:图中每个因子仅依赖于当前时刻的输入特征

6.1.2　一般的条件随机场

线性链条件随机场还可以推广到更为一般的结构,得到更一般的条件随机场。线性链条件随机场中的线性链因子可以相应地变为更一般的因子。假设 X 表示需要标注的输入数据,Y 表示相对应的结构化标签。条件随机场

的思想是在判别式框架下对成对的观测输入和标签构建一个条件模型 $p(Y|X)$，并且不强调显式地建模边缘分布 $p(X)$或联合分布 $p(X,Y)$。

下面给出条件随机场的定义。

令$\mathcal{G}=(V,E)$表示一个由随机变量 Y 构成的无向图，根据$\mathcal{G}$的节点的顺序得到 $Y=(Y_v)_{v\in V}$。当随机变量 X 作为条件时，如果任意的随机变量 Y_v 服从关于对应图的马尔可夫性质：$p(Y_v|X,\{Y_w\}:w\neq v)=p(Y_v|X,\{Y_w\}:\boldsymbol{w}\sim\boldsymbol{v})$，那么称$(X,Y)$为条件随机场，其中 $\boldsymbol{w}\sim\boldsymbol{v}$ 表示 $\boldsymbol{w}$ 和 $\boldsymbol{v}$ 在图$\mathcal{G}$中是相邻的节点。

通过上述定义可以看出，条件随机场是在给定观测 X 的条件下关于随机变量 Y 的马尔可夫随机场。一般的条件随机场对数据的结构没有链图的约束，应用范围广泛。例如，除了序列数据标注之外，条件随机场还可以用于图像分割。使用条件随机场进行图像分割时，图像的每一个像素特征可以看成输入节点，每一个像素的标注类别是对应的输出节点，输入节点和输出节点构成网状结构。图 6-4 展示了一个网状结构的条件随机场。

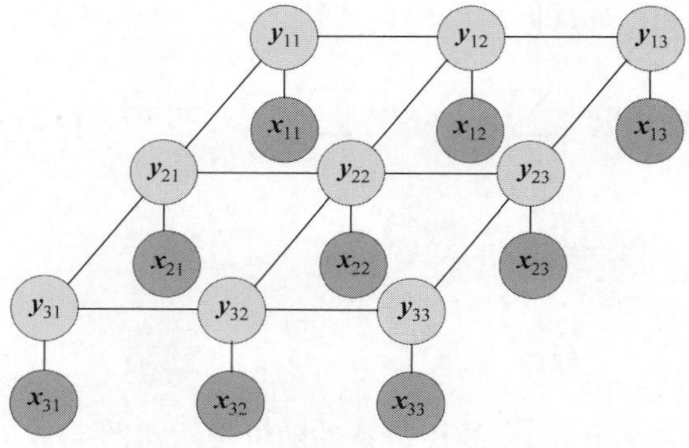

图 6-4　网状结构条件随机场示意图

6.1.3　条件随机场的特征函数

能量函数设计的关键是特征函数，我们将以文本数据为例描述特征函数的设计方法。特征函数的设计需要一些“权衡技巧”来平衡特征集的大小以及所需的存储与计算消耗。例如，使用更大的特征集可以带来更好的预测准确性，因为最终的决策边界可以更灵活；但是，更大的特征集中对应的参数需要更多的内存来存储，并且可能会因为过拟合而导致更差的预测结果。

假设特征包含 P 种类型，且每类特征使用 K 个特征函数构建。当标签变量是离散值的时候，通常选择具有以下形式的函数作为第 p 类特征中的第 k 个特征函数 $\boldsymbol{F}_{pk}$：

$$\boldsymbol{F}_{pk}(\boldsymbol{y}_c, \boldsymbol{x}_c) = \mathbf{1}_{\{\boldsymbol{y}_c = \boldsymbol{y}'_c\}} q_{pk}(\boldsymbol{x}_c) \tag{6.11}$$

其中 $\boldsymbol{x}_c$ 表示输入团块，$\boldsymbol{y}_c$ 表示对应的输出团块。该特征函数的含义是，每个特征仅在其输出为标签 $\boldsymbol{y}'_c$ 时，特征的数值才是非零的，其余情况取值均为零（这样可以使不同标签对应不同的参数），且非零特征的取值 $q_{pk}(\boldsymbol{x}_c)$ 仅依赖于输入。这里 $q_{pk}(\boldsymbol{x}_c)$ 是对观测 $\boldsymbol{x}_c$ 的特征提取函数，为便于区分，在条件随机场中通常称为观测函数。

下面以文本处理中的命名实体识别为例介绍线性链条件随机场中的特征构建方法。首先介绍两种最常见的特征函数：边—观测特征函数和点—观测特征函数。其中边—观测特征函数可以捕获在当前观测的情况下标签节点之间的依赖性，点—观测特征函数则用于捕获标签对当前观测的依赖。两种特征函数的表达式为

$$\left.\begin{aligned} &\boldsymbol{F}(\boldsymbol{y}_{t-1}, \boldsymbol{y}_t, \boldsymbol{x}_t) = q_m(\boldsymbol{x}_t)\mathbf{1}_{\{\boldsymbol{y}_t = \boldsymbol{y}'\}}\mathbf{1}_{\{\boldsymbol{y}_{t-1} = \boldsymbol{y}''\}} \quad && \forall\, \boldsymbol{y}', \boldsymbol{y}'' \in \mathcal{Y}, \forall\, m \\ &\boldsymbol{F}(\boldsymbol{y}_t, \boldsymbol{x}_t) = q_m(\boldsymbol{x}_t)\mathbf{1}_{\{\boldsymbol{y}_t = \boldsymbol{y}'\}} && \forall\, \boldsymbol{y}' \in \mathcal{Y}, \forall\, m \end{aligned}\right\} \tag{6.12}$$

公式(6.12)中的 $q_m(\boldsymbol{x}_t)$ 表示不同的观测函数，如果 $\boldsymbol{x}_t$ 是单词，$q_m(\boldsymbol{x}_t)$ 可以是单词的 one-hot 特征，或者是单词的某种嵌入表示，也可以是单词的某种特征描述（如是否是句首）。one-hot 向量是一个表示某一离散属性的特征向量，该向量只有一个元素取值为 1，其他取值均为 0，其中非零元素的位置与该离散属性的取值对应。具体而言，单词的 one-hot 特征向量是一个长度为词表大小的取值为 0 或 1 的向量，向量的每个元素与词表中的每个单词一一对应，其中与单词 $\boldsymbol{x}_t$ 对应的元素取值为 1，其他元素取值为 0。

回顾第 5 章介绍的命名实体识别的示例，“多年前，中国向美国赠送了一

对大熊猫'玲玲'和'兴兴'",对应实体标签序列为 B-TIM、I-TIM、I-TIM、B-PLA、I-PLA、O、B-PLA、I-PLA、O、O、O、O、O、O、O、O、B-PER、I-PER、O、B-PER、I-PER。如果使用上述特征函数来表示该观测例句,其中 $q_m(\boldsymbol{x}_t)$ 使用 one-hot 向量表示,假设字典长度为 D,标签取值的空间大小为 7(该例子中的标签包括 B-TIM、I-TIM、B-PLA、I-PLA、B-PER、I-PER、O),那么每个观测节点对应的边—观测特征是向量长度为 $D\times7\times7$ 的 one-hot 向量。示例中的"年"对应的边—观测特征仅在同时满足字典表示为"年",且前一个汉字的标签表示为 B-TIM,以及当前标签表示为 I-TIM 的位置取值为 1。每个观测节点对应的点—观测特征是向量长度为 $D\times7$ 的 one-hot 向量。示例中的"年"对应的点—观测特征仅在同时满足字典表示为"年"且当前标签表示为 I-TIM 的位置取值为 1。通过 one-hot 向量可以统计出某个汉字与某些标签的共现次数,以捕获它们之间的依赖关系。

在多数情况下,边—观测特征函数还可以进一步简化为仅包含标签节点的信息,标签对观测的依赖则通过点—观测特征函数捕获。这种表示简化了标签到观测之间的依赖关系,公式为

$$\begin{cases}\boldsymbol{F}(\boldsymbol{y}_{t-1},\boldsymbol{y}_t,\boldsymbol{x}_t)=\mathbf{1}_{\{\boldsymbol{y}_t=\boldsymbol{y}'\}}\mathbf{1}_{\{\boldsymbol{y}_{t-1}=\boldsymbol{y}''\}} & \forall\,\boldsymbol{y}',\boldsymbol{y}''\in\mathcal{Y},\forall\,m\\ \boldsymbol{F}(\boldsymbol{y}_t,\boldsymbol{x}_t)=q_m(\boldsymbol{x}_t)\mathbf{1}_{\{\boldsymbol{y}_t=\boldsymbol{y}'\}} & \forall\,\boldsymbol{y}'\in\mathcal{Y},\forall\,m\end{cases}\tag{6.13}$$

使用这种特征函数,标签对之间的关系不再直接依赖于观测输入,将无法同时捕获 $\boldsymbol{x}_t$、$\boldsymbol{y}_t$ 和 $\boldsymbol{y}_{t-1}$ 之间的关系。对于公式(6.12)与公式(6.13)这两种特征函数设置,应该选择哪一种,取决于问题的具体情况,可考虑的因素包括观测函数 $q_m(\boldsymbol{x}_t)$ 的数量及数据集的大小等。

6.2 模型推理

条件随机场在模型训练和预测阶段均需要进行推理。在训练阶段,模型推理是指对某些条件概率分布的推理,其中概率分布表达式中的归一化项的

计算比较复杂。线性链条件随机场通常使用前向—后向算法，一般的条件随机场则需使用更为通用的和积算法。在预测阶段，模型推理是指对最佳预测标签的推理，最佳预测标签通常指使得联合条件分布最大的标签，线性链条件随机场通常使用维特比算法，一般的条件随机场则需使用最大和算法。

6.2.1　前向—后向算法

线性链条件随机场以最大化对数似然为参数优化目标，以图 6-3 所示的线性链条件随机场为例，其对数似然表示为

$$\ln p(\boldsymbol{y} \mid \boldsymbol{x})=\sum_{t=1}^{T}\sum_{k=1}^{K}\theta_k f_k(\boldsymbol{x}_t,\boldsymbol{y}_{t-1},\boldsymbol{y}_t)-\ln Z(\boldsymbol{x},\boldsymbol{\theta}) \tag{6.14}$$

其中 $Z(\boldsymbol{x},\boldsymbol{\theta})$ 的表达式如公式(6.10) 所示。为了简化表示，将 $\sum_{k=1}^{K}\theta_k f_k(\boldsymbol{x}_t,\boldsymbol{y}_{t-1},\boldsymbol{y}_t)$ 记为 $g_t(\boldsymbol{y}_{t-1},\boldsymbol{y}_t)$，可以得到

$$Z(\boldsymbol{x},\boldsymbol{\theta})=\sum_{\boldsymbol{y}}\exp\left[\sum_{t=1}^{T}g_t(\boldsymbol{y}_{t-1},\boldsymbol{y}_t)\right] \tag{6.15}$$

在目标函数(公式(6.14))中，第一项的具体形式由特征函数加权给出。$Z(\boldsymbol{x},\boldsymbol{\theta})$中包含对变量 $\boldsymbol{y}$ 的积分，通常使用前向—后向算法来计算。前向—后向算法的关键是定义前向消息和后向消息。独立使用前向算法，或者独立使用后向算法，或者二者结合使用，均可以计算得到归一化项 $Z(\boldsymbol{x},\boldsymbol{\theta})$。

在前向算法中，定义 $\alpha(t+1,\boldsymbol{y}_{t+1})$为前向消息，表示公式(6.15)中关于时刻 $t+1$ 之前的标签 $\boldsymbol{y}_1,\boldsymbol{y}_2,\cdots,\boldsymbol{y}_t$ 的求和，即

$$\alpha(t+1,\boldsymbol{y}_{t+1})=\sum_{\boldsymbol{y}_1,\boldsymbol{y}_2,\cdots,\boldsymbol{y}_t}\exp\left[\sum_{\tau=1}^{t}g_\tau(\boldsymbol{y}_{\tau-1},\boldsymbol{y}_\tau)+g_{t+1}(\boldsymbol{y}_t,\boldsymbol{y}_{t+1})\right] \tag{6.16}$$

重写公式(6.16)，可以得到

$$\alpha(t+1,\boldsymbol{y}_{t+1})=\sum_{\boldsymbol{y}_t}\sum_{\boldsymbol{y}_1,\boldsymbol{y}_2,\cdots,\boldsymbol{y}_{t-1}}\exp\left[\sum_{\tau=1}^{t-1}g_\tau(\boldsymbol{y}_{\tau-1},\boldsymbol{y}_\tau)+g_t(\boldsymbol{y}_{t-1},\boldsymbol{y}_t)+\right.$$
$$\left.g_{t+1}(\boldsymbol{y}_t,\boldsymbol{y}_{t+1})\right]$$

$$= \sum_{\boldsymbol{y}_t} \exp[g_{t+1}(\boldsymbol{y}_t, \boldsymbol{y}_{t+1})] \sum_{\boldsymbol{y}_1, \boldsymbol{y}_2, \cdots, \boldsymbol{y}_{t-1}} \exp\Big[\sum_{\tau=1}^{t-1} g_\tau(\boldsymbol{y}_{\tau-1}, \boldsymbol{y}_\tau) + g_t(\boldsymbol{y}_{t-1}, \boldsymbol{y}_t)\Big] \tag{6.17}$$

因此可以得到关于前向消息的递推公式为

$$\alpha(t+1, \boldsymbol{y}_{t+1}) = \sum_{\boldsymbol{y}_t} \exp[g_{t+1}(\boldsymbol{y}_t, \boldsymbol{y}_{t+1})]\alpha(t, \boldsymbol{y}_t) \tag{6.18}$$

前向消息的初始时刻表示为

$$\alpha(1, \boldsymbol{y}_1) = \exp[g_1(\boldsymbol{y}_0, \boldsymbol{y}_1)] \tag{6.19}$$

其中 $\boldsymbol{y}_0$ 是一个假定的特殊“初始”时刻标签，$\boldsymbol{y}_0$ 的引入仅为了统一表示，$g_1(\boldsymbol{y}_0, \boldsymbol{y}_1)$是只依赖于 $\boldsymbol{y}_1$ 的函数。通过前向递推公式，可以得到归一化因子为

$$Z(\boldsymbol{x}, \boldsymbol{\theta}) = \sum_{\boldsymbol{y}_T} \alpha(T, \boldsymbol{y}_T) \tag{6.20}$$

后向算法与前向算法类似，通过定义后向消息和推导后向递推公式，也可以计算得到归一化因子。在后向算法中，定义 $\beta(t, \boldsymbol{y}_t)$为后向消息，用于表示公式(6.15)中关于时刻 t 之后的标签 $\boldsymbol{y}_{t+1}, \boldsymbol{y}_{t+2}, \cdots, \boldsymbol{y}_T$ 的求和。后向递推公式为

$$\beta(t, \boldsymbol{y}_t) = \sum_{\boldsymbol{y}_{t+1}} \exp[g_{t+1}(\boldsymbol{y}_t, \boldsymbol{y}_{t+1})]\beta(t+1, \boldsymbol{y}_{t+1}) \tag{6.21}$$

后向消息的初始项表示为

$$\beta(T, \boldsymbol{y}_T) = 1 \tag{6.22}$$

通过后向递推公式可得到归一化因子为

$$Z(\boldsymbol{x}, \boldsymbol{\theta}) = \beta(0, \boldsymbol{y}_0) \tag{6.23}$$

其中 $\boldsymbol{y}_0$ 是为了统一表示引入的一个假定的特殊“初始”时刻标签。

前向—后向算法除了可以计算归一化项之外，还可以计算某个时刻标签的边缘分布。例如，在时刻 t 标签为$\boldsymbol{u}$ 的概率为

$$p(\boldsymbol{y}_t = \boldsymbol{u} \mid \boldsymbol{x}, \boldsymbol{\theta}) = \frac{\alpha(t, \boldsymbol{u})\beta(t, \boldsymbol{u})}{Z(\boldsymbol{x}, \boldsymbol{\theta})} \tag{6.24}$$

以及在时刻 t 和时刻 $t+1$，标签分别为 $\boldsymbol{u}$ 和 $\boldsymbol{v}$ 的概率为

$$p(\boldsymbol{y}_t=\boldsymbol{u},\boldsymbol{y}_{t+1}=\boldsymbol{v} \mid \boldsymbol{x},\boldsymbol{\theta})=\frac{\alpha(t,\boldsymbol{u})\exp[g_{t+1}(\boldsymbol{u},\boldsymbol{v})]\beta(t+1,\boldsymbol{v})}{Z(\boldsymbol{x},\boldsymbol{\theta})} \tag{6.25}$$

前向—后向算法是线性链条件随机场常用的推理方法。具有树状结构的条件随机场通常考虑使用和积算法来进行相关推理。事实上，前向—后向算法也是和积算法的一种表现形式。下面将从和积算法的思路给出线性链条件随机场的概率分布计算。

根据条件随机场的定义，可以将非归一化的条件概率分布根据因子图进行分解，即

$$\begin{aligned}\tilde{p}(\boldsymbol{y} \mid \boldsymbol{x},\boldsymbol{\theta}) &= Z(\boldsymbol{x},\boldsymbol{\theta})p(\boldsymbol{y} \mid \boldsymbol{x},\boldsymbol{\theta}) \\ &= \prod_{t=2}^{T}\exp[\boldsymbol{\theta}^{\top}\boldsymbol{F}(\boldsymbol{x},\boldsymbol{y}_{t-1},\boldsymbol{y}_t)] \\ &= h_1(\boldsymbol{y}_1,\boldsymbol{y}_2)h_2(\boldsymbol{y}_2,\boldsymbol{y}_3)\cdots h_{T-1}(\boldsymbol{y}_{T-1},\boldsymbol{y}_T)\end{aligned} \tag{6.26}$$

其中，每一个因子表示为 $h_{t-1}(\boldsymbol{y}_{t-1},\boldsymbol{y}_t)=\exp[\boldsymbol{\theta}^{\top}\boldsymbol{F}(\boldsymbol{x},\boldsymbol{y}_{t-1},\boldsymbol{y}_t)]$。这里忽略归一化系数，考虑未归一化的条件概率分布 $\tilde{p}(\boldsymbol{y}|\boldsymbol{x})$，原因是未归一化的条件概率分布的推理较容易，并且在用和积算法找到对应的边缘概率分布 $\tilde{p}(\boldsymbol{y}_t|\boldsymbol{x})$ 之后，归一化项 Z 可以很容易地通过对任意一个边缘概率分布进行归一化的方式得到。此时归一化在单一的变量上进行，而不是在整个变量集合上进行。

针对图 6-5 给出的长度为 4 的线性链条件随机场的因子图，具体的消息传递过程如下。

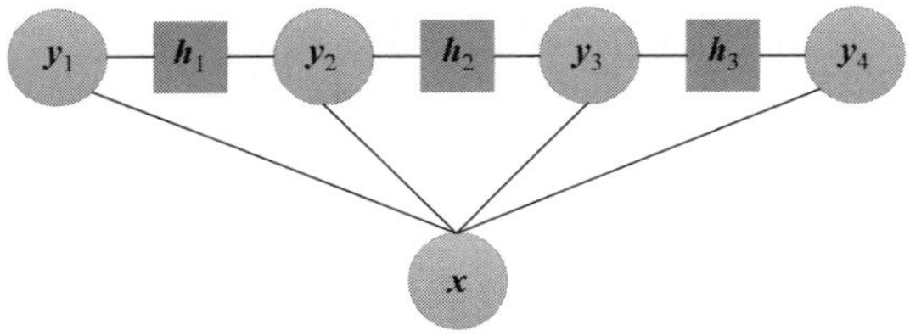

图 6-5　一个简单的线性链条件随机场因子图

令节点 $\boldsymbol{y}_4$ 为根节点，则 $\boldsymbol{y}_1$ 为叶子节点。从叶子节点开始到根节点，因子图包含 6 个消息传递过程，即

$$\mu_{\boldsymbol{y}_1\to h_1}(\boldsymbol{y}_1)=1 \tag{6.27}$$

$$\mu_{h_1\to\boldsymbol{y}_2}(\boldsymbol{y}_2)=\sum_{\boldsymbol{y}_1}h_1(\boldsymbol{y}_1,\boldsymbol{y}_2)\mu_{\boldsymbol{y}_1\to h_1}(\boldsymbol{y}_1) \tag{6.28}$$

$$\mu_{\boldsymbol{y}_2\to h_2}(\boldsymbol{y}_2)=\mu_{h_1\to\boldsymbol{y}_2}(\boldsymbol{y}_2) \tag{6.29}$$

$$\mu_{h_2\to\boldsymbol{y}_3}(\boldsymbol{y}_3)=\sum_{\boldsymbol{y}_2}h_2(\boldsymbol{y}_2,\boldsymbol{y}_3)\mu_{\boldsymbol{y}_2\to h_2}(\boldsymbol{y}_2) \tag{6.30}$$

$$\mu_{\boldsymbol{y}_3\to h_3}(\boldsymbol{y}_3)=\mu_{h_2\to\boldsymbol{y}_3}(\boldsymbol{y}_3) \tag{6.31}$$

$$\mu_{h_3\to\boldsymbol{y}_4}(\boldsymbol{y}_4)=\sum_{\boldsymbol{y}_3}h_3(\boldsymbol{y}_3,\boldsymbol{y}_4)\mu_{\boldsymbol{y}_3\to h_3}(\boldsymbol{y}_3) \tag{6.32}$$

从根节点到叶子节点，同样包含 6 个消息传递过程，即

$$\mu_{\boldsymbol{y}_4\to h_3}(\boldsymbol{y}_4)=1 \tag{6.33}$$

$$\mu_{h_3\to\boldsymbol{y}_3}(\boldsymbol{y}_3)=\sum_{\boldsymbol{y}_4}h_3(\boldsymbol{y}_3,\boldsymbol{y}_4)\mu_{\boldsymbol{y}_4\to h_3}(\boldsymbol{y}_4) \tag{6.34}$$

$$\mu_{\boldsymbol{y}_3\to h_2}(\boldsymbol{y}_3)=\mu_{h_3\to\boldsymbol{y}_3}(\boldsymbol{y}_3) \tag{6.35}$$

$$\mu_{h_2\to\boldsymbol{y}_2}(\boldsymbol{y}_2)=\sum_{\boldsymbol{y}_3}h_2(\boldsymbol{y}_2,\boldsymbol{y}_3)\mu_{\boldsymbol{y}_3\to h_2}(\boldsymbol{y}_3) \tag{6.36}$$

$$\mu_{\boldsymbol{y}_2\to h_1}(\boldsymbol{y}_2)=\mu_{h_2\to\boldsymbol{y}_2}(\boldsymbol{y}_2) \tag{6.37}$$

$$\mu_{h_1\to\boldsymbol{y}_1}(\boldsymbol{y}_1)=\sum_{\boldsymbol{y}_2}h_1(\boldsymbol{y}_1,\boldsymbol{y}_2)\mu_{\boldsymbol{y}_2\to h_1}(\boldsymbol{y}_2) \tag{6.38}$$

进行双向的消息传递之后，可以计算因子图中任意一个节点的未归一化的边缘概率分布，进而得到归一化的边缘概率分布。

这里以计算边缘概率分布 $p(\boldsymbol{y}_2|\boldsymbol{x})$ 为例，验证消息传递算法得到的边缘分布的正确性，即

$$\begin{aligned}\tilde{p}(\boldsymbol{y}_2\mid\boldsymbol{x})&=\prod_{s\in\mathrm{ne}(\boldsymbol{y}_2)}\mu_{h_s\to\boldsymbol{y}_2}(\boldsymbol{y}_2)\\&=\mu_{h_1\to\boldsymbol{y}_2}(\boldsymbol{y}_2)\mu_{h_2\to\boldsymbol{y}_2}(\boldsymbol{y}_2)\end{aligned}$$

$$= \left[\sum_{\boldsymbol{y}_1} h_1(\boldsymbol{y}_1, \boldsymbol{y}_2)\right]\left[\sum_{\boldsymbol{y}_3} h_2(\boldsymbol{y}_2, \boldsymbol{y}_3)\sum_{\boldsymbol{y}_4} h_3(\boldsymbol{y}_3, \boldsymbol{y}_4)\right]$$

$$= \sum_{\boldsymbol{y}_1}\sum_{\boldsymbol{y}_3}\sum_{\boldsymbol{y}_4} h_1(\boldsymbol{y}_1, \boldsymbol{y}_2) h_2(\boldsymbol{y}_2, \boldsymbol{y}_3) h_3(\boldsymbol{y}_3, \boldsymbol{y}_4)$$

$$= \sum_{\boldsymbol{y}_1}\sum_{\boldsymbol{y}_3}\sum_{\boldsymbol{y}_4} \widetilde{p}(\boldsymbol{y} \mid \boldsymbol{x}) \tag{6.39}$$

通过上述消息传递过程可以看出,消息计算满足的递推公式为

$$\mu_{h_t \to \boldsymbol{y}_{t+1}}(\boldsymbol{y}_{t+1}) = \sum_{\boldsymbol{y}_t} h_t(\boldsymbol{y}_t, \boldsymbol{y}_{t+1}) \mu_{h_{t-1} \to \boldsymbol{y}_t}(\boldsymbol{y}_t) \tag{6.40}$$

如果将因子 $h_t(\boldsymbol{y}_t, \boldsymbol{y}_{t+1}) = \exp[\boldsymbol{\theta}^\top \boldsymbol{F}(\boldsymbol{x}, \boldsymbol{y}_t, \boldsymbol{y}_{t+1})]$代入公式(6.40),则可以获得

$$\mu_{h_t \to \boldsymbol{y}_{t+1}}(\boldsymbol{y}_{t+1}) = \sum_{\boldsymbol{y}_t} \exp[\boldsymbol{\theta}^\top \boldsymbol{F}(\boldsymbol{x}, \boldsymbol{y}_t, \boldsymbol{y}_{t+1})] \mu_{h_{t-1} \to \boldsymbol{y}_t}(\boldsymbol{y}_t) \tag{6.41}$$

当特征函数 $\boldsymbol{F}(\boldsymbol{x}, \boldsymbol{y}_t, \boldsymbol{y}_{t+1})$仅依赖于 $\boldsymbol{x}_{t+1}$时,即 $\boldsymbol{F}(\boldsymbol{x}, \boldsymbol{y}_t, \boldsymbol{y}_{t+1}) = \boldsymbol{F}(\boldsymbol{x}_{t+1}, \boldsymbol{y}_t, \boldsymbol{y}_{t+1})$,公式(6.41)与前向—后向算法中前向递推公式(6.18)相一致,其中 $\alpha(t+1, \boldsymbol{y}_{t+1}) = \mu_{h_t \to \boldsymbol{y}_{t+1}}(\boldsymbol{y}_{t+1})$,这也说明前向—后向算法是和积算法的一种特殊形式。

6.2.2　维特比算法

条件随机场模型在预测时需要解决最优标签的求解问题,即 $\boldsymbol{y}^* = \arg\max_{\boldsymbol{y}} p(\boldsymbol{y} | \boldsymbol{x}, \boldsymbol{\theta})$。维特比算法是线性链条件随机场进行最优标签预测的有效方法。这里考虑与 6.2.1 节前向—后向算法一致的假设,预测求解问题可以表示为

$$\boldsymbol{y}^* = \underset{\boldsymbol{y}}{\arg\max} p(\boldsymbol{y} \mid \boldsymbol{x}, \boldsymbol{\theta}) = \underset{\boldsymbol{y}}{\arg\max} \sum_{t=1}^{T} g_t(\boldsymbol{y}_{t-1}, \boldsymbol{y}_t) \tag{6.42}$$

定义 $U(t, \boldsymbol{y}_t)$为时刻 1 到时刻 $t-1$ 采用最佳标签序列且 t 时刻标签是 $\boldsymbol{y}_t$ 的分数,其表达式为

$$U(t, \boldsymbol{y}_t) = \max_{\boldsymbol{y}_1, \boldsymbol{y}_2, \cdots, \boldsymbol{y}_{t-1}} \sum_{\tau=1}^{t-1} g_\tau(\boldsymbol{y}_{\tau-1}, \boldsymbol{y}_\tau) + g_t(\boldsymbol{y}_{t-1}, \boldsymbol{y}_t) \tag{6.43}$$

进一步展开公式(6.43),得到

$$U(t,\boldsymbol{y}_t)=\max_{\boldsymbol{y}_{t-1}}\max_{\boldsymbol{y}_1,\boldsymbol{y}_2,\cdots,\boldsymbol{y}_{t-2}}\sum_{\tau=1}^{t-2}g_\tau(\boldsymbol{y}_{\tau-1},\boldsymbol{y}_\tau)+g_{t-1}(\boldsymbol{y}_{t-2},\boldsymbol{y}_{t-1})+g_t(\boldsymbol{y}_{t-1},\boldsymbol{y}_t) \tag{6.44}$$

因此,可以得到关于$U(t,\boldsymbol{y}_t)$的递推公式,即

$$U(t,\boldsymbol{y}_t)=\max_{\boldsymbol{y}_{t-1}}[U(t-1,\boldsymbol{y}_{t-1})+g_t(\boldsymbol{y}_{t-1},\boldsymbol{y}_t)] \tag{6.45}$$

初始时刻$U(1,\boldsymbol{y}_1)$的值为

$$U(1,\boldsymbol{y}_1)=g_1(\boldsymbol{y}_0,\boldsymbol{y}_1) \tag{6.46}$$

其中 $\boldsymbol{y}_0$ 是一个假定的特殊“初始”时刻标签。

综上可以得到使用维特比算法进行预测的过程如下:首先根据公式(6.45)和公式(6.46),从初始时刻依次计算每个时刻的分数$U(t,\boldsymbol{y}_t)$,再求得 $\boldsymbol{y}_T^*=\arg\max_{\boldsymbol{y}_T}U(T,\boldsymbol{y}_T)$,然后根据公式(6.47)对标签进行反方向求解,即可求得最佳标签序列:

$$\boldsymbol{y}_{t-1}^*=\underset{\boldsymbol{y}_{t-1}}{\operatorname{argmax}}[U(t-1,\boldsymbol{y}_{t-1})+g_t(\boldsymbol{y}_{t-1},\boldsymbol{y}_t)],\quad t=2,3,\cdots,T \tag{6.47}$$

维特比算法是最大和算法的一种特殊情况,当条件随机场具有树状结构时,可以使用更通用的最大和算法求解最优标签结构。

6.3 参数学习

条件随机场的训练过程是学习参数的过程,通常使用最大似然或最大后验估计进行参数学习。这里介绍使用最大后验估计进行线性链条件随机场参数学习的方法。

假设$\{(\boldsymbol{x}^{(n)},\boldsymbol{y}^{(n)})\}_{n=1}^N$是一个带标签的大小为 N 的数据集,X 代表所有的训练输入,由 N 个样本观测序列$\boldsymbol{x}^{(n)}$构成,Y 代表所有的训练标签,由 N 个样本标签序列 $\boldsymbol{y}^{(n)}$ 构成。假定在已知训练输入的条件下标签序列是独立同分布的,那么可以得到所有数据集的条件概率分布为

$$p(Y \mid X, \boldsymbol{\theta}) = \prod_{n=1}^{N} p(\boldsymbol{y}^{(n)} \mid \boldsymbol{x}^{(n)}, \boldsymbol{\theta}) \tag{6.48}$$

根据贝叶斯公式，参数 $\boldsymbol{\theta}$ 的后验分布可以表示为 $p(\boldsymbol{\theta} \mid X, Y) \propto p(\boldsymbol{\theta})p(Y|X, \boldsymbol{\theta})$，其先验通常假设为一个各向同性的高斯分布，如 $p(\boldsymbol{\theta}) \propto \exp\left(-\frac{1}{2}\sigma^{-2}\|\boldsymbol{\theta}\|^2\right)$。在给定训练数据 $\{(\boldsymbol{x}^{(n)}, \boldsymbol{y}^{(n)})\}_{n=1}^{N}$ 的情况下，根据公式(6.5)，即 $p(\boldsymbol{y}|\boldsymbol{x}) = \exp\{-\mathcal{E}(\boldsymbol{x}, \boldsymbol{y}, \boldsymbol{\theta})\}/Z(\boldsymbol{x}, \boldsymbol{\theta})$，最大后验的目标函数可以表示为

$$\ell(\boldsymbol{\theta}) = -\sum_{n=1}^{N}\left[\mathcal{E}(\boldsymbol{x}^{(n)}, \boldsymbol{y}^{(n)}, \boldsymbol{\theta}) + \ln Z(\boldsymbol{x}^{(n)}, \boldsymbol{\theta})\right] - \frac{\|\boldsymbol{\theta}\|^2}{2\sigma^2} \tag{6.49}$$

根据 ln-sum-exp 函数的凸性[3]，可知最大化目标函数 $\ell(\boldsymbol{\theta})$ 是一个凸优化问题，通过梯度上升的优化算法可以获得全局最优解。当数据集比较大时，也可以使用随机梯度优化方法[4]。

梯度上升算法需要计算目标函数关于参数的梯度，这里给出包含单个训练样本 $(\boldsymbol{x}, \boldsymbol{y})$ 的目标函数 $\ell_b(\boldsymbol{\theta})$ 关于参数 $\boldsymbol{\theta}$ 的梯度，具体表示为

$$\frac{\partial}{\partial \theta_k}\ell_b(\boldsymbol{\theta}) = \boldsymbol{F}_k(\boldsymbol{x}, \boldsymbol{y}) - \frac{1}{Z(\boldsymbol{x}, \boldsymbol{\theta})}\frac{\partial}{\partial \theta_k}Z(\boldsymbol{x}, \boldsymbol{\theta}) - \frac{\theta_k}{\sigma^2} \tag{6.50}$$

公式(6.50)的推导运用了 $-\mathcal{E}(\boldsymbol{x}, \boldsymbol{y}, \boldsymbol{\theta}) = \sum_{t=1}^{T}\sum_{k=1}^{K}\theta_k f_k(\boldsymbol{x}_t, \boldsymbol{y}_{t-1}, \boldsymbol{y}_t)$，并且定义 $\boldsymbol{F}_k(\boldsymbol{x}, \boldsymbol{y}) = \sum_{t=1}^{T} f_k(\boldsymbol{x}_t, \boldsymbol{y}_{t-1}, \boldsymbol{y}_t)$。在公式(6.50)中，训练数据 $(\boldsymbol{x}, \boldsymbol{y})$ 是已知的，θ_k 表示参数向量的第 k 个元素。梯度的第一项和最后一项分别由特征函数和参数构成，比较容易计算。根据 $Z(\boldsymbol{x}, \boldsymbol{\theta}) = \sum_{\boldsymbol{y}}\exp\left\{\sum_{t=1}^{T}\sum_{k=1}^{K}\theta_k f_k(\boldsymbol{x}_t, \boldsymbol{y}_{t-1}, \boldsymbol{y}_t)\right\}$，第二项中的梯度具体表示为

$$\begin{aligned}\frac{\partial}{\partial \theta_k}Z(\boldsymbol{x}, \boldsymbol{\theta}) &= \frac{\partial}{\partial \theta_k}\sum_{\boldsymbol{y}}\exp\left\{\sum_{k=1}^{K}\theta_k \boldsymbol{F}_k(\boldsymbol{x}, \boldsymbol{y})\right\} \\ &= \sum_{\boldsymbol{y}}\exp\left\{\sum_{k=1}^{K}\theta_k \boldsymbol{F}_k(\boldsymbol{x}, \boldsymbol{y})\right\}\boldsymbol{F}_k(\boldsymbol{x}, \boldsymbol{y})\end{aligned} \tag{6.51}$$

因此，目标函数 $\ell_b(\boldsymbol{\theta})$ 关于参数 $\boldsymbol{\theta}$ 的梯度可以表示为

$$\begin{aligned}\frac{\partial}{\partial\theta_k}\ell_b(\boldsymbol{\theta}) &= \boldsymbol{F}_k(\boldsymbol{x},\boldsymbol{y}) - \sum_{\boldsymbol{y}}\boldsymbol{F}_k(\boldsymbol{x},\boldsymbol{y})p(\boldsymbol{y}\mid\boldsymbol{x},\boldsymbol{\theta}) - \frac{\theta_k}{\sigma^2} \\ &= \boldsymbol{F}_k(\boldsymbol{x},\boldsymbol{y}) - \sum_{\boldsymbol{y}_{t-1},\boldsymbol{y}_t}\sum_{t=1}^{T} f_k(\boldsymbol{x}_t,\boldsymbol{y}_{t-1},\boldsymbol{y}_t)p(\boldsymbol{y}_{t-1},\boldsymbol{y}_t\mid\boldsymbol{x},\boldsymbol{\theta}) - \frac{\theta_k}{\sigma^2}\end{aligned} \tag{6.52}$$

其中 $p(\boldsymbol{y}_{t-1},\boldsymbol{y}_t|\boldsymbol{x},\boldsymbol{\theta})$可通过前向—后向算法计算得到，如参考公式(6.25)。在给定整个训练样本集$\{X,Y\}$的情况下，目标函数的梯度为每个训练样本的梯度之和。

6.4 线性链条件随机场与隐马尔可夫模型

隐马尔可夫模型与线性链条件随机场之间的关系可以类比朴素贝叶斯与逻辑回归之间的关系。朴素贝叶斯和隐马尔可夫模型都是生成式模型，逻辑回归和条件随机场都是判别式模型。为了更清晰地描述各个模型之间的关系，图 6-6 给出了朴素贝叶斯、逻辑回归、隐马尔可夫模型和线性链条件随机场的关系。

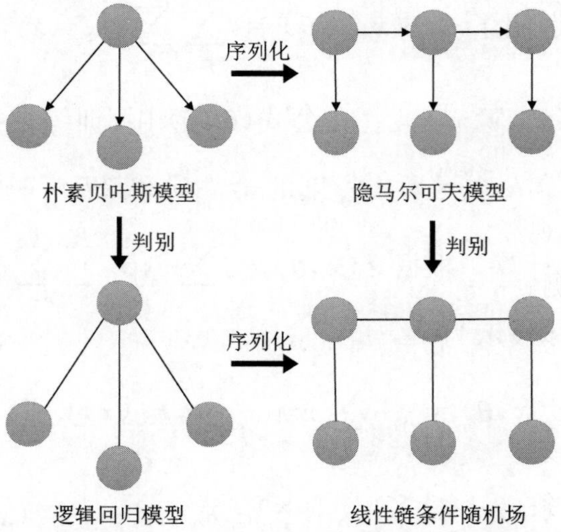

图 6-6　朴素贝叶斯、逻辑回归、隐马尔可夫模型、线性链条件随机场关系图

隐马尔可夫模型适用于序列分类、序列生成、序列标注等任务，并且在进行序列标注时支持非监督学习方法，训练数据可以是未标注数据。线性链条件随机场是判别式模型，适用于序列标注任务，且训练数据通常是已标注数据，一般不适用于序列分类和序列生成。对于序列标注任务，与隐马尔可夫模型相比，线性链条件随机场可以通过构建特征函数使用更丰富的特征。

6.5　模型扩展

对于许多实际应用问题来说，条件随机场的优势是可以对观测数据的任意特征进行建模，并且捕获标签之间以及标签与观测之间的显式结构化信息。在条件随机场的基础上，隐条件随机场（hidden conditional random field）[5]被提出，实现了结构化数据的分类任务。例如，隐条件随机场被用于实现基于传感器数据的人体姿态识别。

随着神经网络的发展，将条件随机场与神经网络相结合，构建观测到标签的非线性映射，是一个研究热点。例如，将条件随机场和长短期记忆网络（long short-term memory network）相结合，实现序列标注任务[6-7]。

思考与计算

1. 假设数据的观测函数特征维数为50，标签集合的大小为20，序列长度为40，使用点—观测特征函数的线性链条件随机场的参数数量是多少？

2. 设计一个无法使用前向—后向算法的条件随机场，并计算其中单个标签节点的条件概率分布。

3. 思考线性链条件随机场和使用softmax的逻辑回归有何异同。

4. 推导线性链条件随机场的参数的梯度表示。

参考文献

[1] Lafferty J，McCallum A，Pereira F C N. Conditional Random Fields：Probabilistic Models for Segmenting and Labeling Sequence Data [C]//Proceedings of the International Conference on Machine Learning. New York：ACM，2001：282-289.

[2] Sutton C，McCallum A. An Introduction to Conditional Random Fields [J]. Foundations and Trends® in Machine Learning，2012，4(4)：267-373.

[3] Boyd S，Vandenberghe L. Convex Optimization[M]. Cambridge，UK：Cambridge University Press，2004.

[4] Robbins H，Monro S. A Stochastic Approximation Method[J]. The Annals of Mathematical Statistics，1951，22(3)：400-407.

[5] Quattoni A，Wang S，Morency L P，et al. Hidden Conditional Random Fields[J]. IEEE Transactions on Pattern Analysis and Machine Intelligence，2017，29(10)：1848-1852.

[6] Huang Z，Xu W，Yu K. Bidirectional LSTM-CRF Models for Sequence Tagging [EB/OL]. (2015-08-09) [2020-02-28]. https://arxiv. xilesou. top/pdf/1508.01991.pdf.

[7] Sun X，Sun S，Yin M，et al. Hybrid Neural Conditional Random Fields for Multi-view Sequence Labeling[J]. Knowledge-Based Systems，2020，189(2)：1-8.

第 7 章　支持向量机

学习目标：

(1) 理解大间隔原理；

(2) 掌握基本的支持向量机分类模型；

(3) 熟练运用拉格朗日对偶优化技术；

(4) 掌握数据线性不可分情形下的分类模型，以及核方法的建模原理；

(5) 理解支持向量机回归的原理；

(6) 了解支持向量机的模型扩展。

支持向量机(support vector machine)是模式识别与机器学习中的一项重要技术，它植根于结构风险最小化原理。粗略地讲，根据结构风险最小化理论，如果一个函数类中的函数在来自某分布的训练数据上经验风险低，而且该函数类具有低的复杂度，那么该函数将倾向于在服从该分布的所有样本上具有低的期望风险。函数类的复杂度有多种度量方法，例如 VC 维以及它的扩展(简称 VC 扩展维)[1]。支持向量机中蕴含的大间隔原理限制了函数类的复杂程度，因为对于一些函数类来说，大的间隔可以对应于低的 VC 扩展维。

自 1992 年支持向量机[2]提出以来，理论与应用都得到了快速发展。它对样本量需求不高，而且算法稳定性较好。在应用方面，几乎任何监督分类问题都尝试过使用支持向量机分类器。人们还将它与半监督学习、多视图学习、多任务学习等方向密切结合，提出了一些新的模型和算法。

支持向量机模型的求解主要运用了凸优化技术。凸优化理论对于理解支持向量机的参数求解过程会很有帮助,读者可以参考文献[3-4]。

7.1 大间隔原理

介绍具体模型之前,先来直观地认识一下支持向量机中采用的大间隔原理。以两类分类问题为例,即假设给定了一些训练样本,每个样本都属于两个类别中的一个,目标是正确确定新样本所属的类别。假设训练数据是线性可分的,即可以用超平面进行正确分类。考虑到这样的分类超平面可能是多种多样的,该选择哪一个分界面呢?图 7-1 给出了二维输入样本的分类问题示意图,其中展示了三个分界面。

从图 7-1 可知,分界面 H_1、分界面 H_2、分界面 H_3 都能分开两类数据,但是分界面 H_1 在两类的正中间,直观上给人感觉鲁棒性更强。例如,如果数据中存在少量噪声,仍然能够正确分类。分界面 H_1 就是对应最大间隔原理的那个分界面,它到每一类最近数据点的距离是最大的。

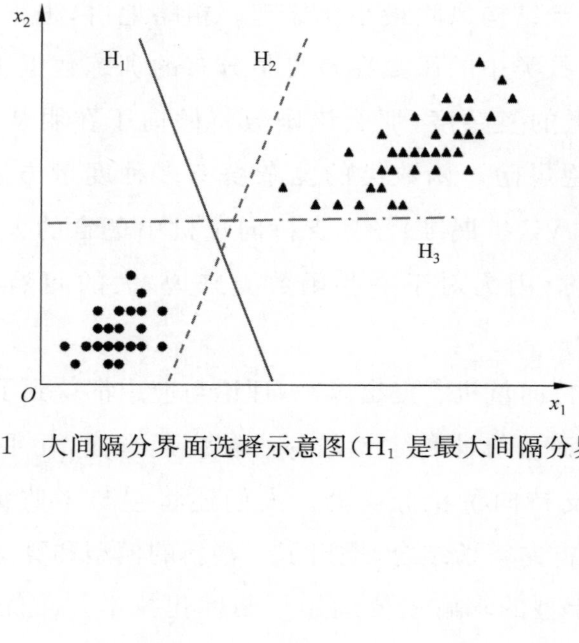

图 7-1 大间隔分界面选择示意图(H_1 是最大间隔分界面)

7.2　基本分类模型

给定一个面向两类分类问题的线性可分训练集，其中包含 N 个样本 $(\boldsymbol{x}_1,y_1),(\boldsymbol{x}_2,y_2),\cdots,(\boldsymbol{x}_N,y_N)$。通常，可令标签 $y\in\{+1,-1\}$。

我们需要学习一个分类超平面，设对应的参数化表示为

$$f(\boldsymbol{x})=\boldsymbol{w}^\top\boldsymbol{x}+b=0 \tag{7.1}$$

其中 $\boldsymbol{w}$ 是超平面的法向量，标量 b 是偏差参数。训练完成得到参数以后，分类函数的输出由以下符号函数给出

$$h(\boldsymbol{w})=\text{sign}(\boldsymbol{w}^\top\boldsymbol{x}+b) \tag{7.2}$$

即对于新样本 $\boldsymbol{x}$，如果 $\boldsymbol{w}^\top\boldsymbol{x}+b\geqslant 0$，则分为 $+1$ 类；如果 $\boldsymbol{w}^\top\boldsymbol{x}+b<0$，则分为 -1 类。对于 $\boldsymbol{w}^\top\boldsymbol{x}+b=0$ 的情况，实际上可以将样本分为任意一类。因为在这种情况下，分类器束手无策，而实际中也往往很少出现，所以一般情况下就归为 $+1$ 类。

任意一点 $\boldsymbol{x}$ 到该超平面的距离可表示为

$$d=\frac{|\boldsymbol{w}^\top\boldsymbol{x}+b|}{\|\boldsymbol{w}\|}=\frac{y(\boldsymbol{w}^\top\boldsymbol{x}+b)}{\|\boldsymbol{w}\|} \tag{7.3}$$

考虑到偏差参数 b 的灵活性，可以认为距离 d 的大小与 $\boldsymbol{w}$ 的长度无关，只与 $\boldsymbol{w}$ 的方向有关系。因此可以固定参数向量 $\boldsymbol{w}$ 的长度为 1，即令 $\|\boldsymbol{w}\|=1$。

由于训练数据线性可分，我们希望能找到一个线性函数 $f(\boldsymbol{x})$，对所有的样本都满足 $y_i f(\boldsymbol{x}_i)>0$，而且可以确定这样的函数一定存在。那么，基于大间隔原理的分类模型的优化表达为

$$\begin{aligned}&\max_{\boldsymbol{w},b}\quad M\\&\text{s.t.}\qquad y_i(\boldsymbol{w}^\top\boldsymbol{x}_i+b)\geqslant M\\&\qquad\qquad\|\boldsymbol{w}\|=1\end{aligned} \tag{7.4}$$

在公式(7.4)中，两个超平面 $\boldsymbol{w}^\top\boldsymbol{x}+b=M$ 和 $\boldsymbol{w}^\top\boldsymbol{x}+b=-M$ 之间的距离 $2M$ 被称为间隔(margin)。每类数据到分界面的最近距离都是 M，即

$$\frac{y(\boldsymbol{w}^{\top}\boldsymbol{x}+b)}{\|\boldsymbol{w}\|}=M \tag{7.5}$$

更进一步，考虑到参数 b 的表达灵活性以及 $\boldsymbol{w}$ 的长度并不影响分类结果，可以将公式(7.4)的两边同时除以 M，并采用新的表示，使其满足 $y(\boldsymbol{w}^{\top}\boldsymbol{x}+b)\geqslant 1$。相应地，两个超平面之间的距离也发生变化。于是，优化问题转变为

$$\begin{aligned} &\max_{w,b} \quad \frac{2}{\|\boldsymbol{w}\|} \\ &\text{s.t.} \quad y_i(\boldsymbol{w}^{\top}\boldsymbol{x}_i+b)\geqslant 1 \end{aligned} \tag{7.6}$$

为便于优化求解，将目标函数做适当等价变换，可以得到支持向量机用于线性可分问题的优化表达为

$$\begin{aligned} &\min_{w,b} \quad \frac{1}{2}\|\boldsymbol{w}\|^2 \\ &\text{s.t.} \quad y_i(\boldsymbol{w}^{\top}\boldsymbol{x}_i+b)\geqslant 1 (i=1,2,\cdots,N) \end{aligned} \tag{7.7}$$

此优化问题是一个二次优化问题。

7.3 拉格朗日对偶优化

引入拉格朗日乘子向量 $\boldsymbol{\alpha}=[\alpha_1,\alpha_2,\cdots,\alpha_N]^{\top}$，便可以通过拉格朗日函数将约束条件融入目标函数中，得到优化问题(公式 7.7)对应的拉格朗日函数为

$$L(\boldsymbol{w},b,\boldsymbol{\alpha})=\frac{1}{2}\|\boldsymbol{w}\|^2-\sum_{i=1}^{N}\alpha_i(y_i(\boldsymbol{w}^{\top}\boldsymbol{x}_i+b)-1) \tag{7.8}$$

其中各乘子变量 $\alpha_i(i=1,2,\cdots,N)$ 均为非负值。

拉格朗日对偶函数定义为 $g(\boldsymbol{\alpha})=\min_{w,b}L(\boldsymbol{w},b,\alpha)$。可以证明，$g(\boldsymbol{\alpha})$ 一定小于或等于原优化问题的最优值。因此，在乘子变量非负的约束下，最大化对偶函数的值(即求解对偶优化问题)就很有意义，它可能会达到原优化问题的最优值。

接下来，给出求解如下拉格朗日对偶优化问题的具体思路

$$\max_{\alpha_i \geqslant 0} \min_{\boldsymbol{w},b} L(\boldsymbol{w},b,\boldsymbol{\alpha}) \tag{7.9}$$

首先，固定 $\boldsymbol{\alpha}$，关于 $\boldsymbol{w}$ 和 b 最小化拉格朗日函数 $L(\boldsymbol{w},b,\boldsymbol{\alpha})$。对 $\boldsymbol{w}$ 和 b 求导，可以得出

$$\frac{\partial L}{\partial \boldsymbol{w}} = \boldsymbol{0} \Rightarrow \boldsymbol{w} = \sum_{i=1}^{N} \alpha_i y_i \boldsymbol{x}_i \tag{7.10}$$

和

$$\frac{\partial L}{\partial b} = 0 \Rightarrow \sum_{i=1}^{N} \alpha_i y_i = 0 \tag{7.11}$$

表达式 $\boldsymbol{w} = \sum_{i=1}^{N} \alpha_i y_i \boldsymbol{x}_i$ 体现了支持向量的思想。由公式(7.8)可见，拉格朗日乘子与训练样本是一一对应的。值为正的拉格朗日乘子所对应的训练样本被称为支持向量，因为它们支持了 $\boldsymbol{w}$ 的计算。值为 0 的拉格朗日乘子对应的训练样本可以从 $\boldsymbol{w}$ 的计算表达式中移除，而不产生任何损失。

将公式(7.10)和公式(7.11)代入函数 $L(\boldsymbol{w},b,\boldsymbol{\alpha})$ 中，可以得到对偶函数为

$$\begin{aligned} g(\boldsymbol{\alpha}) &= \frac{1}{2} \| \boldsymbol{w} \|^2 - \sum_{i=1}^{N} \alpha_i y_i \boldsymbol{w}^\top \boldsymbol{x}_i + \sum_{i=1}^{N} \alpha_i \\ &= \sum_{i=1}^{N} \alpha_i + \frac{1}{2} \sum_{i=1}^{N} \sum_{j=1}^{N} \alpha_i \alpha_j y_i y_j \boldsymbol{x}_i^\top \boldsymbol{x}_j - \sum_{i=1}^{N} \sum_{j=1}^{N} \alpha_i \alpha_j y_i y_j \boldsymbol{x}_i^\top \boldsymbol{x}_j \\ &= \sum_{i=1}^{N} \alpha_i - \frac{1}{2} \sum_{i=1}^{N} \sum_{j=1}^{N} \alpha_i \alpha_j y_i y_j \boldsymbol{x}_i^\top \boldsymbol{x}_j \end{aligned} \tag{7.12}$$

其次，求解对偶优化问题，计算对偶变量 $\boldsymbol{\alpha}$ 的最优解。根据公式(7.12)可以得到对偶优化问题的具体表示为

$$\begin{aligned} \max_{\alpha} \quad & \sum_{i=1}^{N} \alpha_i - \frac{1}{2} \sum_{i=1}^{N} \sum_{j=1}^{N} \alpha_i \alpha_j y_i y_j \boldsymbol{x}_i^\top \boldsymbol{x}_j \\ \text{s.t.} \quad & \alpha_i \geqslant 0 \\ & \sum_{i=1}^{N} \alpha_i y_i = 0 \end{aligned} \tag{7.13}$$

求出对偶变量 $\boldsymbol{\alpha}$ 之后，分类器参数向量 $\boldsymbol{w}$ 可以由公式(7.10)得到。参数 b 可以通过如下互补松弛条件[3]求得

$$\alpha_i(y_i(\boldsymbol{w}^\top \boldsymbol{x}_i + b) - 1) = 0, \quad i = 1,2,\cdots,N \tag{7.14}$$

对于所有的支持向量，由于相应的对偶变量为正值，根据互补松弛条件可知，原优化问题中的不等式约束变成等式约束。因此，根据任一个支持向量 $\boldsymbol{x}_j$，可得出

$$b = y_j - \boldsymbol{w}^\top \boldsymbol{x}_j \tag{7.15}$$

至此，对于待分类样本 $\boldsymbol{x}$，支持向量机分类器表示为

$$h(\boldsymbol{x}) = \operatorname{sign}\Big(\sum_{i=1}^{N} y_i \alpha_i \boldsymbol{x}^\top \boldsymbol{x}_i + b\Big) \tag{7.16}$$

其中运用的变换为

$$\boldsymbol{w}^\top \boldsymbol{x} = \sum_{i=1}^{N} y_i \alpha_i \boldsymbol{x}^\top \boldsymbol{x}_i \tag{7.17}$$

7.4 线性不可分数据的分类

对于大多数实际分类问题，训练数据通常都是线性不可分的，这时需要对基本分类模型做一定扩展，得到更为一般化的分类模型。比如，可以选择坚持使用线性分类器模型，但是允许一定的误分类，或选择使用非线性的分类器模型。

7.4.1 松弛变量

在基本分类模型中，假定训练数据是线性可分的，并选择使用线性分界超平面。如果训练数据不是线性可分的，仍然可以使用线性分界面，只是容许一定的损失。一种常用的损失是铰链损失，即 $\max(0, 1 - y_i(\boldsymbol{w}^\top \boldsymbol{x}_i + b))$，在优化表达式中，通常采用松弛变量 ξ_i 来表示它。铰链损失和松弛变量的引入，使得硬间隔支持向量机发展为软间隔支持向量机。

基本分类模型中的约束条件为

$$y_i(\boldsymbol{w}^\top \boldsymbol{x}_i + b) \geqslant 1 \tag{7.18}$$

引入松弛变量后约束条件变成

$$y_i(\boldsymbol{w}^\top \boldsymbol{x}_i + b) \geqslant 1 - \xi_i \tag{7.19}$$

其中松弛变量 $\xi_i(i=1,2,\cdots,N)$体现了样本点 $\boldsymbol{x}_i$ 允许偏离原间隔的量，而且满足条件 $\xi_i \geqslant 0(i=1,2,\cdots,N)$。在基本分类模型基础上最小化铰链损失，得到用于线性不可分问题的线性支持向量机分类器的优化问题为

$$\begin{aligned} \min_{\boldsymbol{w},b,\xi} \quad & \frac{1}{2}\|\boldsymbol{w}\|^2 + C\sum_{i=1}^{N}\xi_i \\ \text{s.t.} \quad & y_i(\boldsymbol{w}^\top \boldsymbol{x}_i + b) \geqslant 1 - \xi_i \\ & \xi_i \geqslant 0 \quad (i=1,2,\cdots,N) \end{aligned} \tag{7.20}$$

其中 ξ 是由 ξ_i 构成的向量，折中参数 C 用于控制目标函数中大间隔和经验损失两项之间的权重。不难发现，该优化问题同样可以用于线性可分问题。与不带松弛变量的优化问题类似，可以采用拉格朗日对偶优化进行求解。引入非负的乘子变量 α_i 和 β_i，可得拉格朗日函数表达式为

$$\begin{aligned} L(\boldsymbol{w},b,\boldsymbol{\xi},\boldsymbol{\alpha},\beta) = & \frac{1}{2}\|\boldsymbol{w}\|^2 + C\sum_{i=1}^{N}\xi_i - \\ & \sum_{i=1}^{N}\alpha_i(y_i(\boldsymbol{w}^\top \boldsymbol{x}_i + b) - 1 + \xi_i) - \sum_{i=1}^{N}\beta_i\xi_i \end{aligned} \tag{7.21}$$

对公式(7.21)关于 $\boldsymbol{w}$，b 和 ξ_i 求导，可以得到

$$\frac{\partial L}{\partial \boldsymbol{w}} = \boldsymbol{0} \Rightarrow \boldsymbol{w} = \sum_{i=1}^{N}\alpha_i y_i \boldsymbol{x}_i \tag{7.22}$$

$$\frac{\partial L}{\partial b} = 0 \Rightarrow \sum_{i=1}^{N}\alpha_i y_i = 0 \tag{7.23}$$

$$\frac{\partial L}{\partial \xi_i} = 0 \Rightarrow C - \alpha_i - \beta_i = 0 \tag{7.24}$$

将这些表达式代入拉格朗日函数，可以得到对偶优化问题为

$$\max_{\boldsymbol{\alpha}} \quad \sum_{i=1}^{N}\alpha_i - \frac{1}{2}\sum_{i=1}^{N}\sum_{j=1}^{N}\alpha_i\alpha_j y_i y_j \boldsymbol{x}_i^\top \boldsymbol{x}_j \tag{7.25}$$

$$\text{s.t.} \quad 0 \leqslant \alpha_i \leqslant C$$

$$\sum_{i=1}^{N}\alpha_i y_i = 0$$

求得对偶变量 $\boldsymbol{\alpha}$ 之后，分类器参数向量 $\boldsymbol{w}$ 可以由公式(7.22)给出。参数 b 可以通过互补松弛条件[3]求得，即

$$\alpha_i(y_i(\boldsymbol{w}^\top \boldsymbol{x}_i + b) - 1 + \xi_i) = 0, \quad i = 1,2,\cdots,N \tag{7.26}$$

$$\beta_i\xi_i = 0, \quad i = 1,2,\cdots,N$$

其中，通过选择满足 $0<\alpha_j<C$ 的支持向量 $\boldsymbol{x}_j$，可得 $b = y_j - \boldsymbol{w}^\top \boldsymbol{x}_j$。

最终的决策函数与基本分类模型的决策函数具有同样的表达式，即

$$h(\boldsymbol{x}) = \text{sign}\left(\sum_{i=1}^{N} y_i\alpha_i \boldsymbol{x}^\top \boldsymbol{x}_i + b\right) \tag{7.27}$$

7.4.2 核方法

核方法在拟合非线性关系方面功能强大，而且具有坚实的理论基础。它通过某种可能是非线性的变换将数据映射到特征空间，然后在特征空间中学习线性模型，从而完成对非线性关系的拟合。如果采用线性变换将数据映射到特征空间，也可以拟合线性关系。通过将核函数和线性方法的设计进行解耦，增强了机器学习方法如支持向量机的模块化特点，便于对这两部分单独设计。

下面给出核函数的定义。

设 x 和 z 来自空间 Γ(不一定是线性空间)，满足公式(7.28)的函数 κ 称为核函数

$$\kappa(x,z) = \langle \phi(x), \phi(z) \rangle \tag{7.28}$$

其中 ϕ 是从空间 Γ 到希尔伯特空间 F 的映射，即

$$\phi: x \in \Gamma \mapsto \phi(x) \in F \tag{7.29}$$

空间 F 通常称为特征空间。

验证一个函数是否是核函数，一种方法是根据核函数的定义判断带入任意两个输入后的函数值是否等于先将输入数据做特征映射再计算特征映射的内积。另一种更常用的方法是根据有限半正定性。对于空间 F 中的任意有限子集，通过使得 $K_{ij}=\kappa(x_i,x_j)$ 构造对称矩阵 $\boldsymbol{K}$。如果矩阵 $\boldsymbol{K}$ 是半正定的，那么 κ 是核函数[3]。

如果一种机器学习算法关于输入样本的运算可以完全通过样本间的内积表达，那么可以假定这种内积作用于输入样本的某种映射，从而可以通过核函数作用于原始输入样本得以实现此算法的非线性扩展，同时并不需要知道映射的具体表达。这个技巧称为核技巧。可以通过将原始模型中的输入样本的内积替换为核函数得到相应模型的核扩展。

对于支持向量机，设映射函数为 $\phi(\boldsymbol{x})$，那么 $\kappa(\boldsymbol{x}_i,\boldsymbol{x}_j)=\phi(\boldsymbol{x}_i)^\top\phi(\boldsymbol{x}_j)$。对偶问题的优化目标式变为

$$\sum_{i=1}^{N}\alpha_i-\frac{1}{2}\sum_{i=1}^{N}\sum_{j=1}^{N}\alpha_i\alpha_j y_i y_j\kappa(\boldsymbol{x}_i,\boldsymbol{x}_j) \tag{7.30}$$

原来的 $\boldsymbol{w}^\top\boldsymbol{x}$ 变为 $\boldsymbol{w}^\top\phi(\boldsymbol{x})$，同时考虑到参数 $\boldsymbol{w}$ 可以由对偶变量和输入数据表达，可以得到

$$\boldsymbol{w}^\top\phi(\boldsymbol{x})=\sum_{i=1}^{N}\alpha_i y_i\kappa(\boldsymbol{x}_i,\boldsymbol{x}) \tag{7.31}$$

通过公式(7.31)中的替代关系，可以更清楚地理解核方法的使用。

可以看到，核函数 $\kappa(\boldsymbol{x}_i,\boldsymbol{x})$ 作为一个模块整体出现，可以有灵活的变化，以实现不同的映射函数表达。核函数有良好的理论基础，而且针对复杂数据建模的需要，还可以从简单的核函数构造出更为灵活的核函数[5-6]。

常见的基本核函数如下。

（1）线性核函数。

$$\kappa(\boldsymbol{x}_i,\boldsymbol{x}_j)=\boldsymbol{x}_i^\top\boldsymbol{x}_j \tag{7.32}$$

（2）多项式核函数。

$$\kappa(\boldsymbol{x}_i,\boldsymbol{x}_j)=(\boldsymbol{x}_i^\top\boldsymbol{x}_j+1)^d \tag{7.33}$$

其中参数 d 是多项式次数。

(3) 高斯核函数。

$$\kappa(\boldsymbol{x}_i, \boldsymbol{x}_j) = \exp\left[-\frac{\|\boldsymbol{x}_i - \boldsymbol{x}_j\|^2}{2\sigma^2}\right] \tag{7.34}$$

也称为径向基核函数,其中参数 σ 和多项式核函数中的参数 d 一样,通常需要通过模型选择来确定具体取值。

7.5 支持向量机回归

最大化间隔的思想同样适用于回归问题。在回归问题中,训练数据的标签变量是实数值,不再是离散的有限个类别。为了得到决策函数的稀疏表达,引入如下的 ε 不敏感损失函数[7]

$$|y - f(\boldsymbol{x})|_\varepsilon = \max\{0, |y - f(\boldsymbol{x})| - \varepsilon\} \tag{7.35}$$

其中 $f(\boldsymbol{x})$是回归函数,参数 $\varepsilon \geqslant 0$。由于 ε 不能设置得过大,所以不敏感损失的值往往不为零。

因此,支持向量机回归的优化问题表示为

$$\min_{\boldsymbol{w},b} \quad \frac{1}{2}\|\boldsymbol{w}\|^2 + C\sum_{i=1}^{N}|y_i - f(\boldsymbol{x}_i)|_\varepsilon \tag{7.36}$$

其中非负参数 C 反映了函数复杂性与经验损失之间的折衷,对样本的预测输出函数为 $f(\boldsymbol{x}) = \boldsymbol{w}^\top \boldsymbol{x} + b$。

引入两组松弛变量 ξ 和 ξ^*,使得每个样本在间隔带两侧的松弛程度可以不同。于是可以得到更为常见的、与公式(7.36)等价的优化问题表示,即

$$\begin{aligned} \min_{\boldsymbol{w},b,\xi,\xi^*} \quad & \frac{1}{2}\|\boldsymbol{w}\|^2 + C\sum_{i=1}^{N}(\xi_i + \xi_i^*) \\ \text{s.t.} \quad & y_i - \boldsymbol{w}^\top \boldsymbol{x}_i - b \leqslant \varepsilon + \xi_i \\ & \boldsymbol{w}^\top \boldsymbol{x}_i + b - y_i \leqslant \varepsilon + \xi_i^* \\ & \boldsymbol{\xi}_i \geqslant 0 \end{aligned} \tag{7.37}$$

$$\xi_i^* \geqslant 0, \quad i=1,2,\cdots,N$$

公式(7.37)对应的拉格朗日函数为

$$\begin{aligned}L(\boldsymbol{w},b,\xi,\xi^*,\alpha,\alpha^*,\eta,\eta^*)= & \frac{1}{2}\|\boldsymbol{w}\|^2+C\sum_{i=1}^{N}(\xi_i+\xi_i^*)-\sum_{i=1}^{N}(\eta_i\xi_i+\eta_i^*\xi_i^*)- \\ & \sum_{i=1}^{N}\alpha_i(\varepsilon+\xi_i-y_i+\boldsymbol{w}^\top\boldsymbol{x}_i+b)- \\ & \sum_{i=1}^{N}\alpha_i^*(\varepsilon+\xi_i^*+y_i-\boldsymbol{w}^\top\boldsymbol{x}_i-b)\end{aligned} \tag{7.38}$$

其中，α_i、α_i^*、η_i、η_i^* 是非负的乘子变量。

对公式(7.38)关于 $\boldsymbol{w}$、b、ξ_i 和 ξ_i^* 求导，可以得到

$$\frac{\partial L}{\partial \boldsymbol{w}}=\boldsymbol{0}\Rightarrow \boldsymbol{w}=\sum_{i=1}^{N}(\alpha_i-\alpha_i^*)\boldsymbol{x}_i \tag{7.39}$$

$$\frac{\partial L}{\partial b}=0\Rightarrow \sum_{i=1}^{N}(\alpha_i-\alpha_i^*)=0 \tag{7.40}$$

$$\frac{\partial L}{\partial \xi_i}=0\Rightarrow C-\alpha_i-\eta_i=0 \tag{7.41}$$

$$\frac{\partial L}{\partial \xi_i^*}=0\Rightarrow C-\alpha_i^*-\eta_i^*=0 \tag{7.42}$$

将上面的结果代入拉格朗日函数中，得到对偶优化问题为

$$\begin{aligned}\min_{\alpha,\alpha^*}\quad & \frac{1}{2}\sum_{i=1}^{N}\sum_{j=1}^{N}(\alpha_i-\alpha_i^*)(\alpha_j-\alpha_j^*)\boldsymbol{x}_i^\top\boldsymbol{x}_j+\varepsilon\sum_{i=1}^{N}(\alpha_i+\alpha_i^*)-\sum_{i=1}^{N}y_i(\alpha_i-\alpha_i^*) \\ \text{s.t.}\quad & \sum_{i=1}^{N}(\alpha_i-\alpha_i^*)=0 \\ & \alpha_i,\alpha_i^*\in[0,C]\end{aligned} \tag{7.43}$$

求得最优的 α_i、α_i^* 后，可得支持向量机回归的预测函数表示为

$$f(\boldsymbol{x})=\sum_{i=1}^{N}(\alpha_i-\alpha_i^*)\boldsymbol{x}^\top\boldsymbol{x}_i+b \tag{7.44}$$

其中，偏置项 b 通过互补松弛条件[3]求得。若 $0<\alpha_i<C$，则必有 $\xi_i=0$，进而

运用与 α_i 对应的样本输入和标签得出 b 的表达式为

$$b = y_i - \varepsilon - \sum_{i=1}^{N} (\alpha_i - \alpha_i^*) \boldsymbol{x}^\top \boldsymbol{x}_i \tag{7.45}$$

在实际中，为了具有更好的鲁棒性，可以选取多个满足条件 $0<\alpha_i<C$ 的样本求解 b，取得平均值。

从上述求解过程不难看出，运用核函数将线性支持向量机回归方法扩展到非线性回归是很直接的。

7.6 模型扩展

支持向量机分类的基本思想是在特征空间中学习一个超平面分类器。近年来，一些工作寻求学习两个非平行超平面，例如双平面支持向量机[8-9]。双平面支持向量机的思想是使得一个超平面离一类样本近，并且离另一类样本有一定的距离。与支持向量机求解单个二次优化问题不同，它求解两个二次优化问题，而且每个优化问题涉及的样本数量少于支持向量机中的样本数量。正因为如此，双平面支持向量机比支持向量机的求解更快一些。针对多视图数据建模的需要，人们也提出了多视图支持向量机及多视图双平面支持向量机[10]。

此外，支持向量机还被扩展到半监督学习、主动学习和多任务学习等多种场景。在监督分类方面，前面介绍的支持向量机面向两类分类问题，后来支持向量机还被扩展到了多类分类问题。

思考与计算

1. 查找资料，推导并理解互补松弛条件。

2. 由支持向量机的原始优化目标推导出拉格朗日对偶优化表示，即给出公式(7.7)到公式(7.13)的推导过程。

3. 支持向量机是否可以处理多类分类，如何实现？

4. 编程实现基于核方法的支持向量机，并在 UCI 数据集上测试性能。

参考文献

[1] Blumer A, Ehrenfeucht A, Haussler D, et al. Learnability and the Vapnik-Chervonenkis Dimension[J]. Journal of the ACM, 1989, 36(4): 929-965.

[2] Boser B E, Guyon I M, Vapnik V N. A Training Algorithm for Optimal Margin Classifiers[C]//Proceedings of the 5th Annual Workshop on Computational Learning Theory. New York: ACM, 1992: 144-152.

[3] Shawe-Taylor J, Sun S. A Review of Optimization Methodologies in Support Vector Machines[J]. Neurocomputing, 2011, 74(17): 3609-3618.

[4] Boyd S, Vandenberghe L. Convex Optimization[M]. Cambridge, UK: Cambridge University Press, 2004.

[5] Shawe-Taylor J, Cristianini N. Kernel Methods for Pattern Analysis[M]. Cambridge, UK: Cambridge University Press, 2004.

[6] Shawe-Taylor J, Sun S. Kernel Methods and Support Vector Machines[M]//Academic Press Library in Signal Processing: Chapter 16. Amsterdam: Elsevier, 2014: 857-881.

[7] Vapnik V N. The Nature of Statistical Learning Theory[M]. Berlin: Springer, 1995.

[8] Khemchandani R, Chandra S. Twin Support Vector Machines for Pattern Classification[J]. IEEE Transaction on Pattern Analysis and Machine Intelligence, 2007, 29(5): 905-910.

[9] Xie X, Sun S. PAC-Bayes Bounds for Twin Support Vector Machines[J]. Neurocomputing, 2017, 234(4): 137-143.

[10] Sun S, Mao L, Dong Z, et al. Multiview Machine Learning[M]. Singapore: Springer, 2019.

第 8 章　人工神经网络与深度学习

学习目标：

(1) 掌握感知机模型和学习算法；

(2) 掌握多层神经网络模型和误差反向传播训练算法；

(3) 理解深度神经网络的典型挑战问题；

(4) 能够熟练运用至少两种常见的深度神经网络。

人工神经网络，也称神经网络。它受到生物体神经系统的启发，使用大量简单的计算单元“神经元”互相连接，形成“网络”。以最典型的神经网络模型多层感知机为例，隐含层中每个神经元的输入是其前一层神经元输出的加权和，而它的输出又作为后继神经元的输入。大多数神经网络模型的目标可以归结为拟合一个复杂函数，训练时使用误差反向传播算法优化一个设计好的损失函数。

神经网络模型的核心功能是监督学习场景下的函数拟合，因此可以用于多数的回归和分类任务。然而，也可以通过巧妙地设计损失函数来完成其他任务，例如，自编码器将神经网络方法用于非监督特征提取。神经网络的应用广泛，例如卷积神经网络常应用于图像分类、手写字符识别、图像分割等场景中，适合处理序列数据的循环神经网络和 Transformer(转换器)，常应用于涉及文字、语音等序列数据的场景中。

8.1 感 知 机

感知机(perceptron)是一种二类线性分类模型,是构建更复杂神经网络的基础。假设输入 $\boldsymbol{x}\in\mathbb{R}^D$,标签 $y\in\{+1,-1\}$,感知机要拟合一个函数 f,满足

$$f(\boldsymbol{x})=\operatorname{sign}(\boldsymbol{w}^\top\boldsymbol{x}+b)=\begin{cases}+1 & \boldsymbol{w}^\top\boldsymbol{x}+b\geqslant 0\\-1 & \text{其他}\end{cases}\tag{8.1}$$

其中,$\boldsymbol{w}\in\mathbb{R}^D$ 是实值权重向量,$b\in\mathbb{R}$ 是偏置项,sign(·)是符号函数,满足

$$\operatorname{sign}(\boldsymbol{x})=\begin{cases}+1 & \boldsymbol{x}\geqslant 0\\-1 & \boldsymbol{x}<0\end{cases}\tag{8.2}$$

感知机通过 $f(\boldsymbol{x})$实现二分类,通过输出+1 或−1,将输入 $\boldsymbol{x}$ 分为正类或负类。感知机将输入经过权重向量转化为输出,可以视为一种最简单的前馈式人工神经网络。为了区分于更复杂的多层神经网络,感知机也被称为单层人工神经网络。感知机的架构如图 8-1 所示。

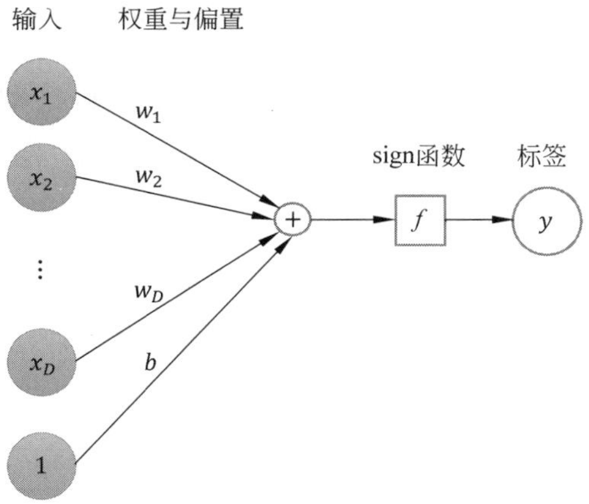

图 8-1　感知机对$(\boldsymbol{x},y)$的拟合示意图[①]

① 在本章所展示的结构示意图中,带阴影的圆圈表示已观测的变量节点(如输入特征),空心的圆圈表示未观测的变量节点。

感知机模型的假设空间是函数集合$\{f \mid f=\mathrm{sign}(\boldsymbol{w}^\top \boldsymbol{x}+b)\}$,即输入空间里的所有线性分类器。从感知机的架构可以发现,感知机只包含一层输入和一层输出结构,所进行的变换十分有限。因此,感知机训练结果的好坏主要取决于输入向量的质量,例如,是否使用了重要的输入特征。在输入向量无法改变的前提下,如果要提升分类性能,则需要使用多层的网络,且每一层都是非线性映射。因此,可以通过增加感知机层数达到提升模型性能的目的,即是后来发展的多层神经网络。在多层神经网络中,输入层和输出层之间的隐含层可以帮助提取出重要的特征,克服感知机过于简单的局限性。

给定一个有 N 个样本的训练数据集$\{(\boldsymbol{x}_i,y_i)\}_{i=1}^N$,其中 $\boldsymbol{x}_i \in \mathbb{R}^D$,$y_i \in \{+1,-1\}$。感知机学习就是要根据训练集求解出模型参数 $\boldsymbol{w}$、b。对于新的输入样本,可以通过学得的感知机模型预测其输出类别。

所有错分类样本(记为集合 M)到分类超平面的距离和,表示为

$$-\frac{1}{\|\boldsymbol{w}\|}\sum_{\boldsymbol{x}_i \in M} y_i(\boldsymbol{w}^\top \boldsymbol{x}_i+b) \tag{8.3}$$

忽略$\|\boldsymbol{w}\|$,得到感知机的优化问题为

$$\underset{\boldsymbol{w},b}{\operatorname{argmin}}\, L(\boldsymbol{w},b)=-\sum_{\boldsymbol{x}_i \in M} y_i(\boldsymbol{w}^\top \boldsymbol{x}_i+b) \tag{8.4}$$

感知机使用随机梯度下降的方法来学习模型的参数,其中单个错分类样本$(\boldsymbol{x}_i,y_i)$的损失函数 $L_i(\boldsymbol{w},b)$关于模型参数 $\boldsymbol{w}$,b 的梯度为

$$\frac{\partial L_i(\boldsymbol{w},b)}{\partial \boldsymbol{w}}=-y_i\boldsymbol{x}_i$$

$$\frac{\partial L_i(\boldsymbol{w},b)}{\partial b}=-y_i \tag{8.5}$$

感知机的学习流程如算法 8-1 所示。

算法 8-1　感知机学习算法

输入:训练数据集$\{\boldsymbol{x}_i,y_i\}_{i=1}^N$.

1:随机初始化模型参数 $\boldsymbol{w}$、b;

2:REPEAT

3:　从训练集中选取训练数据$(\boldsymbol{x}_i,y_i)$;

4：　如果该点被错分，则更新模型参数为

$$w_{\text{new}} = w_{\text{old}} + \eta y_i x_i$$
$$b_{\text{new}} = b_{\text{old}} + \eta y_i$$

其中 $\eta \in (0,1]$ 是学习率；

5：UNTIL 训练集中没有错分的数据点

输出：参数 $\boldsymbol{w}, b$

若二类分类问题是线性可分的，则感知机学习算法是收敛的，且存在无穷多个解，解会根据初值或样本迭代顺序的不同而有所不同[1]。

8.2　多层神经网络

受感知机的启发，并且为了更好地拟合数据，多层神经网络被提出。它的基本思想是使用多层结构来构建网络，并且在每一层结构中引入非线性变换。多层神经网络构建的基础是神经元，下面将首先介绍神经元的结构，然后介绍如何使用神经元构建多层神经网络。

8.2.1　神经元

神经元以 $\boldsymbol{x} \in \mathbb{R}^D$ 为输入，其输出为

$$h_{\boldsymbol{w},b}(\boldsymbol{x}) = f\left(\sum_{d=1}^{D} w_d x_d + b\right) = f(\boldsymbol{w}^\top \boldsymbol{x}) \tag{8.6}$$

其中，$\boldsymbol{w}$ 和 b 分别为权重和偏置项，$f(\cdot)$ 称为激活函数。为了简化表示，也可以将偏置项合并到权重向量中，即 $\boldsymbol{w} = [\boldsymbol{w}, b]^\top$。感知机可以看成激活函数为符号函数的神经元。神经元的结构如图 8-2 所示。

常用的激活函数有 sigmoid 函数、双曲正切(tanh)函数和修正线性单元(rectified linear unit, ReLU)。

sigmoid 函数的表达式为

$$f(z) = \frac{1}{1 + e^{-z}} \tag{8.7}$$

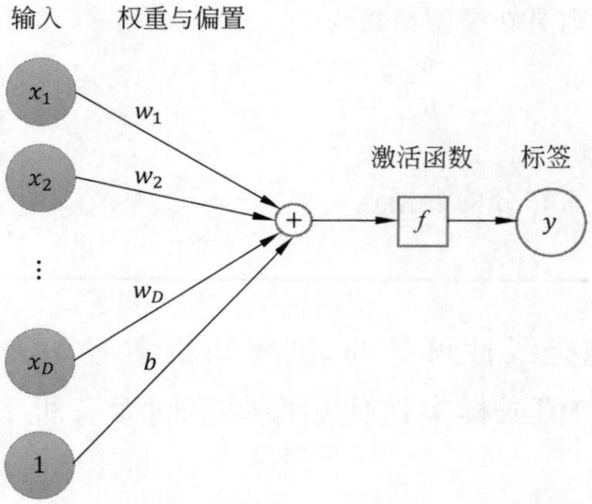

图 8-2　神经元对($\boldsymbol{x}$,y)的拟合示意图

值域范围为[0,1]。如果激活函数选为 sigmoid 函数,神经元正好对应于逻辑回归定义的输入和输出间的映射。sigmoid 函数的导数为

$$f'(z)=f(z)(1-f(z)) \tag{8.8}$$

双曲正切(tanh)函数的表达式为

$$f(z)=\tanh(z)=\frac{e^{z}-e^{-z}}{e^{z}+e^{-z}} \tag{8.9}$$

值域范围为[-1,1]。双曲正切函数的导数为

$$f'(z)=1-(f(z))^2 \tag{8.10}$$

修正线性单元的表达式为

$$f(z)=\max(0,z) \tag{8.11}$$

值域范围为[0,$+\infty$]。修正线性单元的导数为

$$f'(z)=\begin{cases}1 & z>0\\ 0 & z<0\end{cases} \tag{8.12}$$

sigmoid 函数和双曲正切函数都是有界且处处可导的,修正线性单元不满足这两条性质。在实际应用中,修正线性单元常常取得较好的结果。图 8-3 展示了这 3 种函数的形态。

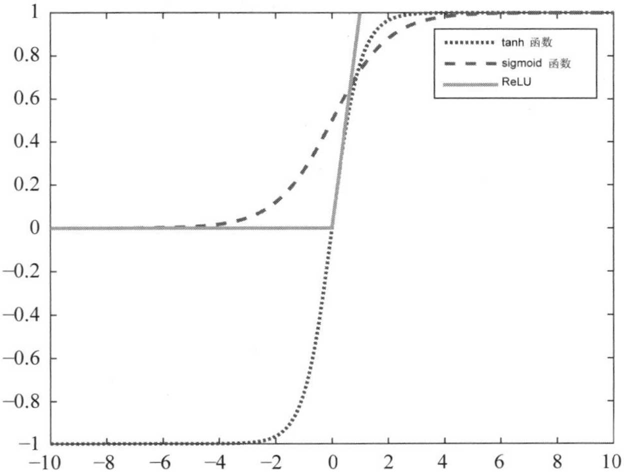

图 8-3　3 种激活函数的形态

8.2.2　多层神经网络模型

多层神经网络也叫多层感知机(multilayer perceptron),是一种基本的前馈神经网络,它将许多个神经元联结在一起,其中一个神经元的输出可以作为另一个神经元的输入。多层神经网络包含一个输入层、一个输出层和一个或多个隐含层。输入层一般不计入神经网络的层数,第一个隐含层记为神经网络的第 1 层,因此神经网络的层数等于隐含层数加 1。为了方便统一描述,通常将输入层记为第 0 层。除了输入节点,每个节点常常使用非线性激活函数,每一层可以包含多个节点。多层神经网路可以看成一个将输入值映射到输出值的数学函数,这个函数是许多简单函数的复合,其中,每个简单函数通常是非线性函数。这样,经过多次非线性变换,多层神经网络可以解决线性不可分问题等复杂函数的拟合问题。表 8-1 给出了描述多层神经网络时使用的主要符号。

表 8-1　多层神经网络中的符号表示

符　号	说　明
$X=\{\boldsymbol{x}^1,\boldsymbol{x}^2,\cdots,\boldsymbol{x}^N\}$	数据集输入
$Y=\{\boldsymbol{y}^1,\boldsymbol{y}^2,\cdots,\boldsymbol{y}^N\}$	数据集对应标签
N	数据集样本数量
D	数据集输入特征维度
n_ℓ	第ℓ层的节点个数
L	神经网络的层数(不包括输入层)
$\boldsymbol{W}^{(\ell)}\in\mathbb{R}^{n_{\ell-1}\times n_\ell}$	第ℓ层的权重矩阵,由第$\ell-1$层的节点指向第ℓ层的节点
$w_{ij}^{(\ell)}$	第$\ell-1$层的第i个节点到第ℓ层的第j个节点之间的连接权重
$\boldsymbol{b}^{(\ell)}=[b_1^{(\ell)},b_2^{(\ell)},\cdots,b_{n_\ell}^{(\ell)}]^\top$	第ℓ层的偏置项,由第$\ell-1$层指向第ℓ层
$\boldsymbol{z}^{(\ell)}=[z_1^{(\ell)},z_2^{(\ell)},\cdots,z_{n_\ell}^{(\ell)}]^\top$	第ℓ层的节点激活之前的状态
$\boldsymbol{a}^{(\ell)}=[a_1^{(\ell)},a_2^{(\ell)},\cdots,a_{n_\ell}^{(\ell)}]^\top$	第ℓ层的节点激活之后的状态,作为第$\ell+1$层的输入

当$\ell=0$时,第ℓ层表示网络的输入层,$\boldsymbol{a}^{(0)}=\boldsymbol{x}$表示输入值,即$a_i^{(0)}=x_i$,也就是输入的第$i$个特征。当$\ell=L$时,$a_i^{(L)}$是神经网络的第$i$个输出,即$\boldsymbol{h}_{w,b}(\boldsymbol{x})=\boldsymbol{a}^{(L)}$。

输出层的激活函数通常根据具体的任务而定。例如,对于回归任务,激活函数可以是恒等函数,即$\boldsymbol{h}_{w,b}(\boldsymbol{x})=\boldsymbol{z}^{(L)}$;对于多个独立的二类分类任务(单个二类分类任务可以看成其特例,此时网络输出$h_{w,b}(\boldsymbol{x})$是标量),激活函数可以是 sigmoid 函数;对于多类分类任务,激活函数可以是 softmax 函数。

对于$1\leqslant\ell\leqslant L$,用$z_j^{(\ell)}$表示第$\ell$层第$j$个节点激活之前的状态,即

$$z_j^{(\ell)}=\sum_{i=1}^{n_{\ell-1}}w_{ij}^{(\ell)}a_i^{(\ell-1)}+b_j^{(\ell)} \tag{8.13}$$

其激活之后的状态为$a_j^{(\ell)}=f(z_j^{(\ell)})$。给定第$\ell$层所有节点激活后的状态向量$\boldsymbol{a}^{(\ell)}$,第$\ell+1$层激活后的状态向量可以通过计算获得,即

$$\boldsymbol{a}^{(\ell+1)}=f(\boldsymbol{z}^{(\ell+1)})=f((\boldsymbol{W}^{(\ell+1)})^{\top}\boldsymbol{a}^{(\ell)}+\boldsymbol{b}^{(\ell)}) \tag{8.14}$$

从第 1 层到第 L 层，逐层计算激活前与激活后状态的步骤称为正向传播（forward propagation）。

【示例】 图 8-4 以一个两层神经网络为例说明如何使用正向传播计算输出。

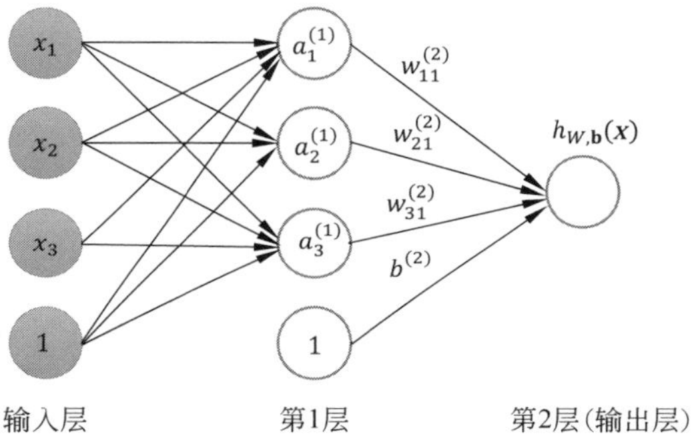

图 8-4　两层神经网络计算过程示例

图 8-4 中网络最左侧对应输入层，最右侧为输出层，而中间节点构成隐含层。标注“1”的节点为偏置单元，对应偏置项，偏置项的作用是增加计算结果平移的灵活性。此神经网络的计算过程为

$$\begin{cases} a_1^{(1)}=f(w_{11}^{(1)}x_1+w_{21}^{(1)}x_2+w_{31}^{(1)}x_3+b_1^{(1)}) \\ a_2^{(1)}=f(w_{12}^{(1)}x_1+w_{22}^{(1)}x_2+w_{32}^{(1)}x_3+b_2^{(1)}) \\ a_3^{(1)}=f(w_{13}^{(1)}x_1+w_{23}^{(1)}x_2+w_{33}^{(1)}x_3+b_3^{(1)}) \\ h_{W,\boldsymbol{b}}(\boldsymbol{x})=a_1^{(2)}=f(w_{11}^{(2)}a_1^{(1)}+w_{21}^{(2)}a_2^{(1)}+w_{31}^{(2)}a_3^{(1)}+b^{(2)}) \end{cases} \tag{8.15}$$

其中 $\boldsymbol{W}=\{\boldsymbol{W}^{(\ell)}\}_{\ell=1}^{L}$，$\boldsymbol{b}=\{\boldsymbol{b}^{(\ell)}\}_{\ell=1}^{L}$ 表示模型中所有的参数（本示例中 $L=2$）。

至此介绍了一种基本的神经网络，即全连接神经网络，其中每个节点都与下一层的每个节点通过某个权重连接。

8.2.3　反向传播算法

多层神经网络一般通过反向传播（back propagation）算法[2]进行学习。

反向传播算法是基于梯度的优化算法，使用梯度下降方法来优化所定义的神经网络损失函数。

设训练集包括 N 个数据点 $\{(\boldsymbol{x}^1,\boldsymbol{y}^1),(\boldsymbol{x}^2,\boldsymbol{y}^2),\cdots,(\boldsymbol{x}^N,\boldsymbol{y}^N)\}$，$\boldsymbol{W}=\{\boldsymbol{W}^{(\ell)}\}_{\ell=1}^{L}$，$\boldsymbol{b}=\{\boldsymbol{b}^{(\ell)}\}_{\ell=1}^{L}$ 表示神经网络中的所有参数。$J(\boldsymbol{W},\boldsymbol{b};\boldsymbol{x}^n,\boldsymbol{y}^n)$ 表示神经网络关于单个数据点 $(\boldsymbol{x}^n,\boldsymbol{y}^n)$ 的损失函数。

对于回归任务，神经网络关于单个数据点 $(\boldsymbol{x}^n,\boldsymbol{y}^n)$ 的常用损失函数为

$$J(\boldsymbol{W},\boldsymbol{b};\boldsymbol{x}^n,\boldsymbol{y}^n)=\frac{1}{2}\|\boldsymbol{h}_{W,\boldsymbol{b}}(\boldsymbol{x}^n)-\boldsymbol{y}^n\|^2 \tag{8.16}$$

对于多个独立的二类分类任务，假设每个数据点的标签是元素为 0 或 1 的向量，神经网络关于单个数据点 $(\boldsymbol{x}^n,\boldsymbol{y}^n)$ 的损失函数为

$$J(\boldsymbol{W},\boldsymbol{b};\boldsymbol{x}^n,\boldsymbol{y}^n)=-(\boldsymbol{y}^n)^{\top}\ln\boldsymbol{h}_{W,\boldsymbol{b}}(\boldsymbol{x}^n)-(\boldsymbol{1}-\boldsymbol{y}^n)^{\top}\ln(\boldsymbol{1}-\boldsymbol{h}_{w,\boldsymbol{b}}(\boldsymbol{x}^n)) \tag{8.17}$$

其中 $\boldsymbol{1}$ 表示元素均为 1 的向量。

对于多类分类任务，假设每个数据点的标签是指示类别的 one-hot 向量，神经网络关于单个数据点 $(\boldsymbol{x}^n,\boldsymbol{y}^n)$ 的损失函数为

$$J(\boldsymbol{W},\boldsymbol{b};\boldsymbol{x}^n,\boldsymbol{y}^n)=-(\boldsymbol{y}^n)^{\top}\ln\boldsymbol{h}_{W,\boldsymbol{b}}(\boldsymbol{x}^n) \tag{8.18}$$

神经网络的总损失等于所有单个数据点损失的平均。为了防止过拟合，通常还会在损失目标中增加对权重参数的正则化约束。因此，对于整个数据集的总损失函数为

$$J(\boldsymbol{W},\boldsymbol{b})=\frac{1}{N}\sum_{n=1}^{N}J(\boldsymbol{W},\boldsymbol{b};\boldsymbol{x}^n,\boldsymbol{y}^n)+\frac{\lambda}{2}\sum_{\ell=1}^{L}\sum_{i=1}^{n_{\ell-1}}\sum_{j=1}^{n_\ell}(w_{ij}^{(\ell)})^2 \tag{8.19}$$

公式(8.19)中的第一项是训练误差项；第二项是正则化项，也叫权重衰减项，它倾向于减小权重的尺度，防止过拟合。权重衰减参数 λ 控制这两项的相对重要性。权重衰减一般不用于偏置项 $\boldsymbol{b}$[3]。

使用梯度下降的方法训练神经网络，需要首先对参数进行初始化。最简单的方法是使用随机初始化，给每个参数 $w_{ij}^{(\ell)}$ 和 $b_j^{(\ell)}$ 赋予一个接近 0 的随机值，比如可以由正态分布 $\mathcal{N}(0,(0.01)^2)$ 生成随机初始值，然后对目标函数使

用梯度下降优化算法。由于 $J(\boldsymbol{W},\boldsymbol{b})$ 通常是非凸函数，梯度下降得到的解不能保证是全局最优解。给定优化目标 $J(\boldsymbol{W},\boldsymbol{b})$ 后，梯度下降方法的每次迭代按公式(8.20)分别更新参数 $\boldsymbol{W}$ 和 $\boldsymbol{b}$，即

$$\begin{cases} w_{ij}^{(\ell)} = w_{ij}^{(\ell)} - \alpha \dfrac{\partial}{\partial w_{ij}^{(\ell)}} J(\boldsymbol{W},\boldsymbol{b}) \\ b_j^{(\ell)} = b_j^{(\ell)} - \alpha \dfrac{\partial}{\partial b_j^{(\ell)}} J(\boldsymbol{W},\boldsymbol{b}) \end{cases} \tag{8.20}$$

其中 $\alpha \geqslant 0$，是学习率。梯度下降方法需要计算公式中的偏导数。接下来介绍的反向传播算法给出了一种高效的偏导数计算方法。

得到单个数据点 $(\boldsymbol{x}^n, \boldsymbol{y}^n)$ 上的损失函数的偏导数 $\partial J(\boldsymbol{W},\boldsymbol{b};\boldsymbol{x}^n,\boldsymbol{y}^n)/\partial w_{ij}^{(\ell)}$ 和 $\partial J(\boldsymbol{W},\boldsymbol{b};\boldsymbol{x}^n,\boldsymbol{y}^n)/\partial b_j^{(\ell)}$ 之后，整体损失函数 $J(\boldsymbol{W},\boldsymbol{b})$ 的偏导数可以通过公式(8.21)计算，即

$$\begin{cases} \dfrac{\partial}{\partial w_{ij}^{(\ell)}} J(\boldsymbol{W},\boldsymbol{b}) = \dfrac{1}{N}\displaystyle\sum_{n=1}^{N} \dfrac{\partial}{\partial w_{ij}^{(\ell)}} J(\boldsymbol{W},\boldsymbol{b};\boldsymbol{x}^n,\boldsymbol{y}^n) + \lambda w_{ij}^{(\ell)} \\ \dfrac{\partial}{\partial b_j^{(\ell)}} J(\boldsymbol{W},\boldsymbol{b}) = \dfrac{1}{N}\displaystyle\sum_{n=1}^{N} \dfrac{\partial}{\partial b_j^{(\ell)}} J(\boldsymbol{W},b;\boldsymbol{x}^n,\boldsymbol{y}^n) \end{cases} \tag{8.21}$$

下面推导反向传播算法中关于偏导数的递推公式。将单个样本的损失 $J(\boldsymbol{W},\boldsymbol{b};\boldsymbol{x}^n,\boldsymbol{y}^n)$ 简记为 $J^n(\boldsymbol{W},\boldsymbol{b})$。引入中间变量 $\boldsymbol{z}^{(\ell)}$，表示第 ℓ 层的节点激活之前的状态。根据定义

$$\begin{cases} z_j^{(\ell)} = \displaystyle\sum_{i=1}^{n_{\ell-1}} w_{ij}^{(\ell)} a_i^{(\ell-1)} + b_j^{(\ell)} \\ a_i^{(\ell-1)} = f(z_i^{(\ell-1)}) \end{cases} \tag{8.22}$$

可以得到关于变量 $\boldsymbol{z}^{(\ell)}$ 分量的偏导数为

$$\begin{aligned} \frac{\partial J^n(\boldsymbol{W},\boldsymbol{b})}{\partial z_j^{(\ell)}} &= \frac{\partial J^n(\boldsymbol{W},\boldsymbol{b})}{\partial z_1^{(\ell+1)}} \frac{\partial z_1^{(\ell+1)}}{\partial z_j^{(\ell)}} + \frac{\partial J^n(\boldsymbol{W},\boldsymbol{b})}{\partial z_2^{(\ell+1)}} \frac{\partial z_2^{(\ell+1)}}{\partial z_j^{(\ell)}} + \cdots + \frac{\partial J^n(\boldsymbol{W},\boldsymbol{b})}{\partial z_{n_{\ell+1}}^{(\ell+1)}} \frac{\partial z_{n_{\ell+1}}^{(\ell+1)}}{\partial z_j^{(\ell)}} \\ &= \frac{\partial J^n(\boldsymbol{W},\boldsymbol{b})}{\partial z_1^{(\ell+1)}} f'(z_j^{(\ell)}) w_{j1}^{(\ell+1)} + \frac{\partial J^n(\boldsymbol{W},\boldsymbol{b})}{\partial z_2^{(\ell+1)}} f'(z_j^{(\ell)}) w_{j2}^{(\ell+1)} + \cdots + \end{aligned}$$

$$\frac{\partial J^n(\boldsymbol{W},\boldsymbol{b})}{\partial z_{n_{\ell+1}}^{(\ell+1)}} f'(z_j^{(\ell)}) w_{jn_{\ell+1}}^{(\ell+1)}$$

$$= \sum_{k=1}^{n_{\ell+1}} \frac{\partial J^n(\boldsymbol{W},\boldsymbol{b})}{\partial z_k^{(\ell+1)}} f'(z_j^{(\ell)}) w_{jk}^{(\ell+1)} \tag{8.23}$$

将$\partial J^n(W,\boldsymbol{b})/\partial z_j^{(\ell)}$ 记为 $\delta_j^{(\ell)}$,其含义是第ℓ层第 j 个节点对输出误差 $J^n(W,\boldsymbol{b})$ 的影响程度,也称为节点残差。通过公式(8.24)可以得到节点残差的递推关系为

$$\delta_j^{(\ell)} = \Big(\sum_{k=1}^{n_{\ell+1}} w_{jk}^{(\ell+1)} \delta_k^{(\ell+1)}\Big) f'(z_j^{(\ell)}), \quad \ell = L-1, L-2, \cdots, 1 \tag{8.24}$$

公式(8.24)中的起始值 $\delta_j^{(L)}$ 可以通过损失函数直接计算得出,计算公式为

$$\delta_j^{(L)} = \frac{\partial J(W,\boldsymbol{b};\boldsymbol{x}^n,\boldsymbol{y}^n)}{\partial z_j^{(L)}} \tag{8.25}$$

例如,在回归任务中,第 L 层的每个节点 j 关于单个样本的节点残差(假设使用恒等函数作为激活函数)可以通过公式(8.26)计算,即

$$\begin{aligned}\delta_j^{(L)} &= \frac{\partial}{\partial z_j^L} \frac{1}{2} \| \boldsymbol{h}_{W,b}(\boldsymbol{x}^n) - \boldsymbol{y}^n \|^2 = (a_j^{(L)} - y_j^n) f'(z_j^{(L)}) \\ &= (a_j^{(L)} - y_j^n)\end{aligned} \tag{8.26}$$

其中 $a_j^{(L)}$ 可以通过正向传播计算获得。

利用递推公式(8.24)得到每一层的节点残差后,计算出所需的针对单个数据点的损失函数的偏导数为

$$\begin{cases} \dfrac{\partial}{\partial w_{ij}^{(\ell)}} J^n(\boldsymbol{W},\boldsymbol{b}) = a_i^{(\ell-1)} \delta_j^{(\ell)} \\ \dfrac{\partial}{\partial b_j^{(\ell)}} J^n(\boldsymbol{W},\boldsymbol{b}) = \delta_j^{(\ell)} \end{cases} \tag{8.27}$$

之后,再根据公式(8.21) 得出总损失函数关于权重矩阵 $\boldsymbol{W}^{(\ell)}$ 和偏置向量 $\boldsymbol{b}^{(\ell)}$ 的梯度矩阵 $\Delta \boldsymbol{W}^{(\ell)} = \dfrac{1}{N}\sum_{n=1}^{N} \partial J^n(\boldsymbol{W},\boldsymbol{b})/\partial \boldsymbol{W}^{(\ell)} + \lambda \boldsymbol{W}^{(\ell)}$ 和梯度向量 $\Delta \boldsymbol{b}^{(\ell)} =$

$\frac{1}{N}\sum_{n=1}^{N}\partial J^{n}(\boldsymbol{W},\boldsymbol{b})/\partial \boldsymbol{b}^{(\ell)}$。

算法 8-2 给出了多层神经网络的反向传播算法。

算法 8-2　基于反向传播的多层神经网络训练算法

输入：训练数据集 $\{(\boldsymbol{x}^n,\boldsymbol{y}^n)\}_{n=1}^{N}$
1：初始化参数 $\{\boldsymbol{W}^{(\ell)},\boldsymbol{b}^{(\ell)}\}_{\ell=1}^{L}$；
2：REPEAT
3：　　使用正向传播算法计算每一个样本在网络每一层激活前的状态和激活后的状态；
4：　　利用反向传播算法计算参数的梯度，依次执行公式(8.25)(8.24)(8.27)(8.21)，得到参数的梯度 $\Delta\boldsymbol{W}^{(\ell)},\Delta\boldsymbol{b}^{(\ell)},\ell=L,L-1,\cdots,1$；
5：　　更新所有参数：

$$\boldsymbol{W}^{(\ell)}=W^{(\ell)}-\alpha\Delta W^{(\ell)}$$
$$\boldsymbol{b}^{(\ell)}=\boldsymbol{b}^{(\ell)}-\alpha\Delta\boldsymbol{b}^{(\ell)}$$

6：UNTIL 算法收敛(收敛条件通常设置为参数或损失的变化小于某个很小的数值)
输出：参数 $\{\boldsymbol{W}^{(\ell)},\boldsymbol{b}^{(\ell)}\}_{\ell=1}^{L}$

8.3　深度神经网络

深度神经网络与浅层神经网络的基本原理是相同的。但由于网络层数的增加，深度神经网络遇到了许多挑战，需要新的技术来解决，例如设计更巧妙的网络结构，使用更加稳定的优化技术等。下面介绍浅层与深度神经网络的区别，以及深度神经网络的几个典型挑战和相应的解决思路。

8.3.1　浅层与深度神经网络

浅层神经网络与深度神经网络是相对的概念。浅层神经网络通常指的是隐含层只有 1 层的神经网络。深度神经网络通常指隐含层大于 1 层的神经网络。理论上可以证明，对于任何一个连续函数 $f:\mathbb{R}^{D_1}\rightarrow\mathbb{R}^{D_2}$，只要有充分多的神经元，都可以由包含单隐含层的神经网络来实现[4]。

如果给定相同数量的参数，宽的浅层神经网络(fat＋short)和窄的深度神经网络(thin＋tall)，哪一个性能更好呢？有实验表明，窄的深度神经网络性能更优[5]。一个包含无限多隐单元的单隐含层神经网络的确能够表示任意的连续函数，然而，使用多层神经网络(其中每个隐含层包含相对较少的隐含单元)来表示某些复杂函数常常更加有效。因为在实现同样的性能时，多层神经网络比单层神经网络的总参数更少，从而需要更少的数据来训练[5]。一种解释是深度神经网络便于将所需学习的函数模块化，其中每一个模块的学习只需要少量的数据[6]。因此，浅层神经网络的确可以刻画任何函数，但数据量的代价常常是无法接受的，而相比宽的浅层神经网络，窄的深度神经网络可以用更少的数据量得到更好的拟合。

需要注意的是，深度神经网络是深度学习的重要组成部分，但两者的含义并不等同。含有深度神经网络组件的模型都可以称为深度学习模型。同时，由于融入深度学习理念的新模型的出现，深度学习的范围也包括非神经网络的多层结构模型。

深度神经网络在本质上还是多层神经网络，仍然可以使用反向传播算法进行模型优化。然而，随着层数的加深，多层神经网络的性能并没有像预想中一样越来越强，甚至会出现性能下降的情况。深度神经网络针对典型挑战问题有着相应的解决思路。

8.3.2 过拟合问题

过拟合问题是深度神经网络的主要挑战之一，其主要原因是模型过于复杂或训练集过少。随着神经网络层数的加深，模型的参数也在不断增多，除此之外，对于某些数据，如高清图像，若直接将每个像素的值作为输入，将会引入非常多的参数。在现实应用中，有时难以得到足够多的训练样本来拟合如此复杂的模型，在不充足的数据上进行训练，很容易产生过拟合问题。

为了解决过拟合问题，目前常用的做法有两类。一类是设计更合适的网络结构，如卷积神经网络，它不仅能够捕获输入特征的特点，也大大减少了模型参数。另一类是在现有网络的基础上使用一些附加技术，常用的方法包括早停止(early stopping)、权重衰减(weight decay)和丢弃法(dropout)。

早停止是指在模型训练过程中，可通过观察验证集上的预测性能来决定何时停止对参数的优化，从而可以在产生过拟合之前停止训练。其动机在于当神经网络在训练集上的表现越来越好时，实际上在某一时刻，它的泛化性能已经开始变差。

权重衰减是指为了防止得到的权重参数过大，而采取的在每步迭代中少量减少权重的方法。权重衰减的实现方法是在模型原损失函数的基础上添加关于参数的正则化项，通常使用 L_2 范数作为惩罚项，如公式(8.19)。当权重衰减参数 λ 设置为 0.1，学习率 α 设置为 1 时，权重的更新公式可表示为

$$\boldsymbol{W}^{(\ell)} = 0.9\boldsymbol{W}^{(\ell)} - \frac{1}{N}\sum_{n=1}^{N} \partial J^{n}(\boldsymbol{W}, \boldsymbol{b}) / \partial \boldsymbol{W}^{(\ell)} \tag{8.28}$$

丢弃法是指在深度神经网络的训练过程中，对于网络中的神经单元(包括节点以及与之连接的边)，按照一定的概率暂时从网络中丢弃它。暂时丢弃的含义是每次迭代会先假设所有神经单元都存在，然后按照一定的概率重新丢弃。对于常用的随机梯度下降问题，每次迭代使用不同的小批量数据(mini-batch，从数据中随机抽取少量样本构成的集合)来计算梯度，也就意味着每一个 mini-batch 都在训练不同的网络。丢弃法能够避免过拟合的一种解释是每次训练时网络结构会变得相对简单，这样不仅能够避免过拟合，还可以使留下来的单元能够得到充分训练。同时，随机丢弃使得整个训练过程可以训练出不同结构的子网络，在测试时，使用所有的单元进行预测，可以看成是使用多个子网络的集成。图 8-5 展示了训练时使用丢弃法的操作示意图。

丢弃法只在训练阶段使用，由于使用随机丢弃，通常情况下所有权重可以得到训练。在测试阶段，神经网络的所有单元都用来进行预测，并且训练得到的权重需要进行放缩操作。假设丢弃神经单元的概率为 p，那么预测时所有权重都要乘以 $1-p$，原因是在训练阶段使用子网络进行训练，每个权重

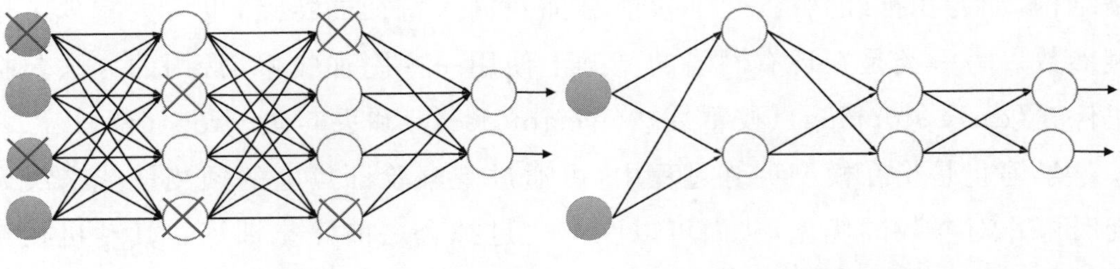

图 8-5　使用丢弃法进行训练示意图

参与训练且被用于输出的概率为 $1-p$，而在测试阶段使用所有权重，为与训练阶段的输出结果保持一致，需要对所有权重乘以 $1-p$[7]。

8.3.3　局部极值问题

对浅层神经网络使用梯度下降等方法，通常能够使参数收敛到合理的范围内。然而，当训练深度神经网络时，这种方法并不能得到很好的效果。训练神经网络时，一般需要求解一个高度非凸的优化问题。对深度神经网络而言，这种非凸优化问题的搜索区域中往往充斥着大量的局部极值，简单使用梯度下降法的效果难以得到保证。解决局部极值问题的常用方法有随机梯度下降、基于动量的梯度下降和多次随机初始化等。

（1）随机梯度下降。

使用随机梯度下降代替批量的梯度下降，不仅使得优化速度提升，还可以提高模型的整体性能。性能提高的主要原因是每次用于迭代的随机梯度并非梯度的确切方向，使得模型容易跳出局部极值点。每次在一个 mini-batch 上进行优化时，实际上是以这些数据构成的样本误差为目标进行优化，对应的梯度并非整体的梯度，所以很有可能被随机梯度拉出局部极值点。

（2）基于动量的梯度下降。

基于动量的梯度下降的做法是，每次进行梯度下降时，在当前梯度方向上增加历史梯度的加权值。基于动量的梯度下降使梯度更新的大小可以根据上一步的梯度进行适当调节，增加跳出局部极值点的概率。

（3）多次随机初始化。

假设损失函数的曲面具有许多局部极值点，多次随机初始化待优化的参数值可以增加离开局部极值的可能性，有助于找到更好的解。

8.3.4 梯度消失问题

使用反向传播方法求解梯度时，随着网络层数的增加，使用 sigmoid 函数或 tanh 函数作为激活函数的深度神经网络从输出层到网络最初几层的反向传播得到的梯度的幅度值可能会急剧增大或减小。因此，整体损失函数相对于最初几层权重的梯度也会非常大或非常小。当梯度非常大时，称为“梯度爆炸”，可以通过设定梯度剪切阈值来解决“梯度爆炸”问题，即当梯度超过某个数值时，将梯度设置为该数值。当梯度非常小时，最初几层的权重变化就会极其缓慢，以至于它们并不能从样本中得到有效的训练，这种问题一般称为“梯度消失”。“梯度消失”问题也是深度网络使用梯度下降法效果不好的一个原因。

解决梯度消失问题可以从三个方面入手：一是早期使用的逐层预训练结合微调的方法，这类方法是受 2006 年深度信念网络的启发；二是使用合适的激活函数；三是设计特殊的网络结构。接下来重点介绍前两种较为通用的方法。

（1）逐层预训练结合微调。

与反向传播算法不同，逐层预训练将输入数据的信息向前进行传播，独立地对每一层网络进行训练，得到网络参数。预训练可以理解为构建每一层网络输入的抽象表示，并作为这一层网络经解码后的目标输出。经过逐层预训练后，再以最后一层输出的损失函数为目标，使用反向传播算法对网络的参数进行微调。微调的策略一般有两种；一种是只优化最后一层网络的参数，保留其他层的参数，这种方法等价于使用预训练的方法对数据进行特征提取；另一种是对所有的网络参数进行反向传播优化，这种方法等价于使用预训练的方式对网络参数进行初始化。图 8-6 展示了两种逐层预训练结合微调的方法，一种是仅调节最后一层的参数，一种是调节所有层的参数。

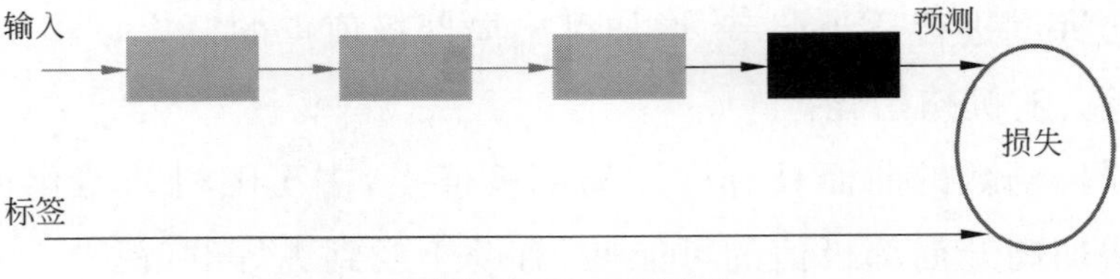

(a) 仅调节最后一层的参数

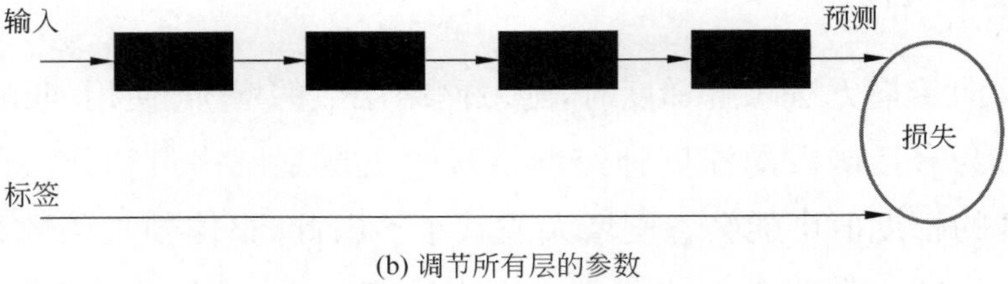

(b) 调节所有层的参数

图 8-6 逐层预训练加微调方法示意图

注：黑色方框表示需要微调的结构

预训练网络的每一层可以看成一个编码网络，它通过构建一个自编码器进行优化获得。自编码器同时包含编码网络和解码网络，并且将重构结果与真实数据之间的误差作为损失来优化。得到结果后，只保留自编码器的编码部分，并且将编码后的结果作为下一层的输入，依次逐层进行自编码的操作，这就实现了逐层预训练。图 8-7 展示了预训练网络中一种简单自编码器的结构。实现预训练网络的方法不仅限于图中所示的自编码器，很多非监督网络都可以作为预训练网络，例如深度玻尔兹曼机、深度信念网络等。

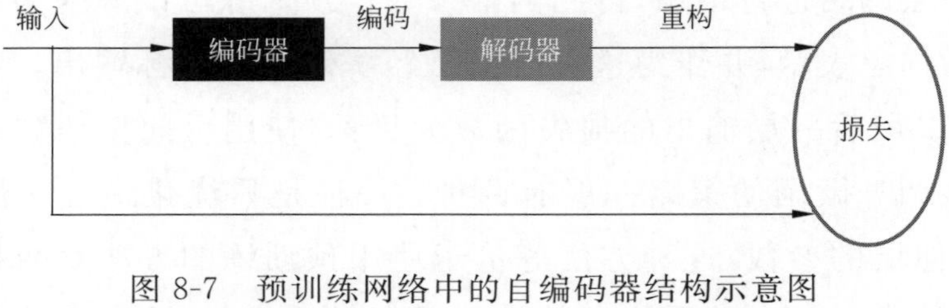

图 8-7 预训练网络中的自编码器结构示意图

（2）使用合适的激活函数。

设置激活函数从表面上看是一个非常简单的步骤，其作用却是巨大的。

最初设计人工神经网络时，使用 sigmoid 函数或 tanh 函数是为了将数据转换到[0,1]或[−1,1]范围内，在引入非线性变换的同时还保证了目标函数可导。但这两个激活函数却是导致深度神经网络梯度消失的重要原因。人们受到生物体神经元工作原理的启发，在神经网络中引入了 ReLU 函数。ReLU 函数除了可以避免梯度消失之外，还有其他优点。首先，相比于 sigmoid 函数和 tanh 函数，它的计算非常简单。其次，ReLU 使部分神经元的输出为 0，可以得到较为稀疏的网络结构，在一定程度上缓解了过拟合。图 8-8 展示了 ReLU 函数的图形。

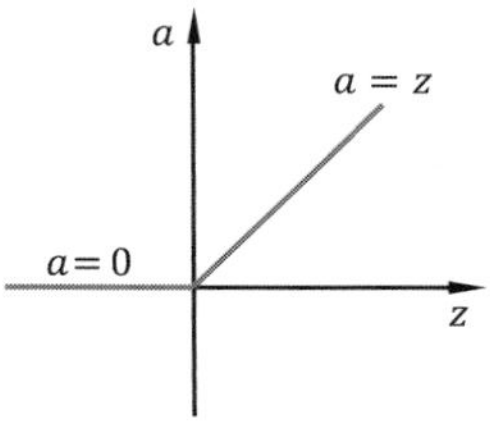

图 8-8　ReLU 函数

除了 ReLU 函数以外，还有其他函数也可以作为激活函数，以避免梯度消失。例如 leaky ReLU 和 parametric ReLU（图 8-9）以及 maxout 函数（图 8-10）。

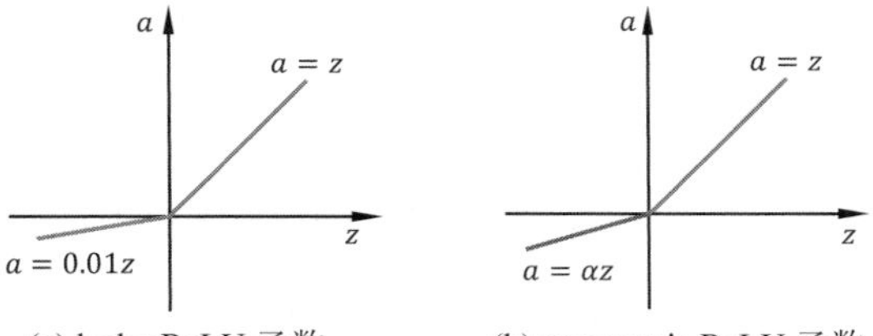

图 8-9　ReLU 函数的变体

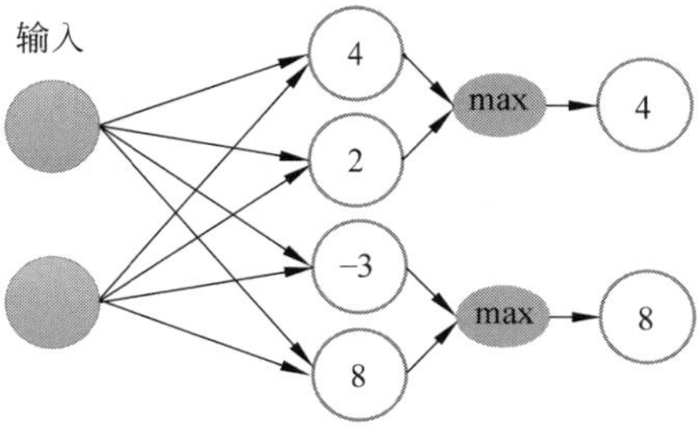

图 8-10　maxout 函数原理示意图

注：将每层的节点分组，并选择组内的最大数值作为下一层的输入

随着深度神经网络层数的不断加深，梯度消失的现象也会更加严重，但这并没有阻止深度神经网络的发展。面对梯度消失的挑战，人们使用不同的方法克服，并发展出越来越深层的网络，具有代表性的深度神经网络包括：2012 年提出的 AlexNet（包含 8 层带权重参数的层）、2014 年提出的 VGG（包含 19 层带权重参数的层）、2014 年提出的 GoogleNet（包含 22 层带权重参数的层）、2015 年提出的残差网络（residual net）（包含 152 层带权重参数的层）。

8.4 常用的深度神经网络

全连接网络是最基本的深度神经网络，结构单一，设计简单。常用的深度神经网络并不局限于全连接网络，下面介绍 6 类各具特色的深度神经网络。①自编码网络巧妙地使用重构误差实现对数据的非监督编码，也是深度网络进行逐层训练的重要组成部分。②深度玻尔兹曼机完全使用无向图模型实现了一个生成式概率神经网络，可用于对复杂数据进行密度估计，也可以实现对数据的深层编码。③深度信念网络使用特殊的网络结构，同时包含有向边和无向边，构建了概率深度神经网络。深度信念网络的训练方法启发了后续的逐层训练方法。④卷积神经网络针对诸如图像这类具有局部依赖的数据而设计，在神经网络中大量使用卷积和池化操作。⑤循环神经网络用于处理序列数据，网络中的循环结构使得序列中前面的数据信息可以被保留，并且用于后续运算。⑥Transformer 是 2017 年提出的一种新型网络，在自然语言处理领域取得了出色的成绩。Transformer 网络中仅仅包含编码和解码网络以及注意力机制，达到了很好的效果，并具备高效并行化的优点。

8.4.1 自编码网络

自编码网络（或称自编码器）是一种非监督学习算法，它将输入值作为目标输出值，并且利用反向传播对网络参数进行优化。图 8-11 给出了一种简单的架构，其中前两层通常称为编码网络，后两层通常称为解码网络。

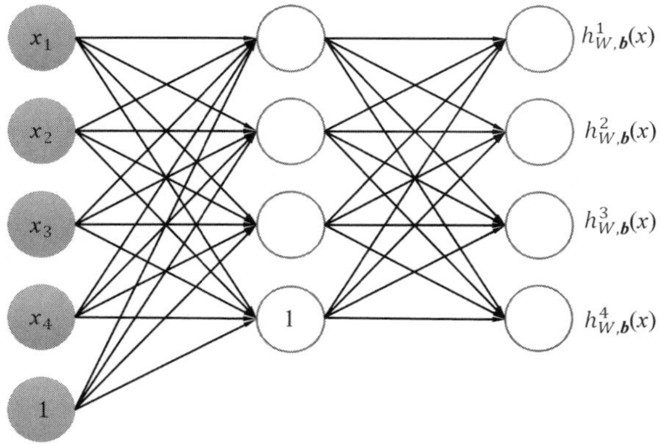

图 8-11　自编码器架构

自编码器尝试学习一个函数，使得 $\boldsymbol{h}_{W,\boldsymbol{b}}(\boldsymbol{x})\approx\boldsymbol{x}$。通过给网络加入一些约束，例如限制隐含单元的数目，自编码网络可以获得对输入数据的另一种表示。如果假设隐含单元的数目小于原始特征数目，那么自编码器通常会学习到数据的一种低维表示。

例如，假定输入 $\boldsymbol{x}$ 是大小为 16×16 的图像（256 个像素）的像素灰度值，那么自编码的目标输出还是这 256 个像素的灰度值，输入 $\boldsymbol{x}\in\mathbb{R}^{256}$，对应 $\boldsymbol{y}=\boldsymbol{x},\boldsymbol{y}\in\mathbb{R}^{256}$，基本的优化目标是网络预测值 $\boldsymbol{h}_{W,\boldsymbol{b}}(\boldsymbol{x})$ 与目标输出 $\boldsymbol{y}$ 之间的差异。假设网络具有两层计算架构，如图 8-11 所示，那么输入层具有 256+1 个单元，输出层具有 256 个单元。假设中间层具有比输入层少的单元数，那么神经网络可以学得输入的一个压缩表示。也就是说，自编码网络除了能够通过编码网络得到数据的低维表示，还可以通过解码网络得到数据的重构表示。

自编码网络中隐含单元的数量可以小于输入特征的数目，也可以大于输入特征的数目。当隐含单元的数目比较大（甚至可能远大于输入的维度）时，可以通过给隐含单元加入稀疏性约束达到自适应抑制神经元的目的。

8.4.2 深度玻尔兹曼机

(1) 玻尔兹曼机。

玻尔兹曼机(Boltzmann machine)[8]是一种概率神经网络,可以用于学习观测数据的固有内在表示,因样本分布遵循玻尔兹曼分布而命名为玻尔兹曼机。玻尔兹曼机是一种无向概率图模型,其中所有节点之间都相互连接。玻尔兹曼机由二值神经元构成,每个神经元节点状态是 1 或 0,其中状态 1 表示该神经元被激活,状态 0 表示该神经元被抑制。图 8-12 给出了玻尔兹曼机示例。

(2) 受限玻尔兹曼机。

受限玻尔兹曼机(restricted Boltzmann machine)[9],是一种特殊的无向概率图模型,它由一层观测单元和一层隐含单元组成,可以用于学习观测数据的表示。受限玻尔兹曼机是玻尔兹曼机的变体,限制模型为二分图,即只有观测单元和隐含单元之间才会存在连接,而观测单元之间以及隐含单元之间都不相连。图 8-13 给出了受限玻尔兹曼机示例。

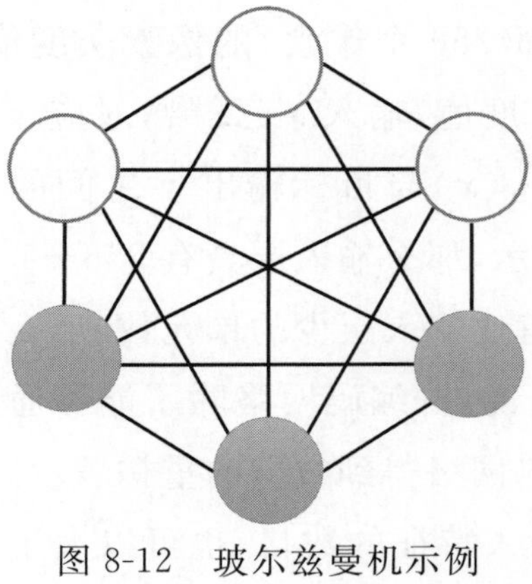

图 8-12 玻尔兹曼机示例

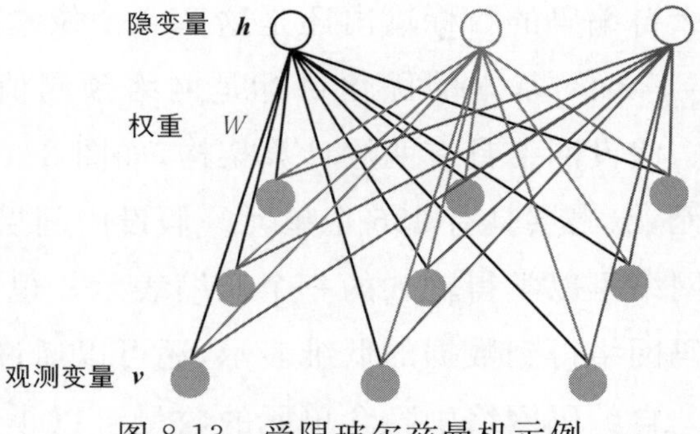

图 8-13 受限玻尔兹曼机示例

受限玻尔兹曼机是一种基于能量的模型,其观测变量 $\boldsymbol{v}$ 和隐变量 $\boldsymbol{h}$ 的联合能量为

$$\mathcal{E}(\boldsymbol{v},\boldsymbol{h};\theta)=-\sum_{ij}w_{ij}v_ih_j-\sum_i b_iv_i-\sum_j a_jh_j \tag{8.29}$$

其中 $\theta=\{\boldsymbol{W},\boldsymbol{a},\boldsymbol{b}\}$ 是参数，$\boldsymbol{W}$ 表示观测单元和隐含单元之间的边的权重，$\boldsymbol{b}$ 和 $\boldsymbol{a}$ 分别为观测单元和隐含单元自身的权重。

根据联合能量的设置，可以得到 $\boldsymbol{v}$ 和 $\boldsymbol{h}$ 的联合概率分布为

$$p_\theta(\boldsymbol{v},\boldsymbol{h})=\frac{1}{Z(\theta)}\exp(-\mathcal{E}(\boldsymbol{v},\boldsymbol{h};\theta)) \tag{8.30}$$

其中 $Z(\theta)$ 是配分函数。观测数据的边缘似然 $p_\theta(\boldsymbol{v})$ 为

$$p_\theta(\boldsymbol{v})=\frac{1}{Z(\theta)}\sum_{\boldsymbol{h}}\exp(\boldsymbol{v}^\top\boldsymbol{W}\boldsymbol{h}+\boldsymbol{a}^\top\boldsymbol{h}+\boldsymbol{b}^\top\boldsymbol{v}) \tag{8.31}$$

受限玻尔兹曼机通过最大化观测数据的边缘似然 $p_\theta(\boldsymbol{v})$ 来进行参数估计，优化目标等价于最大化 $\ln p_\theta(\boldsymbol{v})$。观测样本总数为 N 时，最小化损失 $L(\theta)$ 为

$$L(\theta)=-\frac{1}{N}\sum_{n=1}^{N}\ln p_\theta(\boldsymbol{v}^{(n)}) \tag{8.32}$$

其中 $p_\theta(\boldsymbol{v}^{(n)})$ 表示单个样本的边缘似然。

(3) 深度玻尔兹曼机。

将受限玻尔兹曼机中隐含层的层数增加，就得到了深度玻尔兹曼机（deep Boltzmann machine）。深度玻尔兹曼机是由一层观测单元和多层隐含单元构成的无向图模型。以一个两层的深度玻尔兹曼机为例，其网络架构如图 8-14 所示。深度玻尔兹曼机是生成式概率模型，同时也是非监督模型，可以作为深度神经网络的预训练网络。

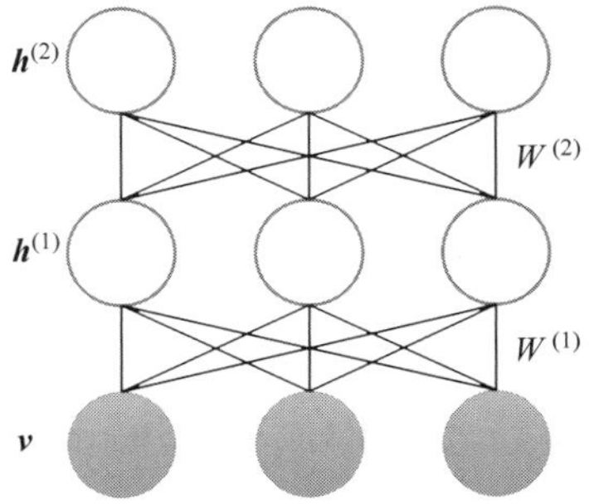

图 8-14　深度玻尔兹曼机示例

8.4.3　深度信念网络

深度信念网络（deep belief network）[10]，也称为深度置信网络，是一种结合了无向图和有向图的生成式概率模型，可以用于非监督学习，学习出对原

始特征的低维表示。

深度信念网络包含多层隐含单元和一层观测单元,隐含单元通常是二值的,即取值为 0 或 1,观测单元可以是二值或实值。网络同一层的单元之间不存在连接,不同层的单元之间相连接,可以完全连接,也可以稀疏连接。最顶部的两层隐含单元之间的连接是无向的,除此之外,其他层间的连接都是有向的,并且由上层指向下层。图 8-15 展示了一个 3 层的深度信念网络,其中观测数据所在的网络层称为底层,距离观测数据最远的隐含层称为顶层。

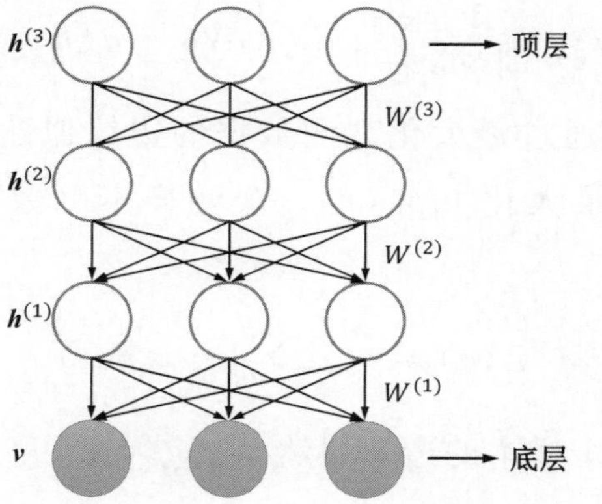

图 8-15　深度信念网络示例

深度信念网络是有向图与无向图的结合,其训练过程比较复杂。既不能使用反向传播,也不能使用最大边缘似然估计,常用的训练方式是逐层训练[10]。

深度信念网络可以生成观测样本。给定模型之后,其生成过程如下：首先,对最顶端的两层隐含层进行多步 Gibbs 采样,这一阶段本质上是从最顶端两层隐含层构成的无向图模型中采样。其次,从模型上层到模型的下层,根据条件概率分布使用简单的祖先采样方法,直至得到观测层的样本。

8.4.4　卷积神经网络

卷积神经网络(convolutional neural network)[11]是一种前馈神经网络,

广泛应用于图像识别领域。进行图像识别任务时,若使用传统的全连接神经网络,网络的第一层参数会非常多。针对此问题,人们考虑是否能够结合图像识别任务的特点来简化全连接神经网络。

通过观察,研究者发现了以下 3 条性质[12]。

① 某些模式总是存在于局部区域。例如,熊猫眼睛的特点可以作为识别熊猫的一种模式,包含熊猫眼睛的区域比整张图像小很多。要识别出这些模式,一个神经元并不需要与整张图像的所有像素相连,只需要与某些小区域相连接。连接到小的区域意味着少的网络参数。

② 相同的模式会出现在多个区域,也就是同一特征可以出现在不同图像的不同位置。例如,不同图像中熊猫的眼睛位置有所不同。图 8-16 展示了不同图像中熊猫眼睛的位置。这意味着隐含层中很多神经元做的事情几乎是一样的,都是在捕获熊猫眼睛的特点。因此,不同的神经元可以共享相同的参数,共享参数可以有效减少参数的数量。

图 8-16　不同图像中熊猫眼睛的位置

③ 对图像中的像素做下采样[①](subsampling)不会影响物体的识别。对一张图像进行下采样,可以得到原始图像的缩略图,而图像中要识别的模式并不会受到很大影响,可参考图 8-17 展示的对图像进行下采样之后的效果。

① 对图像进行下采样是指将原始图像中固定大小窗口内的像素变成一个像素值,可以取最大值或平均值。对图像进行下采样,可以得到原始图像的缩略图。

对图像进行下采样可以减小图像的大小，进而减少神经网络的参数。

图 8-17　图像进行下采样之后的效果

卷积神经网络就是参考了以上三条性质，对原始全连接神经网络结构进行调整与设计得到的。卷积神经网络由一个或多个卷积层(convolutional layer)与一个或多个全连接层构建，其中图像经过卷积层之后获得的表示通常会进行下采样操作，也称为池化操作。卷积神经网络进行池化操作的层称为池化层(pooling layer)。下面具体介绍卷积神经网络中的卷积层与池化层。

假设输入是 $M\times M\times R$ 的图像，其中 M 表示图像的长和宽(图像的长和宽也可以不等)，R 是图像的通道(channel)数。例如，对于彩色 RGB 图像，$R=3$，对于灰度图像，$R=1$。

卷积层与一般的全连接层不同，不再使用权重矩阵表示所有神经元节点在相邻网络层之间的一一对应关系，而是使用多组共享参数来构建两个网络层之间的联系。在卷积网络中，共享参数称为卷积核。一个卷积层可以使用 K 个大小为 $N\times N\times R$ 的不同卷积核，其中 $N<M$。经过一层卷积操作之后，输入图像会转化成 K 个大小为 $(M-N+1)\times(M-N+1)$ 的矩阵，通道数变为 K。图 8-18 给出了卷积操作的原理示意图。如图所示，卷积操作的具体计算如下：

① 在所有通道的数据张量(如 RGB 三通道图像)中选取与对应的卷积核 $W^{(k)}$ 尺寸相同的窗口 $X_i^{(k)}$，并与之进行逐点乘运算 $W^{(k)}\odot X_i^{(k)}$，$k=1,2$。

图 8-18 中两个卷积核的大小均为 $2\times2\times3$。

② 把对应张量 $W^{(r)}\odot X_i^{(r)}$ 中的所有元素求和，得到每个窗口的标量表示 $\tilde{x}_i^{(k)}$。

③ 窗口在原数据张量中滑动，可以得到一个 $(M-N+1)\times(M-N+1)$ 的矩阵，矩阵的每一个元素对应每个窗口的标量表示 $\tilde{x}_i^{(k)}$。由于使用了 K 个不同卷积核，将会得到由 K 个矩阵构成的新张量。

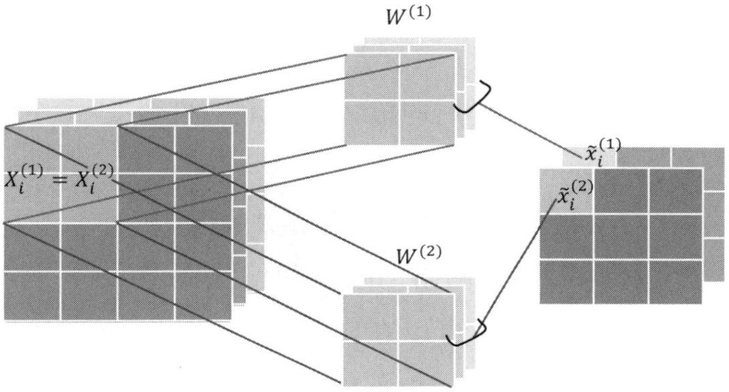

图 8-18　卷积操作的原理示意图

可以发现，经过卷积操作之后，数据的长宽尺寸会变小，如果要保持卷积前后的长宽不变，需要对原数据进行填补操作，即在原数据矩阵的周围填补 0。假设卷积核的尺寸为 $N\times N\times R$，当填补的长和宽为 $N-1$ 时，可以保证数据经过卷积操作后长宽不变。卷积核的长和宽通常设置为奇数，因为这样填补的长和宽都是偶数，可以平均分配在数据矩阵的周围。

池化层通常接在卷积层之后。池化操作是对数据进行下采样，通常是在 $p\times p$ 的连续区域上取均值池化或取最大值池化，p 通常不超过 5。通常在池化层之前或之后增加一个偏置项和非线性激活函数。

卷积神经网络可以使用多个卷积层和池化层的组合，最后将所有通道的数据作为向量输入全连接层，为实现具体任务构建端到端的映射。卷积神经网络参数的求解使用反向传播算法。总的来说，卷积神经网络的结构设计利用了图像或其他结构化数据的多维结构，通过引入共享的卷积核以及池化等操作捕获了数据中模式的位移不变性，减少了网络的参数。

8.4.5 循环神经网络

循环神经网络（recurrent neural network，RNN）[13]是一种带有“记忆”的神经网络，它的主要思想是在每个时刻 t 隐含层的输出可以存储在“记忆”$\boldsymbol{h}_t \in \mathbb{R}^M$ 中，而“记忆”可以作为下一个时刻的一部分输入。具体来说，普通的前馈神经网络模型的结构是信号按一个方向从输入逐层流向输出。而在 RNN 中，前一时刻的输出会和下一时刻的输入一起传递下去。每个时刻的“记忆”$\boldsymbol{h}_t$ 也称为状态信息，假设每个时刻的输入为 $\boldsymbol{x}_t \in \mathbb{R}^D$，状态信息的计算公式为

$$\boldsymbol{h}_t = f(\boldsymbol{W}[\boldsymbol{x}_t^\top, \boldsymbol{h}_{t-1}^\top]^\top + \boldsymbol{b}) \tag{8.33}$$

其中 $\boldsymbol{W} \in \mathbb{R}^{M \times (M+D)}$ 和 $\boldsymbol{b} \in \mathbb{R}^M$ 是网络的权重和偏置项，$f(\cdot)$是激活函数，通常使用 tanh 函数。循环神经网络可以在每个时刻输出标签 y_t，这种循环神经网络的结构如图 8-19 所示。

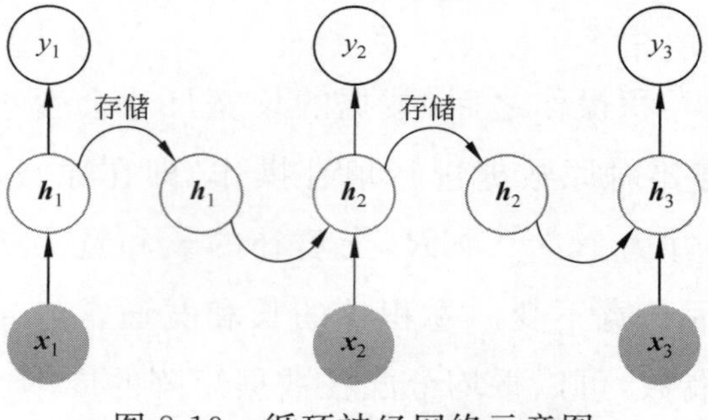

图 8-19 循环神经网络示意图

RNN 广泛应用于处理序列数据。它可以用来处理多对一任务，即输入是一个向量序列，输出是一个向量，如情感分析。还可以用来处理一对多任务，比如输入一幅图片，输出单词序列，如图像描述（image captioning）。RNN 也可以处理多对多的任务，其中输入和输出都是向量序列，也称为序列到序列（sequence to sequence，seq2seq）问题。这类任务包括语音识别、机器翻译

等，由于实用价值较高且贴近人们生活而备受工业界关注。

在 seq2seq 的典型模型中，通常由两个不同的 RNN 分别作为编码器和解码器，它们合作完成任务。以图 8-20 所示的将中文翻译成英文的机器翻译任务为例，编码器负责处理中文序列输入，将序列中包含的信息浓缩成一个向量。这个向量囊括了整句话的语义，而解码器则以这个向量作为输入，还原出一句含义相同的英文句子。其他 seq2seq 模型的思想与之类似，多数都是这样的编解码器结构。

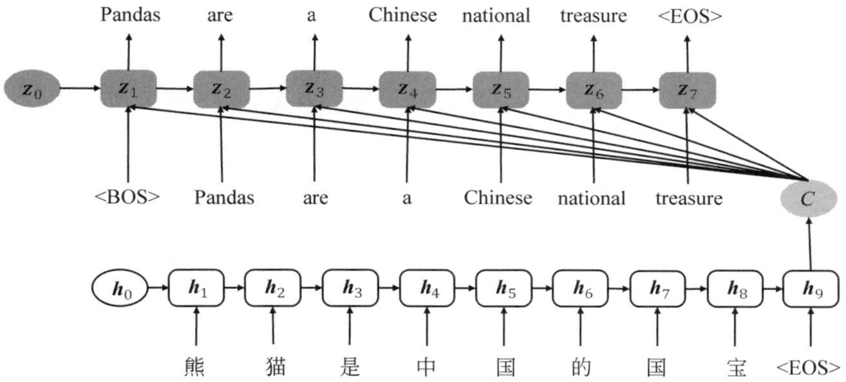

图 8-20　使用 seq2seq 模型进行机器翻译示意图

训练 RNN 也使用反向传播算法，因此同样存在“梯度消失”问题。“梯度消失”问题随 RNN 的时间距离增长而快速恶化。直观地说，RNN 很容易“忘记”距离当前位置比较远的信息，因此 RNN 在运用到长距离依赖的任务时，性能会降低。

现在有很多方法可以解决此问题，引入门(gate)是一种比较常用的方法，门可以决定什么时候要忘记当前的输入，什么时候要记住它，以便将来计算中用到它。长短期记忆(long short-term memory，LSTM)是一种典型的门模型[14]，它使用一些门操作来控制“记忆”的取舍。LSTM 每个时刻 t 的输入为 $\boldsymbol{x}_t \in \mathbb{R}^D$，传递的信息有可类比传统 RNN 中状态信息的 $\boldsymbol{h}_t \in \mathbb{R}^M$ 和长时的“记忆”$\boldsymbol{c}_t \in \mathbb{R}^M$。LSTM 中的遗忘门(forget gate)$\boldsymbol{f}_t$、输出门(output gate)$\boldsymbol{o}_t$ 和输

入门(input gate)$\boldsymbol{i}_t$ 的计算公式为

$$\begin{cases}\boldsymbol{f}_t=\sigma(\boldsymbol{W}_{\mathrm{f}}[\boldsymbol{x}_t^{\top},\boldsymbol{h}_{t-1}^{\top}]^{\top}+\boldsymbol{b}_{\mathrm{f}})\\ \boldsymbol{o}_t=\sigma(\boldsymbol{W}_{\mathrm{o}}[\boldsymbol{x}_t^{\top},\boldsymbol{h}_{t-1}^{\top}]^{\top}+\boldsymbol{b}_{\mathrm{o}})\\ \boldsymbol{i}_t=\sigma(\boldsymbol{W}_{i}[\boldsymbol{x}_t^{\top},\boldsymbol{h}_{t-1}^{\top}]^{\top}+\boldsymbol{b}_{i})\end{cases}\tag{8.34}$$

其中 $\sigma(\cdot)$是 sigmoid 函数，得到的 $\boldsymbol{f}_t$、$\boldsymbol{o}_t$ 和 $\boldsymbol{i}_t$ 是门向量，$\boldsymbol{W}_{\mathrm{f}}$、$\boldsymbol{W}_{\mathrm{o}}$、$\boldsymbol{W}_{\mathrm{i}}$ 是大小为 $M\times(M+D)$的网络权重，$\boldsymbol{b}_{\mathrm{f}}$、$\boldsymbol{b}_{\mathrm{o}}$、$\boldsymbol{b}_{\mathrm{i}}$ 是网络的偏置项。门被用于控制 LSTM 中各个变量之间的比例关系，当前时刻的"记忆"$\boldsymbol{c}_{\mathrm{t}}$ 由遗忘门和输入门决定。

$$\boldsymbol{c}_t=\boldsymbol{f}_t\odot\boldsymbol{c}_{t-1}+\boldsymbol{i}_t\odot\tanh(\boldsymbol{W}_c\,[\boldsymbol{x}_t^{\top},\boldsymbol{h}_{t-1}^{\top}]^{\top}+\boldsymbol{b}_c)\tag{8.35}$$

其中⊙表示同一位置的元素对应相乘，两个操作数和运算结果的形状是相同的，并简记 $\tanh(\boldsymbol{W}_c\,[\boldsymbol{x}_t^{\top},\boldsymbol{h}_{t-1}^{\top}]^{\top}+\boldsymbol{b}_c)$为 $\hat{\boldsymbol{c}}_t$。在这个公式中，遗忘门 $\boldsymbol{f}_t$ 控制上个时刻"记忆"$\boldsymbol{c}_{t-1}$的遗忘程度，输入门 $\boldsymbol{i}_t$ 控制新产生的记忆(即 $\hat{\boldsymbol{c}}_t$)。状态信息 $\boldsymbol{h}_t$ 依据当前产生的记忆 $\boldsymbol{c}_t$ 并由输出门 $\boldsymbol{o}_t$ 控制，即

$$\boldsymbol{h}_t=\boldsymbol{o}_t\odot\tanh(\boldsymbol{c}_t)\tag{8.36}$$

LSTM 每个时刻的状态信息 $\boldsymbol{h}_t$ 也作为当前时刻的重要输出。图 8-21 展示了 LSTM 中从输入节点 $\boldsymbol{x}_t$ 到单个状态信息节点 $h_t^j, j=1,2,\cdots,M$ 之间的结构。

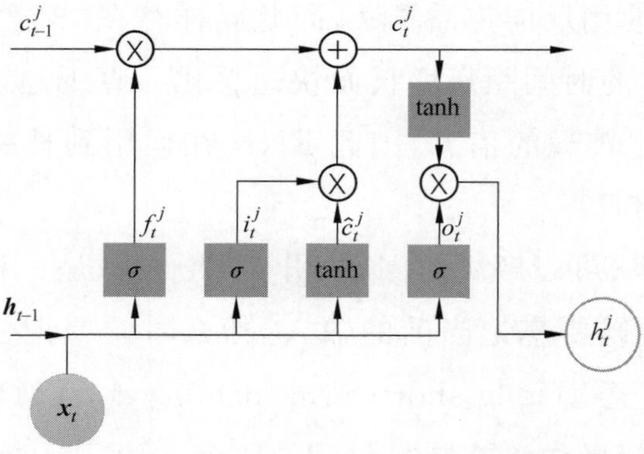

图 8-21　LSTM 中从输入节点 $\boldsymbol{x}_t$ 到单个状态信息节点 h_t^j 之间的结构

LSTM 通过引入一个变量存储“记忆”，增强了 RNN 把握长距离关系的能力，缓解了“梯度消失”问题。除了 LSTM 之外，门循环单元（gated recurrent unit，GRU）也是 RNN 的重要变体，它进一步简化了 LSTM 的结构，能使用更少的参数达到接近的性能。

8.4.6 Transformer

Transformer 是近年来自然语言处理应用领域中一种常用的网络结构，使用 Transformer 能够得到对文本更好的表示，从而提升相关任务的性能，如文本分类、机器翻译等。Transformer 是一种 seq2seq 模型，其核心思想是使用注意力（attention）和自注意力（self-attention）机制（注意力机制用于捕获输入序列和输出序列之间的关系，自注意力机制用于捕获文本序列内部的依赖关系）构建对原始文本的语义表示，其中的自注意力是一种特殊的注意力模型。接下来将依次介绍注意力、自注意力以及 Transformer。

（1）注意力。

注意力作为组件，被嵌入在 seq2seq 神经机器翻译模型中，用于学习序列到序列的对齐关系[15]。对齐问题是机器翻译中的典型问题，它指源语言句子中的单词（或字）与目标语言句子中的单词（或字）的对应关系。机器翻译中的对齐关系比较复杂，可能存在一对一、一对多、多对一甚至多对多的情况。例如，在“熊猫是中国的国宝”翻译成 Pandas are a Chinese national treasure 这个示例中，‘熊’和‘猫’与 pandas 是多对一的关系。能够有效学习序列之间的对齐关系有助于提升翻译质量，注意力机制则提供了学习对齐关系的方法。所谓注意力，是指在翻译得到目标句子中的单词时，会对源句子的每一个单词有不同的注意程度。在上面的例子中，pandas 对‘熊’和‘猫’的注意力比较高，对其他单词的注意力比较低。

原始 seq2seq 模型并没有包含注意力机制，图 8-20 中展示的编码器—解码器框架，在生成目标语句的单词时，每个单词使用同一个综合了源语句所有单词语义的表示向量 C 作为输入，说明目标单词对源语句中任意单词的注意力都相同，相当于没有注意力。在 seq2seq 模型中，引入注意力机制的方法是为源语句中每一个单词赋予一个权重，用于表示目标输出对每个单词的注意程度，其中权重的计算依赖于原始输入及当前目标单词对应的隐含单元。对于每个目标单词 $\boldsymbol{y}_i$，计算得到不同的权重向量，然后使用加权平均的方式得到语义表示 C_i，作为对应的输入。

目前，注意力机制不仅限于机器翻译任务，而且已经发展成为序列模型中常用的机制。下面给出注意力机制的一般化描述。假设序列数据的长度为 T，序列的每一个元素记为向量 $\boldsymbol{x}_i$，那么序列可以表示为 $\{\boldsymbol{x}_i\}_{i=1}^{T}$。在注意力语境下，输入称为 value 变量。除了输入，注意力机制中还会引入 key 变量 $\{\boldsymbol{k}_i\}_{i=1}^{T}$ 和 query 变量 $\boldsymbol{q}$，它们通常是 $\{\boldsymbol{x}_i\}_{i=1}^{T}$ 的函数。

首先，对于 query 变量 $\boldsymbol{q}$，注意力按照公式(8.37)计算出每一个输入 $\boldsymbol{x}_i$ 的权重 α_i：

$$\alpha_i = \text{softmax}(s(\boldsymbol{k}_i, \boldsymbol{q})) \tag{8.37}$$

其中 s 是评分函数。一种常见的评分函数是加性注意力，表达式为

$$s(\boldsymbol{k}_i, \boldsymbol{q}) = s(\boldsymbol{x}_i, \boldsymbol{q}) = \boldsymbol{v}^{\top} \tanh(\boldsymbol{W}\boldsymbol{x}_i + \boldsymbol{U}\boldsymbol{q}) \tag{8.38}$$

其中 $\boldsymbol{v}$、$\boldsymbol{W}$、$\boldsymbol{U}$ 是新引入的变量，并且将输入 $\boldsymbol{x}_i$ 作为 key 变量。这种形式的注意力类似于一个简单的神经网络，其目的是学习如何计算 $\boldsymbol{x}_i$ 的权重。另一种常见的评分函数是点积注意力，表达式为

$$s(\boldsymbol{k}_i, \boldsymbol{q}) = \boldsymbol{k}_i^{\top} \boldsymbol{q} \tag{8.39}$$

这种注意力机制直接使用内积作为评分。无论是哪一种评分函数，它们的作用都是一样的：评价 key 变量与 query 变量的匹配程度，评分越高，该 key 变量对应的输入对 query 变量对应的表示的影响越大。

其次，得到权重向量 $\boldsymbol{\alpha}$ 之后，注意力机制根据权重计算出所有输入（value 变量）的加权平均值，作为对应 query 变量 $\boldsymbol{q}$ 的表示，记为 $\boldsymbol{a}$，即

$$\boldsymbol{a} = \text{attention}(\boldsymbol{X}; \boldsymbol{K}, \boldsymbol{q}) = \sum_{i=1}^{T} \alpha_i \boldsymbol{x}_i \tag{8.40}$$

其中矩阵 $\boldsymbol{X}$ 表示 $\{\boldsymbol{x}_i\}_{i=1}^{T}$，矩阵 $\boldsymbol{K}$ 表示 $\{\boldsymbol{k}_i\}_{i=1}^{T}$。

最初用于机器翻译的 seq2seq 模型在生成目标语言时，解码器中每一个生成节点都使用源语句的同一个综合编码作为输入，并没有区分源语句中不同单词（或字）对当前生成词的影响。在 seq2seq 模型中引入注意力机制则可以考虑目标单词（或字）对源语句中的单词（或字）的不同注意力。在 seq2seq 模型中加入注意力机制可以使用如下表示：源语句的每一个单词表示是 key 变量，当前目标单词 $\boldsymbol{y}_i$ 的前一个单词 $\boldsymbol{y}_{i-1}$ 对应的隐含单元 $\boldsymbol{z}_{t-1}$ 是 query 变量，根据公式(8.40)得到的 $\boldsymbol{a}$ 向量是当前目标单词 $\boldsymbol{y}_i$ 所需的源语句的语义表示。

图 8-22 展示了使用注意力机制的 seq2seq 模型进行机器翻译的例子。在该例子中，对于目标单词 are，query 变量是 $\boldsymbol{z}_1$，key 变量是 $\{\boldsymbol{h}_1,\boldsymbol{h}_2,\cdots,\boldsymbol{h}_9\}$，如果使用点积注意力，那么 query 变量 $\boldsymbol{z}_1$ 对每一个 key 变量 $\boldsymbol{h}_i$ 的注意力评分通过 $s(\boldsymbol{h}_i,\boldsymbol{z}_1)=\boldsymbol{h}_i^{\top}\boldsymbol{z}_1$ 计算，目标单词 are 所需的源语句的语义表示 C_1 通过 $C_1=\sum_{i=1}^{9}\text{softmax}(s(\boldsymbol{h}_i,\boldsymbol{z}_1))\boldsymbol{h}_i$ 计算。

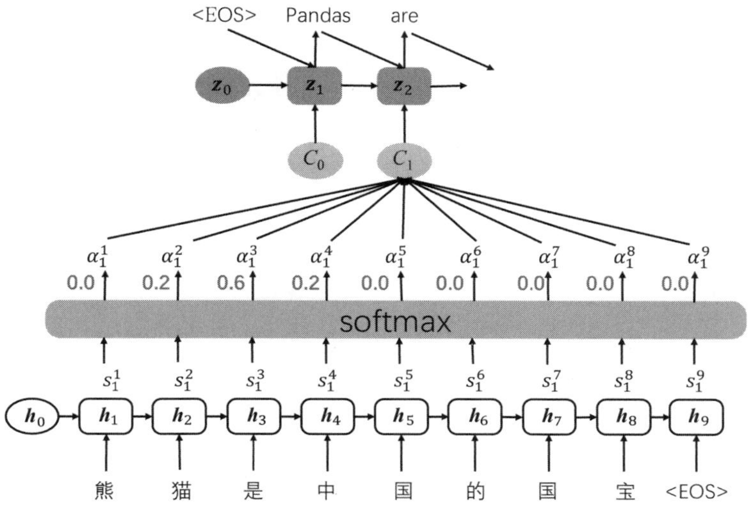

图 8-22　有注意力机制的 seq2seq 模型进行机器翻译的示意图

(2) 自注意力。

所谓自注意力,是指一个序列中的每个单词(或字)都要和该序列中的所有单词(或字)进行注意力计算。它可以学习序列内部的单词(或字)的依赖关系,捕获句子的内部结构。

(3) Transformer。

Transformer 是一种新型的神经网络模型,它的主要结构由注意力机制和自注意力机制构建而成[16]。与一般带有注意力机制的 seq2seq 模型相比,Transformer 模型具有以下两方面不同:

①编码网络包含"多头自注意力(multi-head self-attention)"子结构,用于表示多组不同的注意力分配机制。这个子结构的实现方式是同时构建多个自注意力单元,并在最后汇总。②除此之外,Transformer 也用到了在解码器中增加"遮蔽的多头自注意力(masked multi-head self-attention)"和在输入层增加位置编码等技巧。由于 Transformer 采用自注意力结构,其特点是序列节点没有了前后关系,因此解码时需要将后续节点遮蔽起来,以符合实际序列生成情况。在编码阶段引入位置编码是为了捕获输入文本的前后关系。

Transformer 继承了自注意力擅长描述长距离依赖关系的特点,也有并行性好的优点。2018 年,以 Transformer 为基础,Google 公开了预训练模型 BERT。它建立在一个双向的 Transformer 模型之上,参数量最多达到 3 亿多,训练过程使用了 30 多亿词的语料,测试结果刷新了包括机器翻译在内等多种任务的纪录。

思考与计算

1. 如果将线性函数 $f(\boldsymbol{x})=\boldsymbol{w}^{\top}\boldsymbol{x}$ 作为神经网络激活函数,会有什么问题?

2. 感知机神经网络的优缺点是什么?

3. 如何保证神经网络具有较好的泛化能力?

4. 编程实现神经网络的误差反向传播算法，尝试调整学习率，以提升收敛速度，并在两个公开数据集上进行实验。

5. 编程实现卷积神经网络，并在手写字符识别数据集 MNIST 上进行实验。

6. 编程实现循环神经网络，运用不同的结构（如 LSTM 和 GRU），在公开数据集上进行机器翻译实验。

参考文献

[1] Novikoff A B J. On Convergence Proofs for Perceptrons[C]//Proceedings of Symposium on Mathematical Theory of Automata, Brooklyn, N.Y.: Polytechnic Press, 1962: 615-622.

[2] Rumelhart D, Hinton G, Williams R. Learning Representations by Back-Propagating Errors[J]. Nature, 1986, 323(10): 533-536.

[3] Ng A. Sparse Autoencoder[R/OL]. Stanford, CA: Stanford University, 2011. https://nlp.stanford.edu/～socherr/sparseAutoencoder_2011new.pdf.

[4] Hornik K, Stinchcombe M, White H. Multilayer Feedforward Networks Are Universal Approximators[J]. Neural Networks, 1989, 2(5): 359-366.

[5] Seide F, Li G, Yu D. Conversational Speech Transcription Using Context-Dependent Deep Neural Networks[C/OL]//Twelfth Annual Conference of International Speech Communication Association. 2011: 437-440.[2020-02-28]. https://www.isca-speech.org/archive/archive_papers/interspeech_2011/i11_0437.pdf.

[6] Zeiler M D, Fergus R. Visualizing and Understanding Convolutional Networks[C]//Computer Vision-ECCV 2014. Switzerland: Springer International Publishing, 2014: 818-833.

[7] Srivastava N, Hinton G, Krizhevsky A, et al. Dropout: A Simple Way to Prevent Neural Networks from Overfitting[J]. Journal of Machine Learning Research,

2014, 15(1): 1929-1958.

[8] Ackley D H, Hinton G E, Sejnowski T J. A Learning Algorithm for Boltzmann Machines[J]. Cognitive Science, 1985, 9(1): 147-169.

[9] Smolensky P. Information Processing in Dynamical Systems: Foundations of Harmony Theory [M]//Parallel Distributed Processing: Explorations in the Microstructure of Cognition, Volume 1: Foundations. Cambridge, MA: A Bradford Book, 1986: 194-281.

[10] Hinton G E, Osindero S, Teh Y W. A Fast Learning Algorithm for Deep Belief Nets[J]. Neural Computation, 2006, 18(7): 1527-1554.

[11] LeCun Y. Generalization and Network Design Strategies[M]//Connectionism in Perspective. Switzerland: Elsevier, 1989, 19: 143-155.

[12] Goodfellow I, Bengio Y, Courville A. Deep Learning[M]. Cambridge, MA: MIT Press, 2016.

[13] Elman J L. Finding Structure in Time[J]. Cognitive Science, 1990, 14(2): 179-211.

[14] Hochreiter S, Schmidhuber J. Long Short-Term Memory [J]. Neural Computation, 1997, 9(8): 1735-1780.

[15] Bahdanau D, Cho K, Bengio Y. Neural Machine Translation by Jointly Learning to Align and Translate[C/OL]//Proceedings of the 3rd International Conference on Learning Representations. 2015: 1-15.[2020-02-28]. https://arxiv.xilesou.top/pdf/1409.0473.pdf.

[16] Vaswani A, Shazeer N, Parmar N, et al. Attention Is All You Need[C]//Advances in Neural Information Processing Systems. Cambridge, MA: MIT Press, 2017: 5998-6008.

第9章 高斯过程

学习目标：

(1) 明确高斯分布与高斯过程的关系；

(2) 掌握高斯过程回归模型；

(3) 掌握高斯过程分类模型及近似推理方法；

(4) 理解高斯过程与支持向量机之间的联系；

(5) 理解高斯过程与人工神经网络之间的联系；

(6) 了解高斯过程的模型扩展。

高斯过程(Gaussian process)是一种常用的随机过程。与高斯分布不同，高斯过程通常用于描述成对的数据，数据中的每个样本包含输入和输出。高斯过程假设数据的输出服从联合高斯分布，且分布的参数并非固定的数值，而是依赖于数据的输入。因此高斯过程可以建模数据输入与输出之间的关系。

在机器学习领域，高斯过程通常用于构建概率模型，解决回归或分类问题。相应的模型称为高斯过程回归模型或高斯过程分类模型。高斯过程模型具有概率意义，能够建模不确定性，因此能够得到测试数据的预测分布，除了给出预测值，还能刻画预测的不确定性。高斯过程模型同时也是一种核方法，能够建模输入和输出之间的非线性关系。

本章主要介绍高斯过程回归与分类模型。

9.1 高斯过程的定义

在统计学中，高斯过程是一类随机过程，是无限个随机变量的集合，并且其中任意有限个随机变量组成的子集的联合分布都是高斯分布。为了对高斯过程有较为直观的理解，这里首先从高斯分布入手，对高斯过程进行简要介绍。

高斯分布，即正态分布，在连续变量中被广泛使用。根据中心极限定理，如果一个随机变量可表示为大量独立的同分布的随机变量的平均值，则此随机变量近似服从高斯分布。在实际问题中，许多随机变量可以看作由多个相互独立、同分布的随机因素综合影响形成的，因此可以假设它们服从高斯分布。

一个 D 维向量 $\boldsymbol{x}$ 如果服从高斯分布，那么其概率密度函数具有多元高斯分布的形式，即

$$p(\boldsymbol{x} \mid \boldsymbol{\mu}, \boldsymbol{\Sigma}) = \frac{1}{(2\pi)^{D/2}} \frac{1}{|\boldsymbol{\Sigma}|^{1/2}} \exp\left\{-\frac{1}{2}(\boldsymbol{x}-\boldsymbol{\mu})^{\top}\boldsymbol{\Sigma}^{-1}(\boldsymbol{x}-\boldsymbol{\mu})\right\} \tag{9.1}$$

其中 $\boldsymbol{\mu}$ 是 D 维的均值向量，$\boldsymbol{\Sigma}$ 是一个 $D \times D$ 的协方差矩阵。高斯分布具有指数形式，概率密度的数值很容易过大或过小，计算机不易处理。所以在机器学习应用中，通常使用高斯分布的对数似然函数。多元高斯分布的对数似然函数为

$$\ln p(\boldsymbol{x} \mid \boldsymbol{\mu}, \boldsymbol{\Sigma}) = -\frac{1}{2}\log|\boldsymbol{\Sigma}| - \frac{1}{2}(\boldsymbol{x}-\boldsymbol{\mu})^{\top}\boldsymbol{\Sigma}^{-1}(\boldsymbol{x}-\boldsymbol{\mu}) - \frac{D}{2}\log(2\pi) \tag{9.2}$$

与高斯分布不同，高斯过程是无限多个随机变量的集合，其中任意子集都服从高斯分布。它可以被认为是多元高斯分布从有限维度的向量空间到无限维度空间的扩展。在实际问题中，所谓的无限维度是指可以任意维度。实现任意维度多元高斯分布的方法是使用函数来确定分布的参数。因此，高

斯过程与高斯分布的不同之处在于：高斯分布由均值向量和协方差矩阵确定，高斯过程则由其均值函数和协方差函数确定，并且函数的值取决于对应的输入数据。

高斯过程可以建模任意多的数据对$\{(\boldsymbol{x}_1,y_1),(\boldsymbol{x}_2,y_2),\cdots,(\boldsymbol{x}_N,y_N)\}$，其中$\boldsymbol{x}_n$是数据的输入，$y_n$是数据的输出。给定数据集，高斯过程假设输出数据的联合分布是N元高斯分布，分布的形式完全由均值函数$m(\boldsymbol{x})$和协方差函数$k(\boldsymbol{x},\boldsymbol{x}')$来确定。均值函数一般没有特殊约束，协方差函数则通常使用核函数。在现实应用中，可以根据不同的需求选择不同的协方差函数。比较常见的协方差函数是平方指数协方差函数，其定义为

$$k_{SE}(\boldsymbol{x},\boldsymbol{x}')=\exp\left\{-\frac{\|\boldsymbol{x}-\boldsymbol{x}'\|^2}{2\ell^2}\right\} \tag{9.3}$$

给定数据后，通过均值函数和协方差函数可以构建多元高斯分布的均值向量和协方差矩阵。

9.2　高斯过程回归模型

高斯过程回归模型使用高斯过程假设来建模数据输入到输出的非线性关系，并且能够通过贝叶斯推理获得测试数据的预测分布。本节从两个角度介绍高斯过程回归模型的原理[1]：权重空间和函数空间。

9.2.1　权重空间

如果从权重空间的角度理解高斯过程，可以发现高斯过程与贝叶斯线性回归有着密切的联系。回顾线性回归模型，它假设输出与输入的关系可以通过一个关于参数的线性函数进行建模。线性模型的优点是易于理解和实施，因此受到广泛研究和应用。然而线性模型的建模能力有限，当输出和输入之间的关系不能用线性函数进行合理近似时，预测效果就会差很多。此时，非线性模型的假设就非常有必要，高斯过程可以看成对贝叶斯线性模型的一种

非线性扩展。

接下来，首先简要回顾贝叶斯线性模型，然后介绍如何通过对数据进行高维映射和引入“核技巧”来获得高斯过程回归模型。假设训练集$\mathcal{D}$有 N 个观测样本，即$\mathcal{D}=\{(\boldsymbol{x}_n,y_n)\mid n=1,2,\cdots,N\}$，其中 $\boldsymbol{x}_n$ 是数据的输入，y_n 是数据的输出。训练集$\mathcal{D}$的输入可以使用 $N\times\mathcal{D}$的矩阵 $\boldsymbol{X}=[\boldsymbol{x}_1,\boldsymbol{x}_2,\cdots,\boldsymbol{x}_N]^\top$ 表示，输出可以使用向量 $\boldsymbol{y}=[y_1,y_2,\cdots,y_N]^\top$ 表示，训练集也可以表示为$\mathcal{D}=(\boldsymbol{X},\boldsymbol{y})$。

在贝叶斯学习框架下分析带有高斯噪声的线性回归模型，即

$$f(\boldsymbol{x})=\boldsymbol{x}^\top\boldsymbol{w} \tag{9.4}$$

$$y=f(\boldsymbol{x})+\epsilon \tag{9.5}$$

其中 $\boldsymbol{x}$ 是输入向量，$\boldsymbol{w}$ 是线性模型的权重参数，f 是线性函数，其返回值是观测输出的无噪声版本，y 是观测输出。在线性回归模型中，通常还会有一个偏差权重，但是它可以通过引入输入的增广表示（即令 $\boldsymbol{x}=[\boldsymbol{x};1]$）合并在 $\boldsymbol{w}$ 中，因此在本算式中不再列出。假设噪声服从均值为 0、方差为 σ^2 的高斯分布，即

$$\epsilon\sim\mathcal{N}(0,\sigma^2) \tag{9.6}$$

由此可得观测输出的概率密度函数为

$$\begin{aligned}
p(\boldsymbol{y}\mid\boldsymbol{X},\boldsymbol{w})&=\prod_{n=1}^{N}p(y_n\mid\boldsymbol{x}_n,\boldsymbol{w})\\
&=\prod_{n=1}^{N}\frac{1}{\sqrt{2\pi}\sigma}\exp\left[-\frac{(y_n-\boldsymbol{x}_n^\top\boldsymbol{w})^2}{2\sigma^2}\right]\\
&=\frac{1}{(2\pi\sigma^2)^{N/2}}\exp\left[-\frac{1}{2\sigma^2}\|\boldsymbol{y}-\boldsymbol{X}\boldsymbol{w}\|^2\right]\\
&=\mathcal{N}(\boldsymbol{y}\mid\boldsymbol{X}\boldsymbol{w},\sigma^2\boldsymbol{I})
\end{aligned} \tag{9.7}$$

假设权重的先验分布为

$$\boldsymbol{w}\sim\mathcal{N}(\boldsymbol{0},\boldsymbol{\Sigma}_p) \tag{9.8}$$

观测输出的边缘似然为

$$p(\boldsymbol{y} \mid \boldsymbol{X})=\int p(\boldsymbol{y} \mid \boldsymbol{X},\boldsymbol{w})p(\boldsymbol{w})\mathrm{d}w=\mathcal{N}(\boldsymbol{y} \mid \boldsymbol{0},\boldsymbol{X\Sigma}_p\boldsymbol{X}^\top+\sigma^2\boldsymbol{I}) \tag{9.9}$$

根据贝叶斯公式，可以推导出权重参数的后验分布为

$$\begin{aligned}p(\boldsymbol{w} \mid \boldsymbol{X},\boldsymbol{y}) &\propto \exp\left\{-\frac{1}{2\sigma^2}(\boldsymbol{y}-\boldsymbol{Xw})^\top(\boldsymbol{y}-\boldsymbol{Xw})\right\}\exp\left\{-\frac{1}{2}\boldsymbol{w}^\top\boldsymbol{\Sigma}_p^{-1}\boldsymbol{w}\right\}\\ &\propto \exp\left\{-\frac{1}{2}(\boldsymbol{w}-\bar{\boldsymbol{w}})^\top\left(\frac{1}{\sigma^2}\boldsymbol{X}^\top\boldsymbol{X}+\boldsymbol{\Sigma}_p^{-1}\right)(\boldsymbol{w}-\bar{\boldsymbol{w}})\right\}\end{aligned} \tag{9.10}$$

其中 $\bar{\boldsymbol{w}}=\sigma^{-2}(\sigma^{-2}\boldsymbol{X}^\top\boldsymbol{X}+\boldsymbol{\Sigma}_p^{-1})^{-1}\boldsymbol{X}^\top\boldsymbol{y}$。可以发现权重参数的后验分布是一个均值为 $\bar{\boldsymbol{w}}$、协方差矩阵为$(\sigma^{-2}\boldsymbol{X}^\top\boldsymbol{X}+\boldsymbol{\Sigma}_p^{-1})^{-1}$的高斯分布。令 $\boldsymbol{A}=\sigma^{-2}\boldsymbol{X}^\top\boldsymbol{X}+\boldsymbol{\Sigma}_p^{-1}$，可得

$$p(\boldsymbol{w} \mid \boldsymbol{X},\boldsymbol{y})=\mathcal{N}\left(\boldsymbol{w} \,\middle|\, \frac{1}{\sigma^2}\boldsymbol{A}^{-1}\boldsymbol{X}^\top\boldsymbol{y},\boldsymbol{A}^{-1}\right) \tag{9.11}$$

当对测试数据进行预测时，利用贝叶斯平均可得 $f_* \triangleq f(\boldsymbol{x}_*)$在 $\boldsymbol{x}_*$ 点的预测分布为

$$\begin{aligned}p(f_* \mid \boldsymbol{x}_*,\boldsymbol{X},\boldsymbol{y})&=\int p(f_* \mid \boldsymbol{x}_*,\boldsymbol{w})p(\boldsymbol{w} \mid \boldsymbol{X},\boldsymbol{y})\mathrm{d}\boldsymbol{w}\\ &=\mathcal{N}\left(f_* \,\middle|\, \frac{1}{\sigma^2}\boldsymbol{x}_*^\top\boldsymbol{A}^{-1}\boldsymbol{X}^\top\boldsymbol{y},\boldsymbol{x}_*^\top\boldsymbol{A}^{-1}\boldsymbol{x}_*\right)\end{aligned} \tag{9.12}$$

在原始特征空间的贝叶斯线性模型是有局限性的，解决的一种方法是通过一系列变换将输入特征投影到高维空间，然后在高维空间应用线性模型。比如，标量输入 x 可以投影为 $\phi(x)=[1,x,x^2,x^3]^\top$，然后对 $\phi(x)$使用线性回归。

假设变换函数 $\phi(\boldsymbol{x})$可以将 D 维向量 $\boldsymbol{x}$ 映射到 D'维特征空间中，那么训练集的原始输入矩阵 $\boldsymbol{X}$ 则变换为矩阵 $\boldsymbol{\Phi}$，变换后的线性模型为

$$f(\boldsymbol{x})=\phi(\boldsymbol{x})^\top\boldsymbol{w} \tag{9.13}$$

其中参数向量 $\boldsymbol{w}$ 的长度为 D'。同样，假设参数向量 $\boldsymbol{w}$ 的先验分布是高斯分布，$\boldsymbol{w}\sim\mathcal{N}(0,\boldsymbol{\Sigma}_p)$，观测数据的边缘分布为

$$p(\boldsymbol{y} \mid \boldsymbol{X})=\mathcal{N}(\boldsymbol{y} \mid \boldsymbol{0},\boldsymbol{\Phi\Sigma}_p\boldsymbol{\Phi}^\top+\sigma^2\boldsymbol{I}) \tag{9.14}$$

测试数据的预测分布为

$$f_* \mid x_*, \boldsymbol{X}, \boldsymbol{y} \sim \mathcal{N}\left(f_* \middle| \frac{1}{\sigma^2}\phi(\boldsymbol{x}_*)^\top \boldsymbol{A}^{-1}\boldsymbol{\Phi}^\top \boldsymbol{y}, \phi(\boldsymbol{x}_*)^\top \boldsymbol{A}^{-1}\phi(\boldsymbol{x}_*)\right) \tag{9.15}$$

其中 $\boldsymbol{A}=\sigma^{-2}\boldsymbol{\Phi}^\top\boldsymbol{\Phi}+\boldsymbol{\Sigma}_p^{-1}$。

预测分布中包含对 $D'\times D'$ 的矩阵 $\boldsymbol{A}$ 求逆，矩阵求逆的运算复杂度很高，特别是当 D' 较大时，因此需要简化运算。可以将矩阵 $\boldsymbol{A}$ 的表达式代回公式(9.15)，从而简化计算。针对预测分布的均值，由于

$$\boldsymbol{A}\boldsymbol{\Sigma}_p\boldsymbol{\Phi}^\top = (\sigma^{-2}\boldsymbol{\Phi}^\top\boldsymbol{\Phi}+\boldsymbol{\Sigma}_p^{-1})\boldsymbol{\Sigma}_p\boldsymbol{\Phi}^\top = \sigma^{-2}\boldsymbol{\Phi}^\top(\boldsymbol{\Phi}\boldsymbol{\Sigma}_p\boldsymbol{\Phi}^\top+\sigma^2\boldsymbol{I}) \tag{9.16}$$

在等式两边同时左乘 A^{-1} 和右乘 $(\boldsymbol{\Phi}\boldsymbol{\Sigma}_p\boldsymbol{\Phi}^\top+\sigma^2\boldsymbol{I})^{-1}$，可以得到

$$\boldsymbol{\Sigma}_p\boldsymbol{\Phi}^\top(\boldsymbol{\Phi}\boldsymbol{\Sigma}_p\boldsymbol{\Phi}^\top+\sigma^2\boldsymbol{I})^{-1} = \sigma^{-2}\boldsymbol{A}^{-1}\boldsymbol{\Phi}^\top \tag{9.17}$$

因此公式(9.15)中分布的均值为

$$\sigma^{-2}\phi(\boldsymbol{x}_*)^\top\boldsymbol{A}^{-1}\boldsymbol{\Phi}^\top\boldsymbol{y} = \phi(\boldsymbol{x}_*)^\top\boldsymbol{\Sigma}_p\boldsymbol{\Phi}^\top(\boldsymbol{\Phi}\boldsymbol{\Sigma}_p\boldsymbol{\Phi}^\top+\sigma^2\boldsymbol{I})^{-1}\boldsymbol{y} \tag{9.18}$$

针对预测分布的协方差，根据 Woodbury 公式，即

$$(\boldsymbol{B}+\boldsymbol{UCV})^{-1} = \boldsymbol{B}^{-1}-\boldsymbol{B}^{-1}\boldsymbol{U}(\boldsymbol{C}^{-1}+\boldsymbol{VB}^{-1}\boldsymbol{U})^{-1}\boldsymbol{VB}^{-1} \tag{9.19}$$

可以得到

$$\boldsymbol{A}^{-1} = (\sigma^{-2}\boldsymbol{\Phi}^\top\boldsymbol{\Phi}+\boldsymbol{\Sigma}_p^{-1})^{-1} = \boldsymbol{\Sigma}_p-\boldsymbol{\Sigma}_p\boldsymbol{\Phi}^\top(\sigma^2\boldsymbol{I}+\boldsymbol{\Phi}\boldsymbol{\Sigma}_p\boldsymbol{\Phi}^\top)^{-1}\boldsymbol{\Phi}\boldsymbol{\Sigma}_p \tag{9.20}$$

因此公式(9.15)中分布的协方差为

$$\begin{aligned}\phi(\boldsymbol{x}_*)^\top\boldsymbol{A}^{-1}\phi(\boldsymbol{x}_*) = {} & \phi(\boldsymbol{x}_*)^\top\boldsymbol{\Sigma}_p\phi(\boldsymbol{x}_*)-\phi(\boldsymbol{x}_*)^\top\boldsymbol{\Sigma}_p\boldsymbol{\Phi}^\top(\sigma^2\boldsymbol{I}+ \\ & \boldsymbol{\Phi}\boldsymbol{\Sigma}_p\boldsymbol{\Phi}^\top)^{-1}\boldsymbol{\Phi}\boldsymbol{\Sigma}_p\phi(\boldsymbol{x}_*)\end{aligned} \tag{9.21}$$

设 $\phi_*=\phi(\boldsymbol{x}_*)$，$K=\boldsymbol{\Phi}\boldsymbol{\Sigma}_p\boldsymbol{\Phi}^\top$，可得到预测分布为

$$\begin{aligned}f_* \mid \boldsymbol{x}_*, \boldsymbol{X}, \boldsymbol{y} \sim \mathcal{N}(& f_* \mid \phi_*^\top\boldsymbol{\Sigma}_p\boldsymbol{\Phi}^\top(K+\sigma^2\boldsymbol{I})^{-1}\boldsymbol{y}, \phi_*^\top\boldsymbol{\Sigma}_p\phi_*- \\ & \phi_*^\top\boldsymbol{\Sigma}_p\boldsymbol{\Phi}^\top(\boldsymbol{K}+\sigma^2\boldsymbol{I})^{-1}\boldsymbol{\Phi}\boldsymbol{\Sigma}_p\phi_*)\end{aligned} \tag{9.22}$$

在预测分布(公式(9.22))中，需要求逆的矩阵大小为 $N\times N$，当 $N<D'$ 时，运算复杂度会降低很多。此外，由于观测边缘分布和预测分布中与输入特征相关的运算总是以内积的形式出现，如 $\phi_*^\top\boldsymbol{\Sigma}_p\phi_*$、$\phi_*^\top\boldsymbol{\Sigma}_p\boldsymbol{\Phi}^\top$ 或者 $\boldsymbol{\Phi}\boldsymbol{\Sigma}_p\boldsymbol{\Phi}^\top$，因此可以使用核方法，将高维空间中的内积操作转变为在原始空间中的函数

运算。定义新的映射函数为 $\varphi(\boldsymbol{x})=\boldsymbol{\Sigma}_p^{1/2}\phi(\boldsymbol{x})$，并且令 $k(\boldsymbol{x},\boldsymbol{x}')=\varphi(\boldsymbol{x})^\top\varphi(\boldsymbol{x})$，可以得到

$$k(\boldsymbol{x},\boldsymbol{x}')=\phi(\boldsymbol{x})^\top\boldsymbol{\Sigma}_p\phi(\boldsymbol{x}) \tag{9.23}$$

因此，在高斯过程中，核函数 $k(\boldsymbol{x},\boldsymbol{x}')$ 也称为协方差函数，核函数中包含的参数通常称为高斯过程模型的超参数。

至此，得到了均值为 $\boldsymbol{0}$、协方差函数为 $k(\boldsymbol{x},\boldsymbol{x}')$ 的高斯过程回归模型。由于使用了贝叶斯方法，对权重进行积分并引入了核函数，高斯过程的似然函数与权重参数无关，仅依赖于核函数中的超参数。

对公式(9.14)使用核方法进一步化简，可以得出高斯过程回归模型的边缘似然为

$$p(\boldsymbol{y}\mid\boldsymbol{X})=\mathcal{N}(\boldsymbol{0},\boldsymbol{K}(\boldsymbol{X},\boldsymbol{X})+\sigma^2\boldsymbol{I}) \tag{9.24}$$

模型中的超参数可以通过最大边缘似然的方式进行估计。

对公式(9.22)使用核方法变换，可以得到高斯过程回归模型在测试点 $\boldsymbol{x}_*$ 的预测分布为

$$p(f_*\mid\boldsymbol{x}_*,\boldsymbol{X},\boldsymbol{y})=\mathcal{N}(\boldsymbol{k}(\boldsymbol{x}_*,\boldsymbol{X})[K(\boldsymbol{X},\boldsymbol{X})+\sigma^2\boldsymbol{I}]^{-1}\boldsymbol{y},k(\boldsymbol{x}_*,\boldsymbol{x}_*)-\boldsymbol{k}(\boldsymbol{x}_*,\boldsymbol{X})[K(\boldsymbol{X},\boldsymbol{X})+\sigma^2\boldsymbol{I}]^{-1}\boldsymbol{k}(\boldsymbol{X},\boldsymbol{x}_*)) \tag{9.25}$$

如果有多个测试数据点，表示为 $\boldsymbol{X}_*$，那么它们的预测分布为

$$p(\boldsymbol{f}_*\mid\boldsymbol{X}_*,\boldsymbol{X},\boldsymbol{y})=\mathcal{N}(\boldsymbol{K}(\boldsymbol{X}_*,\boldsymbol{X})[\boldsymbol{K}(\boldsymbol{X},\boldsymbol{X})+\sigma^2\boldsymbol{I}]^{-1}\boldsymbol{y},\boldsymbol{K}(\boldsymbol{X}_*,\boldsymbol{X}_*)-\boldsymbol{K}(\boldsymbol{X}_*,X)[\boldsymbol{K}(\boldsymbol{X},\boldsymbol{X})+\sigma^2\boldsymbol{I}]^{-1}\boldsymbol{K}(\boldsymbol{X},\boldsymbol{X}_*)) \tag{9.26}$$

预测分布的均值可以作为预测结果的估计值，预测分布在单个测试样本处的方差可以评价对应预测结果的不确定性。

9.2.2　函数空间

如果从函数空间的角度理解高斯过程，高斯过程可以看成函数的概率分布。从函数空间的视角来推导高斯过程回归模型，可以得到和权重空间相同的结果。

根据定义，高斯过程是无限个随机变量的集合，其中任何有限个随机变量都服从联合高斯分布。随机过程虽然通常使用时刻 t 作为下标，对应的随机变量可表示为 X_t，但是并非局限于与时间有关的变量。高斯过程通常用于更一般的情况，其包含的随机变量不限于以时间为索引。建模数据时，每一个随机变量对应一个样本。例如，如果 $f(\boldsymbol{x}_n)$是服从高斯过程的随机变量，$f(\boldsymbol{x}_n)$表示与输入 $\boldsymbol{x}_n$ 对应的输出 y_n 的无噪声版本。

从函数空间的角度，一个高斯过程可以通过其均值函数和协方差函数定义。假设高斯过程 $f(\boldsymbol{x})$的均值函数为 $m(\boldsymbol{x})$，协方差函数为 $k(\boldsymbol{x},\boldsymbol{x}')$，那么二者的含义为

$$m(\boldsymbol{x})=\mathbb{E}[f(\boldsymbol{x})] \tag{9.27}$$

$$k(\boldsymbol{x},\boldsymbol{x}')=\mathbb{E}[(f(\boldsymbol{x})-m(\boldsymbol{x}))(f(\boldsymbol{x}')-m(\boldsymbol{x}'))] \tag{9.28}$$

在该定义下，高斯过程可以写成

$$f(\boldsymbol{x})\sim\mathcal{GP}(m(\boldsymbol{x}),k(\boldsymbol{x},\boldsymbol{x}')) \tag{9.29}$$

高斯过程在函数空间的定义说明均值函数与协方差函数与 $f(\boldsymbol{x})$取值的分布有关，如果 $f(\boldsymbol{x})$是简单的线性函数，可以推导出一个高斯过程实例。假设 $f(\boldsymbol{x})$可以表示为 $f(\boldsymbol{x})=\phi(\boldsymbol{x})^\top\boldsymbol{w}$，其参数服从先验 $\boldsymbol{w}\sim\mathcal{N}(\boldsymbol{0},\boldsymbol{\Sigma}_p)$，$\phi(\boldsymbol{x})$表示对原始输入变换之后的特征。根据公式(9.27)和公式(9.28)，可以得到函数 $f(\boldsymbol{x})$的均值和协方差为

$$\mathbb{E}[f(\boldsymbol{x})]=\phi(\boldsymbol{x})^\top\mathbb{E}[\boldsymbol{w}]=0 \tag{9.30}$$

$$\mathbb{E}[f(\boldsymbol{x})f(\boldsymbol{x}')]=\phi(\boldsymbol{x})^\top\mathbb{E}[\boldsymbol{w}\boldsymbol{w}^\top]\phi(\boldsymbol{x}')=\phi(\boldsymbol{x})^\top\boldsymbol{\Sigma}_p\phi(\boldsymbol{x}') \tag{9.31}$$

与权重空间的表示类似，对公式(9.31)中的协方差使用核方法，可以直接定义任意两个样本之间的协方差函数，因此输出之间的协方差可直接表示为输入的函数，记为 $k(\boldsymbol{x},\boldsymbol{x}')$。

高斯过程的均值函数并无特殊要求。在许多实际问题中，通常假设为常数零，作为一种常用的高斯过程先验设置。当高斯过程的均值设置为零时，只需关注协方差函数的设置。协方差函数需要能够构建对称半正定的协方

差矩阵，通常使用核函数。

确定协方差函数 $k(\boldsymbol{x},\boldsymbol{x}')$ 之后，可以使用输入数据构建关于输出数据的协方差矩阵 $\boldsymbol{K}(\boldsymbol{X},\boldsymbol{X})$。如果假设观测输出是无噪声的高斯过程，那么高斯过程的似然函数为

$$p(\boldsymbol{f} \mid \boldsymbol{X}) = \mathcal{N}(\boldsymbol{0}, \boldsymbol{K}(\boldsymbol{X},\boldsymbol{X})) \tag{9.32}$$

从函数空间的定义可以看出，高斯过程的一个样本是一个函数。函数上的任意有限个取值构成联合高斯分布。从一个零均值的高斯过程中采样一个样本的做法是：首先选取一定数目的输入 X；然后使用特定的协方差函数 $k(\boldsymbol{x},\boldsymbol{x}')$ 和输入 X 构建协方差矩阵 $K(X,X)$，得到一个多元高斯分布 $\mathcal{N}(\boldsymbol{0}, K(X,X))$；最后从该多元高斯分布中进行一次采样，得到随机高斯向量作为对应输出 $f(X)$ 的值。输入和输出对应构成的函数曲线，形成该高斯过程的一个样本。图 9-1 展示了高斯过程 $\mathcal{GP}(0,k(x,x'))$ 的三个样本，其中 $k(x,x')=\exp\{-(x-x')^2/4\}$。

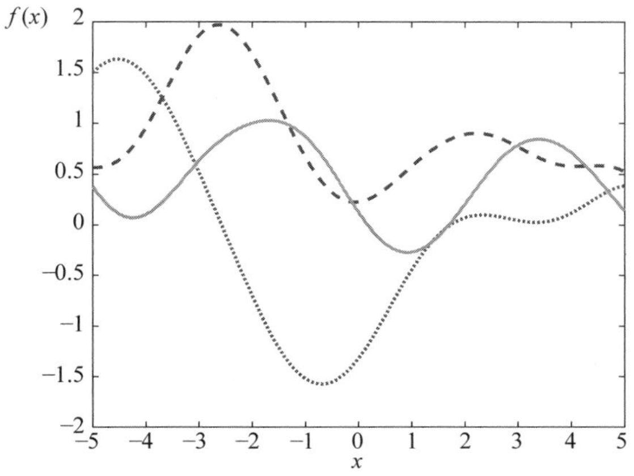

图 9-1　高斯过程的 3 个样本示例

（3 条不同的曲线对应高斯过程的 3 个样本）

在实际应用中，观测数据通常是有噪声的。假设 $y=f(\boldsymbol{x})+\epsilon$，噪声 ϵ 服从均值为 0、方差为 σ^2 的高斯分布，则带噪声的观测之间的协方差可以表示为

$$\mathrm{cov}(y_n, y_{n'}) = k(\boldsymbol{x}_n, \boldsymbol{x}_{n'}) + \sigma^2 I(n = n') \tag{9.33}$$

其中 $I(n=n')$是单位函数，当且仅当 $n=n'$时，$I(n=n')=1$，其他情况下 $I(n=n')=0$。还可以得到所有观测样本输出之间的协方差矩阵为 $\boldsymbol{K}(\boldsymbol{X},\boldsymbol{X})+\sigma^2\boldsymbol{I}$，当高斯过程均值设置为 $\mathbf{0}$ 时，可以得到与公式(9.24)相同的高斯过程边缘似然。

高斯过程假设任意有限子集的联合分布是高斯分布，如果假设训练集与测试集都服从同一个高斯过程，且训练样本的观测具有高斯噪声，可以得到训练集的观测输出 $\boldsymbol{y}$ 与测试集的无噪声输出 $\boldsymbol{f}_*$ 的联合分布是与观测输入矩阵 $\boldsymbol{X}$ 和测试输入矩阵 $\boldsymbol{X}_*$ 有关的多元高斯分布，具体形式为

$$\begin{bmatrix} \boldsymbol{y} \\ \boldsymbol{f}_* \end{bmatrix} \sim \mathcal{N}\left(\mathbf{0}, \begin{bmatrix} \boldsymbol{K}(\boldsymbol{X},\boldsymbol{X})+\sigma^2\boldsymbol{I} & \boldsymbol{K}(\boldsymbol{X},\boldsymbol{X}_*) \\ \boldsymbol{K}(\boldsymbol{X}_*,\boldsymbol{X}) & \boldsymbol{K}(\boldsymbol{X}_*,\boldsymbol{X}_*) \end{bmatrix}\right) \tag{9.34}$$

利用贝叶斯公式得到测试数据的预测分布为

$$p(\boldsymbol{f}_* \mid \boldsymbol{X}_*, \boldsymbol{X}, \boldsymbol{y}) = \mathcal{N}(\boldsymbol{K}(\boldsymbol{X}_*,\boldsymbol{X})\,[\boldsymbol{K}(\boldsymbol{X},\boldsymbol{X})+\sigma^2\boldsymbol{I}]^{-1}\boldsymbol{y}, \boldsymbol{K}(\boldsymbol{X}_*,\boldsymbol{X}_*) - \boldsymbol{K}(\boldsymbol{X}_*,\boldsymbol{X})\,[\boldsymbol{K}(\boldsymbol{X},\boldsymbol{X})+\sigma^2\boldsymbol{I}]^{-1}\boldsymbol{K}(\boldsymbol{X},\boldsymbol{X}_*)) \tag{9.35}$$

该预测分布与权重空间的预测分布公式(9.26)相同。

9.3 高斯过程分类模型

在高斯过程的回归模型中，输出目标是连续数值。在分类问题中，输出目标是离散数值。例如，分类问题是将输入 $\boldsymbol{x}$ 判别为 C 个离散的类别之一。要解决的分类问题是二类问题时，直接使用高斯过程回归模型也可以进行分类。方法是将类别定义为$+1$ 和-1，作为模型的输出，直接使用高斯过程回归模型对数据进行训练。在预测阶段，如果高斯过程预测分布的均值大于零，那么将测试样本判别为正类，反之判别为负类。

高斯过程分类模型可以直接对分类数据进行建模，实现方法是引入某种函数将样本的连续输出变换为其属于某个类别的概率。这样通过概率的相

对大小可以判断该样本的所属类别。

高斯过程分类模型和高斯过程回归模型的最大区别在于输出 y 和函数 f 之间的关系。在回归模型中，观测数据 y 可以表示为函数 f 和高斯噪声的和，此时似然 $p(y|f)$ 是高斯似然。但在分类模型中，输出 y 是离散变量，$p(y|f)$ 是一个离散分布，表示 y 取不同离散数值的概率，这个过程与逻辑回归类似。例如，在解决二类分类问题时，可以使用 sigmoid 函数将 f 映射到 $[0,1]$ 区间上的数值，用于表示属于正类或负类的概率；在解决多类分类问题时，则构建多个函数 $f^1, f^2, \cdots, f^C$，并且利用 softmax 函数将其映射到属于对应类别的概率。无论是二类还是多类分类，最终都可以根据相应类别后验概率的大小进行决策。

9.3.1　模型表示

下面分别介绍高斯过程二分类模型和多分类模型。

(1) 高斯过程二分类模型。

高斯过程二分类模型与高斯过程回归模型类似，不同之处在于使用特殊的映射函数来表示模型的非高斯似然。这里介绍使用 sigmoid 函数作为映射函数的高斯过程二分类模型。模型假设函数 $f(\boldsymbol{x})$ 服从无噪声的高斯过程，并且通过一个 sigmoid 函数（记为 $\sigma(\cdot)$）将函数的取值映射到 $[0,1]$ 区间上的数值，用于表示属于某一类别的概率，如 $p(y=+1|f(\boldsymbol{x}))=\sigma(f(\boldsymbol{x}))$。

已知训练数据集 $\mathcal{D}=\{\boldsymbol{x}_n, y_n\}_{n=1}^N$ 以及高斯过程二分类模型的相关假设，可以得到模型的边缘似然为

$$
\begin{aligned}
p(\boldsymbol{y} \mid \boldsymbol{X}) &= \int p(y \mid \boldsymbol{f}) p(\boldsymbol{f} \mid \boldsymbol{X}) \mathrm{d}\boldsymbol{f} \\
&= \int \left(\prod_{n=1}^{N} \sigma(f_n)^{I(y_n=+1)} (1-\sigma(f_n))^{I(y_n=-1)} \right) p(\boldsymbol{f} \mid \boldsymbol{X}) \mathrm{d}\boldsymbol{f}
\end{aligned}
\tag{9.36}
$$

其中 $I(\cdot)$ 表示单位函数，当括号中的条件满足时取值为 1，其他情况下取值为 0。最大化模型的边缘似然可以得到模型超参数的估计值。然而，由于非高斯似然的引入，上述边缘似然无法获得解析解，需要使用近似推理方法获得近似解。

完成模型训练之后，可以推导得出测试数据的预测分布为

$$\begin{aligned} p(y_* = +1 \mid \boldsymbol{X}, \boldsymbol{y}, \boldsymbol{x}_*) &= \int \sigma(f_*) p(f_* \mid \boldsymbol{X}, \boldsymbol{y}, \boldsymbol{x}_*) \mathrm{d} f_* \\ &= \int \sigma(f_*) p(f_* \mid \boldsymbol{X}, \boldsymbol{f}, \boldsymbol{x}_*) p(\boldsymbol{f} \mid \boldsymbol{X}, \boldsymbol{y}) \mathrm{d}\boldsymbol{f} \mathrm{d} f_* \end{aligned} \tag{9.37}$$

其中，$p(f_* \mid \boldsymbol{X}, \boldsymbol{f}, \boldsymbol{x}_*)$ 与高斯过程回归模型的预测分布具有类似表达式：$p(f_* \mid X, \boldsymbol{f}, \boldsymbol{x}_*) = \mathcal{N}(f_* \mid \boldsymbol{k}(\boldsymbol{x}_*, \boldsymbol{X}) \boldsymbol{K}(\boldsymbol{X}, X)^{-1} \boldsymbol{f}, k(\boldsymbol{x}_*, \boldsymbol{x}_*) - \boldsymbol{k}(\boldsymbol{x}_*, \boldsymbol{X}) \boldsymbol{K}(\boldsymbol{X}, \boldsymbol{X})^{-1} \boldsymbol{k}(\boldsymbol{X}, \boldsymbol{x}_*))$，然而潜在函数 $\boldsymbol{f}$ 的真实后验 $p(\boldsymbol{f} \mid \boldsymbol{X}, y) = p(\boldsymbol{y} \mid \boldsymbol{f}) p(\boldsymbol{f} \mid \boldsymbol{X}) / p(\boldsymbol{y} \mid \boldsymbol{X})$ 没有解析解，因此预测分布也无法解析求解，需要使用近似推理方法获得近似解。

(2) 高斯过程多分类模型。

高斯过程多分类模型需要假设多个函数 $f^1, f^2, \cdots, f^C$，每一个函数 f^c 对应一个类别，然后使用映射函数构建模型的非高斯似然 $p(y^c = +1 \mid \boldsymbol{f})$，用于表示对应样本属于类别 c 的概率。常用的映射函数是 softmax 函数，即，

$$p(y^c = +1 \mid \boldsymbol{f}(\boldsymbol{x})) = \mathrm{softmax}(\boldsymbol{f}(\boldsymbol{x}), c) = \frac{\exp(f^c(\boldsymbol{x}))}{\sum_{c'} \exp(f^{c'}(\boldsymbol{x}))} \tag{9.38}$$

与高斯过程二分类模型相比，高斯过程多分类模型引入了多个独立的函数。多分类模型中每一个样本的标签使用 one-hot 向量表示，输出向量的长度是类别数目，向量仅包含一个取值为 1 的元素，对应样本的所属类别，其他元素均为 0。在分类模型中，训练集所有数据对应的函数 $\boldsymbol{f}$ 仍然是一个高斯过程，即 $\boldsymbol{f} \mid X \sim \mathcal{N}(\boldsymbol{0}, \boldsymbol{K}(\boldsymbol{X}, \boldsymbol{X}))$，这里 $\boldsymbol{f}$ 是长度为 $N \times C$ 的向量。高斯过程的均值向量是 $N \times C$ 的零向量，协方差矩阵是一个块对角阵，一共包含 C 个非

零块，每个非零块是 $N\times N$ 的协方差矩阵 $\boldsymbol{K}^c(\boldsymbol{X},\boldsymbol{X})$，使用具有不同参数的核函数 k^c 构建。给定模型假设之后，边缘似然和预测分布的表示与高斯过程二分类模型类似，即

$$p(\boldsymbol{y}\mid\boldsymbol{X})=\int \mathrm{softmax}(\boldsymbol{f})p(\boldsymbol{f}\mid\boldsymbol{X})\mathrm{d}\boldsymbol{f} \tag{9.39}$$

$$p(y_*^c=+1\mid\boldsymbol{X},\boldsymbol{y},\boldsymbol{x}_*)=\int \mathrm{softmax}(\boldsymbol{f}_*,c)p(\boldsymbol{f}_*\mid\boldsymbol{X},\boldsymbol{f},\boldsymbol{x}_*)\,p(\boldsymbol{f}\mid\boldsymbol{X},\boldsymbol{y})\mathrm{d}\boldsymbol{f}\mathrm{d}\boldsymbol{f}_* \tag{9.40}$$

其中 $\mathrm{softmax}(\boldsymbol{f})=[\mathrm{softmax}(\boldsymbol{f},1),\mathrm{softmax}(\boldsymbol{f},2),\cdots,\mathrm{softmax}(\boldsymbol{f},C)]^{\top}$。

9.3.2　近似推理方法

高斯过程分类模型的边缘似然和预测分布均存在积分不可解的问题，通常使用确定性近似方法或随机近似方法得到概率分布的近似解。确定性近似方法使用具有良好性质的分布来近似某个目标分布，常用的方法有拉普拉斯近似、变分平均场近似和期望传播近似。随机近似方法使用采样的方法对概率分布进行近似求解，其中马尔可夫链蒙特卡洛采样是常用的采样方法。本书的第 12 章与第 13 章会详细介绍这两类方法。这里主要介绍使用拉普拉斯近似方法对高斯过程二分类模型的求解过程。

拉普拉斯(Laplace)近似的思想是使用高斯分布来近似非高斯分布，近似分布由一个众数处的泰勒展开式来构建，其中众数是指使得原分布的概率密度取值最高的变量。近似的高斯分布以众数为均值向量，协方差矩阵是原始密度函数的负对数关于变量的 Hessian 矩阵的逆矩阵，其中 Hessian 矩阵的定义可参考附录 C。

边缘似然 $p(\boldsymbol{y}|\boldsymbol{X})$的求解需要对联合分布 $p(\boldsymbol{y},\boldsymbol{f}|\boldsymbol{X})$关于变量 $\boldsymbol{f}$ 求积分，无法得到解析解。将 $p(\boldsymbol{y},\boldsymbol{f}|\boldsymbol{X})$看成是关于 $\boldsymbol{f}$ 的函数，记为 $\exp\{\phi(\boldsymbol{f})\}$，且

$$\begin{aligned}\phi(\boldsymbol{f})&=\ln p(\boldsymbol{y},\boldsymbol{f}\mid\boldsymbol{X})\\&=\ln p(\boldsymbol{y}\mid\boldsymbol{f})+\ln p(\boldsymbol{f}\mid\boldsymbol{X})\end{aligned}$$

$$= \sum_{n=1}^{N} [I(y_n = +1)\ln\sigma(f_n) + I(y_n = -1)\ln(1-\sigma(f_n))] -$$

$$\frac{1}{2}\boldsymbol{f}^{\top}\boldsymbol{K}^{-1}\boldsymbol{f} - \frac{1}{2}\ln|\boldsymbol{K}| - \frac{N}{2}\log 2\pi \tag{9.41}$$

由于 $\exp\{\phi(\boldsymbol{f})\}$不是关于 $\boldsymbol{f}$ 的概率分布，因此使用未归一化的高斯分布 $\exp\{\boldsymbol{\Psi}(\boldsymbol{f})\}$来近似 $\exp\{\phi(\boldsymbol{f})\}$，可以近似得到具有解析表达的边缘似然 $\tilde{p}(\boldsymbol{y}|\boldsymbol{X})$。

首先找到使得 $\phi(\boldsymbol{f})$最大的变量 $\hat{\boldsymbol{f}}$，以及 $\phi(\boldsymbol{f})$关于 $\boldsymbol{f}$ 在 $\hat{\boldsymbol{f}}$ 处的 Hessian 矩阵。

对 $\phi(\boldsymbol{f})$，关于 $\boldsymbol{f}$ 分别求一阶导数和二阶导数，得到

$$\frac{\mathrm{d}\phi(\boldsymbol{f})}{\mathrm{d}\boldsymbol{f}} = \frac{\mathrm{d}\left(\sum_{n=1}^{N}[I(y_n = +1)\ln\sigma(f_n) + I(y_n = -1)\ln(1-\sigma(f_n))]\right)}{d\boldsymbol{f}} -$$

$$\boldsymbol{f}^{\top}\boldsymbol{K}^{-1} \tag{9.42}$$

$$\frac{\mathrm{d}^2\phi(\boldsymbol{f})}{\mathrm{d}\boldsymbol{f}\mathrm{d}\boldsymbol{f}^{\top}} = \frac{\mathrm{d}^2\left(\sum_{n=1}^{N}[I(y_n = +1)\ln\sigma(f_n) + I(y_n = -1)\ln(1-\sigma(f_n))]\right)}{d\boldsymbol{f}d\boldsymbol{f}^{\mathrm{T}}} -$$

$$\boldsymbol{K}^{-1} \tag{9.43}$$

由于令一阶导数为零不能得到 $\hat{\boldsymbol{f}}$ 的闭式解，因此可以通过梯度下降等优化算法得到 $\hat{\boldsymbol{f}}$，其中梯度表示为公式(9.42)所示的一阶导数的转置。然后根据公式(9.43)计算在 $\hat{\boldsymbol{f}}$ 处的 Hessian 矩阵 $\boldsymbol{H}$。

其次，将 $\phi(\boldsymbol{f})$在 $\hat{\boldsymbol{f}}$ 处进行泰勒展开，可以得到其近似表示 $\boldsymbol{\Psi}(\boldsymbol{f})$，即

$$\boldsymbol{\Psi}(\boldsymbol{f}) = \phi(\hat{\boldsymbol{f}}) - \frac{1}{2}(\boldsymbol{f} - \hat{\boldsymbol{f}})^{\top}\boldsymbol{A}(\boldsymbol{f} - \hat{\boldsymbol{f}}) \tag{9.44}$$

其中 $\boldsymbol{A} = -\boldsymbol{H}$。因此，$\exp\{\phi(\boldsymbol{f})\}$由一个未归一化的高斯分布 $\exp\{\boldsymbol{\Psi}(\boldsymbol{f})\}$近似，从而得到对数边缘似然的近似解为

$$\ln\tilde{p}(\boldsymbol{y} \mid \boldsymbol{X}) = \ln\int p(\boldsymbol{y} \mid \boldsymbol{f})p(\boldsymbol{f} \mid \boldsymbol{X})\mathrm{d}\boldsymbol{f}$$

$$= \ln\int \exp\{\boldsymbol{\Psi}(\boldsymbol{f})\}\mathrm{d}\boldsymbol{f}$$

$$=-\frac{1}{2}\hat{\boldsymbol{f}}^{\top}\boldsymbol{K}^{-1}\hat{\boldsymbol{f}}+\ln p(\boldsymbol{y}\mid\hat{\boldsymbol{f}})-\frac{1}{2}\ln|\boldsymbol{K}|+\frac{1}{2}\ln|\boldsymbol{H}| \tag{9.45}$$

由于预测分布的求解需要对 $\sigma(f_*)p(f_*\mid\boldsymbol{X},\boldsymbol{f},\boldsymbol{x}_*)p(\boldsymbol{f}\mid\boldsymbol{X},\boldsymbol{y})$ 关于 $\boldsymbol{f}$ 和 f_* 求积分，因此使用拉普拉斯方法对真实后验分布进行近似。具体做法是用高斯分布 $\widetilde{p}(\boldsymbol{f}\mid\boldsymbol{X},\boldsymbol{y})$ 近似真实后验分布 $p(\boldsymbol{f}\mid\boldsymbol{X},\boldsymbol{y})$，进而得到 $p(f_*\mid\boldsymbol{X},\boldsymbol{y},\boldsymbol{x}_*)$ 的近似解。其中，$p(f_*\mid\boldsymbol{X},\boldsymbol{y},\boldsymbol{x}_*)$ 的近似计算为

$$p(f_*\mid\boldsymbol{X},\boldsymbol{y},\boldsymbol{x}_*)\approx\int p(f_*\mid\boldsymbol{X},\boldsymbol{f},\boldsymbol{x}_*)\widetilde{p}(\boldsymbol{f}\mid\boldsymbol{X},\boldsymbol{y})\mathrm{d}\boldsymbol{f} \tag{9.46}$$

为得到真实后验 $p(\boldsymbol{f}\mid\boldsymbol{X},y)$ 的近似高斯分布 $\widetilde{p}(\boldsymbol{f}\mid\boldsymbol{X},\boldsymbol{y})$，记为 $\mathcal{N}(\boldsymbol{f}\mid\hat{\boldsymbol{f}},\boldsymbol{A}^{-1})$，分别计算对数后验分布的众数 $\hat{\boldsymbol{f}}$ 及其关于 $\boldsymbol{f}$ 在 $\hat{\boldsymbol{f}}$ 处的 Hessian 矩阵。由于后验分布可以表示为

$$p(\boldsymbol{f}\mid\boldsymbol{X},\boldsymbol{y})=\frac{p(\boldsymbol{y}\mid\boldsymbol{f})p(\boldsymbol{f}\mid\boldsymbol{X})}{p(\boldsymbol{y}\mid\boldsymbol{X})} \tag{9.47}$$

其中 $p(\boldsymbol{y}\mid\boldsymbol{X})$ 与 $\boldsymbol{f}$ 无关，故 $\ln p(\boldsymbol{f}\mid\boldsymbol{X},\boldsymbol{y})$ 的众数和 Hessian 矩阵分别与 $\ln p(\boldsymbol{y},\boldsymbol{f}\mid\boldsymbol{X})$ 的众数和 Hessian 矩阵相同，可以根据公式(9.42)和公式(9.43)计算得到 $\hat{\boldsymbol{f}}$ 和 $\boldsymbol{H}$，继而得到 $\boldsymbol{A}=-\boldsymbol{H}$。

在拉普拉斯近似下的 f_* 的预测分布 $p(f_*\mid\boldsymbol{X},y,\boldsymbol{x}_*)$ 是高斯分布，其均值为

$$\mathbb{E}[f_*\mid\boldsymbol{X},\boldsymbol{y},\boldsymbol{x}_*]=\boldsymbol{k}(\boldsymbol{X},\boldsymbol{x}_*)^{\top}K^{-1}\hat{\boldsymbol{f}} \tag{9.48}$$

方差为[1]

$$\begin{aligned}\operatorname{var}[f_*\mid\boldsymbol{X},\boldsymbol{y},\boldsymbol{x}_*]=&\mathbb{E}_{p(f_*\mid\boldsymbol{X},\boldsymbol{x}_*,\boldsymbol{f})}[(f_*-\mathbb{E}[f_*\mid X,\boldsymbol{x}_*,\boldsymbol{f}])^2]+\\&\mathbb{E}_{\widetilde{p}(\boldsymbol{f}\mid X,y)}[(\mathbb{E}[f_*\mid\boldsymbol{X},\boldsymbol{x}_*,\boldsymbol{f}]-\mathbb{E}[f_*\mid\boldsymbol{X},\boldsymbol{x}_*,\boldsymbol{y}])^2]\end{aligned} \tag{9.49}$$

进一步化简可得

$$\begin{aligned}\operatorname{var}[f_*\mid\boldsymbol{X},\boldsymbol{y},\boldsymbol{x}_*]=&k(\boldsymbol{x}_*,\boldsymbol{x}_*)-\boldsymbol{k}(\boldsymbol{X},\boldsymbol{x}_*)^{\top}\boldsymbol{K}^{-1}\boldsymbol{k}(\boldsymbol{X},\boldsymbol{x}_*)+\\&\boldsymbol{k}(\boldsymbol{X},x_*)^{\top}\boldsymbol{K}^{-1}\boldsymbol{A}^{-1}\boldsymbol{K}^{-1}\boldsymbol{k}(\boldsymbol{X},\boldsymbol{x}_*)\end{aligned} \tag{9.50}$$

给定 f_* 的近似预测分布 $p(f_* | \boldsymbol{X}, y, \boldsymbol{x}_*)$，$y_*$ 的预测概率为

$$p(y_* = +1 \mid \boldsymbol{X}, \boldsymbol{y}, \boldsymbol{x}_*) = \int \sigma(f_*) p(f_* \mid \boldsymbol{X}, \boldsymbol{y}, \boldsymbol{x}_*) \mathrm{d} f_* \tag{9.51}$$

当 $\sigma(\cdot)$ 是标准高斯的累积分布函数时，即 $\sigma(a) = \int_{-\infty}^{a} \mathcal{N}(w \mid 0, 1) \mathrm{d} w$，预测概率具有解析解[1]。当 $\sigma(\cdot)$ 是 sigmoid 函数时，预测概率仍然无法得到解析解。如果进行分类决策，一种方法是使用点估计来得到近似值，即将 $\mathbb{E}[f_* \mid \boldsymbol{X}, \boldsymbol{y}, \boldsymbol{x}_*]$ 代入 $\sigma(\cdot)$，得到预测概率的近似值，即

$$\tilde{p}(y_* = +1 \mid \boldsymbol{X}, \boldsymbol{y}, \boldsymbol{x}_*) = \sigma(\mathbb{E}[f_* \mid \boldsymbol{X}, \boldsymbol{y}, \boldsymbol{x}_*]) \tag{9.52}$$

虽然 $\tilde{p}(y_* \mid \boldsymbol{X}, \boldsymbol{y}, \boldsymbol{x}_*)$ 与 $p(y_* \mid \boldsymbol{X}, \boldsymbol{y}, \boldsymbol{x}_*)$ 的值不完全相同，但是在二类分类中，如果使用 $p(y_* = 1 \mid \boldsymbol{X}, \boldsymbol{y}, \boldsymbol{x}_*) = 0.5$ 作为决策面，二者决策相同。原因是当 $\sigma(\mathbb{E}[f_* \mid \boldsymbol{X}, \boldsymbol{y}, \boldsymbol{x}_*]) = 0.5$ 时，$\mathbb{E}[f_* \mid \boldsymbol{X}, \boldsymbol{y}, \boldsymbol{x}_*] = 0$；当 $\int \sigma(f_*) p(f_* \mid \boldsymbol{X}, \boldsymbol{y}, \boldsymbol{x}_*) \mathrm{d} f_* = 0.5$ 时，也对应 $\mathbb{E}[f_* \mid \boldsymbol{X}, \boldsymbol{y}, \boldsymbol{x}_*] = 0$。后者证明如下：当 $\int \sigma(f_*) p(f_* \mid \boldsymbol{X}, \boldsymbol{y}, \boldsymbol{x}_*) \mathrm{d} f_* = 0.5$ 时，根据 $\sigma(f_*) - 0.5$ 关于 0 中心对称可以得到

$$\begin{aligned}
&\int_{-\infty}^{\infty} (\sigma(f_*) - 0.5) p(f_* \mid \boldsymbol{X}, \boldsymbol{y}, \boldsymbol{x}_*) \mathrm{d} f_* \\
&= \int_{-\infty}^{0} (\sigma(f_*) - 0.5) p(f_* \mid \boldsymbol{X}, \boldsymbol{y}, \boldsymbol{x}_*) \mathrm{d} f_* + \\
&\quad \int_{0}^{\infty} (\sigma(f_*) - 0.5) p(f_* \mid \boldsymbol{X}, \boldsymbol{y}, \boldsymbol{x}_*) \mathrm{d} f_* \\
&= \int_{-\infty}^{0} -(\sigma(-f_*) - 0.5) p(f_* \mid \boldsymbol{X}, \boldsymbol{y}, \boldsymbol{x}_*) \mathrm{d} f_* + \\
&\quad \int_{0}^{\infty} (\sigma(f_*) - 0.5) p(f_* \mid \boldsymbol{X}, \boldsymbol{y}, \boldsymbol{x}_*) \mathrm{d} f_* \\
&= 0
\end{aligned} \tag{9.53}$$

通过对 $\int_{-\infty}^{0} -(\sigma(-f_*) - 0.5) p(f_* \mid \boldsymbol{X}, \boldsymbol{y}, \boldsymbol{x}_*) \mathrm{d} f_*$ 使用积分换元法(附

录 C）可以得到

$$\int_0^{\infty} -(\sigma(f_*)-0.5)p(-f_* \mid \boldsymbol{X},\boldsymbol{y},\boldsymbol{x}_*)\mathrm{d}f_* + \int_0^{\infty}(\sigma(f_*)-0.5)p(f_* \mid \boldsymbol{X},\boldsymbol{y},\boldsymbol{x}_*)\mathrm{d}f_* = 0 \tag{9.54}$$

因此 $p(-f_* | X,\boldsymbol{y},\boldsymbol{x}_*)=p(f_* | X,\boldsymbol{y},\boldsymbol{x}_*)$，根据 $p(f_* | \boldsymbol{X},\boldsymbol{y},\boldsymbol{x}_*)$关于 $\mathbb{E}[f_* | \boldsymbol{X},\boldsymbol{y},\boldsymbol{x}_*]$对称可得$\mathbb{E}[f_* | \boldsymbol{X},\boldsymbol{y},\boldsymbol{x}_*]=0$。

如果除了进行分类决策之外，还要得到分类的置信程度，那么可以使用采样方法得到 $p(y_* | \boldsymbol{X},\boldsymbol{y},\boldsymbol{x}_*)$的更精确的近似解。

9.4　高斯过程与支持向量机

高斯过程与支持向量机都是核方法，均具有建模非线性关系的能力。它们之间既有明显的区别，也存在一定的联系。

首先，支持向量机与高斯过程的建模原理不同。支持向量机的基本思想是最大化分类间隔，其目标是寻找具有最大分类间隔的分类超平面。最大间隔的思想可以限制模型的复杂度，有效平衡经验风险与模型复杂度之间的关系，从而保证一定的泛化能力。高斯过程的基本思想是构建数据的输出与输入之间的非线性映射关系，假设映射函数服从高斯分布先验，其均值与协方差依赖于数据的输入，然后使用贝叶斯学习方法推理出映射函数的后验分布进行预测。高斯过程通过贝叶斯模型选择的方法对模型中的超参数进行估计。高斯过程中的贝叶斯学习方法可以自动平衡模型拟合程度与模型复杂度之间的关系，从而保证一定的泛化能力。

其次，支持向量机与高斯过程二分类模型具有类似的优化目标式，但二者仍存在许多差异。为了对比支持向量机与高斯过程的优化目标式，这里重写软间隔支持向量机的目标函数。回顾第 7 章，软间隔支持向量机的目标函数为$\min_w \frac{1}{2}\|\boldsymbol{w}\|^2+C\sum_i(1-y_if_i)_+$，其中$()_+$ 表示铰链损失，$f_i=f(\boldsymbol{x}_i)=$

$\boldsymbol{w}^{\top}\boldsymbol{x}_i+w_0$。已知软间隔支持向量机的解的形式为 $\boldsymbol{w}=\sum_i \alpha_i y_i \boldsymbol{x}_i$，令 $\beta_i=\alpha_i y_i$，可得 $\|\boldsymbol{w}\|^2=\sum_{i,j}\beta_i\beta_j\langle \boldsymbol{x}_i,\boldsymbol{x}_j\rangle$。使用核方法之后，$\boldsymbol{x}_i$ 被映射到高维空间，表示为 $\boldsymbol{x}_i \rightarrow \phi(\boldsymbol{x}_i)$，并且得到 $f_i=\boldsymbol{w}^{\top}\phi(x_i)+w_0$，忽略 ω_0 或采用数据的增广表示，此时应有 $\|\boldsymbol{w}\|^2=\beta^{\top}\boldsymbol{K}\beta=\boldsymbol{f}^{\top}\boldsymbol{K}^{-1}\boldsymbol{f}$，其中 $\boldsymbol{K}$ 表示核矩阵。因此，软间隔支持向量机的目标函数可以写成

$$\min_{f}\frac{1}{2}\boldsymbol{f}^{\top}\boldsymbol{K}^{-1}\boldsymbol{f}+C\sum_{i=1}^{N}(1-y_i f_i)_+ \tag{9.55}$$

对于高斯过程的二分类模型，负对数后验分布 $p(\boldsymbol{f}\mid\boldsymbol{X},\boldsymbol{y})$ 可以写成

$$\frac{1}{2}\boldsymbol{f}^{\top}\boldsymbol{K}^{-1}\boldsymbol{f}-\sum_{i=1}^{N}\ln p(y_i\mid f_i)+\text{const} \tag{9.56}$$

支持向量机和高斯过程看似具有相似的目标式，但是二者并不等价。首先，支持向量机的目标是得到一个最优的确定性函数，然后使用最优函数进行预测；高斯过程的目标是推理出具有不确定性的函数的后验分布 $p(\boldsymbol{f}\mid\boldsymbol{X},\boldsymbol{y})$，而非获得最优函数，然后在预测时关于该后验分布进行积分，求得测试数据的预测分布。其次，支持向量机的目标式中包含折中参数 C，通常需要交叉验证来确定数值，高斯过程中并不包含额外的参数。最后，支持向量机通常使用交叉验证来估计折中参数和与核函数有关的超参数，高斯过程可以通过贝叶斯模型选择来确定与核函数有关的超参数，即最大化模型的边缘似然。需要注意的是，即使高斯过程使用最大后验估计得到 $\boldsymbol{f}$，并且使用铰链损失作为数据的负对数似然，二者仍然是不等价的，根本的原因是高斯过程使用概率建模了函数的不确定性[1]。

9.5 高斯过程与人工神经网络

回顾第 8 章，一般的人工神经网络是一种前馈网络，由一个输入层、一个或多个非线性变换层（隐含层）和一个输出层组成。与高斯过程类似，人工神

经网络也是用于非线性回归和分类问题的流行工具。与高斯过程不同的是，人工神经网络是确定性模型，使用反向传播算法进行训练。人工神经网络具有强大的拟合能力，但是网络的复杂性越高，模型越容易过拟合，好的泛化性能往往需要较多的训练数据。高斯过程具有较好的泛化能力，但是高斯过程包含协方差矩阵的求逆运算，运算复杂度较高，处理大数据时需要采用一些近似技术。

人工神经网络与高斯过程有着紧密联系，连接的桥梁是贝叶斯神经网络。贝叶斯神经网络是将神经网络置于贝叶斯学习框架中[2]，假设网络的权重服从一定的先验分布，并推导权重的后验分布。贝叶斯神经网络使用边缘似然进行模型比较和选择，然而计算边缘似然时无法得到解析解，因此需要使用诸如拉普拉斯近似或蒙特卡罗方法等近似方法。研究表明，对一个有单个隐含层的神经网络，若其先验为一个标准的高斯分布，则当隐含单元数趋于无限大时，网络会收敛到一个高斯过程。这个高斯过程的协方差函数依赖于网络的结构和隐含单元激活函数的设置[2]。

9.6　模型扩展

自高斯过程被引入机器学习以来，有许多研究对高斯过程模型进行了扩展，以满足不同的需求。这里介绍几类重要的高斯过程扩展模型：稀疏高斯过程、多输出高斯过程、混合高斯过程和高斯过程潜变量模型。

(1) 稀疏高斯过程。

训练高斯过程回归或分类模型需要计算协方差矩阵的逆与行列式，导致模型复杂度为 $O(N^3)$，其中 N 表示训练样本的个数。当数据量较大时，高斯过程模型训练将非常耗时，甚至会因内存限制而无法计算。为了降低模型的复杂度，多种稀疏高斯过程被相继提出，在降低模型复杂度的同时尽可能地保持模型的性能。最直接的稀疏模型是使用训练子集来代替全部训练集，模型保持不变，模型的复杂度将从 $O(N^3)$ 降到 $O(M^3)$，其中 M 表示训练子集的大小。训练子集的选择需要一定的策略，可以从原始训练集中随机采样，也可以使用信息向量机[3]的方法来逐步选点。另一类稀疏高斯过程也是使用训练子集，但是修改模型设置，使得模型中的协方差矩阵能够被一个低秩矩阵近似，模型的复杂度由原来的 $O(N^3)$ 降到 $O(NM^2)$，如 Nyström 方法[4]。2009 年提出的稀疏高斯过程是使用诱导点，并且在变分推理框架下求解模型，将模型的复杂度由原来的 $O(N^3)$ 降到 $O(NM^2)$，同时更好地保证模型性能[5]。

(2) 多输出高斯过程。

传统的高斯过程模型假设输出是单变量，在现实应用中，同时预测多个输出变量的问题也很常见。例如，通过熊猫的性别、年龄、体重来预测熊猫的食量，这是一个单输出问题。与此同时，还可以预测熊猫的睡眠时间等，这就是一个多输出问题。多输出预测的一个简单方法是假设输出变量之间相互独立，此时多个独立的高斯过程构成一个多输出高斯过程，其协方差矩阵具有块对角的形式。然而，这种独立多输出高斯过程会忽略多个输出之间的关系，难以达到理想的预测效果。比如，熊猫的食量与熊猫的睡眠时间之间具有一定的关联，因此考虑输出之间的依赖性将有助于预测。依赖多输出高斯过程假设多个输出之间具有依赖关系，使用多个函数的线性组合或卷积过程来构建高斯过程中的映射函数，得到的协方差矩阵不再是块对角矩阵，在许多多输出预测任务中表现出良好的性能[6-7]。

(3) 混合高斯过程。

高斯过程假设多个样本的输入到输出的映射函数服从一个联合高斯分布，并通过贝叶斯学习推导出映射函数的后验分布，得到的是一个单模态的映射函数。在许多现实场景中，数据可能是多模态的，从输入到输出的映射函数也应当是多模态的。这里的数据多模态是指数据的分布是多峰分布，映射函数多模态是指数据的输入与输出的关系可能来自不同的函数。传统的高斯过程假设难以很好地建模这种关系，混合高斯过程则考虑了数据中存在的多模态性质，使用多个高斯过程的混合来建模这种复杂的映射关系[8]。需要注意区分混合高斯过程与高斯混合模型。高斯混合模型是使用混合高斯分布来建模数据的多模态分布，通常用于数据的聚类；混合高斯过程是用于建模数据输入与输出的多模态映射关系，通常用于数据的回归与分类[9]。

（4）高斯过程潜变量模型。

高斯过程回归与分类模型是一种监督学习方法，此外，高斯过程作为一种建模非线性关系的有力工具，还可以被扩展用于非监督学习任务。高斯过程潜变量模型是一种非监督模型[10]，它假设模型输入是未观测的低维潜变量，输出是高维观测变量，并且潜变量与观测变量之间的关系服从高斯过程。模型通过最大后验或贝叶斯学习等方法对低维潜变量进行估计与推理，得到数据的低维表示。高斯过程潜变量模型为后续的高斯过程动态系统和深度高斯过程的发展提供了基础。

思考与计算

1. 思考高斯分布与高斯过程的区别。

2. 参考图 9-1，自己构建一个高斯过程模型，从模型中产生样本，并绘制所产生样本的分布曲线。

3. 思考高斯过程与用于回归的其他概率模型相比有哪些特殊性质。

4. 编程实现高斯过程回归模型，并用回归模型实现二类分类问题。

参考文献

[1] Williams C K I, Rasmussen C E. Gaussian Processes for Machine Learning[M]. Cambridge, MA: MIT Press, 2006.

[2] Neal R M. Bayesian Learning for Neural Networks [M]. New York:

Springer，2012.

[3] Herbrich R，Lawrence N D，Seeger M. Fast Sparse Gaussian Process Methods：The Informative Vector Machine[C]//Advances in Neural Information Processing Systems. Cambridge，MA：MIT Press，2003：625-632.

[4] Williams C K I，Seeger M. Using the Nyström Method to Speed Up Kernel Machines[C]//Advances in Neural Information Processing Systems. Cambridge，MA：MIT Press，2001：682-688.

[5] Titsias M. Variational Learning of Inducing Variables in Sparse Gaussian Processes[C/OL]//Artificial Intelligence and Statistics. 2009：567-574. [2020-02-28]. http://proceedings.mlr.press/v5/titsias09a/titsias09a.pdf.

[6] Álvarez M A，Lawrence N D. Computationally Efficient Convolved Multiple Output Gaussian Processes[J]. Journal of Machine Learning Research，2011，12(5)：1459-1500.

[7] Zhao J，Sun S. Variational Dependent Multi-output Gaussian Process Dynamical Systems[J]. Journal of Machine Learning Research，2016，17(1)：4134-4169.

[8] Tresp V. Mixtures of Gaussian Processes[C]//Advances in Neural Information Processing Systems. Cambridge，MA：MIT Press，2001：654-660.

[9] Luo C，Sun S. Variational Mixtures of Gaussian Processes for Classification[C/OL]//Proceedings of the International Joint Conference on Artificial Intelligence. 2017：4603-4609. [2020-02-28]. https://www.ijcai.org/Proceedings/2017/0642.pdf.

[10] Lawrence N D. Gaussian Process Latent Variable Models for Visualisation of High Dimensional Data [C]//Advances in Neural Information Processing Systems. Cambridge，MA：MIT Press，2004：329-336.

第10章 聚　　类

学习目标：

（1）理解聚类的两大类方法；

（2）掌握 K-均值聚类方法，理解模糊 K-均值聚类的原理；

（3）掌握谱聚类方法；

（4）掌握高斯混合模型聚类方法，了解无限高斯混合模型。

聚类(clustering)是非监督学习中的重要问题之一，可以在不知道数据类别的情况下进行数据分组，即把具有相似特性的数据分到一个簇(cluster)中。俗语说“物以类聚，人以群分”，就体现了聚类的思想。聚类任务的通常描述[1]是使得：

① 在相同簇中的数据尽可能相似；

② 在不同簇中的数据尽可能不同。

聚类在许多任务中都有重要应用。例如，对市场营销中的商品和消费群体进行聚类分析，从而实现个性化推荐；在社交网络中，聚类用于识别用户中的团体。此外，聚类还可以发现数据中的离群点，用于异常检测任务。

聚类方法通常分为两大类。一类是基于数据间相似度的方法，目的是寻找使得每个簇内的数据相似度尽可能高的数据划分；另一类是基于密度估计的方法，通过建模每个簇的分布和数据的整体分布来计算数据属于某个簇的概率。

本章介绍三种聚类算法：K-均值聚类、谱聚类和高斯混合模型聚类。其中，K-均值聚类和谱聚类是基于数据间相似度的方法，高斯混合模型聚类是基于密度估计的方法。

10.1 K-均值聚类

K-均值聚类是基于数据间相似性度量的聚类方法，每个数据点被明确地分配到某一个簇中。K-均值聚类算法的目标是最小化所有数据到其所属簇中心的距离的平方和。具体实现方法是：首先对数据进行初始分配，然后不断调整数据所属的类别，使得相似的数据聚集在一起，直至收敛。

10.1.1 算法介绍

K-均值(K-means)聚类是一种著名的聚类算法。它将 K 个聚类簇的中心作为簇的代表，希望所有数据点与其所在聚类中心的距离的平方和最小。

给定数据集 $X=\{\boldsymbol{x}_1,\boldsymbol{x}_2,\cdots,\boldsymbol{x}_N\}$，$\boldsymbol{x}_n\in\mathbb{R}^D$，设将数据集聚类为 K 个簇，数据点 $\boldsymbol{x}_n$ 的类别记为 z_n，$n\in\{1,2,\cdots,N\}$，$\boldsymbol{\mu}=\{\boldsymbol{\mu}_1,\boldsymbol{\mu}_2,\cdots,\boldsymbol{\mu}_K\}$表示 K 个簇的中心。K-均值聚类算法的优化目标是最小化簇内误差平方和，即

$$\underset{\boldsymbol{\mu},\boldsymbol{z}}{\operatorname{argmin}}\sum_{k=1}^{K}\sum_{n=1}^{N}I(z_n=k)\parallel\boldsymbol{x}_n-\boldsymbol{\mu}_k\parallel^2 \tag{10.1}$$

其中，$I(z_n=k)$在 $z_n=k$ 时取值为 1，其他为 0。K-均值聚类算法使用迭代优化方法近似求解。首先，随机初始化 K 个聚类中心，然后按照一定的规则调整每个数据点的所属簇，并且在每更新一个数据点之后进行簇中心的更新。下面介绍如何以逐步减小簇内误差平方和为目标推导出更新簇的规则。

假设初始误差为

$$J=\sum_{k=1}^{K}\sum_{n=1}^{N}I(z_n=k)\parallel\boldsymbol{x}_n-\boldsymbol{\mu}_k\parallel^2 \tag{10.2}$$

假设每次数据在更新所属簇时，即数据 $\boldsymbol{x}$ 从簇 i 移入簇 j 中时，新的总误差记为 $\widetilde{J}$。影响总误差的部分包含簇 i 内的误差 J_i 和簇 j 内的误差 J_j，其他误差不变，记为 α，且 $J=J_i+J_j+\alpha$。数据 $\boldsymbol{x}$ 从簇 i 移入簇 j 中时，两个簇的均值 $\boldsymbol{\mu}_i$ 和 $\boldsymbol{\mu}_j$ 分别变为 $\widetilde{\boldsymbol{\mu}}_i$ 和 $\widetilde{\boldsymbol{\mu}}_j$，且变化关系为

$$\tilde{\boldsymbol{\mu}}_i = \frac{N_i\boldsymbol{\mu}_i - \boldsymbol{x}}{N_i - 1} = \frac{N_i\boldsymbol{\mu}_i - \boldsymbol{\mu}_i + \boldsymbol{\mu}_i - \boldsymbol{x}}{N_i - 1} = \boldsymbol{\mu}_i + \frac{\boldsymbol{\mu}_i - \boldsymbol{x}}{N_i - 1} \tag{10.3}$$

$$\tilde{\boldsymbol{\mu}}_j = \frac{N_j\boldsymbol{\mu}_j + \boldsymbol{x}}{N_j + 1} = \frac{N_j\boldsymbol{\mu}_j + \boldsymbol{\mu}_j - \boldsymbol{\mu}_j + \boldsymbol{x}}{N_j + 1} = \boldsymbol{\mu}_j + \frac{\boldsymbol{x} - \boldsymbol{\mu}_j}{N_j + 1} \tag{10.4}$$

其中，N_i 和 N_j 分别表示当前簇 i 和簇 j 中的数据的数目，即 $N_i = \sum_{n=1}^{N} I(z_n = i)$，$N_j = \sum_{n=1}^{N} I(z_n = j)$。移动之后误差 J_i 和 J_j 分别变为 $\tilde{J}_i$ 和 $\tilde{J}_j$，且变化关系为

$$\begin{aligned} \tilde{J}_i &= J_i - \frac{N_i}{N_i - 1}\|\boldsymbol{x} - \boldsymbol{\mu}_i\|^2 \\ \tilde{J}_j &= J_j + \frac{N_j}{N_j + 1}\|\boldsymbol{x} - \boldsymbol{\mu}_j\|^2 \end{aligned} \tag{10.5}$$

可以看出，移动之后簇 i 内的误差减小，簇 j 内的误差增大。

结合公式(10.5)与 $\tilde{J} = \tilde{J}_i + \tilde{J}_j + \alpha$，可以得到，如果想要更新簇之后 $\tilde{J} < J$，需要在满足

$$\frac{N_i}{N_i - 1}\|\boldsymbol{x} - \boldsymbol{\mu}_i\|^2 > \frac{N_j}{N_j + 1}\|\boldsymbol{x} - \boldsymbol{\mu}_j\|^2 \tag{10.6}$$

时，将数据 $\boldsymbol{x}$ 从簇 i 移入簇 j 中。为了令每次更新后 $\tilde{J}$ 尽可能小，则选择将数据 $\boldsymbol{x}$ 从簇 i 移入满足公式(10.6)且使得 $N_j/(N_j+1)\|\boldsymbol{x} - \boldsymbol{\mu}_j\|^2 (j = 1, 2, \cdots, K)$ 最小的簇 $j(j \neq i)$。算法 10-1 给出了 K-均值聚类的算法流程。

算法 10-1　K-均值聚类

输入：数据 $\{\boldsymbol{x}_n\}_{n=1}^{N}$，聚类数目 K

1：将数据随机划分为 K 个簇，即初始化 $\boldsymbol{z}$，并计算初始聚类中心 $\boldsymbol{\mu}_1, \boldsymbol{\mu}_2, \cdots, \boldsymbol{\mu}_K$ 以及总簇内误差平方和 J。

2：REPEAT

3：　　从某个数据数目大于 1 的簇 i 中任选一个数据点 $\boldsymbol{x}_n$，即 $z_n = i$ 且 $N_i > 1$；

4：　　对于 $j=1,2,\cdots,K$，计算

$$\rho_j=\begin{cases}\dfrac{N_i}{N_i-1}\|\boldsymbol{x}_n-\boldsymbol{\mu}_i\|^2 & j=i\\ \dfrac{N_j}{N_j+1}\|\boldsymbol{x}_n-\boldsymbol{\mu}_j\|^2 & j\neq i\end{cases}$$

若对于所有的 j，满足 $\rho_k<\rho_j$，则把数据 $\boldsymbol{x}_n$ 从簇 i 移入簇 k 中；

5：　　重新计算聚类中心 $\boldsymbol{\mu}_1,\boldsymbol{\mu}_2,\cdots,\boldsymbol{\mu}_K$ 以及总簇内误差平方和 J

6：UNTIL 总簇内误差平方和 J 保持不变

输出：聚类指示变量 $\boldsymbol{z}$，聚类中心 $\boldsymbol{\mu}_1,\boldsymbol{\mu}_2,\cdots,\boldsymbol{\mu}_K$，总簇内误差平方和 J

从算法 10-1 中可以看出，K-均值聚类每调整一个数据点的所属簇后就更新一次聚类中心和总簇内误差平方和，整个算法的计算量较大。为了提高效率，人们通常使用批处理的 K-均值聚类[2-3]，即在每次迭代时把全部数据都调整完毕才重新计算一次聚类中心。算法 10-2 给出了批处理的 K-均值聚类的算法流程。

算法 10-2　批处理的 K-均值聚类

输入：数据 $\{\boldsymbol{x}_n\}_{n=1}^N$，聚类数目 K

1：设置初始聚类中心 $\boldsymbol{\mu}_1,\boldsymbol{\mu}_2,\cdots,\boldsymbol{\mu}_K$。例如，随机从数据集中挑选 K 个数据点作为初始聚类中心；

2：REPEAT

3：　　把每个数据点 $\boldsymbol{x}_1,\boldsymbol{x}_2,\cdots,\boldsymbol{x}_N$ 划分到距离（可以是欧氏距离或其他度量方法）最近的中心所在的簇：

$$z_n\leftarrow\underset{k}{\operatorname{argmin}}\|\boldsymbol{x}_n-\boldsymbol{\mu}_k\|$$

4：　　根据聚类指示变量 $\{z_n\}$，重新计算每个聚类中心 $\boldsymbol{\mu}_1,\boldsymbol{\mu}_2,\cdots,\boldsymbol{\mu}_K$：

$$\boldsymbol{\mu}_k=\frac{1}{N_k}\sum_{n=1}^N I(z_n=k)\boldsymbol{x}_n$$

其中，$N_k=\sum\limits_{n=1}^N I(z_n=k)$

5：UNTIL 聚类指示变量 $\{z_n\}$ 保持不变

输出：指示变量 $\{z_n\}$，聚类中心 $\boldsymbol{\mu}_1,\boldsymbol{\mu}_2,\cdots,\boldsymbol{\mu}_K$

K-均值算法（含批处理版本）是一种贪婪算法，它不能保证最终收敛到一

个全局最小值，因此通常会进行多次初始化操作，并从中选择簇内误差平方和最小的聚类结果。

K-均值的聚类数目是一个重要的参数，可以通过实际的应用需求设定，也可以先尝试多种聚类数目，然后通过观察簇内误差平方和的变化情况来确定最终数目。误差会随着聚类数目的增多（假设从当前聚类结果中取出一个数据点为新簇）而逐渐减小，但是减小的幅度在变化。通常情况下，聚类数目较少时，误差会随着数目的增加而大幅度减小，但是在聚类数目达到某个值后，误差减小速度会变缓，这个值可定为聚类数目。

10.1.2　模糊 *K*-均值聚类

模糊 K-均值聚类是 K-均值聚类的变体。在每次迭代更新时，K-均值算法每一个数据点都明确地属于某一个簇。模糊 K-均值聚类与 K-均值聚类有所不同，它允许数据属于多个簇，即不同的聚类簇之间可以重叠。

模糊 K-均值算法更新时，不同簇之间的边界是模糊的，需要使用所有数据来更新聚类中心。模糊 K-均值聚类的主要思想是引入每个数据 $\boldsymbol{x}_n$ 对各个簇 k 的隶属度 d_{nk}，然后通过迭代不断调整隶属度，直至隶属度的变化量小于给定的阈值。如果需要，模糊 K-均值聚类也可以根据隶属度制定相关规则来得到明确的聚类结果。

模糊 K-均值聚类的优化目标是最小化加权的簇内误差平方和，即

$$\underset{\{\boldsymbol{\mu}_k, d_{nk}\}}{\operatorname{argmin}} J = \sum_{k=1}^{K} \sum_{n=1}^{N} (d_{nk})^m \| \boldsymbol{x}_n - \boldsymbol{\mu}_k \|^2 \tag{10.7}$$

$$\text{s.t.} \sum_{k=1}^{K} d_{nk} = 1, \quad n = 1, 2, \cdots, N$$

其中 $m > 1$，是控制聚类结果模糊程度的参数。对上述优化问题使用拉格朗日乘子法，可得到非约束优化问题，即

$$\underset{\{\boldsymbol{\mu}_k, d_{nk}\}}{\operatorname{argmin}} J = \sum_{k=1}^{K} \sum_{n=1}^{N} (d_{nk})^m \| \boldsymbol{x}_n - \boldsymbol{\mu}_k \|^2 + \sum_{n=1}^{N} \alpha_n \Big(\sum_{k=1}^{K} d_{nk} - 1 \Big) \tag{10.8}$$

其中 $\{a_n\}$ 是拉格朗日乘子。对公式(10.10)分别关于 $\boldsymbol{\mu}_k$、d_{nk} 求偏导数并设置

为 0,可以得到 $\boldsymbol{\mu}_k$、d_{nk} 的计算表达式为

$$\boldsymbol{\mu}_k = \frac{\sum_{n=1}^{N} (d_{nk})^m \boldsymbol{x}_n}{\sum_{n=1}^{N} (d_{nk})^m}, \quad k = 1,2,\cdots,K \tag{10.9}$$

$$d_{nk} = 1 \Big/ \sum_{j=1}^{K} \left[\frac{\| \boldsymbol{x}_n - \boldsymbol{\mu}_k \|}{\| \boldsymbol{x}_n - \boldsymbol{\mu}_j \|} \right]^{2/(m-1)}, \quad n = 1,2,\cdots,N; k = 1,2,\cdots,K \tag{10.10}$$

模糊 K-均值聚类的算法流程如算法 10-3 所示。

算法 10-3　模糊 K-均值聚类

输入：数据 $\{\boldsymbol{x}_n\}_{n=1}^{N}$,聚类数目 K

1：设置初始隶属度矩阵 $D = [d_{nk}]$。

2：REPEAT

3：　　根据当前隶属度 $\{d_{nk}\}$ 计算各个聚类中心：

$$\boldsymbol{\mu}_k = \frac{\sum_{n=1}^{N} (d_{nk})^m \boldsymbol{x}_n}{\sum_{n=1}^{N} (d_{nk})^m}$$

4：　　根据聚类中心重新计算每个数据点的隶属度：

$$d_{nk} = 1 \Big/ \sum_{j=1}^{K} \left(\frac{\| \boldsymbol{x}_n - \boldsymbol{\mu}_k \|}{\| \boldsymbol{x}_n - \boldsymbol{\mu}_j \|} \right)^{2/(m-1)}$$

5：UNTIL 隶属度值 $\{d_{nk}\}$ 稳定

6：若需要对聚类结果去模糊化,可以根据隶属度矩阵得到每个数据点明确所属的簇 z_n 为

$$z_n = \underset{k}{\operatorname{argmax}}\, d_{nk}$$

输出：隶属度 $\{d_{nk}\}$ 或聚类指示变量 $\{z_n\}$,聚类中心 $\boldsymbol{\mu}_1, \boldsymbol{\mu}_2, \cdots, \boldsymbol{\mu}_K$

10.2 谱 聚 类

谱聚类(spectral clustering)[4] 与 K-均值聚类有所不同,其目标是对具有连接结构但不一定具备紧凑结构的数据进行聚类。图 10-1 给出了具有紧凑

结构和具有连接结构的数据的例子。K-均值聚类更适合具有紧凑结构的数据，因为 K-均值聚类主要关心数据点到簇中心的距离，但并不适用于具有连接结构的数据。

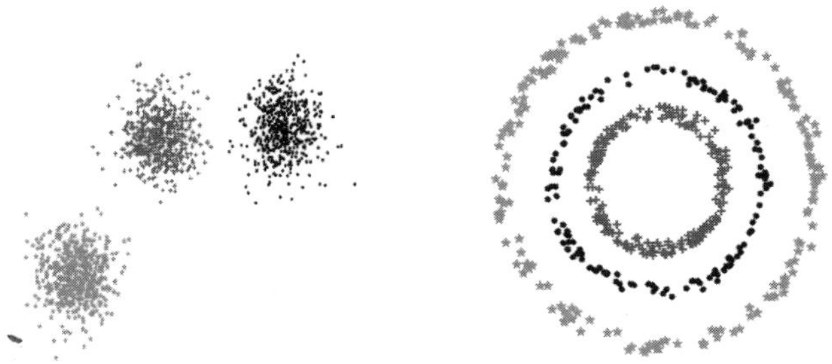

(a) 具有紧凑结构的数据　　(b) 具有连接结构的数据

图 10-1　具有不同结构的数据示例

谱聚类建立在图论相关知识的基础上，其基本思想是将数据点视为图中的顶点，数据之间的相似性视为带权重的边，从而把聚类问题转化为图的最优切割问题。谱聚类的关键在于找到一种图切割方法，使不同簇之间的连接权重尽可能小。谱聚类能够得到数据在新空间中的表示，使得新的数据表示适合使用 K-均值聚类算法。

谱聚类的过程可以分为如下 3 个阶段。

① 预处理：构建代表数据集的无向图，并计算相似度矩阵。

② 谱表示：构造相应的拉普拉斯矩阵，并计算拉普拉斯矩阵的特征值和特征向量，其中一个或多个特征向量构成了所有数据点在新空间中的表示。

③ 聚类：使用聚类算法(如 K-均值)对新的数据表示进行聚类。

下面介绍谱聚类算法的原理与实现细节。

谱聚类的原理是求解图的最优切割问题，即寻找全连接图的某种切割，使得切割后各个子图之间的权重尽可能小。例如，图 10-2 展示了图的一种切割，切割后的各个子图分别对应聚类后的不同簇。

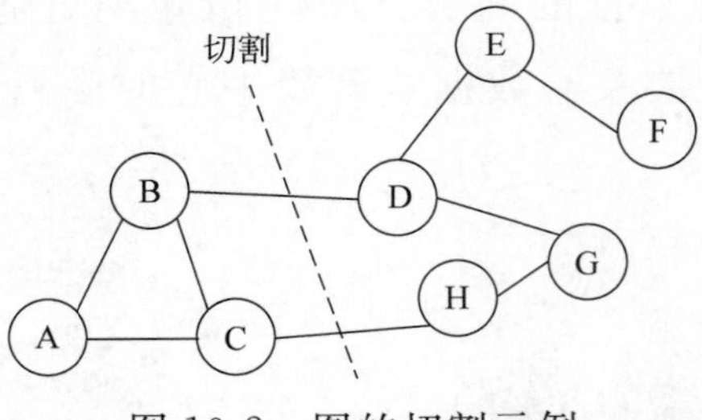

图 10-2　图的切割示例

首先，利用相似度矩阵构建带权重的无向图$\mathcal{G}(V,E)$，并且计算拉普拉斯矩阵。

相似度矩阵可以衡量数据中任意两点之间的相似程度，用于构建无向图中顶点之间边的权重。相似度矩阵 $\boldsymbol{W}$ 是对称矩阵，任意两个数据点 $\boldsymbol{x}_i$、$\boldsymbol{x}_j$ 之间的相似度 w_{ij} 是正数，且依赖于数据点之间的欧氏距离 $\|\boldsymbol{x}_i-\boldsymbol{x}_j\|$。距离近的数据点之间的相似度比较高，而距离较远的相似度比较低，甚至可以忽略。例如，常见的高斯相似度的计算公式是

$$w_{ij}=w_{ji}=\exp\left(\frac{-\|\boldsymbol{x}_i-\boldsymbol{x}_j\|^2}{2\sigma^2}\right) \tag{10.11}$$

拉普拉斯矩阵在谱聚类中充当着重要角色，由相似度矩阵 $\boldsymbol{W}$ 和度矩阵 $\boldsymbol{D}$ 计算得出。度矩阵是测量每个顶点与其他顶点关联度的对角矩阵，具体计算公式为

$$d_{ii}=\sum_{j}^{N}w_{ij} \tag{10.12}$$

拉普拉斯矩阵表示为

$$\boldsymbol{L}=\boldsymbol{D}-\boldsymbol{W} \tag{10.13}$$

拉普拉斯矩阵具有如下几条重要性质：

① 对于任意的向量 $\boldsymbol{a}\in\mathbb{R}^N$，都满足

$$\boldsymbol{a}^\top\boldsymbol{L}\boldsymbol{a}=\frac{1}{2}\sum_{i,j=1}^{N}w_{ij}(a_i-a_j)^2 \tag{10.14}$$

② 拉普拉斯矩阵是对称半正定矩阵。

③ 矩阵的最小特征值是 0,所对应的特征向量的元素都为 1。

④ 拉普拉斯矩阵具有 N 个非负特征值。

除了传统的拉普拉斯矩阵,还有其他类型的拉普拉斯矩阵,如归一化的(normalized)拉普拉斯矩阵 $\boldsymbol{L}_N=\boldsymbol{D}^{-1/2}\boldsymbol{L}\boldsymbol{D}^{-1/2}$。

其次,定义最优切割的优化目标。

每一个数据点代表无向图的一个顶点,相似度矩阵的每一个元素代表图中对应两个顶点之间边的权重。为了实现最优切割,需要定义任意两个子图之间的权重。例如,对于任意两个子图 A 和 B,满足 $A,B\subset\mathcal{G}$且 $A\cap B=\phi$,A 和 B 之间的权重定义为

$$\boldsymbol{W}(A,B)=\sum_{i\in A,j\in B}w_{i,j} \tag{10.15}$$

无向图$\mathcal{G}(V,E)$切割之后得到所有子图 $A_1,A_2,\cdots,A_K$ 之间的权重之和为

$$\boldsymbol{W}(A_1,A_2,\cdots,A_K)=\frac{1}{2}\sum_{k=1}^{K}W(A_k,\mathcal{G}\backslash A_k) \tag{10.16}$$

其中$\mathcal{G}\backslash A_i$ 是子图 A_i 的补集。

图$\mathcal{G}$的最优切割的目标是最小化 $\boldsymbol{W}(A_1,A_2,\cdots,A_K)$。由于容易得到某个顶点单独为一个子图的结果,最优切割通常还会增加约束每个子图的顶点尽可能多。为了形式化地定义目标,引入指示矩阵来表示图的切割情况,即每个顶点所属的子图情况,也对应聚类问题中每个数据点所属的簇。对于 N 个顶点和 K 个子图,引入指示矩阵 $\boldsymbol{H}\in\mathbb{R}^{N\times K}$,且 $h_{n,k}\neq 0$ 表示顶点 n 被划分到子图 k 中,否则 $h_{n,k}=0$。

最优切割的优化目标通常有两种表示方式。一种表示是

$$\underset{H}{\operatorname{argmin}}\frac{1}{2}\sum_{k=1}^{K}\frac{\boldsymbol{W}(A_k,\mathcal{G}\backslash A_k)}{|A_k|} \tag{10.17}$$

$$h_{i,k}=\begin{cases}\dfrac{1}{\sqrt{|A_k|}} & v_i\in A_k\\ 0 & \text{其他}\end{cases}$$

其中$|A_i|$表示集合A_i的大小,即子图A_i中的顶点个数。这种切割称为比率切割(ratio cut)。

另外一种表示为

$$\underset{H}{\operatorname{argmin}} \frac{1}{2}\sum_{k=1}^{K}\frac{\boldsymbol{W}(A_k,\mathcal{G}\backslash A_k)}{\operatorname{vol}(A_k)} \tag{10.18}$$

$$h_{i,k}=\begin{cases}\dfrac{1}{\sqrt{\operatorname{vol}(A_k)}} & v_i\in A_k\\ 0 & 其他\end{cases}$$

其中 $\operatorname{vol}(A_i)$ 表示集合 A_i 中所有顶点在原图中的度的和,即 $\operatorname{vol}(A_i)=\sum_{j\in A_i}d_{jj}$。这种切割称为归一化切割(normalized cut)[5]。

下面先以比率切割为例,推导出最优切割目标公式(10.17)关于拉普拉斯矩阵的表示以及优化问题的解。由于公式(10.17)中的每一项可以写为

$$\begin{aligned}\frac{W(A_k,\mathcal{G}\backslash A_k)}{|A_k|}&=\frac{1}{2}\left(\sum_{i\in A_k,j\notin A_k}w_{ij}\frac{1}{|A_k|}+\sum_{i\notin A_k,j\in A_k}w_{ij}\frac{1}{|A_k|}\right)\\&=\frac{1}{2}\left(\sum_{i\in A_k,j\notin A_k}w_{ij}\left(\frac{1}{\sqrt{|A_k|}}-0\right)^2+\sum_{i\notin A_k,j\in A_k}w_{ij}\left(0-\frac{1}{\sqrt{|A_k|}}\right)^2\right)\\&=\frac{1}{2}\sum_{i=1}^{N}\sum_{j=1}^{N}w_{ij}(h_{ik}-h_{jk})^2\\&=\boldsymbol{h}_k^{\top}\boldsymbol{L}\boldsymbol{h}_k\end{aligned} \tag{10.19}$$

因此,优化问题(公式(10.17))可以表示为

$$\underset{H}{\operatorname{argmin}}\operatorname{Tr}(\boldsymbol{H}^{\top}\boldsymbol{L}\boldsymbol{H}) \tag{10.20}$$

$$h_{i,k}=\begin{cases}\dfrac{1}{\sqrt{|A_k|}} & v_i\in A_k\\ 0 & 其他\end{cases}$$

如果将 $\boldsymbol{H}$ 约束为指示矩阵进行优化,那么可能的解有 $2^N K$ 种,难以遍历求解。为了解决这个问题,对原优化目标进行近似求解,找到满足优化目

标$\underset{\boldsymbol{H}}{\arg\min}\operatorname{Tr}(\boldsymbol{H}^\top \boldsymbol{L}\boldsymbol{H})$的矩阵 $\boldsymbol{H}$，但不约束 $\boldsymbol{H}$ 为指示矩阵。根据公式(10.17)中 $h_{i,k}$的定义，可以得到 $\boldsymbol{H}^\top\boldsymbol{H}=\boldsymbol{I}$，因此约束 $\boldsymbol{H}^\top\boldsymbol{H}=\boldsymbol{I}$，得到优化问题表示为

$$\begin{aligned}&\underset{H}{\arg\min}\operatorname{Tr}(\boldsymbol{H}^\top \boldsymbol{L}\boldsymbol{H})\\&\text{s.t. } \boldsymbol{H}^\top\boldsymbol{H}=\boldsymbol{I}\end{aligned}\tag{10.21}$$

近似解可以通过拉格朗日乘子法获得，对优化问题(公式(10.21))引入 K 个拉格朗日乘子$\{\lambda_1,\lambda_2,\cdots,\lambda_K\}$，记为向量 $\boldsymbol{\lambda}$，可以得到无约束优化问题为

$$\underset{H}{\arg\min}\operatorname{Tr}(\boldsymbol{H}^\top \boldsymbol{L}\boldsymbol{H})+\operatorname{Tr}[\operatorname{diag}(\boldsymbol{\lambda})(\boldsymbol{I}-\boldsymbol{H}^\top\boldsymbol{H})]\tag{10.22}$$

其中，$\operatorname{diag}(\boldsymbol{\lambda})$表示对角元素分别为$\{\lambda_1,\lambda_2,\cdots,\lambda_K\}$的对角阵。对公式(10.22)中的优化目标关于 $\boldsymbol{H}$ 求导，并设置为零，可以得到最优解 $\boldsymbol{H}$ 满足

$$\boldsymbol{L}\boldsymbol{H}=\boldsymbol{H}\operatorname{diag}(\boldsymbol{\lambda})\tag{10.23}$$

且对应的目标值为

$$\operatorname{Tr}(\boldsymbol{H}^\top \boldsymbol{L}\boldsymbol{H})=\sum_{k=1}^{K}\lambda_k\tag{10.24}$$

因此 $\boldsymbol{H}$ 的解为拉普拉斯矩阵 $\boldsymbol{L}$ 的前 K 个最小特征值对应的特征向量构成的矩阵。

$\boldsymbol{H}$ 的每个元素可以理解为每个数据点属于某个簇的分数，$\boldsymbol{H}$ 的每一行表示数据在 K 维空间的特征。为了表示统一，通常会对 $\boldsymbol{H}$ 按照行进行归一化。为了得到图的最优切割，即数据的聚类结果，可以对新的数据表示 $\boldsymbol{H}$ 进行一次聚类，比如使用 K-均值聚类。

归一化切割与比率切割类似，公式(10.18)中的优化目标的每一项表示为

$$\begin{aligned}\frac{W(A_k,\mathcal{G}\backslash A_k)}{\operatorname{vol}(A_k)}&=\frac{1}{2}\left[\sum_{i\in A_k,j\notin A_k}w_{ij}\frac{1}{\operatorname{vol}(A_k)}+\sum_{i\notin A_k,j\in A_k}w_{ij}\frac{1}{\operatorname{vol}(A_k)}\right]\\&=\frac{1}{2}\left(\sum_{i\in A_k,j\notin A_k}w_{ij}\left(\frac{1}{\sqrt{\operatorname{vol}(A_k)}}-0\right)^2+\sum_{i\notin A_k,j\in A_k}w_{ij}\left(0-\frac{1}{\sqrt{\operatorname{vol}(A_k)}}\right)^2\right)\end{aligned}$$

$$
\begin{aligned}
&= \frac{1}{2}\sum_{i=1}^{N}\sum_{j=1}^{N} w_{ij}(h_{ik}-h_{jk})^2 \\
&= \boldsymbol{h}_k^\top \boldsymbol{L}\boldsymbol{h}_k
\end{aligned}
\tag{10.25}
$$

根据公式(10.18)中 $h_{i,k}$ 的定义，可得到 $\boldsymbol{H}^\top\boldsymbol{D}\boldsymbol{H}=\boldsymbol{I}$。不约束 $\boldsymbol{H}$ 为指示矩阵，但仍约束 $\boldsymbol{H}^\top\boldsymbol{D}\boldsymbol{H}=\boldsymbol{I}$，归一化切割的优化问题（公式(10.18)）可以近似表示为

$$
\begin{aligned}
&\underset{\boldsymbol{F}}{\operatorname{argmin}}\operatorname{Tr}(\boldsymbol{F}^\top\boldsymbol{D}^{-1/2}\boldsymbol{L}\boldsymbol{D}^{-1/2}\boldsymbol{F}) \\
&\text{s.t. } \boldsymbol{F}^\top\boldsymbol{F}=\boldsymbol{I}
\end{aligned}
\tag{10.26}
$$

其中 $\boldsymbol{F}=\boldsymbol{D}^{1/2}\boldsymbol{H}$。对优化问题（公式(10.26)）引入 K 个拉格朗日乘子 $\{\lambda_1,\lambda_2,\cdots,\lambda_K\}$，记为向量 $\boldsymbol{\lambda}$，可以得到与公式(10.26)对应的无约束优化问题，表示为

$$
\underset{\boldsymbol{F}}{\operatorname{argmin}}\operatorname{Tr}(\boldsymbol{F}^\top\boldsymbol{D}^{-1/2}\boldsymbol{L}\boldsymbol{D}^{-1/2}\boldsymbol{F})+\operatorname{Tr}[\operatorname{diag}(\boldsymbol{\lambda})(\boldsymbol{I}-\boldsymbol{F}^\top\boldsymbol{F})]
\tag{10.27}
$$

对公式(10.27)中的目标函数关于 F 求导，并设置为零，可以得到优化问题的解为归一化的拉普拉斯矩阵 $\boldsymbol{L}_N=\boldsymbol{D}^{-1/2}\boldsymbol{L}\boldsymbol{D}^{-1/2}$ 的前 K 个最小特征值对应的特征向量构成的矩阵 $\boldsymbol{F}$。得到 $\boldsymbol{F}$ 之后，使用变换 $\boldsymbol{H}=\boldsymbol{D}^{-1/2}\boldsymbol{F}$ 得到矩阵 $\boldsymbol{H}$，并对 $\boldsymbol{H}$ 按照行归一化，可得到新的数据表示。

综上所述，谱聚类算法的具体流程如算法 10-4 所示。

算法 10-4　谱聚类

输入：数据 $\{\boldsymbol{x}_n\}_{n=1}^N$，聚类数目 K

1：定义一个相似度矩阵 $\boldsymbol{W}$，如高斯相似度矩阵；

2：根据公式(10.17)和公式(10.18)，由相似度矩阵 W 构造图的拉普拉斯矩阵 $\boldsymbol{L}$；

3：求解特征值问题，如 $\boldsymbol{L}\boldsymbol{h}=\lambda\boldsymbol{h}$（归一化切割求解 $\boldsymbol{D}^{-1/2}\boldsymbol{L}\boldsymbol{D}^{-1/2}\boldsymbol{h}=\lambda\boldsymbol{h}$）；

4：选择前 K 个最小特征值对应的特征向量 $\{\boldsymbol{h}_k\}$ 来构造数据在 K 维新空间的表示 $\boldsymbol{H}=[\boldsymbol{h}_1,\boldsymbol{h}_2,\cdots,\boldsymbol{h}_K]$，并对 $\boldsymbol{H}$ 按照行归一化，其中 $\boldsymbol{H}$ 的每一行代表每一个数据点的表示；

5：对新的数据表示 $\boldsymbol{H}$ 使用 K-均值等方法进行聚类。

输出：新的数据表示 $\boldsymbol{H}$ 和 K-均值等方法的聚类结果

10.3　高斯混合模型聚类

高斯混合模型聚类使用概率分布对数据进行建模，然后推理出每个数据点属于某个簇的概率。如果要得到确定性的聚类结果，可以按照所属概率，将每个数据点划分到最可能的簇。

10.3.1　模型表示

高斯混合模型（Gaussian mixture model）聚类[6]的核心思想是假设数据可能来自不同的高斯分布，来自同一个高斯分布的数据点最可能属于同一个簇。高斯混合模型聚类并非确定性地将数据点划分到某一个簇中，而是给出数据点属于不同簇的概率，因此也称为软聚类方法。

高斯混合模型包含多个成分，每个成分都是高斯分布。模型中引入潜变量 $\boldsymbol{z}$，用于指示数据所属的成分。$\boldsymbol{z}$ 是一个指示向量，其中只有一个元素是 1，其他均为 0。例如，$z_k=1$ 表示该数据所属的成分是 k，$k=1,2,\cdots,K$。指示向量的先验表示为

$$\begin{cases} p(\boldsymbol{z})=\prod_{k=1}^{K}\pi_k^{z_k} \\ \sum_{k=1}^{K}\pi_k=1, \quad 0\leqslant\pi_k\leqslant 1 \end{cases} \tag{10.28}$$

其中 π_k 是模型参数。根据模型假设，每个成分都是高斯分布，可以得出模型的似然为

$$p(\boldsymbol{x}\mid\boldsymbol{z})=\prod_{k=1}^{K}\mathcal{N}(\boldsymbol{x}\mid\boldsymbol{\mu}_k,\boldsymbol{\Sigma}_k)^{z_k} \tag{10.29}$$

高斯混合模型是一种生成式模型，其优化目标是找到使得观测数据的边缘似然最大的参数值。高斯混合模型的边缘似然可以表示为

$$p(\boldsymbol{x})=\sum_{\boldsymbol{z}}p(\boldsymbol{z})p(\boldsymbol{x}\mid\boldsymbol{z})=\sum_{k=1}^{K}\pi_k\,\mathcal{N}(\boldsymbol{x}\mid\boldsymbol{\mu}_k,\boldsymbol{\Sigma}_k) \tag{10.30}$$

公式(10.30)表明单个数据点 $\boldsymbol{x}$ 的概率密度是 K 个高斯分布的线性组合,其中每个高斯分布的权重是 π_k。高斯混合模型需要优化的参数包括每个高斯分布的权重 π_k、高斯分布的均值 $\boldsymbol{\mu}_k$ 和高斯分布的协方差 $\boldsymbol{\Sigma}_k$。

对公式(10.30),关于参数求导数并设置为零,并不能得到各自的闭式解,高斯混合模型通常使用期望最大化方法(expectation maximization,EM)来求解最大似然估计。

10.3.2 模型推理与参数估计

EM 算法可以避免直接计算对数边缘似然,而是计算模型所有变量的对数联合分布。定义 $X=\{\boldsymbol{x}_1,\boldsymbol{x}_2,\cdots,\boldsymbol{x}_N\}$ 和 $Z=\{\boldsymbol{z}_1,\boldsymbol{z}_2,\cdots,\boldsymbol{z}_N\}$ 分别表示所有观测数据和潜变量,可以得到对数联合分布为

$$\ln p(X,Z\mid\boldsymbol{\mu},\boldsymbol{\Sigma},\boldsymbol{\pi})=\sum_{n=1}^{N}\sum_{k=1}^{K}z_{nk}[\ln\pi_k+\ln\mathcal{N}(\boldsymbol{x}_n\mid\boldsymbol{\mu}_k,\boldsymbol{\Sigma}_k)] \tag{10.31}$$

其中 $\boldsymbol{\mu}=\{\boldsymbol{\mu}_k\}_{k=1}^{K}$,$\boldsymbol{\Sigma}=\{\boldsymbol{\Sigma}_k\}_{k=1}^{K}$,$\boldsymbol{\pi}=[\pi_1,\pi_2,\cdots,\pi_K]^{\top}$。

EM 算法主要包括对两个步骤的迭代:求期望和求解最大化,也分别称为 E 步和 M 步。

在 E 步,首先计算潜变量 Z 的后验分布,即每个数据点属于各个成分的概率。根据贝叶斯公式,可以得到每个数据点对应的指示变量的后验概率表示为

$$p(z_{nk}=1\mid\boldsymbol{x}_n)=\frac{\pi_k\,\mathcal{N}(\boldsymbol{x}_n\mid\boldsymbol{\mu}_k,\boldsymbol{\Sigma}_k)}{\sum_{j=1}^{K}\pi_j\,\mathcal{N}(\boldsymbol{x}_n\mid\boldsymbol{\mu}_j,\boldsymbol{\Sigma}_j)} \tag{10.32}$$

然后计算对数联合分布关于潜变量的后验分布的期望,即

$$\begin{aligned}&\mathbb{E}_Z[\ln p(X,Z\mid\boldsymbol{\mu},\boldsymbol{\Sigma},\boldsymbol{\pi})]\\&=\sum_{n=1}^{N}\sum_{k=1}^{K}p(z_{nk}=1\mid\boldsymbol{x}_n)[\ln\pi_k+\ln\mathcal{N}(\boldsymbol{x}_n\mid\boldsymbol{\mu}_k,\boldsymbol{\Sigma}_k)]\end{aligned} \tag{10.33}$$

在 M 步,需要求解使得期望公式(10.33)最大化的参数,即

$$\underset{\{\pi_k\},\{\boldsymbol{\mu}_k\},\{\boldsymbol{\Sigma}_k\}}{\operatorname{argmax}} \sum_{n=1}^{N}\sum_{k=1}^{K} p(z_{nk}=1 \mid \boldsymbol{x}_n)[\ln\pi_k + \ln\mathcal{N}(\boldsymbol{x}_n \mid \boldsymbol{\mu}_k,\boldsymbol{\Sigma}_k)] \tag{10.34}$$

$$\text{s.t.} \sum_{k=1}^{K}\pi_k = 1$$

对公式(10.34)中带约束的优化问题引入拉格朗日乘子 λ，得到如下等价的无约束优化问题

$$\underset{\{\pi_k\},\{\boldsymbol{\mu}_k\},\boldsymbol{\Sigma}_k}{\operatorname{argmax}} \sum_{n=1}^{N}\sum_{k=1}^{K} p(z_{nk}=1 \mid \boldsymbol{x}_n)[\ln\pi_k + \ln\mathcal{N}(\boldsymbol{x}_n \mid \boldsymbol{\mu}_k,\boldsymbol{\Sigma}_k)] + \lambda\left(\sum_{k=1}^{K}\pi_k - 1\right) \tag{10.35}$$

对公式(10.35)中的优化目标关于参数求导并设置为零，可以得出各个参数的解分别表示为

$$\pi_k = \frac{1}{N}\sum_{n=1}^{N} p(z_{nk}=1 \mid \boldsymbol{x}_n) \tag{10.36}$$

$$\boldsymbol{\mu}_k = \frac{\sum_{n=1}^{N} p(z_{nk}=1 \mid \boldsymbol{x}_n)\boldsymbol{x}_n}{\sum_{n=1}^{N} p(z_{nk}=1 \mid \boldsymbol{x}_n)} \tag{10.37}$$

$$\boldsymbol{\Sigma}_k = \frac{\sum_{n=1}^{N} p(z_{nk}=1 \mid \boldsymbol{x}_n)(\boldsymbol{x}_n - \boldsymbol{\mu}_k)(\boldsymbol{x}_n - \boldsymbol{\mu}_k)^\top}{\sum_{n=1}^{N} p(z_{nk}=1 \mid \boldsymbol{x}_n)} \tag{10.38}$$

在 EM 算法迭代完成之后，通过指示变量的后验概率 $p(z_{nk}=1 | \boldsymbol{x}_n)$ 可以判断每一个数据点隶属的簇。

10.3.3　无限高斯混合模型

高斯混合模型的成分数目需要预先设定，而在现实应用中，通常难以准确设定聚类数目。无限高斯混合模型[7]假设成分数是无限多的，也就是不预先设定聚类数目，模型的成分数可以根据数据自适应地变化，最终由数据自

动确定。定义 $X=\{\boldsymbol{x}_1,\boldsymbol{x}_2,\cdots,\boldsymbol{x}_n,\cdots,\boldsymbol{x}_N\}$，$\boldsymbol{x}_n\in\mathbb{R}^D$ 为观测数据，$Z=\{\boldsymbol{z}_1,\boldsymbol{z}_2,\cdots,\boldsymbol{z}_N\}$ 为观测数据属于某个成分的指示变量。

假设指示变量的先验为 $p(z_{nk}=1)=\pi_k$，无限高斯混合模型的边缘似然表示为

$$p(X\mid\boldsymbol{\mu},\boldsymbol{\Sigma},\boldsymbol{\pi})=\prod_{n=1}^{N}\sum_{k=1}^{\infty}\pi_k\,\mathcal{N}(\boldsymbol{x}_n\mid\boldsymbol{\mu}_k,\boldsymbol{\Sigma}_k)\tag{10.39}$$

其中，$\boldsymbol{\mu}_k$、$\boldsymbol{\Sigma}_k$ 和 π_k 分别是均值、协方差和成分权重，并且 $\sum_{k=1}^{\infty}\pi_k=1$，$\pi_k\geqslant 0$。

事实上，无限高斯混合模型的成分数目并不是无限多，使用∞的含义是成分数目可以任意多，具体数值会随着数据的变化而变化，最终确定的成分数目是一个有限整数。

在无限高斯混合模型中，指示变量的先验概率$\{\pi_k\}_{k=1}^{\infty}$是由狄利克雷过程(Dirichlet process)产生的样本。狄利克雷过程的一个样本是一组小于 1 的数，且总和为 1。给定狄利克雷过程后，指示变量可以使用中餐馆过程(Chinese restaurant process)构建。中餐馆过程假设餐馆中有无限个桌子，第一位顾客坐在第一张桌子，之后第 n 个顾客会以 $n_k/(n-1+\alpha)$ 的概率坐在已经有人的第 k 个桌子上，以 $\alpha/(n-1+\alpha)$的概率坐在没有人的新桌子上，其中 n_k 表示第k 个桌子上已有的顾客数，$n-1$ 表示在这个顾客之前已有的顾客总数，α 是狄利克雷过程的参数。

使用中餐馆过程，无限高斯混合模型中的指示变量 Z 的先验概率满足以下公式：

$$p(z_{nk}=1\mid Z_{\backslash n},\alpha)=\begin{cases}\dfrac{N_k}{N-1+\alpha}, & k\leqslant K\\[2ex] \dfrac{\alpha}{N-1+\alpha}, & k>K\end{cases}\tag{10.40}$$

其中，N 是数据的总数，N_k 表示除 $\boldsymbol{x}_n$ 以外被划分为第 k 个成分(共已有 K 个成分)的数据数目，α 是狄利克雷过程的参数，可以通过经验设定。

假设每个高斯成分的均值与协方差的先验分布为 normal-inverse-Wishart(NIW)分布，即

$$p(\boldsymbol{\mu}_k \mid \boldsymbol{\Sigma}_k, \boldsymbol{\mu}_0, \kappa_0) = \mathcal{N}(\boldsymbol{\mu}_0, \boldsymbol{\Sigma}_k / \kappa_0) \tag{10.41}$$

$$p(\Sigma_k \mid \boldsymbol{\Lambda}_0, \nu_0) = IW(\boldsymbol{\Sigma}_k \mid \boldsymbol{\Lambda}_0, \nu_0) \tag{10.42}$$

其联合概率表示为

$$p(\boldsymbol{\mu}_k, \boldsymbol{\Sigma}_k) = \mathrm{NIW}(\boldsymbol{\mu}_0, \kappa_0, \boldsymbol{\Lambda}_0, \nu_0) \propto |\boldsymbol{\Sigma}_k|^{-((\nu_0+D)/2+1)}$$
$$\exp\left[-\frac{1}{2}\mathrm{Tr}(\boldsymbol{\Lambda}_0 \boldsymbol{\Sigma}_k^{-1}) - \frac{\kappa_0}{2}(\boldsymbol{\mu}_k - \boldsymbol{\mu}_0)^\top \boldsymbol{\Sigma}_k^{-1} (\boldsymbol{\mu}_k - \boldsymbol{\mu}_0)\right] \tag{10.43}$$

由于无法对指示变量进行确切推理，无限高斯混合模型可以使用 Gibbs 采样，对各个参数的后验分布进行推理。首先初始化成分总数 K 以及每个数据点所属类别的指示变量 Z。Gibbs 采样过程交替执行以下两个步骤[7]：

第一步，给定所有数据的所属成分，根据均值 $\boldsymbol{\mu}_k$ 和协方差 $\boldsymbol{\Sigma}_k$ 的联合后验分布对 $\boldsymbol{\mu}_k$ 和 $\boldsymbol{\Sigma}_k$ 进行采样。$\boldsymbol{\mu}_k$ 和 $\boldsymbol{\Sigma}_k$ 的联合后验分布表示为

$$\begin{cases} p(\boldsymbol{\mu}_k, \boldsymbol{\Sigma}_k \mid X) = \mathrm{NIW}(\boldsymbol{\mu}_N^k, \kappa_N^k, \boldsymbol{\Lambda}_N^k, \nu_N^k) \\ \boldsymbol{\mu}_N^k = \dfrac{\kappa_0 \boldsymbol{\mu}_0 + N_k \overline{X}_k}{\kappa_0 + N_k} \\ \kappa_N^k = \kappa_0 + N_k \\ \boldsymbol{\Lambda}_N^k = \boldsymbol{\Lambda}_0 + \sum\limits_{n=1}^{N_K} (\boldsymbol{x}_n^k - \overline{X}_k)(\boldsymbol{x}_n^k - \overline{X}_k)^\top + \dfrac{\kappa_0 N_k}{\kappa_0 + N_k}(\overline{X}_k - \boldsymbol{\mu}_0)(\overline{X}_k - \boldsymbol{\mu}_0)^\top \\ \nu_N^k = \nu_0 + N_k \end{cases} \tag{10.44}$$

其中，$\overline{X}_k$ 是属于第 k 个成分的数据的均值，$\boldsymbol{x}_n^k$ 是第 k 个成分中的数据点，N_k 表示属于第 k 个成分的数据的数目。

第二步，对于每一个数据点 $\boldsymbol{x}_n$，在给定其所属高斯分布的均值和协方差的情况下，对变量 $\boldsymbol{z}_n$ 根据后验概率进行采样，$\boldsymbol{z}_n$ 的后验概率为

$$p(z_{nk} = 1 \mid Z_{\setminus n}, \boldsymbol{x}_n, \boldsymbol{\mu}_k, \boldsymbol{\Sigma}_k, \alpha)$$

$$\propto \begin{cases} \dfrac{N_k}{N-1+\alpha} p(\boldsymbol{x}_n \mid \boldsymbol{\mu}_k, \boldsymbol{\Sigma}_k) & k \leqslant K \\ \dfrac{\alpha}{N-1+\alpha} \int p(\boldsymbol{x}_n \mid \boldsymbol{\mu}_k, \boldsymbol{\Sigma}_k) p(\boldsymbol{\mu}_k, \boldsymbol{\Sigma}_k) \mathrm{d}\boldsymbol{\mu}_k \mathrm{d}\boldsymbol{\Sigma}_k & k > K \end{cases} \tag{10.45}$$

由公式(10.45)可以看出，采样过程能够将 $\boldsymbol{x}_n$ 以一定的概率分配到现有聚类簇中(对应 $k \leqslant K$)，或分配到一个全新的聚类簇中(对应 $k > K$，相当于增加一个高斯成分)。此外，还可以在某个簇为空时将其删除。因此，无限高斯混合模型可以在采样过程中自适应改变成分数目，从而自动确定聚类簇的数目。

交替执行上述两个步骤，直至达到规定的迭代次数。假设得到 S 个指示变量 Z 的样本，记为 $\{Z^{(s)}\}_{s=1}^{S}$，并且最终确定的聚类数目为 K'，那么 z_{nk} 的后验分布可以通过计算得到，即

$$p(z_{nk}=1 \mid \boldsymbol{x}_n) = \frac{\sum_{s=1}^{S} I(z_{nk}^{(s)}=1)}{S}, \quad n=1,2,\cdots,N, \quad k=1,2,\cdots,K' \tag{10.46}$$

若需要明确的聚类结果，可以通过最大后验估计获得每一个数据点 $\boldsymbol{x}_n$ 所属的簇为 $\underset{k}{\operatorname{argmax}}\, p(z_{nk}=1 \mid \boldsymbol{x}_n)$。

思考与计算

1. 证明随着聚类数目的增加(从当前聚类结果中取出一个数据点作为新簇)，K-均值聚类的总误差逐渐减小。

2. 分析 K-均值聚类算法与基于 EM 算法的高斯混合模型聚类的关系。

3. 推导谱聚类中归一化切割的优化目标，即给出由公式(10.18)到公式(10.26)的推导过程。

4. 使用一种谱聚类算法实现对人工合成的环状数据的聚类(图 10-1)。

5. 编程实现 K-均值聚类算法和高斯混合模型聚类算法，并选择 3 个不同

数据集进行实验分析。

6. 选择一种聚类算法实现图像分割。

参 考 文 献

[1] Xu R, Wunsch D. Survey of Clustering Algorithms[J]. IEEE Transactions on Neural Networks, 2005, 16(3): 645-678.

[2] Duda R O, Hart P E, Stork D G. Pattern Classification[M]. New York: John Wiley & Sons, 2012.

[3] 张学工. 模式识别[M]. 3 版. 北京：清华大学出版社，2009.

[4] Von Luxburg U. A Tutorial on Spectral Clustering[J]. Statistics and Computing, 2007, 17(4): 395-416.

[5] Shi J, Malik J. Normalized Cuts and Image Segmentation[J]. IEEE Transactions on Pattern Analysis and Machine Intelligence, 2000, 22(8): 888-905.

[6] Banfield J D, Raftery A E. Model-Based Gaussian and Non-Gaussian Clustering [J]. Biometrics, 1993, 49(3): 803-821.

[7] Rasmussen C E. The Infinite Gaussian Mixture Model[C]//Advances in Neural Information Processing Systems. Cambridge, MA: MIT Press, 2000: 554-560.

第 11 章　主成分分析与相关的谱方法

学习目标：

(1) 熟练运用主成分分析；

(2) 理解概率主成分分析的原理；

(3) 理解核主成分分析的原理；

(4) 熟练运用线性判别分析和典型相关分析。

数据经过预处理后，会得到原始特征，常见的预处理操作包括数据清洗、缺失值补全、离散值编码等。特征提取(feature extraction)与特征选择(feature selection)的基本任务是从许多原始特征出发，通过变换或选择操作得到更有效的特征。有时只需要采用特征提取或特征选择，也可以先进行特征提取，再进行特征选择，又或者可以先通过特征选择去掉部分特征，再进行特征提取。

本章介绍几种典型的特征提取方法，包括主成分分析、线性判别分析和典型相关分析。其中，主成分分析是一种非监督的特征提取方法，它可以得到高维数据的低维表示，并且不需要知道数据的类别。线性判别分析则是一种监督式特征提取方法，利用数据类别得到最具判别信息的特征表示。典型相关分析是一种对具有两组或多组表示的数据(即多视图数据)提取特征的方法。这三种特征提取方法的求解过程均使用特征值分解，属于机器学习中谱方法的范畴。

11.1　主成分分析

主成分分析(principal component analysis,PCA)被广泛用于数据降维、有损数据压缩和数据可视化等技术中。PCA 的思想是寻找一个正交变换,将数据投影到一个低维空间,也称为主成分子空间。有两种常见方法对 PCA 进行定义与推导,二者遵循不同的优化目标。一种优化目标是寻找使得主成分子空间上的各个维度方差的和最大的正交投影;另一种目标是寻找使得原始数据与投影后数据的距离平方和最小的正交投影。

11.1.1　最大化方差

假定观测数据$\{\boldsymbol{x}_i\}_{i=1}^N$是在欧式空间上的 D 维数据。受信号处理中"信号通常具有较大的方差"的启发,PCA 的目标是将数据投影到一个维度为 M $(M\leqslant D)$的子空间,使得投影后的数据在各个维度上的方差的和最大。首先考虑投影到一维空间的情况,即 $M=1$,投影变换是一个 D 维向量,这里使用 $\boldsymbol{u}_1$ 表示。由于 PCA 只关心投影的方向,为了计算方便,假设投影向量满足 $\boldsymbol{u}_1^\top\boldsymbol{u}_1=1$。每一个数据点 $\boldsymbol{x}_i$经过投影得到 $z_i=\boldsymbol{u}_1^\top\boldsymbol{x}_i$,投影后数据的方差为

$$\mathrm{var}(z)=\frac{1}{N}\sum_{i=1}^N\left(z_i-\frac{1}{N}\sum_{i=1}^N z_i\right)^2=\boldsymbol{u}_1^\top\boldsymbol{S}\boldsymbol{u}_1 \tag{11.1}$$

其中 $\boldsymbol{S}$ 表示原始空间数据的协方差矩阵,即

$$\boldsymbol{S}=\frac{1}{N}\sum_{i=1}^N[\boldsymbol{x}_i-\boldsymbol{m}(\boldsymbol{x})][\boldsymbol{x}_i-\boldsymbol{m}(\boldsymbol{x})]^\top \tag{11.2}$$

$$\boldsymbol{m}(\boldsymbol{x})=\frac{1}{N}\sum_{i=1}^N\boldsymbol{x}_i$$

PCA 的目标是求解使得投影后数据的方差 $\mathrm{var}(z)=\boldsymbol{u}_1^\top\boldsymbol{S}\boldsymbol{u}_1$ 最大,并且满足约束 $\boldsymbol{u}_1^\top\boldsymbol{u}_1=1$ 的投影向量 $\boldsymbol{u}_1$。带约束的优化问题可以利用拉格朗日乘子法得到相应的无约束优化问题。引入拉格朗日乘子 λ_1 之后,可以得到等价的

优化目标为

$$\underset{\boldsymbol{u}_1}{\operatorname{argmax}}\ \boldsymbol{u}_1^{\top}\boldsymbol{S}\boldsymbol{u}_1+\lambda_1(1-\boldsymbol{u}_1^{\top}\boldsymbol{u}_1) \tag{11.3}$$

对公式(11.3)中的目标式关于 $\boldsymbol{u}_1$ 求导，并使导数为零，可以得到优化目标的解满足

$$\boldsymbol{S}\boldsymbol{u}_1=\lambda_1\boldsymbol{u}_1 \tag{11.4}$$

根据公式(11.4)可以看出，$\boldsymbol{u}_1$ 是协方差矩阵 $\boldsymbol{S}$ 的一个特征向量，并且优化目标的数值是对应的特征值，即

$$\operatorname{var}(z)=\boldsymbol{u}_1^{\top}\boldsymbol{S}\boldsymbol{u}_1=\lambda_1 \tag{11.5}$$

因此，最大的方差是协方差矩阵 $\boldsymbol{S}$ 的最大的特征值，最优投影向量是所对应的特征向量。图 11-1 给出了一个应用 PCA 的例子。

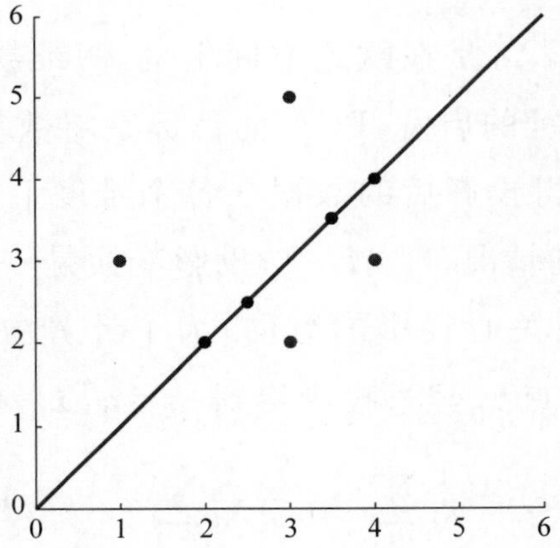

图 11-1　使用 PCA 将数据投影到一维空间的示例

注：图中直线上的点是使用 PCA 将数据{(1,3),(3,2),(3,5),(4,3)}投影到一维的结果

考虑更一般化的情况，当 $M>1$ 时，投影变换是一个 $D\times M$ 的矩阵，设为 $\boldsymbol{U}$，且满足各个投影方向相互正交 $\boldsymbol{U}^{\top}\boldsymbol{U}=\boldsymbol{I}$。优化目标定义为投影后所得的子空间中的数据在每个维度上的方差总和最大。此时，优化问题表示为

$$\underset{\boldsymbol{U}}{\operatorname{argmax}}\ \operatorname{Tr}(\boldsymbol{U}^{\top}\boldsymbol{S}\boldsymbol{U}) \tag{11.6}$$

$$\text{s.t. } \boldsymbol{U}^{\mathrm{T}}\boldsymbol{U}=\boldsymbol{I}$$

使用拉格朗日乘子法，引入 M 个拉格朗日乘子 $\{\lambda_1,\lambda_2,\cdots,\lambda_M\}$，可以得到优化目标为

$$\underset{\boldsymbol{U}}{\operatorname{argmax}}\ \operatorname{Tr}[\boldsymbol{U}^\top\boldsymbol{S}\boldsymbol{U}+\operatorname{diag}(\boldsymbol{\lambda})(\boldsymbol{I}-\boldsymbol{U}^\top\boldsymbol{U})] \tag{11.7}$$

其中，$\operatorname{diag}(\boldsymbol{\lambda})$ 表示对角线由 $\boldsymbol{\lambda}=[\lambda_1,\lambda_2,\cdots,\lambda_m,\cdots,\lambda_M]^\top$ 构成的对角阵。对公式(11.7)中的目标式关于投影矩阵求导，并设置导数为 0，可以得到最优解需要满足

$$\boldsymbol{S}\boldsymbol{U}=\boldsymbol{U}\operatorname{diag}(\boldsymbol{\lambda}) \tag{11.8}$$

从公式(11.8)可以看出，$\boldsymbol{U}$ 是协方差矩阵 $\boldsymbol{S}$ 的 M 个特征向量构成的矩阵，并且对应的优化目标的数值是对应特征值的和，即

$$\operatorname{Tr}(\boldsymbol{U}^\top\boldsymbol{S}\boldsymbol{U})=\sum_{m=1}^{M}\lambda_m \tag{11.9}$$

因此，最优的 M 维子空间投影应该是原始数据的协方差矩阵 $\boldsymbol{S}$ 的 M 个最大特征值 $\lambda_1,\lambda_2,\cdots,\lambda_M$ 对应的特征向量 $\boldsymbol{u}_1,\boldsymbol{u}_2,\cdots,\boldsymbol{u}_M$ 构成的矩阵 $\boldsymbol{U}$。

11.1.2　最小化误差

主成分分析的另一种定义方法以最小化原始数据与投影后数据的距离平方和误差为优化目标。由于原始数据与投影后的数据在不同的空间中，需要引入一组 D 维（与原始数据维度一致）标准正交基向量 $\boldsymbol{U}=[\boldsymbol{u}_1,\boldsymbol{u}_2,\cdots,\boldsymbol{u}_D]$，$\boldsymbol{U}^\top\boldsymbol{U}=\boldsymbol{I}$ 来构建两个空间的关系。

首先，考虑数据 $\boldsymbol{x}_n$ 由原始 D 维空间 $\mathcal{A}$ 转换到新的 D 维空间 $\mathcal{B}$ 的变换关系，其中新的 D 维空间 $\mathcal{B}$ 由标准正交基 $\boldsymbol{U}$ 构成。数据 $\boldsymbol{x}_n$ 可以表示为标准正交基的线性组合，并且组合系数是数据点在新空间中的坐标，记为 $\boldsymbol{x}'_n$，那么 $\boldsymbol{x}_n$ 和 $\boldsymbol{x}'_n$ 的关系表示为

$$\boldsymbol{x}_n=\sum_{d=1}^{D}x'_{nd}\boldsymbol{u}_d \tag{11.10}$$

将公式(11.10)的等号两边分别与 $\boldsymbol{u}_d$ 做内积，并且运用 $\boldsymbol{U}^\top\boldsymbol{U}=\boldsymbol{I}$，可以得

出新空间中的坐标还可以通过原空间的坐标表示，即

$$x'_{nd}=\boldsymbol{x}_n^{\top}\boldsymbol{u}_d,\quad d=1,2,\cdots,D \tag{11.11}$$

结合公式(11.10)和公式(11.11)，可以得出

$$\boldsymbol{x}_n=\sum_{d=1}^{D}(\boldsymbol{x}_n^{\top}\boldsymbol{u}_d)\boldsymbol{u}_d \tag{11.12}$$

其次，考虑数据 $\boldsymbol{x}_n$ 投影到最优 $M(M\leqslant D)$ 维子空间的变换关系。PCA的目标是以尽可能少的信息损失将原始数据投影到比原始空间维度少的子空间。投影损失通过所有的原始数据与投影后数据在原始空间重构表示的距离的平方和刻画。假设最优子空间使用 $\boldsymbol{U}$ 中 $M(M\leqslant D)$ 个标准正交基向量 $\{\boldsymbol{u}_m\}_{m=1}^{M}$ 表示，数据点 $\boldsymbol{x}_n$ 投影到子空间之后的数据表示为 $\boldsymbol{z}_n=[z_{n1},z_{n2},\cdots,z_{nM}]^{\top}$。为了得到投影后的数据在原始空间的重构表示，需要使用 D 组正交基构建包含 M 维子空间的 D 维空间，这 D 组正交基包括子空间的标准正交基向量 $\{\boldsymbol{u}_m\}_{m=1}^{M}$ 和其正交补 $\{\boldsymbol{u}_m\}_{m=M+1}^{D}$。投影后的数据 $\boldsymbol{z}_n$ 在原始空间中重构后的表示为

$$\tilde{\boldsymbol{x}}_n=\sum_{m=1}^{M}z_{nm}\boldsymbol{u}_m+\sum_{m=M+1}^{D}b_m\boldsymbol{u}_m \tag{11.13}$$

其中，$\{b_m\}$ 是一组不依赖于单个样本的变量，即为了误差最小允许增加来自正交补空间的一个常值向量。

最后，可以得到最小化投影损失的优化目标为

$$\begin{aligned}J&=\frac{1}{N}\sum_{n=1}^{N}\|\boldsymbol{x}_n-\tilde{\boldsymbol{x}}_n\|^2\\&=\frac{1}{N}\sum_{n=1}^{N}\left\|\sum_{d=1}^{D}(\boldsymbol{x}_n^{\top}\boldsymbol{u}_d)\boldsymbol{u}_d-\sum_{m=1}^{M}z_{nm}\boldsymbol{u}_m-\sum_{m=M+1}^{D}b_m\boldsymbol{u}_m\right\|^2\\&\text{s.t. }\boldsymbol{U}^{\top}\boldsymbol{U}=\boldsymbol{I}\end{aligned} \tag{11.14}$$

其中变量包括 $\{\boldsymbol{u}_i\}\{z_{nm}\}\{b_m\}$。分别对公式(11.14)中的目标公式关于 $\{z_{nm}\}$ 和 $\{b_m\}$ 求导，并令其等于零，可以得到它们的最优解满足

$$z_{nm}=\boldsymbol{x}_n^{\top}\boldsymbol{u}_m,\quad n=1,2,\cdots,N,\quad m=1,2,\cdots,M \tag{11.15}$$

$$b_m = \left(\frac{1}{N}\sum_{n=1}^{N}\boldsymbol{x}_n^\top\right)\boldsymbol{u}_m, \quad m = M+1, M+2, \cdots, D \tag{11.16}$$

将公式(11.15)和(11.16)代入目标损失(公式(11.14))中，可以将目标损失的表达式化简为

$$J = \frac{1}{N}\sum_{n=1}^{N}\sum_{m=M+1}^{D}\left(\boldsymbol{x}_n^\top\boldsymbol{u}_m - \left(\frac{1}{N}\sum_{n=1}^{N}\boldsymbol{x}_n^\top\right)\boldsymbol{u}_m\right)^2 = \sum_{m=M+1}^{D}\boldsymbol{u}_m^\top S\boldsymbol{u}_m \tag{11.17}$$

$$\text{s.t. } \boldsymbol{U}^\top\boldsymbol{U} = \boldsymbol{I}$$

通过引入拉格朗日乘子 $\lambda_1, \lambda_2, \cdots, \lambda_D$，可以得到对应的无约束优化目标，并且优化目标的解满足

$$\boldsymbol{S}\boldsymbol{u}_d = \lambda_d\boldsymbol{u}_d, \quad d = 1, 2, \cdots, D \tag{11.18}$$

其中，$\{\lambda_d\}$是协方差矩阵 $\boldsymbol{S}$ 的特征值，$\{\boldsymbol{u}_d\}$是对应的特征向量。目标损失(公式(11.17))可以进一步化简为

$$J = \sum_{m=M+1}^{D}\lambda_m \tag{11.19}$$

因此，当$\{\lambda_{m+1}, \lambda_{m+2}, \cdots, \lambda_D\}$是 $D-M$ 个最小特征值时，投影损失最小，此时最优子空间的基向量(即投影向量)是协方差矩阵 $\boldsymbol{S}$ 的 M 个最大特征值$\{\lambda_1, \lambda_2, \cdots, \lambda_M\}$对应的特征向量。

无论是从最大化方差还是最小化误差的角度，最终得到的 PCA 的解是等价的。

11.1.3　主成分分析与 K-L 变换

虽然人们很少区分主成分分析与 Karhunen-Loeve(K-L)变换，事实上二者的含义有所不同。PCA 是一种特殊的 K-L 变换，PCA 的正交投影矩阵通过对协方差矩阵进行特征值分解获得。K-L 变换可以对多种矩阵进行特征值分解获得投影矩阵，例如自相关矩阵、协方差矩阵、总类内散度矩阵等。当 K-L 变换使用协方差矩阵时，K-L 变换等同于 PCA。下面给出自相关矩阵与总类内散度矩阵的形式。

自相关矩阵与数据的类别无关,假设将所有数据统一表示为$\{\boldsymbol{x}_1,\boldsymbol{x}_2,\cdots,\boldsymbol{x}_N\}$,那么数据的自相关矩阵为

$$\boldsymbol{R}_x=\mathbb{E}[\boldsymbol{x}\boldsymbol{x}^\top]=\frac{1}{N}\sum_{n=1}^{N}\boldsymbol{x}_n\boldsymbol{x}_n^\top \tag{11.20}$$

自相关矩阵与均值为零的协方差矩阵相同。

总类内散度矩阵与数据的类别相关,假设数据具有 C 个类别,且类别 c 中的数据表示为$\{\boldsymbol{x}_1^c,\boldsymbol{x}_2^c,\cdots,\boldsymbol{x}_{N_c}^c\}$,总类内散度矩阵为

$$\boldsymbol{S}_w=\frac{1}{C}\sum_{k=1}^{C}S_w^c \tag{11.21}$$

其中 $\boldsymbol{S}_w^c$ 表示每个类别内的散度矩阵,即

$$\boldsymbol{S}_w^c=\frac{1}{N_c}\sum_{n=1}^{N_c}(\boldsymbol{x}_n^c-\boldsymbol{m}^c)(\boldsymbol{x}_n^c-\boldsymbol{m}^c)^\top \tag{11.22}$$

$$\boldsymbol{m}^c=\frac{1}{N_c}\sum_{n=1}^{N_c}\boldsymbol{x}_n^c$$

K-L 变换可以实现监督或非监督的特征提取,区别在于使用不同的矩阵进行特征值分解。例如,使用自相关矩阵或协方差矩阵时是非监督特征提取,使用总类内散度矩阵时则是监督特征提取。

11.2 概率 PCA

PCA 是从原始空间到子空间的线性投影方法,是一种非概率的确定性模型。下面介绍如何利用概率模型来实现概率 PCA。

概率 PCA[2]是一种线性高斯模型,它的边缘概率分布和条件概率分布均假设为高斯分布。为了表示主成分子空间,模型引入潜变量 $\boldsymbol{z}$,并且定义潜变量具有标准高斯先验分布 $p(\boldsymbol{z})$,即

$$p(\boldsymbol{z})=\mathcal{N}(\boldsymbol{z}\mid\boldsymbol{0},\boldsymbol{I}) \tag{11.23}$$

此外,假设在给定潜变量的条件下观测变量 $\boldsymbol{x}$ 的条件分布 $p(\boldsymbol{x}|\boldsymbol{z})$也是高斯

分布,其表达式为

$$p(\boldsymbol{x} \mid \boldsymbol{z})=\mathcal{N}(\boldsymbol{x} \mid \boldsymbol{W}\boldsymbol{z}+\boldsymbol{\mu},\sigma^2\boldsymbol{I}) \tag{11.24}$$

其中 $\boldsymbol{W}$、$\boldsymbol{\mu}$、σ 是模型的参数。概率 PCA 的数据生成过程如下：先从先验分布中生成一个潜变量 $\boldsymbol{z}$,然后通过线性变换得到包含噪声 ϵ 的观测 $\boldsymbol{x}$,即

$$\boldsymbol{x}=\boldsymbol{W}\boldsymbol{z}+\boldsymbol{\mu}+\epsilon \tag{11.25}$$

概率 PCA 是一种生成式模型,构建了从潜变量 $\boldsymbol{z}$ 到观测 $\boldsymbol{x}$ 的变换关系,PCA 则直接构建从观测 $\boldsymbol{x}$ 到子空间表示 $\boldsymbol{z}$ 的变换。概率 PCA 需要使用贝叶斯公式得到模型的逆变换。

概率 PCA 的模型参数可以通过最大似然估计求解。已知模型的先验和似然,可以得到观测数据的边缘概率分布 $p(\boldsymbol{x})$为

$$p(\boldsymbol{x})=\int p(\boldsymbol{x} \mid \boldsymbol{z})p(\boldsymbol{z})\mathrm{d}\boldsymbol{z} \tag{11.26}$$

根据公式(11.26)可以得到 $p(\boldsymbol{x})$也是高斯分布,具体表示为

$$p(\boldsymbol{x})=\mathcal{N}(\boldsymbol{x} \mid \boldsymbol{\mu},\boldsymbol{W}\boldsymbol{W}^{\top}+\sigma^2\boldsymbol{I}) \tag{11.27}$$

对边缘概率分布(公式(11.27))关于模型参数求导,并设置导数为零,可以得到模型参数的最大似然解为

$$\boldsymbol{W}_{\mathrm{ml}}=\boldsymbol{U}_M(\mathrm{diag}(\boldsymbol{\lambda})-\sigma_{\mathrm{ml}}^2\boldsymbol{I})^{1/2}\boldsymbol{R} \tag{11.28}$$

$$\sigma_{\mathrm{ml}}^2=\frac{1}{D-M}\sum_{m=M+1}^{D}\lambda_m \tag{11.29}$$

$$\boldsymbol{\mu}_{\mathrm{ml}}=\frac{1}{N}\sum_{n=1}^{N}\boldsymbol{x}_n \tag{11.30}$$

其中,$\mathrm{diag}(\boldsymbol{\lambda})$表示对角线由 $\lambda_1,\lambda_2,\cdots,\lambda_M$ 构成的对角阵,且 $\lambda_1,\lambda_2,\cdots,\lambda_M$ 是协方差矩阵 $\boldsymbol{S}$ 的前 M 个最大特征值,$\boldsymbol{U}_M$ 是对应的特征向量构成的矩阵。$\boldsymbol{R}$ 是任意一个正交矩阵,通常可以设置为单位阵。$\lambda_{M+1},\lambda_{M+2},\cdots,\lambda_D$ 是 $D-M$ 个最小特征值。

通过贝叶斯公式,可以得到关于潜变量 $\boldsymbol{z}$ 的后验概率分布为

$$p(\boldsymbol{z} \mid \boldsymbol{x})=\mathcal{N}(\boldsymbol{z} \mid \widetilde{M}^{-1}\boldsymbol{W}^{\top}(\boldsymbol{x}-\boldsymbol{\mu}),\sigma^2\widetilde{M}^{-1}) \tag{11.31}$$

其中 $\widetilde{M}=\boldsymbol{W}\boldsymbol{W}^{\top}+\sigma^{2}\boldsymbol{I}$。通常使用后验概率分布的均值作为观测数据的主成分表示。

11.3 核 PCA

前面两节介绍的 PCA 算法使用线性变换,这对一些具有非线性结构的数据并不适用。一种解决方法是将数据变换到一个高维特征空间,然后在该空间中进行 PCA 操作。对数据进行非线性变换并且使用核技术的 PCA 方法称为核 PCA[3]。

假设训练数据$\{\boldsymbol{x}_n\}$是在欧式空间上的 D 维数据。为了简化表达,首先对数据进行中心化处理,也就是使得 $\sum_{n=1}^{N}\boldsymbol{x}_n=0$。主成分子空间的基向量满足

$$\boldsymbol{S}\boldsymbol{u}_d=\lambda_d\boldsymbol{u}_d \tag{11.32}$$

其中协方差矩阵表示为

$$\boldsymbol{S}=\frac{1}{N}\sum_{n=1}^{N}\boldsymbol{x}_n\boldsymbol{x}_n^{\top} \tag{11.33}$$

并且特征向量构成的矩阵满足正交约束,即 $\boldsymbol{u}_i^{\top}\boldsymbol{u}_j=0,i\neq j$。

$\phi(\boldsymbol{x})$ 表示数据从原始空间到高维空间的非线性映射,如果投影到 M 维子空间,核 PCA 寻找投影向量$\{\boldsymbol{v}_m\}_{m=1}^{M}$,使得映射后的数据 $\phi(X)=[\phi(\boldsymbol{x}_1),\phi(\boldsymbol{x}_2),\cdots,\phi(\boldsymbol{x}_N)]$ 经投影后在子空间各个维度的表示$\{\boldsymbol{v}_m^{\top}\phi(X)\}_{m=1}^{M}$ 的方差总和最大。假设变换后的数据均值为零,即 $\sum_{n=1}^{N}\phi(\boldsymbol{x}_n)=0$,那么在高维空间上的协方差矩阵为

$$\boldsymbol{S}'=\frac{1}{N}\sum_{n=1}^{N}\phi(\boldsymbol{x}_n)\phi(\boldsymbol{x}_n)^{\top} \tag{11.34}$$

与 PCA 类似,根据公式(11.6)、(11.7)和(11.8)可以得到其主成分子空间的基向量 $\boldsymbol{v}_m$ 满足

$$\boldsymbol{S}'\boldsymbol{v}_m = \lambda_m \boldsymbol{v}_m \tag{11.35}$$

其中 $\boldsymbol{v}_m$ 表示投影向量。

根据公式(11.34)和(11.35)可以得到 $\boldsymbol{v}_m$ 满足

$$\frac{1}{N}\sum_{n=1}^{N}\phi(\boldsymbol{x}_n)\phi(\boldsymbol{x}_n)^{\top}\boldsymbol{v}_m = \lambda_m \boldsymbol{v}_m \tag{11.36}$$

由于 $\phi(\boldsymbol{x}_n)^{\top}\boldsymbol{v}_m$ 是一个标量，$\boldsymbol{v}_m$ 可以表示为$\{\phi(\boldsymbol{x}_n)\}$的线性组合，记为

$$\boldsymbol{v}_m = \sum_{n=1}^{N}\alpha_{mn}\phi(\boldsymbol{x}_n) \tag{11.37}$$

将公式(11.34)和(11.37)代入公式(11.35)中，可得

$$\frac{1}{N}\sum_{n=1}^{N}\phi(\boldsymbol{x}_n)\phi(\boldsymbol{x}_n)^{\top}\sum_{n'=1}^{N}\alpha_{mn'}\phi(\boldsymbol{x}_{n'}) = \lambda_m \sum_{n=1}^{N}\alpha_{mn}\phi(\boldsymbol{x}_n) \tag{11.38}$$

为了使用核技巧，在公式(11.38)的等号两边左乘 $\phi(\boldsymbol{x}_\ell)^{\top}$，$\ell=1,2,\cdots,N$，并且引入核函数 $k(\boldsymbol{x},\boldsymbol{x}')=\phi(\boldsymbol{x})^{\top}\phi(\boldsymbol{x}')$，得到

$$\frac{1}{N}\sum_{n=1}^{N}k(\boldsymbol{x}_\ell,\boldsymbol{x}_n)\sum_{n'=1}^{N}\alpha_{mn'}k(\boldsymbol{x}_n,\boldsymbol{x}_{n'}) = \lambda_m \sum_{n=1}^{N}\alpha_{mn}k(\boldsymbol{x}_\ell,\boldsymbol{x}_n),\quad \ell=1,2,\cdots,N \tag{11.39}$$

公式(11.39)可以写为矩阵的形式，即

$$\boldsymbol{K}\boldsymbol{K}\boldsymbol{\alpha}_m = \lambda_m N\boldsymbol{K}\boldsymbol{\alpha}_m \tag{11.40}$$

其非零特征值及其对应的特征向量满足 $\boldsymbol{K}\boldsymbol{\alpha}_m=\lambda_m N\boldsymbol{\alpha}_m$。因此，核 PCA 等价于求解公式(11.41)所示的特征值问题

$$\boldsymbol{K}\boldsymbol{\alpha}_m = \lambda_m N\boldsymbol{\alpha}_m \tag{11.41}$$

其中 $\boldsymbol{K}$ 是核函数在所有训练数据上构建的核矩阵，$\boldsymbol{\alpha}_m=[\alpha_{m1},\alpha_{m2},\cdots,\alpha_{mN}]^{\top}$ 是需要求解的特征向量。根据所需投影的维度 M，选择前 M 个最大特征值对应的特征向量。

得到所需的特征向量之后，投影后的主成分表示可以通过公式(11.42)计算获得

$$z_m = \boldsymbol{v}_m^{\top}\phi(\boldsymbol{x}) = \sum_{n=1}^{N}\alpha_{mn}k(\boldsymbol{x},\boldsymbol{x}_n),\quad m=1,2,\cdots,M \tag{11.42}$$

11.4 相关的谱方法

除了主成分分析之外，还有一些谱方法也可以实现特征提取。这里介绍两种常用方法：线性判别分析和典型相关分析。

11.4.1 线性判别分析

PCA 是一种非监督学习方法，它并没有充分考虑数据的类别标签，而是希望投影后的数据具有尽可能大的方差。线性判别分析(linear discriminant analysis, LDA)也称为 Fisher 线性判别，既可以看成一种线性分类器，也可以看成一种监督降维方法。LDA 希望投影后的数据，不同类别间的距离要尽可能大，同类别内部尽可能紧凑。需要特别注意，LDA 允许的子空间维数 M 具有一定的约束性，必须小于数据的类别数 C，即 $M \leqslant C-1$。下面首先介绍对二类数据的线性判别分析原理，然后给出多类的情况。

(1) 二类数据的线性判别分析。

LDA 希望投影后的数据具有判别信息。假设 $\boldsymbol{x}$ 表示一个原始 D 维样本，通过线性投影变换表示为一维变量 y，变换关系为

$$y=\boldsymbol{w}^{\top} \boldsymbol{x} \tag{11.43}$$

如果使用 LDA 降维，y 是最终的低维表示；如果使用 LDA 分类，会进一步设定一个阈值 w_0，让 $y \geqslant w_0$ 时判定数据属于第一类，否则属于第二类。LDA 求解的问题可以理解为如何调整投影方向 $\boldsymbol{w}$，以保证投影到一维空间上的 y 能尽可能地区分两个类别。

LDA 同时考虑类间与类内的关系。一方面，希望两个类别的数据投影后的均值之间的距离尽可能大。假设类别一的均值是 $\boldsymbol{m}_1$，类别二的均值是 $\boldsymbol{m}_2$，那么投影后两类均值的距离为

$$\left|\boldsymbol{w}^{\top}\left(\boldsymbol{m}_1-\boldsymbol{m}_2\right)\right| \tag{11.44}$$

另一方面，希望同一类别内的数据尽可能集中，即最小化类内散度。类内散度使用类内方差或协方差刻画，一般会略去常数乘性因子。假设类别 c 中的数据表示为 $X^c=[\boldsymbol{x}_1^c,\boldsymbol{x}_2^c,\cdots,\boldsymbol{x}_{N_c}^c]$，$c=1,2$，原始数据的类内协方差表示为

$$\boldsymbol{\Sigma}_c=\sum_{n=1}^{N_c}(\boldsymbol{x}_n^c-\boldsymbol{m}_c)(\boldsymbol{x}_n^c-\boldsymbol{m}_c)^\top,\quad c=1,2 \tag{11.45}$$

投影后数据的类内方差表示为

$$S_c=\sum_{n=1}^{N_c}(\boldsymbol{w}^\top\boldsymbol{x}_n^c-\boldsymbol{w}^\top\boldsymbol{m}_c)^2,\quad c=1,2 \tag{11.46}$$

结合类间距离最大与类内方差最小，LDA 求解的优化问题是

$$\underset{\boldsymbol{w}}{\operatorname{argmax}}\,J(\boldsymbol{w})=\frac{[\boldsymbol{w}^\top(\boldsymbol{m}_1-\boldsymbol{m}_2)]^2}{S_1+S_2} \tag{11.47}$$

对公式(11.47)进一步化简可得

$$\underset{\boldsymbol{w}}{\operatorname{argmax}}\,J(\boldsymbol{w})=\frac{\boldsymbol{w}^\top\boldsymbol{S}_B\boldsymbol{w}}{\boldsymbol{w}^\top\boldsymbol{S}_W\boldsymbol{w}} \tag{11.48}$$

其中

$$\boldsymbol{S}_B=(\boldsymbol{m}_1-\boldsymbol{m}_2)(\boldsymbol{m}_1-\boldsymbol{m}_2)^\top \tag{11.49}$$

$$\boldsymbol{S}_W=\boldsymbol{\Sigma}_1+\boldsymbol{\Sigma}_2 \tag{11.50}$$

由于 LDA 只关心最终的投影方向，对公式(11.48)中优化目标的分子分母中的 $\boldsymbol{w}$ 同时缩放并不影响最终的求解结果。因此，为了求解优化目标，可以约束 $\boldsymbol{w}^\top\boldsymbol{S}_W\boldsymbol{w}=1$。使用拉格朗日乘子法，可以得到与公式(11.48)等价的新优化问题为

$$\underset{\boldsymbol{w}}{\operatorname{argmax}}\,J(\boldsymbol{w})=\boldsymbol{w}^\top\boldsymbol{S}_B\boldsymbol{w}+\lambda(1-\boldsymbol{w}^\top\boldsymbol{S}_W\boldsymbol{w}) \tag{11.51}$$

对公式(11.51)中的优化目标关于 $\boldsymbol{w}$ 求导并设置为零，可以得到 LDA 的最优解满足

$$\boldsymbol{S}_B\boldsymbol{w}=\lambda\boldsymbol{S}_W\boldsymbol{w} \tag{11.52}$$

即求解如下特征向量问题

$$\boldsymbol{S}_W^{-1}\boldsymbol{S}_B\boldsymbol{w}=\lambda\boldsymbol{w} \tag{11.53}$$

如果进一步考虑两类 LDA 中相关计算量的性质，求解问题可以被进一步化简。首先根据运算可以得到 $\boldsymbol{S}_B\boldsymbol{w}$ 和 $(\boldsymbol{m}_1-\boldsymbol{m}_2)$ 方向相同，即

$$\boldsymbol{S}_B\boldsymbol{w}=(\boldsymbol{m}_1-\boldsymbol{m}_2)(\boldsymbol{m}_1-\boldsymbol{m}_2)^\top\boldsymbol{w}=(\boldsymbol{m}_1-\boldsymbol{m}_2)\alpha \tag{11.54}$$

其中，$\alpha=(\boldsymbol{m}_1-\boldsymbol{m}_2)^\top\boldsymbol{w}$。那么，对公式(11.54)的等号两边同时左乘 $\boldsymbol{S}_W^{-1}$，可以得到

$$\boldsymbol{S}_W^{-1}\boldsymbol{S}_B\boldsymbol{w}=\boldsymbol{S}_W^{-1}(\boldsymbol{m}_1-\boldsymbol{m}_2)\alpha \tag{11.55}$$

结合公式(11.53)和(11.55)，可以得出 $\boldsymbol{w}$ 的解为

$$\boldsymbol{w}\propto\boldsymbol{S}_W^{-1}(\boldsymbol{m}_1-\boldsymbol{m}_2) \tag{11.56}$$

(2) 多类数据的线性判别分析。

当数据是多类时，数据可以被投影到一个 M 维空间，此时投影变换不再是向量，而是由一组基向量构成的矩阵 $\boldsymbol{W}$。与二类问题类似，LDA 的目标是最大化类间距，最小化类内散度。当使用投影矩阵时，$\boldsymbol{W}^\top\boldsymbol{S}_B\boldsymbol{W}$ 和 $\boldsymbol{W}^\top\boldsymbol{S}_W\boldsymbol{W}$ 不再是标量，而是矩阵，无法直接相除作为优化目标。通常的做法是使用这些矩阵的特征值的和，即矩阵的迹替换原目标式中的分子与分母。因此，多类 LDA 的优化问题可表示为

$$\underset{\boldsymbol{W}}{\operatorname{argmax}}\, J(\boldsymbol{W})=\frac{\operatorname{Tr}(\boldsymbol{W}^\top\boldsymbol{S}_B\boldsymbol{W})}{\operatorname{Tr}(\boldsymbol{W}^\top\boldsymbol{S}_W\boldsymbol{W})} \tag{11.57}$$

在公式(11.57)中，

$$\boldsymbol{S}_B=\sum_{c=1}^{C}N_c(\boldsymbol{m}_c-\boldsymbol{m})(\boldsymbol{m}_c-\boldsymbol{m})^\top \tag{11.58}$$

$$\boldsymbol{S}_W=\sum_{c=1}^{C}\sum_{n=1}^{N_c}(\boldsymbol{x}_n^c-\boldsymbol{m}_c)(\boldsymbol{x}_n^c-\boldsymbol{m}_c)^\top \tag{11.59}$$

其中 $\boldsymbol{m}$ 表示所有数据的均值。

对公式(11.57)中优化目标的分子分母中的 $\boldsymbol{W}$ 同时缩放并不影响最终的求解结果。因此，为了求解优化目标，增加约束 $\boldsymbol{W}^\top\boldsymbol{S}_W\boldsymbol{W}=\boldsymbol{I}$，并使用拉格朗日乘子法，引入 M 个拉格朗日乘子 $\{\lambda_1,\lambda_2,\cdots,\lambda_M\}$，可以得到待求解的无约束优化问题为

$$\underset{W}{\arg\max}\, J(\boldsymbol{W}) = \mathrm{Tr}[\boldsymbol{W}^\top \boldsymbol{S}_B \boldsymbol{W} + \mathrm{diag}(\boldsymbol{\lambda})(\boldsymbol{I} - \boldsymbol{W}^\top \boldsymbol{S}_W \boldsymbol{W})] \tag{11.60}$$

其中，$\mathrm{diag}(\boldsymbol{\lambda})$ 表示对角线由 $\boldsymbol{\lambda} = [\lambda_1, \lambda_2, \cdots, \lambda_M]^\top$ 构成的对角阵。对公式(11.60)中的优化目标关于 $\boldsymbol{W}$ 求导数并设置为零，可以得到最优解满足

$$\boldsymbol{S}_B \boldsymbol{W} = \boldsymbol{S}_W \boldsymbol{W} \mathrm{diag}(\boldsymbol{\lambda}) \tag{11.61}$$

投影矩阵 $\boldsymbol{W}$ 中的列向量可以通过求解特征值问题 $\boldsymbol{S}_W^{-1} \boldsymbol{S}_B \boldsymbol{w} = \lambda \boldsymbol{w}$ 获得，此时优化目标的值为 $\mathrm{Tr}[\mathrm{diag}(\boldsymbol{\lambda})] = \sum_{m=1}^{M} \lambda_m$。因此，最优解是前 M 个最大特征值对应的特征向量构成的矩阵。这里需要注意，$\boldsymbol{S}_B$ 的秩最大为 $C-1$，所以 $\boldsymbol{S}_W^{-1} \boldsymbol{S}_B$ 的非零特征值对应的特征向量数目不会超过 $C-1$，投影后的空间维度满足约束 $M \leqslant C-1$。

11.4.2　典型相关分析

典型相关分析(canonical correlation analysis，CCA)[4]是对包含两组不同表示(或特征)的数据的特征提取方法。其思想是寻找两个投影矩阵，分别将原始数据的两组表示投影到一个公共空间中，并且最大化投影后的两组数据的相关性。CCA 的扩展版本还可以处理具有两种以上表示的数据。这里重点介绍两组变量的情况。

给定两组数据 $X = [\boldsymbol{x}_1, \boldsymbol{x}_2, \cdots, \boldsymbol{x}_N]^\top$ 和 $Y = [\boldsymbol{y}_1, \boldsymbol{y}_2, \cdots, \boldsymbol{y}_N]^\top$，如果投影到一维空间，CCA 寻找一对线性投影向量 $\boldsymbol{w}_x$ 和 $\boldsymbol{w}_y$，使得两组数据在投影后的相关性最大。投影后，两组数据之间的相关系数由公式(11.62)给出，即

$$\mathrm{corr}(\boldsymbol{w}_x^\top \boldsymbol{x}, \boldsymbol{w}_y^\top \boldsymbol{y}) = \frac{\mathrm{cov}(\boldsymbol{w}_x^\top \boldsymbol{x}, \boldsymbol{w}_y^\top \boldsymbol{y})}{\sqrt{\mathrm{var}(\boldsymbol{w}_x^\top \boldsymbol{x}) \mathrm{var}(\boldsymbol{w}_y^\top \boldsymbol{y})}} = \frac{\boldsymbol{w}_x^\top \boldsymbol{C}_{xy} \boldsymbol{w}_y}{\sqrt{(\boldsymbol{w}_x^\top \boldsymbol{C}_{xx} \boldsymbol{w}_x)(\boldsymbol{w}_y^\top \boldsymbol{C}_{yy} \boldsymbol{w}_y)}} \tag{11.62}$$

其中 $\boldsymbol{C}_{xy}$ 为两组原始数据之间的协方差矩阵，其计算表达式为

$$C_{xy}=\frac{1}{N}\sum_{i=1}^{N}(\boldsymbol{x}_i-\boldsymbol{m}_x)(\boldsymbol{y}_i-\boldsymbol{m}_y)^{\top} \tag{11.63}$$

$\boldsymbol{m}_x$ 和 $\boldsymbol{m}_y$ 分别是两组数据的均值，即

$$\boldsymbol{m}_x=\frac{1}{N}\sum_{i=1}^{N}\boldsymbol{x}_i,\quad \boldsymbol{m}_y=\frac{1}{N}\sum_{i=1}^{N}\boldsymbol{y}_i \tag{11.64}$$

$\boldsymbol{C}_{xx}$ 和 $\boldsymbol{C}_{yy}$ 分别是 $\boldsymbol{x}$ 和 $\boldsymbol{y}$ 的自协方差矩阵。

由于 $\boldsymbol{w}_x$ 和 $\boldsymbol{w}_y$ 的尺度对目标公式(11.62)的值没有影响，分母中的两个因子均可以被约束为 1，可以得到 CCA 的优化问题表示为

$$\begin{aligned}(\boldsymbol{w}_x^*,\boldsymbol{w}_y^*)&=\underset{\boldsymbol{w}_x,\boldsymbol{w}_y}{\operatorname{argmax}}\,\boldsymbol{w}_x^{\top}\boldsymbol{C}_{xy}\boldsymbol{w}_y \\ \text{s.t. }&\boldsymbol{w}_x^{\top}\boldsymbol{C}_{xx}\boldsymbol{w}_x=1 \\ &\boldsymbol{w}_y^{\top}\boldsymbol{C}_{yy}\boldsymbol{w}_y=1\end{aligned} \tag{11.65}$$

通过对公式(11.65)引入拉格朗日乘子 λ_1、λ_2，可以将其转化为无约束优化问题，即

$$(\boldsymbol{w}_x^*,\boldsymbol{w}_y^*)=\underset{\boldsymbol{w}_x,\boldsymbol{w}_y}{\operatorname{argmax}}\,\boldsymbol{w}_x^{\top}\boldsymbol{C}_{xy}\boldsymbol{w}_y+\lambda_1(1-\boldsymbol{w}_x^{\top}\boldsymbol{C}_{xx}\boldsymbol{w}_x)+\lambda_2(1-\boldsymbol{w}_y^{\top}\boldsymbol{C}_{yy}\boldsymbol{w}_y) \tag{11.66}$$

对公式(11.66)中的优化目标分别关于 $\boldsymbol{w}_x$ 和 $\boldsymbol{w}_y$ 求导，并设置为零，可以得到

$$\boldsymbol{C}_{xy}\boldsymbol{w}_y-2\lambda_1\boldsymbol{C}_{xx}\boldsymbol{w}_x=\boldsymbol{0} \tag{11.67}$$

$$\boldsymbol{C}_{xy}^{\top}\boldsymbol{w}_x-2\lambda_2\boldsymbol{C}_{yy}\boldsymbol{w}_y=\boldsymbol{0} \tag{11.68}$$

将公式(11.67)的等号两边左乘 $\boldsymbol{w}_x^{\top}$，并减去公式(11.68)的等号两边左乘 $\boldsymbol{w}_y^{\top}$，可以得到

$$\begin{aligned}0&=\boldsymbol{w}_x^{\top}\boldsymbol{C}_{xy}\boldsymbol{w}_y-2\boldsymbol{w}_x^{\top}\lambda_1\boldsymbol{C}_{xx}\boldsymbol{w}_x-\boldsymbol{w}_y^{\top}\boldsymbol{C}_{xy}^{\top}\boldsymbol{w}_x+2\boldsymbol{w}_y^{\top}\lambda_2\boldsymbol{C}_{yy}\boldsymbol{w}_y \\ &=2\lambda_2\boldsymbol{w}_y^{\top}\boldsymbol{C}_{yy}\boldsymbol{w}_y-2\lambda_1\boldsymbol{w}_x^{\top}\boldsymbol{C}_{xx}\boldsymbol{w}_x\end{aligned} \tag{11.69}$$

结合公式(11.69)和公式(11.65)中的约束，可以得到 $\lambda_1=\lambda_2$。令 $\lambda=\lambda_1=\lambda_2$，根据公式(11.68)可以得到 $\boldsymbol{w}_x$ 和 $\boldsymbol{w}_y$ 的关系为

$$\boldsymbol{w}_y=\frac{\boldsymbol{C}_{yy}^{-1}\boldsymbol{C}_{xy}^{\top}\boldsymbol{w}_x}{2\lambda} \tag{11.70}$$

将公式(11.70)代入公式(11.67)中,可得到 $\boldsymbol{w}_x$ 需满足

$$\boldsymbol{C}_{xy}\boldsymbol{C}_{yy}^{-1}\boldsymbol{C}_{xy}^{\top}\boldsymbol{w}_x = 4\lambda^2\boldsymbol{C}_{xx}\boldsymbol{w}_x \tag{11.71}$$

至此,优化问题(11.65)转化为求解公式(11.71)所示的广义特征值问题,即解形如 $\boldsymbol{A}\hat{\boldsymbol{x}}=\hat{\lambda}\boldsymbol{B}\hat{\boldsymbol{x}}$ 的问题。

广义特征值问题可以通过一些变换转化为普通特征值问题。例如,针对广义特征值问题 $A\hat{\boldsymbol{x}}=\hat{\lambda}B\hat{\boldsymbol{x}}$,如果 $\boldsymbol{B}$ 矩阵可逆,对原等式两端左乘 $\boldsymbol{B}^{-1}$,可以得到 $\boldsymbol{B}^{-1}\boldsymbol{A}\hat{\boldsymbol{x}}=\hat{\lambda}\hat{\boldsymbol{x}}$;如果 $\boldsymbol{B}$ 矩阵可进行 Cholesky 分解,即 $\boldsymbol{B}=\boldsymbol{L}\boldsymbol{L}^{\top}$,$\boldsymbol{L}$ 是下三角阵,通过引入新的向量 $\hat{\boldsymbol{y}}=\boldsymbol{L}^{\top}\hat{\boldsymbol{x}}$,可以得到等价的特征值问题 $\boldsymbol{L}^{-1}\boldsymbol{A}(\boldsymbol{L}^{-1})^{\top}\hat{\boldsymbol{y}}=\lambda\hat{\boldsymbol{y}}$,其中 $\hat{\boldsymbol{x}}=(\boldsymbol{L}^{-1})^{\top}\hat{\boldsymbol{y}}$。

根据公式(11.70)和(11.71)可以得到公式(11.65)中优化目标的最大值为 $\boldsymbol{w}_x^{\top}\boldsymbol{C}_{xy}\boldsymbol{w}_y=2\lambda$。因此,当投影到一维空间时,CCA 的解 $\boldsymbol{w}_x$ 是广义特征值分解 $\boldsymbol{C}_{xy}\boldsymbol{C}_{yy}^{-1}\boldsymbol{C}_{xy}^{\top}\boldsymbol{w}_x=4\lambda^2\boldsymbol{C}_{xx}\boldsymbol{w}_x$ 中的最大特征值对应的特征向量。求出 $4\lambda^2$ 的最大值后,可取 λ 为相应的正数值,此时 2λ 为最大正值。当投影到 M 维空间时,$\boldsymbol{w}_x$ 是前 M 个最大特征值对应的特征向量构成的投影矩阵。

对标准 CCA 使用核方法进行非线性扩展可以得到核 CCA[5]。核方法的关键思想是将数据映射到更高维度的特征空间,且高维空间中向量的内积可以通过核函数计算。假设映射函数为 ϕ_x,$k_x(\boldsymbol{x}_i,\boldsymbol{x}_j)=\langle\phi_x(\boldsymbol{x}_i),\phi_x(\boldsymbol{x}_j)\rangle$,$i,j=1,2,\cdots,N$。核 CCA 对两组数据分别引入两个映射函数 $\phi_x(\boldsymbol{x})$和 $\phi_y(\boldsymbol{y})$。

首先对原始数据进行中心化处理,即 $\boldsymbol{X}=\boldsymbol{X}-m(\boldsymbol{X})$,$\boldsymbol{Y}=\boldsymbol{Y}-m(\boldsymbol{Y})$,$m(\cdot)$表示取均值的操作,可以得到 $\boldsymbol{C}_{xy}=\dfrac{1}{N}\boldsymbol{X}^{\top}\boldsymbol{Y}$,$\boldsymbol{C}_{xx}=\dfrac{1}{N}\boldsymbol{X}^{\top}\boldsymbol{X}$,$\boldsymbol{C}_{yy}=\dfrac{1}{N}\boldsymbol{Y}^{\top}\boldsymbol{Y}$。由于 $\boldsymbol{w}_x$ 和 $\boldsymbol{w}_y$ 可以分别表示为数据 $\boldsymbol{x}_1,\boldsymbol{x}_2,\cdots,\boldsymbol{x}_N$ 的线性组合,可得 $\boldsymbol{w}_x=\boldsymbol{X}^{\top}\boldsymbol{\alpha}$,$\boldsymbol{\alpha}\in\boldsymbol{R}^N$,类似地,$\boldsymbol{w}_y=\boldsymbol{Y}^{\top}\boldsymbol{\beta}$,$\boldsymbol{\beta}\in\boldsymbol{R}^N$。使用 $\boldsymbol{X}^{\top}\boldsymbol{\alpha}$ 和 $\boldsymbol{Y}^{\top}\boldsymbol{\beta}$ 分别替换 CCA 优化目标公式(11.62)中的向量 $\boldsymbol{w}_x$ 和 $\boldsymbol{w}_y$,可以得到 CCA 的优化问题表示为

$$\underset{\boldsymbol{\alpha},\boldsymbol{\beta}}{\operatorname{argmax}} \frac{\boldsymbol{w}_x^\top \boldsymbol{C}_{xy} \boldsymbol{w}_y}{\sqrt{(\boldsymbol{w}_x^\top \boldsymbol{C}_{xx} \boldsymbol{w}_x)(\boldsymbol{w}_y^\top \boldsymbol{C}_{yy} \boldsymbol{w}_y)}} = \frac{\boldsymbol{\alpha}^\top \boldsymbol{X}\boldsymbol{X}^\top \boldsymbol{Y}\boldsymbol{Y}^\top \boldsymbol{\beta}}{\sqrt{(\boldsymbol{\alpha}^\top \boldsymbol{X}\boldsymbol{X}^\top \boldsymbol{X}\boldsymbol{X}^\top \boldsymbol{\alpha})(\boldsymbol{\beta}^\top \boldsymbol{Y}\boldsymbol{Y}^\top \boldsymbol{Y}\boldsymbol{Y}^\top \boldsymbol{\beta})}} \tag{11.72}$$

引入两个映射函数 $\phi_x(\boldsymbol{x})$和 $\phi_y(\boldsymbol{y})$之后，令 $\boldsymbol{K}_{XX}$ 表示关于数据 $\boldsymbol{X}$ 的核矩阵，$\boldsymbol{K}_{YY}$ 表示关于数据 $\boldsymbol{Y}$ 的核矩阵，根据 $\boldsymbol{K}_{XX} = \phi_x(\boldsymbol{X})\phi_x(\boldsymbol{X})^\top$，$\boldsymbol{K}_{YY} = \phi_y(\boldsymbol{Y})\phi_y(\boldsymbol{Y})^\top$，可以得到核 CCA 的优化目标为

$$\underset{\boldsymbol{\alpha},\boldsymbol{\beta}}{\operatorname{argmax}} \frac{\boldsymbol{\alpha}^\top \boldsymbol{K}_{XX}\boldsymbol{K}_{YY}\boldsymbol{\beta}}{\sqrt{(\boldsymbol{\alpha}^\top \boldsymbol{K}_{XX}\boldsymbol{K}_{XX}\boldsymbol{\alpha})(\boldsymbol{\beta}^\top \boldsymbol{K}_{YY}\boldsymbol{K}_{YY}\boldsymbol{\beta})}} \tag{11.73}$$

由于 $\boldsymbol{\alpha}$ 和 $\boldsymbol{\beta}$ 的尺度对优化目标没有影响，因此可以得到等价的优化问题为

$$\begin{aligned} &\underset{\boldsymbol{\alpha},\boldsymbol{\beta}}{\operatorname{argmax}}\, \boldsymbol{\alpha}^\top \boldsymbol{K}_{XX}\boldsymbol{K}_{YY}\boldsymbol{\beta} \\ &\text{s.t. } \boldsymbol{\alpha}^\top \boldsymbol{K}_{XX}\boldsymbol{K}_{XX}\boldsymbol{\alpha} = 1 \\ &\quad\ \ \boldsymbol{\beta}^\top \boldsymbol{K}_{YY}\boldsymbol{K}_{YY}\boldsymbol{\beta} = 1 \end{aligned} \tag{11.74}$$

对公式(11.74)所示的带约束的优化目标引入拉格朗日乘子，可以得到无约束优化目标为

$$\begin{aligned} (\boldsymbol{\alpha}^*, \boldsymbol{\beta}^*) = \underset{\boldsymbol{\alpha},\boldsymbol{\beta}}{\operatorname{argmax}}\, &\boldsymbol{\alpha}^\top \boldsymbol{K}_{XX}\boldsymbol{K}_{YY}\boldsymbol{\beta} + \lambda_1(1 - \boldsymbol{\alpha}^\top \boldsymbol{K}_{XX}\boldsymbol{K}_{XX}\boldsymbol{\alpha}) + \\ &\lambda_2(1 - \boldsymbol{\beta}^\top \boldsymbol{K}_{YY}\boldsymbol{K}_{YY}\boldsymbol{\beta}) \end{aligned} \tag{11.75}$$

对公式(11.75)中的优化目标关于 $\boldsymbol{\alpha}$ 和 $\boldsymbol{\beta}$ 求导，并设置为零，可以得出

$$\boldsymbol{K}_{XX}\boldsymbol{K}_{YY}\boldsymbol{\beta} - 2\lambda_1 \boldsymbol{K}_{XX}\boldsymbol{K}_{XX}\boldsymbol{\alpha} = \boldsymbol{0} \tag{11.76}$$

$$\boldsymbol{K}_{YY}\boldsymbol{K}_{XX}\boldsymbol{\alpha} - 2\lambda_2 \boldsymbol{K}_{YY}\boldsymbol{K}_{YY}\boldsymbol{\beta} = \boldsymbol{0} \tag{11.77}$$

将公式(11.76)的等号两边左乘 $\boldsymbol{\alpha}^\top$，并减去公式(11.77)的等号两边左乘 $\boldsymbol{\beta}^\top$，可以得到

$$\begin{aligned} 0 &= \boldsymbol{\alpha}^\top \boldsymbol{K}_{XX}\boldsymbol{K}_{YY}\boldsymbol{\beta} - 2\lambda_1 \boldsymbol{\alpha}^\top \boldsymbol{K}_{XX}\boldsymbol{K}_{XX}\boldsymbol{\alpha} - \boldsymbol{\beta}^\top \boldsymbol{K}_{YY}\boldsymbol{K}_{XX}\boldsymbol{\alpha} + 2\lambda_2 \boldsymbol{\beta}^\top \boldsymbol{K}_{YY}\boldsymbol{K}_{YY}\boldsymbol{\beta} \\ &= 2\lambda_2 \boldsymbol{\beta}^\top \boldsymbol{K}_{YY}\boldsymbol{K}_{YY}\boldsymbol{\beta} - 2\lambda_1 \boldsymbol{\alpha}^\top \boldsymbol{K}_{XX}\boldsymbol{K}_{XX}\boldsymbol{\alpha} \end{aligned} \tag{11.78}$$

结合公式(11.78)和公式(11.74)中的约束条件，可以得到 $\lambda_1 = \lambda_2$。令 $\lambda = \lambda_1 = \lambda_2$，根据公式(11.77)可以得到 $\boldsymbol{\beta}$ 满足

$$\boldsymbol{\beta}=\frac{\boldsymbol{K}_{YY}^{-1}\boldsymbol{K}_{XX}\boldsymbol{\alpha}}{2\lambda} \tag{11.79}$$

将公式(11.79)代入公式(11.76)中,可以得到 $\boldsymbol{\alpha}$ 满足

$$\boldsymbol{K}_{XX}\boldsymbol{K}_{XX}\boldsymbol{\alpha}=4\lambda^2\boldsymbol{K}_{XX}\boldsymbol{K}_{XX}\boldsymbol{\alpha} \tag{11.80}$$

即

$$\boldsymbol{I}\boldsymbol{\alpha}=4\lambda^2\boldsymbol{\alpha} \tag{11.81}$$

公式(11.81)中的所有特征值为 1,即 $4\lambda^2=1$,对应的特征向量为任意向量。如果数据的每组表示需要投影到 M 维空间中,可以任意选择 M 个相互正交的向量 $\boldsymbol{\alpha}$ 构成矩阵 $\boldsymbol{A}$。然后根据公式(11.79)得到 M 个对应的列向量 $\boldsymbol{\beta}$ 构成矩阵 $\boldsymbol{B}$。在得到矩阵 $\boldsymbol{A}$ 和 $\boldsymbol{B}$ 之后,映射后的数据 $\phi_x(\boldsymbol{X})$和 $\phi_y(\boldsymbol{Y})$在新的空间中的表示分别为

$$\phi_x(\boldsymbol{X})\phi_x(\boldsymbol{X})^\top\boldsymbol{A}=\boldsymbol{K}_{XX}\boldsymbol{A} \tag{11.82}$$

$$\phi_y(\boldsymbol{Y})\phi_y(\boldsymbol{Y})^\top\boldsymbol{B}=\boldsymbol{K}_{YY}\boldsymbol{B} \tag{11.83}$$

当 $\boldsymbol{K}_{XX}$ 与 $\boldsymbol{K}_{YY}$ 可逆时,按照上述步骤得到的新空间中的数据之间的相关系数为 $\boldsymbol{\alpha}^\top\boldsymbol{K}_{XX}\boldsymbol{K}_{YY}\boldsymbol{\beta}=1$,是一种过拟合现象,因此需要对目标进行正则化约束。此外,在现实应用中,$\boldsymbol{K}_{XX}$ 与 $\boldsymbol{K}_{YY}$ 可能不可逆,通常的做法是在优化目标公式(11.73)中增加对 $\boldsymbol{w}_x$ 和 $\boldsymbol{w}_y$ 的正则化约束。综合考虑,核 CCA 表示为如下带有正则化约束的优化问题:

$$\begin{aligned}&\underset{\boldsymbol{\alpha},\boldsymbol{\beta}}{\operatorname{argmax}}\frac{\boldsymbol{\alpha}^\top\boldsymbol{K}_{XX}\boldsymbol{K}_{YY}\boldsymbol{\beta}}{\sqrt{(\boldsymbol{\alpha}^\top\boldsymbol{K}_{XX}\boldsymbol{K}_{XX}\boldsymbol{\alpha}+\kappa\|\boldsymbol{w}_x\|^2)(\boldsymbol{\beta}^\top\boldsymbol{K}_{YY}\boldsymbol{K}_{YY}\boldsymbol{\beta}+\kappa\|\boldsymbol{w}_y\|^2)}}\\&=\underset{\boldsymbol{\alpha},\boldsymbol{\beta}}{\operatorname{argmax}}\frac{\boldsymbol{\alpha}^\top\boldsymbol{K}_{XX}\boldsymbol{K}_{YY}\boldsymbol{\beta}}{\sqrt{(\boldsymbol{\alpha}^\top\boldsymbol{K}_{XX}\boldsymbol{K}_{XX}\boldsymbol{\alpha}+\kappa\boldsymbol{\alpha}^\top\boldsymbol{K}_{XX}\alpha)(\boldsymbol{\beta}^\top\boldsymbol{K}_{YY}\boldsymbol{K}_{YY}\boldsymbol{\beta}+\kappa\boldsymbol{\beta}^\top\boldsymbol{K}_{YY}\boldsymbol{\beta})}}\end{aligned} \tag{11.84}$$

由于 $\boldsymbol{\alpha}$ 和 $\boldsymbol{\beta}$ 的尺度对优化目标没有影响,因此可以得到与公式(11.84)等价的优化问题为

$$\begin{aligned}&\underset{\boldsymbol{\alpha},\boldsymbol{\beta}}{\operatorname{argmax}}\,\boldsymbol{\alpha}^\top\boldsymbol{K}_{XX}\boldsymbol{K}_{YY}\boldsymbol{\beta}\\&\text{s.t. }\boldsymbol{\alpha}^\top\boldsymbol{K}_{XX}\boldsymbol{K}_{XX}\boldsymbol{\alpha}+\kappa\boldsymbol{\alpha}^\top\boldsymbol{K}_{XX}\boldsymbol{\alpha}=1\end{aligned}$$

$$\boldsymbol{\beta}^\top \boldsymbol{K}_{YY}\boldsymbol{K}_{YY}\boldsymbol{\beta} + \kappa\boldsymbol{\beta}^\top \boldsymbol{K}_{YY}\boldsymbol{\beta} = 1 \tag{11.85}$$

对公式(11.85)使用拉格朗日乘子法，可以得到与其等价的无约束的优化问题为

$$\begin{aligned}\underset{\boldsymbol{\alpha},\boldsymbol{\beta}}{\operatorname{argmax}}\, & \boldsymbol{\alpha}^\top \boldsymbol{K}_{XX}\boldsymbol{K}_{YY}\boldsymbol{\beta} + \lambda_1(1 - \boldsymbol{\alpha}^\top \boldsymbol{K}_{XX}\boldsymbol{K}_{XX}\boldsymbol{\alpha} - \kappa\boldsymbol{\alpha}^\top \boldsymbol{K}_{XX}\boldsymbol{\alpha}) + \\ & \lambda_2(1 - \boldsymbol{\beta}^\top \boldsymbol{K}_{YY}\boldsymbol{K}_{YY}\boldsymbol{\beta} - \kappa\boldsymbol{\beta}^\top \boldsymbol{K}_{YY}\boldsymbol{\beta})\end{aligned} \tag{11.86}$$

对公式(11.86)中的优化目标分别关于 $\boldsymbol{\alpha}$ 和 $\boldsymbol{\beta}$ 求导，并设置为零，可以得出

$$\boldsymbol{K}_{XX}\boldsymbol{K}_{YY}\boldsymbol{\beta} - 2\lambda_1(\boldsymbol{K}_{XX}\boldsymbol{K}_{XX}\boldsymbol{\alpha} + \kappa\boldsymbol{K}_{XX}\boldsymbol{\alpha}) = \boldsymbol{0} \tag{11.87}$$

$$\boldsymbol{K}_{YY}\boldsymbol{K}_{XX}\boldsymbol{\alpha} - 2\lambda_2(\boldsymbol{K}_{YY}\boldsymbol{K}_{YY}\boldsymbol{\beta} + \kappa\boldsymbol{K}_{YY}\boldsymbol{\beta}) = \boldsymbol{0} \tag{11.88}$$

将公式(11.87)的等号两边左乘 $\boldsymbol{\alpha}^\top$，并减去公式(11.88)的等号两边左乘 $\boldsymbol{\beta}^\top$，可以得到 $\lambda_1 = \lambda_2$。令 $\lambda = \lambda_1 = \lambda_2$，根据公式(11.88)可以得到 $\boldsymbol{\beta}$ 满足

$$\boldsymbol{\beta} = \frac{(\boldsymbol{K}_{YY} + \kappa\boldsymbol{I})^{-1}\boldsymbol{K}_{XX}\boldsymbol{\alpha}}{2\lambda} \tag{11.89}$$

将公式(11.89)代入公式(11.87)中，可得到如下特征值问题：

$$(\boldsymbol{K}_{XX} + \kappa\boldsymbol{I})^{-1}\boldsymbol{K}_{YY}(\boldsymbol{K}_{YY} + \kappa\boldsymbol{I})^{-1}\boldsymbol{K}_{XX}\boldsymbol{\alpha} = 4\lambda^2\boldsymbol{\alpha} \tag{11.90}$$

其中特征值为 $4\lambda^2$。

如果数据的每组表示需要投影到 M 维空间中，可以选择 M 个最大特征值对应的特征向量 $\boldsymbol{\alpha}$ 构成投影矩阵 $\boldsymbol{A}$。然后根据公式(11.89)得到 M 个对应的列向量 $\boldsymbol{\beta}$ 构成投影矩阵 $\boldsymbol{B}$。

思考与计算

1. 给出图 11-1 中的示例数据上 PCA 的求解过程。
2. 思考概率 PCA 的解与 PCA 的解的区别。
3. 思考在 LDA 中为什么 $\boldsymbol{S}_B$ 的秩最大为 $C-1$。
4. 思考求解 CCA 中公式(11.71)所示的广义特征值问题的计算复杂度。
5. 试推导核 PCA 在 $\{\boldsymbol{\phi}(\boldsymbol{x}_n)\}_{n=1}^N$ 没有中心化情况下的投影表示。

参考文献

[1] Hotelling H. Analysis of a Complex of Statistical Variables into Principal Components[J]. Journal of Educational Psychology, 1933, 24(6): 417-441.

[2] Tipping M E, Bishop C M. Probabilistic Principal Component Analysis[J]. Journal of the Royal Statistical Society: Series B (Statistical Methodology), 1999, 61(3): 611-622.

[3] Schölkopf B, Smola A, Müller K R. Nonlinear Component Analysis as a Kernel Eigenvalue Problem[J]. Neural Computation, 1998, 10(5): 1299-1319.

[4] Harold H. Relations between Two Sets of Variates[J]. Biometrika, 1936, 28(3-4): 321-377.

[5] Lai P L, Fyfe C. Kernel and Nonlinear Canonical Correlation Analysis[J]. International Journal of Neural Systems, 2000, 10(5): 365-377.

第12章　确定性近似推理

学习目标：

(1) 明确近似推理的应用场景和确定性近似推理的原理；

(2) 掌握拉普拉斯近似；

(3) 能够熟练运用变分平均场近似；

(4) 理解期望传播近似。

在概率模型的应用中，一个中心任务是在给定观测变量集 X 的条件下，计算隐变量集 Z 的后验概率分布 $p(Z|X)$ 及关于这个概率分布的期望。然而在很多情况下，这个任务是无法确切完成的。在这种情况下，需要对原来的问题进行近似求解。常见的近似方法可以分为确定性近似方法和随机近似方法两类。

确定性近似通常也被称为变分推理，它直接对后验分布的表达式进行近似。例如假定它具有特定的参数化形式，如高斯分布，或具有某种因子化表达。确定性近似得不到确切解，但是计算效率往往较好。

随机近似，也称为采样方法。在允许无限的计算资源时，随机近似可以给出确切解，然而求解实际问题的计算时间总是受限的，因此给出的结果是一种近似。

本章接下来首先介绍近似推理的应用场景，然后重点介绍几种典型的确定性近似方法——拉普拉斯近似方法、平均场近似方法和期望传播近似方法[1-2]。

12.1　近似推理的应用场景

如前所述，在概率模型的应用中，常常需要在给定观测数据变量集 X 的条件下计算隐变量集 Z 的后验概率分布 $p(Z|X)$ 及关于这个概率分布的期望。例如，在期望最大化(EM)算法中，需要计算观测变量与隐变量的对数联合分布关于隐变量后验概率分布的期望。然而，对于实际应用中的许多模型，隐变量的后验分布是无法解析计算的，因为在实际应用中会存在隐变量所在空间的维度太大或者后验分布的形式较为复杂的情况。

在连续变量的情形中，需要求解的积分可能没有解析解，而空间的维度和被积函数的复杂性可能又进一步使得数值积分变得不可行。对于离散变量，对观测求边缘概率的过程涉及对隐变量的所有可能的取值进行求和。这个过程虽然原则上总是可以计算的，但是在实际问题中，隐变量可能有指数级数量的取值情况，从而使得精确计算所需的代价过高。这时候，便需要进行近似求解。

随机近似推理，即采样方法，是一种解决思路，它使得贝叶斯方法在很多领域得到广泛应用，但采样的次数需要足够多才能得到确切解，所以在时间消耗上会多一些。而且，往往不容易获知生成的是否是来自复杂目标分布的独立样本点。特别是其中的一大类方法——马尔可夫链蒙特卡洛方法，具有编程容易、算法调试较为困难(出现问题不易发觉)的特点。

确定性近似推理，即本章的重点，是另外一种不同的思路。它基于对后验分布的函数近似，因此不会得到确切解，但是一些方法可以用到大规模数据中。确定性近似推理和随机近似推理的优缺点起到了很好的互补作用。

12.2　拉普拉斯近似

拉普拉斯近似方法的主要思想是用一个高斯分布去近似概率分布的峰值区域，从而实现对目标分布近似的目的。它通过找到连续函数在某一点上的泰勒展开来对函数进行高斯分布近似。进行展开的点是用某种方法寻找到的函数的众数 $\boldsymbol{z}_0$，此外还需要计算函数的负对数在该点处的 Hessian 矩阵。

具体地，假定 D 维连续变量 $\boldsymbol{z}$ 的分布为

$$p(\boldsymbol{z}) = \frac{f(\boldsymbol{z})}{Z} \tag{12.1}$$

其中，$Z = \int f(\boldsymbol{z})\mathrm{d}\boldsymbol{z}$ 是归一化常数。应用拉普拉斯近似时，并不需要知道 Z 的具体取值。

进行拉普拉斯近似的第一步是寻找 $p(\boldsymbol{z})$ 的众数。通常的做法是寻找 $\boldsymbol{z}_0$，使得

$$\left.\frac{\mathrm{d}f(\boldsymbol{z})}{\mathrm{d}\boldsymbol{z}}\right|_{\boldsymbol{z}=\boldsymbol{z}_0} = 0 \tag{12.2}$$

然后判断该点是否是函数的众数(局部最大值)。

考虑到高斯分布的指数部分的表达式为二次型，所以对函数 $f(\boldsymbol{z})$ 的对数在 $\boldsymbol{z}_0$ 处进行泰勒展开，即

$$\ln f(\boldsymbol{z}) = \ln f(\boldsymbol{z}_0) - \frac{1}{2}(\boldsymbol{z} - \boldsymbol{z}_0)^{\top}\boldsymbol{A}(\boldsymbol{z} - \boldsymbol{z}_0) + R_3 \tag{12.3}$$

其中，$\boldsymbol{A}$ 是 $-\ln f(\boldsymbol{z})$ 在 $\boldsymbol{z}_0$ 处的 Hessian 矩阵，即

$$\boldsymbol{A} = -\left.\frac{\mathrm{d}^2 \ln f(\boldsymbol{z})}{\mathrm{d}\boldsymbol{z}^2}\right|_{\boldsymbol{z}=\boldsymbol{z}_0} \tag{12.4}$$

忽略公式(12.3)中的余项 R_3，并在两边同时取指数，得到

$$f(\boldsymbol{z}) \approx f(\boldsymbol{z}_0)\exp\left\{-\frac{1}{2}(\boldsymbol{z} - \boldsymbol{z}_0)^{\top}\boldsymbol{A}(\boldsymbol{z} - \boldsymbol{z}_0)\right\} \tag{12.5}$$

因此，拉普拉斯近似方法得到的高斯分布为

$$q(\boldsymbol{z}) = \frac{|\boldsymbol{A}|^{\frac{1}{2}}}{(2\pi)^{\frac{D}{2}}}\exp\left\{-\frac{1}{2}(\boldsymbol{z} - \boldsymbol{z}_0)^{\top}\boldsymbol{A}(\boldsymbol{z} - \boldsymbol{z}_0)\right\} \tag{12.6}$$

其中 $\boldsymbol{A}$ 是协方差矩阵的逆，是正定矩阵。$\boldsymbol{A}$ 是正定矩阵才能得到合理的高斯分布，从而要求公式(12.2)中寻找的 $\boldsymbol{z}_0$ 是局部最大值。

图 12-1 给出了拉普拉斯近似的原理示意图。

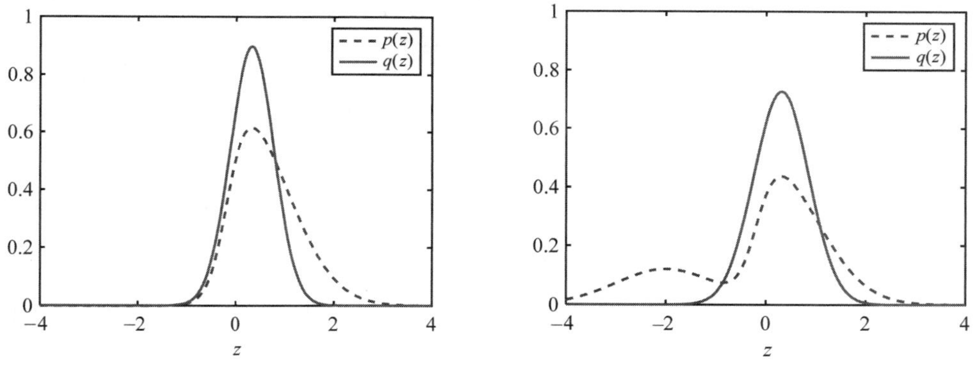

(a) 近似单峰分布　　(b) 近似多峰分布

图 12-1　拉普拉斯近似的示意图

注：图中虚线表示原始分布 $p(z)$，实线表示拉普拉斯近似得到的高斯分布 $q(z)$，(a)图的原始分布为 $p(z)\propto\mathcal{N}(z|0,1)\sigma(5z+1)$，(b)图的原始分布为 $p(z)\propto0.2\,\mathcal{N}(z|0,1)+0.8\,\mathcal{N}(z|0,1)\sigma(5z+1)$，其中 $\sigma(a)=1/(1+\exp\{-a\})$

拉普拉斯近似仅适用于实数值变量，如果某变量的取值范围受限，可以通过进行适当的变量变换，得到实数值变量后再运用拉普拉斯近似。同时，由于它基于真实分布在某众数处的周围区域，因此难以抓住分布的全局特性。例如，目标分布是多峰分布时，拉普拉斯近似得到的高斯分布却是单峰分布。

12.3　变分平均场近似

12.3.1　基本理论

变分法在模式识别与机器学习中得到了成功应用，这里简要介绍它的基本思想。变分法中用到了泛函及其导数的概念，可以类比函数和函数的导数概念对其进行理解。具体地，函数可以看成从输入变量到输出函数值的一种映射关系。函数的导数描述了输入变量有一个无穷小的变化时输出值的变化情况。类似地，泛函可以看成一个映射，它以一个函数作为输入，返回泛函的值作为输出。泛函的导数表达了输入函数产生无穷小的改变时泛函的值的变化情况。标准的微积分通过寻找函数的导数找到函数的最优解,而变分法通过寻找泛函的导数来寻找泛函的最优解。

许多推理问题可以表示为最优化问题,其中需要最优化的目标是一个泛函。考查所有可能的输入函数,找到最大化或最小化泛函的函数就是问题的解。变分法的本质并没有产生近似,但是可以通过限制最优化算法搜索函数的范围来寻找最优解,实现近似推理。

接下来具体介绍如何将变分最优化的概念应用到推理问题上[1]。假设有一个概率模型,其中所有观测变量的集合记为 X,所有潜在变量和参数变量组成的隐变量集合记为 Z。概率模型的联合概率分布为 $p(X,Z)$。我们的目标是找到对后验概率分布 $p(Z|X)$及模型证据 $p(X)$的近似。以连续变量为例(离散变量可作类比推导),将模型证据的对数进行分解,即

$$\ln p(X)=\mathcal{L}(q)+\mathrm{KL}(q\parallel p) \tag{12.7}$$

其中

$$\mathcal{L}(q)=\int q(Z)\ln\left\{\frac{p(X,Z)}{q(Z)}\right\}\mathrm{d}Z \tag{12.8}$$

$$\mathrm{KL}(q\parallel p)=\int q(Z)\ln\left\{\frac{q(Z)}{p(Z\mid X)}\right\}\mathrm{d}Z \tag{12.9}$$

在公式(12.9)中,$\mathrm{KL}(q\parallel p)$ 是近似分布 $q(Z)$和真实后验概率分布 $p(Z|X)$之间的 Kullback-Leibler(KL)散度。

由于 $\mathrm{KL}(q\parallel p)\geqslant 0$(当且仅当 $q(Z)=p(Z|X)$时等号成立),所以$\mathcal{L}(q)\leqslant \ln p(X)$,即$\mathcal{L}(q)$是 $\ln p(X)$ 的一个下界。这个结论可以用于求取模型证据的近似。而且,考虑到 $\ln p(X)$与 $q(Z)$无关、计算$\mathcal{L}(q)$可以充分运用到联合分布 $p(X,Z)$的因子化表达,可以通过最大化下界$\mathcal{L}(q)$求出概率分布 $q(Z)$的最优解。虽然这等价于最小化 KL 散度,但是 KL 散度并不能被直接计算。

如果允许任意选择 $q(Z)$函数,那么下界的最大值出现在 KL 散度等于零时,此时 $q(Z)$等于后验概率分布 $p(Z|X)$。然而,这并没有实际意义,因为

并不能得到 $p(Z|X)$（这也是需要近似推理的重要原因）。因此，考虑将解限制在某个具体的范围内，使得这个范围中所有概率分布都是可以处理的。为提供对真实后验概率分布的足够好的近似，这个范围还要充分大和充分灵活，这也是变分推理领域的一个持续研究方向。

限制近似概率分布范围的一种方法是使用参数化的概率分布，进而利用标准的非线性优化等方法确定参数的最优值。变分平均场近似方法首先假定近似分布具有因子化的形式，即近似分布可以表示为多个因子分布的乘积，然后再设定每个因子分布的参数化形式。有时，因子分布的最优表示形式可以由变分平均场方法根据原概率模型的表达式显示求出。下面给出变分平均场方法采用因子化分布进行近似推理的基本思想。

变分平均场近似方法将变量集 Z 中的元素划分成若干个互不相交的组 $Z_i(i=1,2,\cdots,M)$，假定近似分布 $q(Z)$ 关于这些分组可以进行因子化分解，即

$$q(Z)=\prod_{i=1}^{M}q_i(Z_i) \tag{12.10}$$

其中每个因子自身都是单独的概率分布，而且并不限制其函数形式。当前任务是在所有具有公式(12.10)形式的概率分布 $q(Z)$ 中寻找使得下界 $\mathcal{L}(q)$ 最大的所有因子分布 $q_i(Z_i)$，并采用依次更新每个因子分布的做法[1-2]。

为更新因子 $q_j(Z_j)$，在其他因子固定的情况下，可分离出只依赖于因子 $q_j(Z_j)$ 的项。将 $q_j(Z_j)$ 简记为 q_j，可以得到下界的表示，即

$$\begin{aligned}\mathcal{L}(q)&=\int\Big(\prod_i q_i\Big)\Big\{\ln p(X,Z)-\sum_i \ln q_i\Big\}\mathrm{d}Z\\&\int q_j\Big\{\int \ln p(X,Z)\prod_{i\neq j}q_i\,\mathrm{d}Z_i\Big\}\mathrm{d}Z_j-\int q_j\ln q_j\,\mathrm{d}Z_j+\mathrm{const}\\&=\int q_j\ln\widetilde{p}(X,Z_j)\,\mathrm{d}Z_j-\int q_j\ln q_j\,\mathrm{d}Z_j+\mathrm{const}\end{aligned} \tag{12.11}$$

其中，const 表示与 q_j 无关的项，$\widetilde{p}(X,Z_j)$ 是新定义的概率分布，满足

$$\ln\widetilde{p}(X,Z_j)=\int \ln p(X,Z)\prod_{i\neq j}q_i\,\mathrm{d}Z_i+\mathrm{const} \tag{12.12}$$

令记号 $\mathbb{E}_{i\neq j}[\cdots]$ 表示关于 q 分布中所有变量 $Z_i(i\neq j)$ 的数学期望，即

$$\mathbb{E}_{i\neq j}[\ln p(X,Z)]=\int \ln p(X,Z)\prod_{i\neq j}q_i \mathrm{d}Z_i \tag{12.13}$$

于是,公式(12.12)可以简记为

$$\ln\tilde{p}(X,Z_j)=\mathbb{E}_{i\neq j}[\ln p(X,Z)]+\text{const} \tag{12.14}$$

此时,关于因子分布 $q_j(Z_j)$的所有可能形式最大化公式(12.11)等价于最小化一个相应的 KL 散度。可知变分下界$\mathcal{L}(q)$在 $q_j(Z_j)=\tilde{p}(X,Z_j)$时取得最大值。于是得到了最优解 $q_j^*(Z_j)$的一般表达式为

$$\ln q_j^*(Z_j)=\mathbb{E}_{i\neq j}[\ln p(X,Z)]+\text{const} \tag{12.15}$$

公式(12.15)表明,为得到因子 q_j 的最优解,只需重点考虑所有隐含变量和观测变量的联合分布的对数,然后关于所有其他因子$\{q_i\}_{i\neq j}$取数学期望即可。公式(12.15)中的常数可以通过对概率分布进行归一化的方式自动设定。最优解 $q_j^*(Z_j)$可以写为

$$q_j^*(Z_j)=\frac{\exp\{\mathbb{E}_{i\neq j}[\ln p(X,Z)]\}}{\int \exp\{\mathbb{E}_{i\neq j}[\ln p(X,Z)]\}\mathrm{d}Z_j} \tag{12.16}$$

最大化变分下界所求得的解 $q_j^*(Z_j)(j=1,2,\cdots,M)$的计算公式虽然已经给出,但是由于互相依赖于其他的因子,需要迭代地进行计算以获得近似分布 $q(Z)$的最优解。具体地,首先初始化所有的因子分布 $q_i(Z_i)$,然后对各个因子做循环迭代,每一轮利用公式(12.15)对当前因子进行更新。根据线性函数和熵函数的凹性,可知公式(12.11)是关于 q_j 的凹函数,所以上述变分平均场近似方法能够保证解的收敛性。

需要注意的是,如果原概率模型中的函数形式过于复杂,$q_j^*(Z_j)$的表达式也可能无法解析求出。这时可以采用直接参数化相应的因子分布,再对参数进行优化的做法。

12.3.2 相关问题

1. 概率模型特性的融入

运用变分平均场近似时,因子化分解形式的选择体现了对原复杂后验分

布的不同近似程度，其确定需结合计算复杂性与近似分布合理性作折中考虑。朴素平均场近似假定近似分布中所有的隐变量互相独立，而结构化平均场近似可以保持部分变量之间的依赖性。图 12-2 和图 12-3 分别给出了朴素平均场近似和结构化平均场近似的示例。

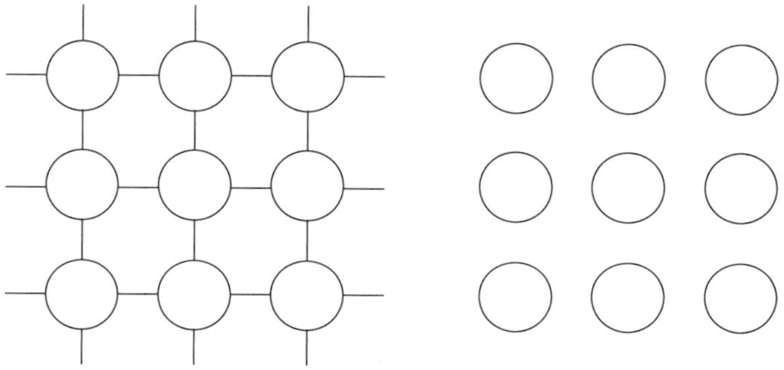

(a) 真实结构　　(b) 近似结构

图 12-2　朴素平均场近似示意图

注：(a)图体现了马尔可夫随机场真实后验中隐变量之间的依赖关系；(b)图运用朴素平均场近似，假定隐变量在近似后验中互相独立

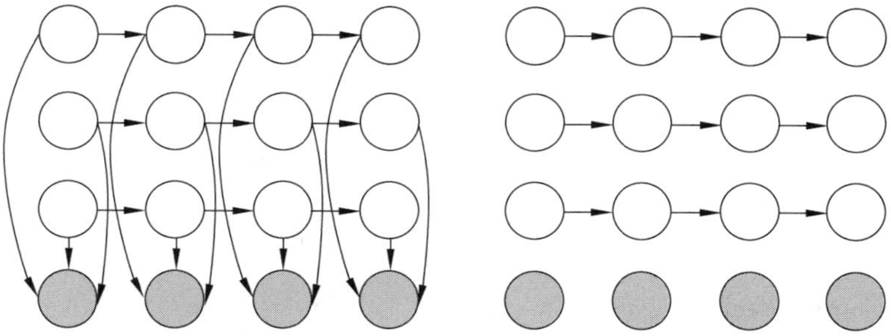

(a) 真实结构　　(b) 近似结构

图 12-3　结构化平均场近似示意图

注：(a)图体现了因子隐马尔可夫模型中所有隐变量和观测变量之间的依赖关系；(b)图运用结构化平均场近似，假定了近似后验中部分隐变量存在依赖关系

根据变分平均场近似的因子更新方程，最优解可能会给出附加的因子化，这取决于近似分布的形式与原概率模型间的交互。附加因子化的运用可以进一步简化近似分布的求解，而它的检测可以借由图模型的条件独立性判定来完成。

设图模型中的观测变量集是 X，而隐变量集分为三个不相交的部分 A、B、C。变分平均场近似假设的近似后验分布是 $q(A,B,C)=q(A,B)q(C)$。运用变分平均场近似的结论，可知

$$\begin{aligned}\ln q^*(A,B) &= \mathbb{E}_C[\ln p(X,A,B,C)] + \text{const} \\ &= \mathbb{E}_C[\ln p(A,B \mid X,C)] + \text{const}\end{aligned} \tag{12.17}$$

此时，是否会有附加的因子化，即是否会有 $q^*(A,B)=q^*(A)q^*(B)$？结论是，$q^*(A,B)=q^*(A)q^*(B)$成立当且仅当

$$\ln p(A,B \mid X,C) = \ln p(A \mid X,C) + \ln p(B \mid X,C) \tag{12.18}$$

也就是说，当且仅当在原概率模型中条件独立性 $A \perp B \mid X,C$ 成立。条件独立性的检测可以根据图的条件独立性判定来实现，例如在贝叶斯网络中借助有向分割特性实现条件独立性的检验。

另外，巧妙运用马尔可夫毯可以大大简化变分平均场的计算，这是一项常用的技术。其基本原理在于，运用 $\ln q_j^*(Z_j)=\mathbb{E}_{i\neq j}[\ln p(X,Z)]+\text{const}$，即公式(12.15)对 $q_j^*(Z_j)$进行计算时，等式右边 $p(X,Z)$中任何不依赖于 Z_j 的项都可以被吸收到常值中。因此，$q_j^*(Z_j)$的计算仅依赖于 Z_j 和它的马尔可夫毯中的变量。

2. KL 散度的选择

如果用 KL 散度 $\mathrm{KL}(p \parallel q)$，而不是 $\mathrm{KL}(q \parallel p)$作为优化的目标准则，仍然采用因子化的近似分布，会得到什么样的近似分布结果？

沿用变分平均场近似的符号表达，展开相应的 $\mathrm{KL}(p \parallel q)$，可以得到

$$\mathrm{KL}(p(Z \mid X) \parallel q(Z)) = \mathrm{KL}\Big(p(Z \mid X) \parallel \prod_{i=1}^{M} q_i(Z_i)\Big)$$

$$= -\sum_i \int p(Z \mid X) \ln q_i(Z_i) \mathrm{d}Z + \text{const}$$

$$= -\sum_i \int p(Z_i \mid X) \ln q_i(Z_i) \mathrm{d}Z_i + \text{const}$$

$$= \sum_i \mathrm{KL}(p(Z_i \mid X) \parallel q_i(Z_i)) + \text{const} \tag{12.19}$$

因此，近似分布的每个因子的最优解为 $q_i(Z_i) = p(Z_i | X)$。然而，后验分布 $p(Z_i | X)$ 仍然是不能确切求解的。

通过采用 $\mathrm{KL}(q \parallel p)$ 作为目标函数，变分平均场近似方法给出了一种可行的近似推理方案。后续将要介绍的期望传播近似，虽然采用 $\mathrm{KL}(p \parallel q)$ 作为目标函数，但是近似分布采用了不同的设定。

12.4　期望传播近似

12.4.1　基本理论

不同于变分平均场方法，期望传播[3]通过最小化 $\mathrm{KL}(p \parallel q)$ 求取近似分布，因此二者得到的近似分布具有不同的特性。

作为基础，先考虑关于 $q(\boldsymbol{z})$ 最小化 $\mathrm{KL}(p \parallel q)$ 的问题，其中 $p(\boldsymbol{z})$ 是一个已知的概率分布，$q(\boldsymbol{z})$ 服从指数族分布，具有如下形式：

$$q(\boldsymbol{z}) = h(\boldsymbol{z}) g(\boldsymbol{\eta}) \exp\{\boldsymbol{\eta}^\top \boldsymbol{u}(\boldsymbol{z})\} \tag{12.20}$$

其中 $\boldsymbol{u}(\boldsymbol{z})$ 是 $\boldsymbol{z}$ 的充分统计量，$\boldsymbol{\eta}$ 是分布的参数。作为 $\boldsymbol{\eta}$ 的函数，KL 散度变为

$$\mathrm{KL}(p \parallel q) = -\ln g(\boldsymbol{\eta}) - \boldsymbol{\eta}^\top \mathbb{E}_{p(\boldsymbol{z})}[\boldsymbol{u}] + \text{const} \tag{12.21}$$

令公式(12.21)关于 $\boldsymbol{\eta}$ 的导数为 0，可以得出 $-\nabla \ln g(\boldsymbol{\eta}) = \mathbb{E}_{p(\boldsymbol{z})}[\boldsymbol{u}]$。而根据指数族分布的特性，可以得到 $-\nabla \ln g(\boldsymbol{\eta}) = \mathbb{E}_{q(\boldsymbol{z})}[\boldsymbol{u}]$。因此

$$\mathbb{E}_{q(\boldsymbol{z})}[\boldsymbol{u}] = \mathbb{E}_{p(\boldsymbol{z})}[\boldsymbol{u}] \tag{12.22}$$

可以看出，通过直接比较充分统计量的期望，可以得到 $\boldsymbol{\eta}$ 的最优解。这种方法也被称为矩匹配。在实行近似推理的过程中，期望传播运用了矩匹配。

对于许多概率模型来说，训练数据集$\mathcal{D}$和隐变量集(包括参数变量)Z的联合概率分布具有因子化的形式，即

$$p(\mathcal{D},Z)=\prod_i f_i(Z) \tag{12.23}$$

跟之前一样，我们致力于计算后验分布，即

$$p(Z\mid\mathcal{D})=\frac{1}{p(\mathcal{D})}\prod_i f_i(Z) \tag{12.24}$$

和模型证据，即

$$p(\mathcal{D})=\int\prod_i f_i(Z)\mathrm{d}Z \tag{12.25}$$

在它们不能被确切求出时，需要近似推理的技术。

期望传播假设后验概率分布的近似具有如下形式：

$$q(Z)=\frac{1}{R}\prod_i \tilde{f}_i(Z) \tag{12.26}$$

在公式(12.26)中，每个因子$\tilde{f}_i(Z)$作为真实后验分布中因子$f_i(Z)$的近似，并与其一一对应，R是归一化常数。期望传播限定每个因子$\tilde{f}_i(Z)$都具有指数族分布的形式。由于这些因子的乘积依然具有指数族分布的形式，所以，近似后验分布也属于指数族分布，从而可以运用矩匹配方法。

期望传播首先初始化所有的近似因子$\tilde{f}_i(Z)$，计算近似后验的初始值$q(Z)\propto\prod\limits_i\tilde{f}_i(Z)$。然后对所有因子循环更新，直至收敛，每次都利用所有其他因子的信息来更新当前因子。具体地，假设希望更新第j个因子$\tilde{f}_j(Z)$。首先，从当前近似后验概率分布中移除该因子，定义未归一化的分布为

$$q^{\setminus j}(Z)=\frac{q(Z)}{\tilde{f}_j(Z)} \tag{12.27}$$

并将它与真实后验分布中与$\tilde{f}_j(Z)$对应的因子相乘并归一化，得到概率分布为

$$\frac{1}{R_j}f_j(Z)q^{\setminus j}(Z) \tag{12.28}$$

公式(12.28)作为当前近似分布 $q^{\text{new}}(Z)=\frac{1}{R}\tilde{f}_j^{\text{new}}(Z)\prod_{i\neq j}\tilde{f}_i(Z)$ 要逼近的目标分布，其中 $R_j=\int f_j(Z)q^{\backslash j}(Z)\mathrm{d}Z$ 是归一化常数。此时，通过最小化 KL 散度

$$\mathrm{KL}\left(\frac{f_j(Z)q^{\backslash j}(Z)}{R_j}\parallel q^{\text{new}}(Z)\right) \tag{12.29}$$

以及运用矩匹配的结论得到 $q^{\text{new}}(Z)$，即 $q^{\text{new}}(Z)$ 与 $f_j(Z)q^{\backslash j}(Z)/R_j$ 的充分统计量的期望相同。例如，当 $q^{\text{new}}(Z)$ 是高斯分布时，二者具有相同的均值和协方差。最小化该 KL 散度，可以使得在其他因子定义的高后验概率分布区域具有准确的近似。得到 $q^{\text{new}}(Z)$ 之后，执行更新 $q(Z)=q^{\text{new}}(Z)$。接下来，需要根据 $q^{\text{new}}(Z)$ 完成对因子 $\tilde{f}_j(Z)$ 的更新。

根据因子与近似后验分布之间的关系，$\tilde{f}_j^{\text{new}}(Z)$ 可由公式(12.30)确定

$$\tilde{f}_j^{\text{new}}(Z)=K\frac{q^{\text{new}}(Z)}{q^{\backslash j}(Z)} \tag{12.30}$$

其中，K 是待确定的常数，且满足 $K=\int\tilde{f}_j^{\text{new}}(Z)q^{\backslash j}(Z)\mathrm{d}Z$。由于 $\tilde{f}_j^{\text{new}}(Z)$ 定位于实现对 $f_j(Z)$ 的良好近似，为了确定 K 值，可以通过让

$$\int\tilde{f}_j^{\text{new}}(Z)q^{\backslash j}(Z)\mathrm{d}Z=\int f_j(Z)q^{\backslash j}(Z)\mathrm{d}Z=R_j \tag{12.31}$$

得以实现。于是，K 等于前面已经计算出的 R_j 的值。得到 $\tilde{f}_j^{\text{new}}(Z)$ 之后，执行更新 $\tilde{f}_j(Z)=\tilde{f}_j^{\text{new}}(Z)$，用于下一个因子的更新。

期望传播算法运行结束以后，近似分布由最终的 $q^{\text{new}}(Z)$ 给出。模型证据 $p(\mathcal{D})=\int\prod_i f_i(Z)\mathrm{d}Z$ 的近似通过将 $f_j(Z)$ 替换为 $\tilde{f}_j(Z)$，由 $\int\prod_i\tilde{f}_i(Z)\mathrm{d}Z$ 给出。此外，根据公式(12.26)，模型证据的近似也可以等价地通过将 $\prod_i\tilde{f}_i(Z)$ 除以最终的 $q^{\text{new}}(Z)$ 得出。

然而，在通常情况下，期望传播无法保证收敛，而且在近似多峰分布时可

能效果不佳。最近提出的广义期望传播近似方法[4]采用混合指数族分布作为近似分布,并运用梯度下降法直接最小化 KL 散度,弥补了以上这两项不足。还进一步采用基于控制变量的方差缩减技术,提升了广义期望传播近似方法的收敛速度。

12.4.2 相关问题

1. 矩匹配的有关证明

公式 $-\nabla \ln g(\boldsymbol{\eta})=\mathbb{E}_{q(z)}[\boldsymbol{u}]$ 对得出矩匹配方法非常重要,这里以连续变量为例,给出它的简要证明。

设连续变量 $\boldsymbol{z}$ 的分布 $q(\boldsymbol{z})$ 是指数族分布,且由公式 $q(\boldsymbol{z})=h(\boldsymbol{z})g(\boldsymbol{\eta})\exp\{\boldsymbol{\eta}^\top \boldsymbol{u}(\boldsymbol{z})\}$ 给出。根据概率分布的性质,$q(\boldsymbol{z})$ 在全空间上的积分值为 1,即

$$g(\boldsymbol{\eta})\int h(\boldsymbol{z})\exp\{\boldsymbol{\eta}^\top \boldsymbol{u}(\boldsymbol{z})\}\mathrm{d}\boldsymbol{z}=1 \tag{12.32}$$

两边关于 $\boldsymbol{\eta}$ 求导数,可得

$$\nabla g(\boldsymbol{\eta})\int h(\boldsymbol{z})\exp\{\boldsymbol{\eta}^\top \boldsymbol{u}(\boldsymbol{z})\}\mathrm{d}\boldsymbol{z}+g(\boldsymbol{\eta})\int h(\boldsymbol{z})\exp\{\boldsymbol{\eta}^\top \boldsymbol{u}(\boldsymbol{z})\}\boldsymbol{u}(\boldsymbol{z})\mathrm{d}\boldsymbol{z}=0 \tag{12.33}$$

进而得到

$$-\frac{\nabla g(\boldsymbol{\eta})}{g(\boldsymbol{\eta})}=\frac{\int h(\boldsymbol{z})\exp\{\boldsymbol{\eta}^\top \boldsymbol{u}(\boldsymbol{z})\}\boldsymbol{u}(\boldsymbol{z})\mathrm{d}\boldsymbol{z}}{\int h(\boldsymbol{z})\exp\{\boldsymbol{\eta}^\top \boldsymbol{u}(\boldsymbol{z})\}\mathrm{d}\boldsymbol{z}}=\frac{g(\boldsymbol{\eta})\int h(\boldsymbol{z})\exp\{\boldsymbol{\eta}^\top \boldsymbol{u}(\boldsymbol{z})\}\boldsymbol{u}(\boldsymbol{z})\mathrm{d}\boldsymbol{z}}{g(\boldsymbol{\eta})\int h(\boldsymbol{z})\exp\{\boldsymbol{\eta}^\top \boldsymbol{u}(\boldsymbol{z})\}\mathrm{d}\boldsymbol{z}} \tag{12.34}$$

最后,分别用 $-\nabla \ln g(\boldsymbol{\eta})$ 和 $\mathbb{E}_{q(z)}[\boldsymbol{u}]$ 等价代替上式的左右两边,可以得出待证明的结论:$-\nabla \ln g(\boldsymbol{\eta})=\mathbb{E}_{q(z)}[\boldsymbol{u}]$。

2. 目标函数的选择

期望传播中采用的优化目标函数不是 $\mathrm{KL}(p\,\|\,q)$ 的真实定义式。如果按

照 $\mathrm{KL}(p \parallel q)$的定义，采用理想的目标函数，会怎样？

从 $\mathrm{KL}(p \parallel q)$的表达式

$$\mathrm{KL}(p \parallel q) = \mathrm{KL}\left[\frac{1}{p(\mathcal{D})}\prod_i f_i(Z) \parallel \frac{1}{R}\prod_i \tilde{f}_i(Z)\right] \tag{12.35}$$

可见，采用矩匹配的思路求解近似分布将变得不可行，因为矩匹配涉及关于真实后验分布求期望。然而，采用梯度下降法优化 $\mathrm{KL}(p \parallel q)$以求解近似分布的思路是可行的，具体可以参考广义期望传播近似方法[3]。

求解近似分布的另外一种思路是单独求解每个近似因子，即分别考虑每个 $\tilde{f}_i(Z)$关于 $f_i(Z)$的近似，然后再将它们乘起来，计算得到整体的近似分布 $q(Z)$。这种做法的优点是可以得到非迭代的近似推理算法，但是整体分布的近似质量难以保证。

3. 假定密度滤波

假定密度滤波是一种快速的序列化确定性近似推理方法，是一种在线处理方法。假定密度滤波在控制、统计学、人工智能等不同领域中被独立提出，而期望传播是假定密度滤波在批处理情况下的扩展[4]，是一种离线处理方法。内在的序列化处理本质使得早期的因子无法用于后续近似后验的计算，假定密度滤波的性能要劣于离线的确定性近似推理方法，但是这种在线的处理特点使其在在线贝叶斯学习中得到成功应用。

下面介绍用假定密度滤波方法进行近似推理的思想和计算过程。

首先，沿用期望传播中概率模型的表示，设训练数据集$\mathcal{D}$和隐变量集 Z 的联合分布为 $p(\mathcal{D}, Z) = \prod_{i=1}^{L} f_i(Z)$。

其次，从指数族分布中选择近似后验 $q(Z)$的恰当参数化形式。

最后，将因子 $f_i(Z)$序列化地集成到近似后验中。$q(Z)$初始化为 1，即 $q(Z)=1$，每集成一个因子后，$q(Z)$就进行更新。集成因子 $f_i(Z)$时，计算确切后验为

$$p_i(Z)=\frac{q(Z)f_i(Z)}{R_i} \tag{12.36}$$

其中，$R_i=\int q(Z)f_i(Z)\mathrm{d}Z$。然后通过最小化 $\mathrm{KL}(p_i(Z)\parallel q(Z))$ 求得新的 $q(Z)$。

很明显，L 次更新后得到的 $q(Z)$ 集成了 L 个因子的信息，是对 $p_L(Z)$ 的近似，而且被作为真实后验 $p(Z|\mathcal{D})$ 的近似分布。递归地运用这种近似关系，可以得出

$$p(Z\mid\mathcal{D})\approx p_L(Z)\approx\frac{\prod_{i=1}^{L}f_i(Z)}{\prod_{i=1}^{L}R_i}=\frac{p(\mathcal{D},Z)}{\prod_{i=1}^{L}R_i} \tag{12.37}$$

所以，模型证据 $p(\mathcal{D})$ 的近似可以由所有归一化因子的乘积得到，即 $p(\mathcal{D})\approx\prod_{i=1}^{L}R_i$。

假定密度滤波可以看成一种特殊的期望传播，与前文介绍的期望传播不同的是，假定密度滤波仅对每个近似因子进行一次更新，且除了第一个近似因子之外的其他因子的初始值均设置为常数1。这意味着将因子 $f_i(Z)$ 序列化地集成到近似后验中。具体做法是，随机初始化 $\tilde{f}_1(Z)$ 中的参数，并初始化 $\tilde{f}_j(Z)=1,j=2,3,\cdots,L$，即 $q^{\setminus 1}(Z)=1/\int\tilde{f}_1(Z)\mathrm{d}Z$，每集成一个因子后，$q(Z)$ 就进行更新。集成因子 $f_i(Z)$ 时，计算确切后验，公式为

$$p_i(Z)=\frac{q^{\setminus i}(Z)f_i(Z)}{R_i} \tag{12.38}$$

其中，$R_i=\int q^{\setminus i}(Z)f_i(Z)\mathrm{d}Z$。根据初始化设置和 $q^{\setminus i}(Z)$ 的定义可以得出，当 $i=1$ 时，$q^{\setminus i}(Z)=1/\int\tilde{f}_1(Z)\mathrm{d}Z$；当 $i>1$ 时，$q^{\setminus i}(Z)=q(Z)$。然后通过最小化 $\mathrm{KL}(p_i(Z)\parallel q^{\mathrm{new}}(Z))$ 求得新的 $q^{\mathrm{new}}(Z)$，并执行更新 $q(Z)=q^{\mathrm{new}}(Z)$。

思考与计算

1. 试用拉普拉斯近似方法求解高斯过程二类分类模型的推理问题。
2. 试用变分平均场近似方法求解高斯过程二类分类模型的推理问题。
3. 试用期望传播近似方法求解高斯过程二类分类模型的推理问题。
4. 试用广义期望传播近似方法求解高斯过程二类分类模型的推理问题。
5. 试将高斯过程二类分类问题的相关近似推理扩展到多类分类问题上。

参 考 文 献

[1] Bishop C M. Pattern Recognition and Machine Learning[M]. New York: Springer, 2006.

[2] Sun S. A Review of Deterministic Approximate Inference Techniques for Bayesian Machine Learning[J]. Neural Computing and Applications, 2013, 23(7-8): 2039-2050.

[3] Minka T P. Expectation Propagation for Approximate Bayesian Inference[C]// Proceedings of the Seventeenth Conference Uncertainty in Artificial Intelligence. San Francisco, CA: Morgan Kaufmann, 2001, 17: 362-369.

[4] Sun S, He S. Generalizing Expectation Propagation with Mixtures of Exponential Family Distributions and an Application to Bayesian Logistic Regression[J]. Neurocomputing, 2019, 337(4): 180-190.

第 13 章　随机近似推理

学习目标：

(1) 明确随机近似推理的原理；

(2) 理解采样方法的评价标准；

(3) 掌握基本的采样方法；

(4) 能够熟练运用包括 Metropolis-Hastings 算法在内的至少两种马尔可夫链蒙特卡洛方法。

概率模型具有对不确定性良好建模的优点，但是复杂模型在后验分布求解方面往往充满挑战。由于积分不可积或者求和的时间复杂度过高的原因，确切推理变得不可行，因此必须寻求近似推理的方法。本章主要介绍随机近似推理，即蒙特卡洛方法，也称为采样方法。

举例来讲，在贝叶斯机器学习中，经常需要计算目标函数 $f(\boldsymbol{\theta})$ 在后验分布下的数学期望，即

$$\mathbb{E}_q[f]=\int q(\boldsymbol{\theta})f(\boldsymbol{\theta})\mathrm{d}\boldsymbol{\theta} \tag{13.1}$$

其中 $q(\boldsymbol{\theta})=p(\boldsymbol{\theta}|\mathcal{D})$，它表示参数的后验分布。在离散的情形下，积分被替换为求和。在一些复杂的函数形式中，使用解析的方法精确求解公式(13.1)中的积分是非常困难的，同时利用数值积分也有一定的局限。而采样方法能够很好地处理上述问题。采样方法的原理是从概率分布 $q(\boldsymbol{\theta})$ 中获取一组样本点 $\{\boldsymbol{\theta}_i\}_{i=1}^N$（其中 N 表示采样的个数），这些样本点是独立地从分布 $q(\boldsymbol{\theta})$ 中采样得到的。在计算期望 $\mathbb{E}_q[f]$ 时，可以通过公式(13.2)近似，即

$$\mathbb{E}_q[f] \approx \frac{1}{N}\sum_{i=1}^{N} f(\boldsymbol{\theta}_i) \tag{13.2}$$

蒙特卡洛方法通过从某一概率分布中采样的方式实现对概率分布的近似，从而得到概率模型中有关表达式的近似解。对于独立的采样点，只要样本点的个数足够多，那么公式(13.2)中的近似表示会趋向于真实值$\mathbb{E}_q[f]$。

13.1　采样方法的评价标准

评价采样方法的性能，首先需要关注理论上的正确性，即得到的样本是否符合想要的概率分布。如果有的采样方法能得到想要的概率分布，但是要经过很长时间得到很多的样本后才能体现出此概率分布，那么它仍然不是一种好的方法，因为效率很低。因此，采样方法关于目标概率分布的收敛速度也是很重要的。这些都是设计通用的采样方法所需要考虑的要素。对于具体问题来讲，由于基于采样的近似计算具有特定的表达形式，因此还可以有针对性地单独设计采样方法。本章介绍的是通用的采样方法。

从实验角度评价采样方法的收敛速度，通常有两种指标。它们分别是有效采样大小[1]和最大均值差异[2]。

有效采样大小定义为

$$\text{ESS} = N\Big/\left[1 + 2\times\sum_{m=1}^{M}\rho(m)\right] \tag{13.3}$$

其中 N 表示采样的样本个数，M 表示自相关的最大步数，$M \leqslant N-1$，$\rho(m)$表示采样样本序列的 m 步自相关系数。自相关系数是用来考查样本之间相关性的指标。假设 X 表示一组样本，t 表示样本序列的位置，x_t 表示 X 在 t 时刻的样本。样本序列 X 的 m 步自相关系数计算公式为

$$\rho(m) = \frac{1}{N-m}\sum_{t=1}^{N-m}\frac{(x_t-\mu_X)(x_{t+m}-\mu_X)}{\sigma_X^2} \tag{13.4}$$

其中 μ_X 是样本的均值，σ_X^2 是样本的方差。自相关系数越高，则表示样本之

间的独立性越低；自相关系数越低，则表示样本之间的独立性越高。如果样本之间的相关性很强，往往意味着采样的收敛速率会很慢。

使用两种不同采样器获得的样本可以通过最大均值差异来衡量它们的差异程度，例如，某采样器获得的样本与理想采样结果之间的最大均值差异能够在一定程度上反映收敛速率。最大均值差异 MMD 的平方定义为

$$\mathrm{MMD}^2[X,Y]=\frac{1}{M^2}\sum_{i,j=1}^{M}k(x_i,x_j)-\frac{2}{MN}\sum_{i,j=1}^{M,N}k(x_i,x_j)+\frac{1}{N^2}\sum_{i,j=1}^{N}k(y_i,y_j) \tag{13.5}$$

其中 M 表示采样序列 X 的长度，N 表示采样序列 Y 的长度，$k(\cdot)$表示核函数。MMD 值越大，则说明两个样本集合之间的差异越大，MMD 值越小，则说明两个样本集合之间的差异越小。最大均值差异适用于用理想采样结果对某一采样器的性能进行评价。

13.2 基本的采样方法

本节介绍基本的采样方法。其中，均匀分布构成了采样方法的基础。由于大部分软件开发环境都能够生成[0,1]区间上均匀分布的伪随机数，因此均匀分布的随机样本可以直接使用计算机生成的伪随机数。

均匀采样变换方法通过将非均匀分布变换为均匀分布来采样，该方法要求目标分布累积分布函数的逆函数是可计算的，而实际上，只有少部分简单的概率分布符合此要求。更通用的采样方法，比如拒绝采样[3]和重要性采样[4]，借用易于采样的建议分布来实现对目标分布的采样。这类方法的有效性十分依赖于所采纳的建议分布与目标概率分布之间的匹配程度，在多维情况下往往因匹配困难而造成性能欠佳。尽管如此，拒绝采样与重要性采样在随机近似推理中仍具有独特的价值。

13.2.1 均匀采样变换

均匀采样可以实现对简单的非均匀分布的采样，该方法的主要思路是先将目标分布变换为均匀分布，然后在均匀分布中产生随机数，最后将这些随机数进行逆变换，得出目标分布的样本。实际上，只需要找到对应的逆变换函数即可。

对于一个刻画连续随机变量的概率密度函数 $p_X(x)$，它的累积分布函数定义为

$$h(x)=\int_{-\infty}^{x} p_X(x)\mathrm{d}x \tag{13.6}$$

设 $Z=h(X)$，易知 $Z\in[0,1]$。设累积分布函数 $h(x)$ 是单调递增函数，从而它存在逆函数。对于 $u\in[0,1]$，可以得出 $Z\leqslant u$ 的概率为

$$P\{Z\leqslant u\}=P\{h(X)\leqslant u\}=P\{X\leqslant h^{-1}(u)\}=h(h^{-1}(u))=u \tag{13.7}$$

也就是说，$Z=h(X)$ 是在[0,1]区间上均匀分布的随机变量。这就提供了一种运用均匀分布从 $p_X(x)$ 采样的方法。也就是说，可以使用目标概率分布的累积分布函数的逆函数来对均匀分布产生的随机数进行变换。

至此，整理一下借助均匀采样变换对目标概率密度函数采样的具体步骤：①给定目标概率分布，求出其累积分布函数的逆函数；②在[0,1]上的均匀分布产生 N 个随机数；③将均匀分布产生的 N 个随机数代入逆累积分布函数中，得到 N 个服从目标概率分布的样本点。

考虑一个指数分布的例子，其概率密度函数为

$$f(x;\lambda)=\begin{cases}\lambda e^{-\lambda x}, & x\geqslant 0\\ 0, & x<0\end{cases} \tag{13.8}$$

当 $x\geqslant 0$ 时，$h(x)=1-e^{-\lambda x}$。因此，只需将均匀分布产生的样本 z 代入 $x=-\lambda^{-1}\ln(1-z)$ 进行变换，就可以得到服从该指数分布的样本 x。

均匀采样变换需要计算所求概率分布的累积分布函数及其逆函数，这样

的要求只有一些较为简单的概率分布能够满足，比如指数分布、高斯分布等。而对于一些比较复杂的概率分布，它们在计算过程中可能会遇到难以解决的问题，比如积分不可积或者无法求出累积分布函数的逆函数。因此，需要更为通用的采样方法。接下来将介绍拒绝采样和重要性采样。

13.2.2 拒绝采样

拒绝采样算法借助建议分布，能够从较复杂(不能直接进行均匀采样变换)的概率分布中采样。由于建议分布容易维持样本之间的相互独立性，自相关性低，因此，相应地通过拒绝采样得到的样本也是相互独立的。拒绝采样的采样效率取决于建议分布与目标采样分布之间的契合程度，如果建议分布与它接近，那么拒绝采样会有较高的效率，反之，拒绝采样的效率会变得非常低下。

为了叙述方便，在一维情况下说明拒绝采样的原理。假定需要从概率分布 $p(\theta)$ 中采样($p(\theta)$ 可以是未归一化的分布)，这个概率分布有较为复杂的形式，且直接从概率分布中采样是十分困难的。

首先引入一个简单的概率分布 $q(\theta)$，这个概率分布往往可以直接采样得到样本，这个分布称为建议分布。然后引入一个常数 k，且满足 $kq(\theta)\geqslant p(\theta)$，也就是说，将 $q(\theta)$ 的值提高 k 倍后，可以使得 $kq(\theta)$ 将 $p(\theta)$ 完全覆盖。拒绝采样需要两次生成随机数。首先，从建议分布 $q(\theta)$ 中得到一个样本 θ_0，然后在区间 $[0,kq(\theta_0)]$ 上的均匀分布中生成一个随机数 u。如果 $u\leqslant p(\theta_0)$，就接受样本点 θ_0，否则拒绝 θ_0，重新从 $q(\theta)$ 分布中采样，并重复上述过程。算法的具体流程如下。

算法 13-1 拒绝采样算法

输入：分布 $p(\theta)$，建议分布 $q(\theta)$

1：REPEAT

2：　　从建议分布 $q(\theta)$ 采样获取样本点 θ_0；

3：　　从区间$[0,kq(\theta_0)]$上的均匀分布中生成一个随机数 u；
4：UNTIL　$u \leqslant p(\theta_0)$
输出：样本点 θ_0

每一次采样的样本点 θ 从建议分布 $q(\theta)$中产生，这些样本被接受的概率为 $p(\theta)/kq(\theta)$，所以平均意义下一个样本被接受的概率为

$$\int \frac{p(\theta)}{kq(\theta)} q(\theta)\mathrm{d}\theta = \frac{1}{k}\int p(\theta)\mathrm{d}\theta \tag{13.9}$$

由此可见，在一维情况下，k 的值应该尽量小，若 k 的值较大，则拒绝采样的接受率会非常低，从而极大地影响算法的效率。在更高维数的情况下，假设需要从一个零均值多元高斯分布中采样，这个高斯分布的协方差为 $\sigma_p^2\boldsymbol{I}$，其中 $\boldsymbol{I}$ 表示单位矩阵。给出一个零均值的高斯分布 $q(\theta)$作为建议分布，它的协方差为 $\sigma_q^2\boldsymbol{I}$。为了使 k 满足 $kq(\theta)\geqslant p(\theta)$，那么建议分布 $q(\theta)$的方差与目标分布的方差必须满足 $\sigma_q^2 \geqslant \sigma_p^2$。在 D 维的情况下，k 所能取到的最小值为 $k=(\sigma_q/\sigma_p)^D$。所以，当维度 D 不断增加时，拒绝采样的接受率就会不断下降。即使 σ_q 与 σ_p 相差百分之一，即 $\sigma_q/\sigma_p=100/99$，那么当 $D=50$ 时，接受率变为 0.6（此问题的接受率是 $1/k$）。

在实际的应用场景中，目标采样分布往往是多峰的，并且可能具有很尖的峰顶，此时寻找一个合适的建议分布将变得非常困难。因此，拒绝采样在维数较小的空间中是一个非常有效的方法，但是在高维空间中，由于拒绝率过高将使得采样效率低下。

13.2.3　重要性采样

在贝叶斯机器学习中，从复杂的概率分布中采样的目的之一是计算期望。重要性采样提供了一种直接近似期望的方法。实际上，在执行过程中，由于目标概率分布的形式可能十分复杂，重要性采样并没有从这个复杂的概率分布中采样。

与拒绝采样相类似，重要性采样同样也引入建议分布 $q(\theta)$，使得我们能够容易地从建议分布中采样。由于建议分布 q 与真实分布 p 之间存在差异，重要性采样对每一个从 q 分布中采样得到的样本将乘以对应的权重。通过关于 q 分布中的样本 $\{\theta_i\}$ 的有限和的形式来表示目标概率分布 p 下的期望，其中 q 分布的支撑区域应该包含 p 分布的支撑区域。函数 $f(\theta)$ 在概率分布 $p(\theta)$ 下的期望表示为

$$\mathbb{E}[f]=\int f(\theta)p(\theta)\mathrm{d}\theta=\int f(\theta)\frac{p(\theta)}{q(\theta)}q(\theta)\mathrm{d}\theta\approx\frac{1}{N}\sum_{i=1}^{N}\frac{p(\theta_i)}{q(\theta_i)}f(\theta_i) \tag{13.10}$$

其中 $p(\theta_i)/q(\theta_i)$ 被称为重要性权重。由于 q 分布与真实分布之间存在差异，利用重要性权重修正了从建议分布引入的偏差。之前介绍的拒绝采样只接受服从真实分布的样本，而重要性采样中所有从建议分布生成的样本全部得以保留，从而提高了采样效率。

然而，重要性采样方法也需要有一个好的建议分布。因为所有的样本均是从建议分布中产生的，如果建议分布不能很好地匹配真实分布，则会因为采集的样本不具代表性而容易让期望的近似值产生较大误差，或者需要非常多的采样点才能得到好的近似值。

举例来说(暂时忽略函数 $f(\theta)$ 的作用，或者假设它约等于常值)，当真实分布 p 是单峰分布且有一个非常尖的众数，而单峰的建议分布 q 的众数离它较远时，由于大部分的质量集中在真实分布的一个较小的支撑区域中，此时从 q 中获得的样本绝大多数都只能得到较小的权重，而只有极少数的样本有较大的权重。因此，对于计算期望值有效的采样样本数会比得到的采样样本数 N 少很多。因此，在重要性采样中选择一个好的建议分布 q 是至关重要的，它不应该在 $p(\theta)$ 值较小的地方取值很大，或在 $p(\theta)$ 值较大的地方取值过小。如果考虑函数 $f(\theta)$ 的取值，可以通过分析期望的近似值何时具有最小的方差得出理想情况下的建议分布表达式。但是这种理想的建议分布往往不易直接采样。

如果真实分布是未归一化的，重要性采样经过适当变化后仍然能够计算

期望$\mathbb{E}[f(\theta)]$的近似。另外，重要性采样在高维问题上往往会遇到困难，其效率也会随维数增加而快速下降。

13.3　马尔可夫链蒙特卡洛

不同于之前的拒绝采样和重要性采样，下面介绍一种功能更为强大的采样框架，称为马尔可夫链蒙特卡洛(Markov chain Monte Carlo, MCMC)。马尔可夫链蒙特卡洛最初起源于物理学，它适用于对很多概率分布的采样，而且能够很好地应对维数的增长。它通过马尔可夫链机制探索状态空间，并试图在最重要的区域有较长时间的停留。

13.3.1　Metropolis-Hastings 采样

Metropolis-Hastings 算法是最通用的 MCMC 方法。从它出发可以解释或延伸出很多实用的 MCMC 方法。

在 Metropolis-Hastings 采样方法[5-6]中，首先从建议分布中采样，并记录当前采样得到的样本点 $\boldsymbol{\theta}_i$ 和关于这个样本点的建议分布 $q(\boldsymbol{\theta}\mid\boldsymbol{\theta}_i)$，这样就可以形成一个马尔可夫链序列 $\boldsymbol{\theta}_1,\boldsymbol{\theta}_2,\cdots,\boldsymbol{\theta}_t$。假设有 $p(\boldsymbol{\theta})=\hat{p}(\boldsymbol{\theta})/Z_p$，每一次采样时，首先从建议分布中采样得到一个样本，之后以一定的概率接受它。

基本的 Metropolis 算法采用的建议分布是对称分布，即 $q(\boldsymbol{\theta}_a\mid\boldsymbol{\theta}_b)=q(\boldsymbol{\theta}_b\mid\boldsymbol{\theta}_a)$。此时，样本点 $\boldsymbol{\theta}_*$ 的接受概率定义为

$$A(\boldsymbol{\theta}_*\mid\boldsymbol{\theta}_t)=\min\left(1,\frac{\hat{p}(\boldsymbol{\theta}_*)}{\hat{p}(\boldsymbol{\theta}_t)}\right) \tag{13.11}$$

在$[0,1]$的均匀分布上生成一个数 a，将其与接受率 $A(\boldsymbol{\theta}_*\mid\boldsymbol{\theta}_t)$比较，若 $A(\boldsymbol{\theta}_*\mid\boldsymbol{\theta}_t)>a$，则接受新产生的样本，即 $\boldsymbol{\theta}_{t+1}=\boldsymbol{\theta}_*$，反之则接受旧的样本，即 $\boldsymbol{\theta}_{t+1}=\boldsymbol{\theta}_t$。与拒绝采样不同的是，马尔可夫链蒙特卡洛在拒绝新样本 $\boldsymbol{\theta}_*$ 时，还

会继续使用上一个样本 $\boldsymbol{\theta}_t$，生成新的样本点。

下面介绍更一般的 Metropolis-Hastings 算法从概率分布中采样的过程。从建议分布 $q(\boldsymbol{\theta}|\boldsymbol{\theta}_t)$ 中产生一个新的样本 $\boldsymbol{\theta}_*$，之后以一定的概率 $A(\boldsymbol{\theta}_*|\boldsymbol{\theta}_t)$ 去接受它，其中 $A(\boldsymbol{\theta}_*|\boldsymbol{\theta}_t)$ 的定义为

$$A(\boldsymbol{\theta}_* \mid \boldsymbol{\theta}_t) = \min\left(1, \frac{\hat{p}(\boldsymbol{\theta}_*)q(\boldsymbol{\theta}_t \mid \boldsymbol{\theta}_*)}{\hat{p}(\boldsymbol{\theta}_t)q(\boldsymbol{\theta}_* \mid \boldsymbol{\theta}_t)}\right) \tag{13.12}$$

可以发现当给定的建议分布是对称分布时，公式(13.12)就会退化为(13.11)的表达形式。

按照马尔可夫链的理论，无论初始分布如何，只要状态转移函数满足不可约简(对于马尔可夫链中的任意状态，都有可能访问到其他状态)和非周期(马尔可夫链不会限于环路)两个条件，马尔可夫链最终将收敛于某稳定分布。细致平衡条件给出了判断稳定分布的更有力的结论，具体来说，确保所求的概率分布 $p(\boldsymbol{\theta})$ 是一个稳定分布的充分(但非必要)条件是令状态转移函数 $T(\cdot \mid \cdot)$ 满足细致平衡条件[7]

$$p(\boldsymbol{\theta})T(\boldsymbol{\theta}_* \mid \boldsymbol{\theta}) = p(\boldsymbol{\theta}_*)T(\boldsymbol{\theta} \mid \boldsymbol{\theta}_*) \tag{13.13}$$

接下来证明 Metropolis-Hastings 算法满足细致平衡条件。将接受率(公式(13.12))代入公式(13.13)，可以得到

$$\begin{aligned}
p(\boldsymbol{\theta})T(\boldsymbol{\theta}_* \mid \boldsymbol{\theta}) &= p(\boldsymbol{\theta})q(\boldsymbol{\theta}_* \mid \boldsymbol{\theta})A(\boldsymbol{\theta}_* \mid \boldsymbol{\theta}) \\
&= \min(p(\boldsymbol{\theta})q(\boldsymbol{\theta}_* \mid \boldsymbol{\theta}), p(\boldsymbol{\theta}_*)q(\boldsymbol{\theta} \mid \boldsymbol{\theta}_*)) \\
&= \min(p(\boldsymbol{\theta}_*)q(\boldsymbol{\theta} \mid \boldsymbol{\theta}_*), p(\boldsymbol{\theta})q(\boldsymbol{\theta}_* \mid \boldsymbol{\theta})) \\
&= p(\boldsymbol{\theta}_*)q(\boldsymbol{\theta} \mid \boldsymbol{\theta}_*)A(\boldsymbol{\theta} \mid \boldsymbol{\theta}_*) \\
&= p(\boldsymbol{\theta}_*)T(\boldsymbol{\theta} \mid \boldsymbol{\theta}_*)
\end{aligned} \tag{13.14}$$

从上述证明中可以发现，Metropolis-Hastings 算法也很依赖于建议分布的选择。若建议分布选择得不恰当，采样过程就会止步不前(比如可能停留在一个点上)。在连续空间中，常选择为以当前状态为均值的高斯分布。因为高斯分布是一个对称分布，因此公式(13.12)中的接受率可以替换为公式

(13.11)。然而,高斯分布方差的选择也十分重要,过大的方差会使得样本的接受率非常低,而过小的方差则会使得采样器收敛极慢。

13.3.2 Gibbs 采样

Gibbs 采样[7]是一种简单且应用广泛的马尔可夫链蒙特卡洛算法,它可以看作 Metropolis-Hastings 算法的特例。Gibbs 采样适用于待采样的随机变量之间的完全条件分布表达式已知或可以计算的场景。

假设希望对变量集 $\boldsymbol{x}=\{x_1,x_2,\cdots,x_n\}$ 的联合分布 $p\{x_1,x_2,\cdots,x_n\}$ 进行采样,其中 x_i 可以是连续的或离散的。Gibbs 采样的每一步都将一个变量的值替换为从以剩余变量为条件的概率分布中抽取的那个新变量的值。这个过程可以看成是由一系列基本转移概率或概率密度 $B_k(\boldsymbol{x}'|\boldsymbol{x})(k=1,2,\cdots,n)$ 构成的马尔可夫链的实现过程,其中

$$B_k(\boldsymbol{x}' \mid \boldsymbol{x})=p(x'_k \mid \{x_i:i \neq k\}) \cdot \prod_{i\neq k}\delta(x_i=x'_i) \tag{13.15}$$

其中 $\delta(x_i=x'_i)$ 仅当 $x_i=x'_i$ 时函数值为 1,其余为 0。也就是说,在 Gibbs 采样的每一步中,B_k 保持了除 x_k 之外的其他成分均不变,并将 x_k 替换为从条件分布 $p(x'_k|x_{\backslash k})$ 中抽取的值,其中 $x_{\backslash k}$ 表示 $x_1,x_2,\cdots,x_n$ 去掉 x_k 这一项。这个基础的更新步骤可以按特定的顺序执行,也可以随机选取一个变量顺序进行更新。为了完成马尔可夫链的完整定义,还需要给定一些初始值,比如 $p_0(\boldsymbol{x})$。

当按特定的顺序更新时,Gibbs 采样算法可以表示成一个马尔可夫链,其状态为 $\boldsymbol{x}^{(0)},\boldsymbol{x}^{(1)},\cdots,\boldsymbol{x}^{(N)}$,状态转移矩阵 $\boldsymbol{T}=B_1B_2\cdots B_n$。由 $\boldsymbol{x}^{(t-1)}$ 生成 $\boldsymbol{x}^{(t)}$ 的过程如下,其中新的 x_{i-1} 的值会马上用于采样下一个 x_i。

初始化 $x_i^{(0)}:i=1,2,\cdots,n$

对于 $t=1,2,\cdots,N$

- 采样 $x_1^{(t)}\sim p(x_1|x_2^{(t-1)},x_3^{(t-1)},\cdots,x_n^{(t-1)})$
- 采样 $x_2^{(t)}\sim p(x_2|x_1^{(t)},x_3^{(t-1)},\cdots,x_n^{(t-1)})$

- ⋮
- 采样 $x_i^{(t)} \sim p(x_i \mid x_1^{(t)}, x_2^{(t)}, \cdots, x_{i-1}^{(t)}, x_{i+1}^{(t-1)}, x_{i+2}^{(t)}, \cdots, x_n^{(t-1)})$
- ⋮
- 采样 $x_n^{(t)} \sim p(x_n \mid x_1^{(t)}, x_2^{(t)}, \cdots, x_{n-1}^{(t)})$

图 13-1 给出了 Gibbs 采样过程路线示意图。

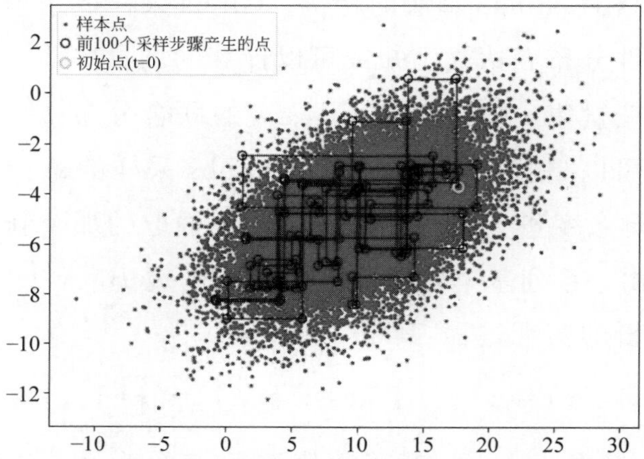

图 13-1　在两维空间中的 Gibbs 采样过程路线示意图

为了证明 Gibbs 采样算法是有效的,可以根据它与 Metropolis-Hastings 算法之间的关系证明所有的基本转移概率或概率密度 B_k 都使得细致平衡条件得以满足,即证明 $p(\tilde{\boldsymbol{x}})B_k(\boldsymbol{x} \mid \tilde{\boldsymbol{x}}) = p(\boldsymbol{x})B_k(\tilde{\boldsymbol{x}} \mid \boldsymbol{x})$。此等式可以通过

$$\begin{aligned} p(\tilde{\boldsymbol{x}})B_k(\boldsymbol{x} \mid \tilde{\boldsymbol{x}}) &= p(\tilde{x}_k \mid \tilde{x}_{\setminus k})p(\tilde{x}_{\setminus k})p(x_k \mid \tilde{x}_{\setminus k})\delta(\tilde{x}_{\setminus k} = x_{\setminus k}) \\ &= p(x_k \mid x_{\setminus k})p(x_{\setminus k})p(\tilde{x}_k \mid x_{\setminus k}) \\ &= p(\boldsymbol{x})B_k(\tilde{\boldsymbol{x}} \mid \boldsymbol{x}) \end{aligned} \tag{13.16}$$

得以证实。

细致平衡条件的一个作用是说明目标分布一旦进入,就会保持不变。以离散变量为例,从细致平衡条件出发容易证明

$$\sum_{\boldsymbol{x}} p(\boldsymbol{x})B_k(\tilde{\boldsymbol{x}} \mid \boldsymbol{x}) = p(\tilde{\boldsymbol{x}}) \tag{13.17}$$

从直觉上看，这也是好理解的。因为 B_k 使得所有 $x_{\backslash k}$ 的值保持不变，因此边缘分布 $p(x_{\backslash k})$ 保持不变。并且，新的 x_k 的值是从正确的条件概率分布 $p(x_k|x_{\backslash k})$ 中产生的。由于边缘分布和条件分布不变，因此使用基本转移概率或概率分布 B_k 之后，所有 x_i 的联合概率分布仍然保持不变，也即 Gibbs 采样算法不会改变目标分布。

13.3.3　切片采样

Gibbs 采样和 Metropolis-Hastings 算法虽然适用于许多复杂的多元概率分布，但是 Gibbs 采样只是提供了一个框架，具体使用时还需要给出一个能够采样可能未归一化的完全条件分布（可以运用马尔可夫毯的概念进行简化）的方法，而 Metropolis-Hastings 算法则需要找到一个合适的建议分布才能有效采样。这些要求限制了这两种算法的适用范围。另外，Metropolis-Hastings 算法对建议分布中的步长（反映于分布的方差）过于敏感。如果步长过小，随机游走行为会导致算法收敛过慢；如果步长过大，将会导致拒绝率太高，算法会变得很低效。

切片采样方法[8]的应用十分广泛，它可以自动调节步长，以适应分布的特点，解决了 Metropolis-Hastings 算法对步长敏感的问题。切片采样是一种辅助变量的方法，因为它涉及引入一个额外的辅助变量 u 来对 x 进行增广，然后从联合的 (x,u) 空间中采样[9]。

首先考虑单变量的情形，假设目标分布是 $p(x)$，且 $p(x)$ 正比于未归一化的 $\tilde{p}(x)$，可以引入辅助变量 u，从联合分布 $\hat{p}(x,u)$ 中采样，然后忽略 u 的值，得到 $p(x)$ 的样本。该联合分布的定义为

$$\hat{p}(x,u)=\begin{cases}\dfrac{1}{Z_p}, & 0<u<\tilde{p}(x)\\ 0, & \text{其他}\end{cases} \tag{13.18}$$

其中 $Z_p=\int\tilde{p}(x)\mathrm{d}x$。$x$ 的边缘概率分布为

$$\int \hat{p}(x,u)\mathrm{d}u = \int_0^{\tilde{p}(x)} \frac{1}{Z_p} du = \frac{\tilde{p}(x)}{Z_p} = p(x) \tag{13.19}$$

为了从(x,u)的联合空间中采样，可以交替地采样u和x。从初始样本x_0中采样得到新的样本x_1的方法可以概括为以下两个步骤：

① 从$(0,\tilde{p}(x_0))$中均匀地采样一个u，从而定义了一个水平的"切片"：$S=\{x:\tilde{p}(x)>u\}$。

② 在"切片"S中均匀采样一个新样本x_1。

对于步骤②，由于在实际应用中很难直接从"切片"中采样，通常寻找一个区间$I=(x_{min},x_{max})$，使得这个区间中的"切片"区域占比越高越好，以提高采样效率。然后从区间I中均匀采样一个新样本x_1，如果该样本在"切片"中，则保留，否则拒绝并利用被拒绝的样本重新确定区间I的范围，再重新采样。寻找区间和产生新样本的实现方法有多种，但都要保证在$\tilde{p}(x,u)$定义下的马尔可夫链满足细致平衡条件。这里介绍两种方法，二者的思想均是如果接受则为新的样本点，否则将包含x_0的区间收缩至以x_1作为新端点的区间，继续采样，区别在于使用不同的方法来寻找区间I。

图13-2是最常用的方法，该方法使用stepping out步骤寻找区间I，用shrinkage步骤产生新的样本点。由当前样本x_0产生一个新的样本x_1，可分为3步：

① 从$(0,\tilde{p}(x_0))$中均匀地采样一个u，从而定义了一个水平的"切片"，即实线部分，如图13-2(a)所示；

② 随机生成一个宽度为w的包含x_0的区间，每次以w为步长，向左/右进行扩展，直至区间的两个端点都处在水平"切片"的外面，如图13-2(b)所示；

③ 从上一步的区间上采样新样本x_1，若x_1在水平"切片"上，则接受为新样本，否则将包含x_0的区间收缩至以x_1作为新的端点，直至采到水平切片上的点，如图13-2(c)所示。

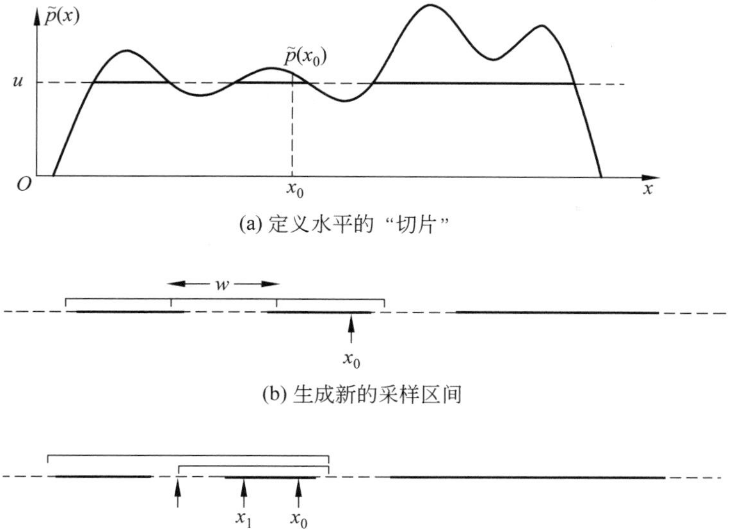

(a) 定义水平的“切片”

(b) 生成新的采样区间

(c) 采样新样本 x_1

图 13-2　使用 stepping out 和 shrinkage 步骤采样的过程

图 13-3 是另一种方法，通过 doubling 步骤寻找区间，其中图(a)和图(b)分别展示了两种情况。图(a)将原始区间向左/右进行扩展，每次扩展区间的长度都翻一倍，直至区间的两个端点都在水平“切片”的外面；图(b)的初始区间端点已经在“切片”外面，则不需要再扩展。

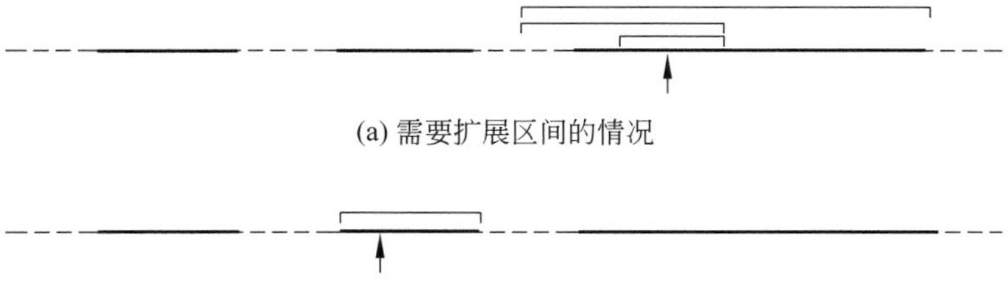

(a) 需要扩展区间的情况

(b) 不需要扩展区间的情况

图 13-3　使用 doubling 步骤寻找区间的过程

切片采样也可以应用于多元分布中，只需要使用 Gibbs 采样算法，依次对每个变量进行采样。如果要一次性对所有变量进行采样，则需要对 stepping out 和 shrinkage 步骤做一些改进，因为原始方法在多元情况下的复杂度过高。切片采样针对多元分布的改进版本可参见文献[10]。

13.3.4 哈密尔顿蒙特卡洛采样

本节介绍一种基于动力学的马尔可夫链采样方法——哈密尔顿蒙特卡洛采样(Hamiltonian Monte Carlo)[11]，也称为混合蒙特卡洛方法。它基于对物理系统的类比，能使系统的状态发生较大的改变，同时提高生成的新样本的接受率，比 Metropolis-Hastings 算法收敛更快。Metropolis-Hastings 算法生成新样本的过程是随机游走的过程，而哈密尔顿蒙特卡洛利用分布的梯度信息可以很好地避免随机游走，提高了采样的效率。

哈密尔顿蒙特卡洛采样算法被广泛地运用在连续变量的问题上，只要能够计算目标分布的梯度。值得注意的是，对于采样问题，动态系统中的时间概念是虚拟的，它的存在是为了能够得到类似物理系统的动力学描述。得到动力学描述的思路是明确位置、速度、加速度、力、势能、动能等量之间的转化关系。通过动力学模拟，可以观察到动态系统是如何访问分布的各个状态的。

为了便于说明，先给出一些动力学相关的定义与变量关系。设待采样的状态变量为 $\boldsymbol{\theta}$，也即物体的位置。引入动量变量 $\boldsymbol{r}$，它的每一分量与位置的对应分量具有如下关系，即

$$r_i = \frac{\mathrm{d}\theta_i}{\mathrm{d}t} \tag{13.20}$$

由于位置关于时间的一阶导数是速度，而假定动态系统中的物体是单位质量的，因此公式(13.20)中的动量实为速度变量。每一个位置都存在一个对应的动量变量，位置变量和动量变量构成的联合空间称为相空间。

概率分布 $p(\boldsymbol{\theta})$ 可以表示为

$$p(\boldsymbol{\theta}) = \frac{1}{Z_p}\exp(-U(\boldsymbol{\theta})) \tag{13.21}$$

其中，$U(\boldsymbol{\theta})$ 被解释为位置 $\boldsymbol{\theta}$ 处的势能，Z_p 是归一化常数。按照物理学原理，

对于一个单位质量的物体，其势能函数关于位置的负梯度就是改变物体状态的力。同时，根据牛顿第二定律，物体的加速度正比于作用于物体的作用力。因此，

$$\frac{\mathrm{d}r_i}{\mathrm{d}t}=-\frac{\partial U(\boldsymbol{\theta})}{\partial \theta_i} \tag{13.22}$$

定义动能为 $K(\boldsymbol{r})=\|\boldsymbol{r}\|^2/2=\sum_i r_i^2/2$，并赋予其中的动量变量如下零均值、单位方差的各分量独立的高斯分布：

$$p(\boldsymbol{r}) \propto \exp\left(-\frac{1}{2}\sum_i r_i^2\right) \tag{13.23}$$

为了运用动力学采样，把位置和动量的联合概率分布写成

$$p(\boldsymbol{\theta},\boldsymbol{r})=\frac{1}{Z_E}\exp(-E(\boldsymbol{\theta},\boldsymbol{r})) \tag{13.24}$$

公式(13.24)中的函数 $E(\boldsymbol{\theta},\boldsymbol{r})$ 表示在相空间中某一点的总能量，其中 $E(\boldsymbol{\theta},\boldsymbol{r})=U(\boldsymbol{\theta})+K(\boldsymbol{r})$，$U(\boldsymbol{\theta})$ 表示势能函数，$K(\boldsymbol{r})$ 表示动能函数。哈密尔顿动力学描述了上述动态系统的动能和势能的相互转换过程，这个过程可以由一组微分方程描述，即哈密尔顿方程，公式如下：

$$\begin{cases}\dfrac{\mathrm{d}\theta_i}{\mathrm{d}t}=r_i=\dfrac{\partial K(\boldsymbol{r})}{\partial r_i}=\dfrac{\partial E}{\partial r_i}\\[2ex] \dfrac{\mathrm{d}r_i}{\mathrm{d}t}=-\dfrac{\partial U(\boldsymbol{\theta})}{\partial \theta_i}=-\dfrac{\partial E}{\partial \theta_i}\end{cases} \tag{13.25}$$

位置变量和动量变量根据哈密尔顿方程运动时，总能量保持不变。这可以由总能量关于时间求导恒等于 0 给出证明，即

$$\frac{\mathrm{d}E(\boldsymbol{\theta},\boldsymbol{r})}{\mathrm{d}t}=\sum_i\left[\frac{\partial E(\boldsymbol{\theta},\boldsymbol{r})}{\partial \theta_i}\frac{\mathrm{d}\theta_i}{\mathrm{d}t}+\frac{\partial E(\boldsymbol{\theta},\boldsymbol{r})}{\partial r_i}\frac{\mathrm{d}r_i}{\mathrm{d}t}\right]=0 \tag{13.26}$$

运动还满足在相空间中的体积保持性质。通过 Liouville 定理可以证明相空间中任意区域在哈密尔顿动力学演化过程中的体积保持不变[12]。能量不变以及体积保持两个特性决定了在以哈密尔顿方程运动时，概率密度 $p(\boldsymbol{\theta},\boldsymbol{r})$

是不变的。为了更好地遍历相空间，需要引入随机转移，使得系统可以运动到具有不同总体能量的状态。例如，每次采样时，按位置变量条件下的动量变量的分布生成新的动量(可视为一步 Gibbs 采样)，而由于该分布独立于位置变量，所以实际上是从动量变量的分布中直接生成新的动量。

哈密尔顿方程描述了理想情况下运动物体的动能和势能的转化关系。为了能在数值上计算哈密尔顿方程，需要对方程关于时间离散化，并最小化离散化所引入的误差。这里介绍比较常用的蛙跳离散化方法。蛙跳离散化方法的主要思想就是交替地更新位置变量和动量变量。具体的更新过程为

$$\begin{cases} r_i\left(t+\dfrac{\delta}{2}\right)=r_i(t)-\dfrac{\delta}{2}\dfrac{\partial U}{\partial \theta_i}(\theta_i(t)) \\ \theta_i(t+\delta)=\theta_i(t)+\delta r_i\left(t+\dfrac{\delta}{2}\right) \\ r_i(t+\delta)=r_i\left(t+\dfrac{\delta}{2}\right)-\dfrac{\delta}{2}\dfrac{\partial U}{\partial \theta_i}(\theta_i(t+\delta)) \end{cases} \tag{13.27}$$

可以发现蛙跳离散化的方法对动量变量的更新步长为 $\delta/2$，而对于位置变量的更新，则是一整个步长 δ。如果连续地使用多次蛙跳，可以发现对于动量的半步更新可以结合到整步的更新中。利用蛙跳离散化时，当步长 δ 趋近于 0 时，系统离散化近似的引入误差也会趋近于 0。然而对于非 0 的步长 δ，蛙跳的方法在哈密尔顿系统的离散化过程中不可避免地会引入误差，从而引起总体能量的波动。

哈密尔顿蒙特卡洛将哈密尔顿动态系统与 Metropolis 算法结合在一起，从而消除了离散化过程中引入的偏差，使得马尔可夫链能够收敛到相空间中位置和动量的联合概率分布。Metropolis 算法生成新的样本是根据一个对称的建议分布生成的。假设$(\boldsymbol{\theta},\boldsymbol{r})$是蛙跳前的状态，$(\boldsymbol{\theta}_*,\boldsymbol{r}_*)$是蛙跳后的状态，那么蛙跳后的状态被接受的概率为

$$\min\{1,\exp[E(\boldsymbol{\theta},\boldsymbol{r})-E(\boldsymbol{\theta}_*,\boldsymbol{r}_*)]\} \tag{13.28}$$

如果蛙跳离散化方法能够非常精准地模拟哈密尔顿动力系统，那么每个

状态都会被接受，因为总能量 E 是不变的。在实际中，由于离散化过程中引入了误差，为保证收敛到目标分布，运用 Metropolis 算法，以一定的概率接受新采样点。

由于采用了动力学运动轨迹，哈密尔顿蒙特卡洛有望得到与初始点距离较远的采样点。在大多数可以得到梯度信息的情况下，哈密尔顿蒙特卡洛是十分有效的。算法 13.2 给出了哈密尔顿蒙特卡洛的采样过程，其中蛙跳次数和步长是哈密尔顿蒙特卡洛的重要参数。

算法 13-2　哈密尔顿蒙特卡洛采样算法

输入：初始点 $\boldsymbol{\theta}^{(1)}$，步长 δ，蛙跳次数 L

For $t=1,2,\cdots,T$

　　从标准正态分布 $\mathcal{N}(0,1)$ 中采样动量变量 $\boldsymbol{r}^{(t)}$ 的各个分量；

　　$(\boldsymbol{\theta}_0,\boldsymbol{r}_0)=(\boldsymbol{\theta}^{(t)},\boldsymbol{r}^{(t)})$；

　　$\boldsymbol{r}_0=\boldsymbol{r}_0-(\delta/2)\nabla U(\boldsymbol{\theta}_0)$；

　　For $i=1,2,\cdots,L$

　　　　$\boldsymbol{\theta}_i=\boldsymbol{\theta}_{i-1}+\delta\boldsymbol{r}_{i-1}$；

　　　　if $i<L$，$\boldsymbol{r}_i=\boldsymbol{r}_{i-1}-\delta\nabla U(\boldsymbol{\theta}_i)$；

　　　　if $i=L$，$\boldsymbol{r}_L=\boldsymbol{r}_L-(\delta/2)\nabla U(\boldsymbol{\theta}_L)$；

　　End

　　$(\hat{\boldsymbol{\theta}},\hat{\boldsymbol{r}})=(\boldsymbol{\theta}_L,\boldsymbol{r}_L)$；

　　生成一个均匀分布随机数 $u\sim\text{Uniform}[0,1]$；

　　计算 $\rho=\exp\{E(\boldsymbol{\theta}^{(t)},\boldsymbol{r}^{(t)})-E(\hat{\boldsymbol{\theta}},\hat{\boldsymbol{r}})\}$；

　　若 $u<\min(1,\rho)$，那么 $\boldsymbol{\theta}^{(t+1)}=\hat{\boldsymbol{\theta}}$；

　　若 $u>\min(1,\rho)$，那么 $\boldsymbol{\theta}^{(t+1)}=\boldsymbol{\theta}^{(t)}$；

End

输出：采样 $\boldsymbol{\theta}$ 得到的 T 个样本点序列

思考与计算

1. 假设随机变量 z 是[0,1]上的均匀分布，使用 $x=h^{-1}(z)$ 对 z 进行变换，其中 $h(\cdot)$ 由 13.2.1 节定义。证明 x 的分布为 $p(x)$。

2. 高斯-赛德尔(Gauss-Seidel)迭代法是解线性方程组常用的迭代法之一,请根据 Gibbs 采样由 $x^{(t-1)}$ 生成 $\boldsymbol{x}^{(t)}$ 的迭代过程,说明 Gibbs 采样与高斯-赛德尔迭代法之间的联系。

3. 证明 13.3.3 节讨论的切片采样算法满足细致平衡条件。

4. 给定一个一维的高斯分布 q(均值为 5,方差为 3)和一个函数 $f(x)=x^2$。请分别使用重要性采样、拒绝采样和哈密尔顿蒙特卡洛采样方法采样 2000 个样本点,并计算 $\mathbb{E}_q[f]$。比较所耗费的时间和误差。

5. 证明哈密尔顿运动的总能量是一个常数。

6. 分别使用切片采样和哈密尔顿蒙特卡洛算法对混合高斯分布进行采样,并比较它们的有效采样大小。

参 考 文 献

[1] Brooks S, Gelman A, Jones G, et al. Handbook of Markov Chain Monte Carlo [M]. Boca Raton: CRC press, 2011.

[2] Gretton A, Borgwardt K M, Rasch M J, et al. A Kernel Two-Sample Test[J]. Journal of Machine Learning Research, 2012, 13(3): 723-773.

[3] Casella G, Robert C P, Wells M T. Generalized Accept-Reject Sampling Schemes [M]//A Festschrift for Herman Rubin. Hayward, CA: Institute of Mathematical Statistics, 2004: 342-347.

[4] Smith P J, Shafi M, Gao H. Quick Simulation: A Review of Importance Sampling Techniques in Communications Systems[J]. IEEE Journal on Selected Areas in Communications, 1997, 15(4): 597-613.

[5] Metropolis N, Rosenbluth A W, Rosenbluth M N, et al. Equation of State Calculations by Fast Computing Machines[J]. The Journal of Chemical Physics, 1953, 21(6): 1087-1092.

[6] Hastings W K. Monte Carlo Sampling Methods Using Markov Chains and Their Applications[J]. Biometrika, 1970, 57(1): 97-109.

[7] Geman S, Geman D. Stochastic Relaxation, Gibbs Distributions, and the Bayesian Restoration of Images[J]. IEEE Transactions on Pattern Analysis and Machine Intelligence, 1984, 6(6): 721-741.

[8] Neal R M. Slice Sampling[J]. Annals of Statistics, 2003, 31(3): 705-741.

[9] Wang J, Sun S. Decomposed Slice Sampling for Factorized Distributions[J]. Pattern Recognition, 2020, 97(1): 107021.

[10] Neal R M. Probabilistic Inference Using Markov Chain Monte Carlo Methods [R]. Toronto, ON, Canada: Department of Computer Science, University of Toronto, 1993.

[11] Duane S, Kennedy A D, Pendleton B J, et al. Hybrid Monte Carlo[J]. Physics Letters B, 1987, 195(2): 216-222.

[12] Bishop C M. Pattern Recognition and Machine Learning[M]. New York: Springer, 2006.

第14章 强化学习

学习目标：

（1）明确强化学习与监督学习的区别；

（2）掌握强化学习的基本概念，理解其理论基础；

（3）掌握有环境模型的预测与控制方法；

（4）能够熟练运用至少两种基于值函数的无环境模型控制方法；

（5）能够熟练运用至少一种基于策略的无环境模型控制方法。

强化学习是机器学习中一个重要的研究方向，算法（智能体）通过与环境交互所得到的反馈（奖励）来计算每一个状态的长远收益，并根据此收益不断改进自己的策略，即根据所处的不同状态给出应该采取的动作。强化学习在许多领域都有重要的应用，例如飞行器操纵、机器人行走控制、电子游戏以及机器翻译等。

监督学习需要提供标注数据来训练模型，其学习过程是寻找输入数据和标签之间的映射关系。也就是说，对于训练数据中的每个样本，我们知道算法在理想情况下应当给出的最佳结果。如果将算法称为智能体，将输入数据和所分配的标签称为智能体的状态和智能体的动作，那么似乎监督学习也可以描述成强化学习问题了。事实并非如此，相比监督学习，强化学习更为复杂一些。

强化学习中的训练数据是通过智能体与外部环境的交互获得的，通常表现为“状态—动作—奖励—状态—动作—奖励……”的转移序列，智能体在某一状态下的动作可能由完全随机的动作逐渐提升为能够带来最高收益的动作。所以强化学习的训练数据并不包含像监督学习中那么强的监督信号，即不是状态和最佳动作构成的二元组，而只是状态和交互过程中所采取的动作（并不保证是最佳动作）以及动作的奖励。在智能体执行动作之后，外部环境会反馈奖励信号（奖励信号也可能会延迟反馈），对动作的好坏进行导向，起到强化作用。奖励的设置对强化学习的训练结果影响很大，通常会事先设定，而最佳动作需要通过逐渐学习获得。智能体就是要在这样的交互过程中通过训练数据学习到好的策略，即学习出在每种状态下所应该采取的最佳动作。通常情况下，强化学习中智能体的动作会影响到自身的下一个状态以及收到的奖励。

14.1　基本概念与理论基础

强化学习任务涉及众多的基本概念，如智能体、环境、状态、动作、策略、奖励函数等。下面介绍一些常用的概念。

- 智能体（agent）是与环境交互的对象，可以认为是强化学习算法。
- 环境（environment）是除智能体之外的所有事物，智能体执行动作后，环境会反馈给智能体新的观测和奖励。
- 状态（state）是智能体用以选择下一个动作所运用的信息，也是强化学习算法所使用的信息。它可以是一组离散或连续的变量，其状态空间一般表示为 S。状态是一个非常重要的概念，设计强化学习算法时需要重点考虑。
- 动作（action）描述了智能体的行动，通过这个行动可以改变智能体在环境中的状态，其动作空间为 A。
- 策略（policy）是从状态到动作的映射，反映了智能体的行为，它确定智能体在某一状态下应该采取什么样的动作。
- 状态转移概率 $p(s'|s,a)$ 是智能体在状态 s 执行动作 a 之后智能体到

达状态 s' 的概率。

- 奖励函数(reward function)是智能体在某状态下执行某动作所获得的即时奖励的期望。

强化学习基于奖励假设,即认为所有目标可以通过最大化期望累计收益得以表达。策略是智能体执行动作所依赖的函数,在实际的应用场景中,策略可分为两种类型,一种是确定性策略,另一种是随机性策略。确定性策略是给定状态 s 到动作 a 的函数映射,可形式化表示为 $\pi(s)=a$。随机性策略是从状态 s 到动作空间的概率分布,形式化地表示为

$$\pi(a \mid s)=p(a \mid s), \sum_{a \in A}\pi(a \mid s)=1 \tag{14.1}$$

在上述概念的基础上,图 14-1 给出了智能体与环境交互的过程。

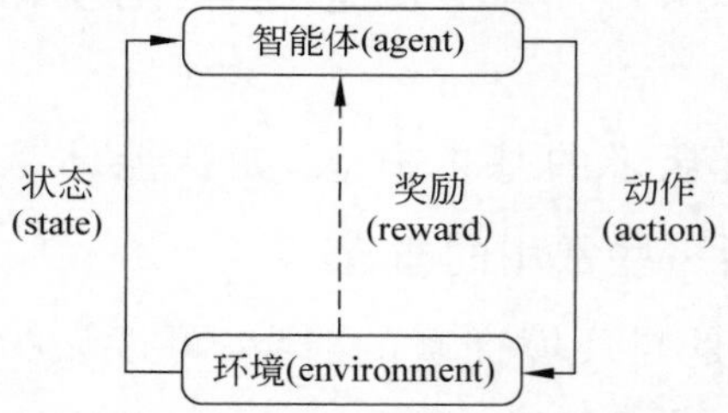

图 14-1 智能体与环境交互的过程

假设智能体最初所处的状态是 s_0,通过策略函数 $p(a_0|s_0)$,智能体决定执行动作 a_0,之后环境会给智能体一个即时奖励 r_1,智能体到达新状态 s_1,此后智能体通过策略函数 $p(a_1|s_1)$决定动作 a_1,执行动作后,得到环境反馈给智能体的即时奖励 r_2,智能体到达新的状态 s_2。以此类推,可以得到一个状态—动作—奖励序列,即

$$s_0, a_0, r_1, s_1, a_1, r_2, \cdots, s_{t-1}, a_{t-1}, r_t, \cdots \tag{14.2}$$

其中 r_t 表示智能体在 t 时刻的即时奖励。当然,对于处于训练阶段的智能体来讲,策略是可以在交互过程中不断提升的。

马尔可夫决策过程为强化学习提供了一个坚实的理论框架,为众多强化

学习算法的设计提供了重要参考。它刻画的是理想状态下的强化学习，例如假设智能体状态和环境状态（环境是用以选择下一个观测和奖励所运用的信息）是相同的、完全可观测的，而且服从马尔可夫性，即可表示为公式(14.3)的条件独立性：

$$p(s_{t+1} \mid s_0, s_1, \cdots, s_t) = p(s_{t+1} \mid s_t) \tag{14.3}$$

同时，因为 $p(s_{t+1} \mid s_t)$ 是转移概率，所以从某一状态出发，到任意状态的概率之和为1，即 $\sum_{s_{t+1} \in S} p(s_{t+1} \mid s_t) = 1$。除了马尔可夫决策过程，还有部分可观测的马尔可夫决策过程，即智能体状态包含的信息要少于环境状态包含的信息。本章不涉及部分可观测的马尔可夫决策过程。值得注意的是，虽然马尔可夫决策过程提供了理论基础，但是当用强化学习对实际数据建模时，所采用的智能体的状态未必能完全服从马尔可夫性，这体现了理论和实际之间通常存在的差异性。

马尔可夫决策过程对强化学习中的环境给出了形式化描述，其中的环境是完全可观测的。它具有一定的普适性，几乎所有的强化学习问题都可以表示为马尔可夫决策过程。

马尔可夫决策过程定义为一个五元组 $\langle S, A, P, R, \gamma \rangle$，其中 S 是状态集合，A 是动作集合，P 是由公式 $P_{ss'}^a = p(s_{t+1} = s' \mid s_t = s, a_t = a)$ 定义的状态转移概率矩阵，R 是由公式 $R_s^a = \mathbb{E}_\tau(r_{t+1} \mid s_t = s, a_t = a)$ 给出的奖励函数（τ 是马尔可夫决策过程的轨迹），折扣因子 $\gamma \in [0,1]$。

设给定策略 $\pi(a \mid s)$ 后，一个马尔可夫决策过程的轨迹可以写成

$$\tau = s_0, a_0, r_1, s_1, a_1, r_2, \cdots, s_{T-1}, a_{T-1}, r_T \tag{14.4}$$

在这条马尔可夫决策过程上的收益可以被定义为

$$G(\tau) = \sum_{t=0}^{T-1} r_{t+1} \tag{14.5}$$

在强化学习任务中，通常会有一个或多个终止状态，当智能体处于终止状态时，这一轮回合就结束了（电子游戏、迷宫、下棋都属于回合制的强化学

习任务)。有一些强化学习任务是没有终止状态的,即这是一个无限长的马尔可夫决策过程,那么它的收益也是无穷大的。为了能很好地描述这样的问题,会引入折扣因子 $\gamma \in [0,1]$,于是收益具有如下表达式:

$$G(\tau) = \sum_{t=0}^{\infty} \gamma^t r_{t+1} \tag{14.6}$$

当折扣因子接近 1 时,认为未来的奖励同当前的奖励一样重要,当折扣因子接近 0 时,认为当前奖励的重要性大于未来的奖励。在实际中,即使是回合制的强化学习任务,也常常引入折扣因子,默认采用类似公式(14.6)的表达,以体现短期回报的重要性。

由于动作的选择与状态的转移可能引入随机性,所以每一条轨迹获得的收益也是不相同的。通常通过最大化期望收益来优化策略函数,即使得智能体在执行策略后获得尽可能多的收益。期望收益被定义为

$$\mathbb{E}_\tau[G(\tau)] = \mathbb{E}_\tau\left[\sum_{t=0}^{\infty} \gamma^t r_{t+1}\right] \tag{14.7}$$

在强化学习中,期望收益通常可以通过状态值函数表示,状态值函数的定义与计算公式为

$$V_\pi(s) = \mathbb{E}_\tau[G(\tau) \mid s_0 = s] = \mathbb{E}_\tau\left[\sum_{t=0}^{\infty} \gamma^t r_{t+1} \mid s_0 = s\right] \tag{14.8}$$

虽然该表达式从交互过程中的第一个状态 s_0 开始,但是状态值函数的计算适用于交互过程中任何一个时刻的状态,即交互过程中的任何一个时刻都可以类似地计算状态值函数。

设随机变量 s' 是根据策略 $\pi(a|s)$ 状态 s_0 之后的状态。通过简单推导,状态值函数可表示为

$$V_\pi(s) = \mathbb{E}_\tau\left[r_1 + \gamma \sum_{t=1}^{\infty} \gamma^{t-1} r_{t+1} \mid s_0 = s\right] = \mathbb{E}_{(r_1, s')}[r_1 + \gamma V_\pi(s')] \tag{14.9}$$

公式(14.9)称为贝尔曼期望方程,反映了当前时刻的状态值函数和下一时刻的状态值函数之间的关系。

动作值函数是在状态 s 下执行动作 a 后的期望奖励,它定义为

$$Q_{\pi}(s,a)=\mathbb{E}_{(r,s')}[r+\gamma V_{\pi}(s')\mid s,a] \tag{14.10}$$

其中，r 是交互过程中的即时奖励。

动作值函数也经常称为 Q 函数。状态值函数 $V_{\pi}(s)$是动作值函数 $Q_{\pi}(s,a)$关于动作 a 的期望，它可以被表示为

$$V_{\pi}(s)=\mathbb{E}_{a\sim\pi(a|s)}[Q_{\pi}(s,a)] \tag{14.11}$$

设随机变量 s'为下个时刻的状态，随机变量 a'为下个时刻的动作，那么结合公式(14.11)可以得到动作值函数的贝尔曼期望方程，即

$$Q_{\pi}(s,a)=\mathbb{E}_{(r,s',a')}[r+\gamma Q_{\pi}(s',a')] \tag{14.12}$$

与最大收益相关的两个概念是最优状态值函数和最优动作值函数，它们定义为

$$V_{*}(s)=\max_{\pi} V_{\pi}(s) \tag{14.13}$$

$$Q_{*}(s,a)=\max_{\pi} Q_{\pi}(s,a) \tag{14.14}$$

它们分别表示在所有策略中所能达到的最大函数值。可以证明，对于任何马尔可夫决策过程，一定存在一个最优策略，它在任意状态上的状态值函数不低于其他策略的状态值函数；最优策略对应最优状态值函数和最优动作值函数。

最优值函数与寻求最优策略是密切相关的。对于任何的马尔可夫决策过程，总存在一个确定性的最优策略。事实上，一旦得到 $Q_{*}(s,a)$，$\pi(a|s)$的一个最优策略，可以通过如下定义得到：

$$\pi_{*}(a\mid s)=\begin{cases}1 & a_{*}=\underset{a\in A}{\arg\max}\, Q_{*}(s,a)\\ 0 & \text{其他}\end{cases} \tag{14.15}$$

也可以表示为 $\pi_{*}(s)=\underset{a\in A}{\arg\max}\, Q_{*}(s,a)$。

贝尔曼最优方程给出了值函数之间的递推计算关系，它给出了最优状态值函数和最优动作值函数之间，以及它们各自内部应当满足的关系。设 R_{s}^{a}表示奖励函数，贝尔曼最优方程由下面四个等式给出：

$$V_*(s)=\max_a Q_*(s,a) \tag{14.16}$$

$$Q_*(s,a)=R_s^a+\gamma\sum_{s'}P_{ss'}^a V_*(s') \tag{14.17}$$

$$V_*(s)=\max_a\left[R_s^a+\gamma\sum_{s'}P_{ss'}^a V_*(s')\right] \tag{14.18}$$

$$Q_*(s,a)=R_s^a+\gamma\sum_{s'}P_{ss'}^a \max_{a'}Q_*(s',a') \tag{14.19}$$

其中,公式(14.16)可以通过公式(14.11)和定义公式(14.13)以及确定性最优策略定义(14.15)推导得出;公式(14.17)可以通过公式(14.10)和定义公式(14.14)推导得出;公式(14.18)可以通过公式(14.16)和公式(14.17)推导得出;公式(14.19)可以通过公式(14.17)和公式(14.16)推导得出。

马尔可夫决策过程以及衍生出的贝尔曼期望方程、贝尔曼最优方程是强化学习的重要理论基础,有很多算法围绕贝尔曼期望方程和贝尔曼最优方程的求解进行,并最终实现对策略的优化。根据具体条件的不同(例如环境模型是否给出、允许的运算量、策略的表达方式等),可以选择使用不同的贝尔曼方程。

14.2 规划:有环境模型的预测与控制

规划是强化学习中的一个重要术语,是指给定环境模型后,智能体通过计算的方式实现对策略的提升,在此过程中并不需要与外部作任何交互。而无环境模型时,智能体为了获知采取动作后的奖励以及新状态,则必须通过与外部的交互过程。

强化学习中有两种基本问题。第一种是预测问题,在给定策略 $\pi(a|s)$ 的情况下,求解状态值函数或动作值函数,是对将来的评估。第二种是控制问题,目的是寻找最优策略,体现了对将来的优化。可以认为预测是控制的基础,因为很多策略优化算法都会用到值函数的计算结果。本节考虑的是给定

环境模型后对预测与控制问题的求解。

对于预测问题，在给定策略 $\pi(a|s)$的条件下，可以采用动态规划的方法求解状态值函数 $V_\pi(s)$。对所有的状态 $s\in S$，随机初始化值函数 $V_\pi(s)$，然后根据给定的策略 $\pi(a|s)$，通过贝尔曼期望方程依次计算每个状态的值函数，并且迭代进行更新，即

$$V_\pi^{k+1}(s)=\mathbb{E}_{(r,s')}[r+\gamma V_\pi^k(s')]=\sum_a \pi(a \mid s)\left[R_s^a+\gamma\sum_{s'}P_{ss'}^a V_\pi^k(s')\right] \tag{14.20}$$

其中 k 为迭代次数。直至每个状态的值函数都收敛，得到该策略下的值函数 $V_\pi(s)$。

预测问题的求解过程被称为策略评估[1]，其算法流程图如算法 14-1 所示。

算法 14-1　策略评估算法求解预测问题

输入：状态空间 S、动作空间 A、转移概率 P、折扣因子 γ、奖励函数 R、策略 π
1：初始化状态值函数 $\forall s\in S$：$V_\pi(s)=0$；
2：REPEAT
3：　　$\forall s$，根据贝尔曼期望方程 $V_\pi(s)=\mathbb{E}_{(r,s')}[r+\gamma V_\pi(s')]$计算状态值函数 $V_\pi(s)$；
4：UNTIL $\forall s$，状态值函数 $V_\pi(s)$收敛
输出：状态值函数 $V_\pi(s)$

对于控制问题，一种思路是在策略评估的基础上逐步寻找最优策略。下面介绍用于求解控制问题的策略迭代和值迭代方法。

14.2.1　策略迭代

策略评估实现了在给定环境模型下的值函数计算，基于策略评估可以便捷地求解控制问题。此时，可以采用随机初始化策略 $\pi(a|s)$的方式，然后迭代两个步骤，分别对值函数和策略进行评估和改进。第一个步骤是基于当前策略 $\pi(a|s)$进行策略评估，通过贝尔曼方程计算值函数

$V_\pi(s)$，第二个步骤是根据状态值函数和动作值函数之间的关系，由状态值函数 $V_\pi(s)$ 计算动作值函数 $Q_\pi(s,a)$，并根据 $\pi(\mathrm{s})=\underset{a\in A}{\operatorname{argmax}}\,Q_\pi(s,a)$ 更新当前策略。两个步骤交替，直到值函数 $V_\pi(s)$ 和策略 $\pi(a|s)$ 收敛。其中第二个步骤被称为策略改进，该步骤可以保证在更新的策略下所有的状态值函数都呈增大趋势。策略评估和策略改进两步骤交替求解的方法即为策略迭代法[2]。

策略迭代如算法 14-2 所示，其中 3～5 步为策略评估过程，6～7 步为策略改进过程。

算法 14-2　策略迭代算法求解控制问题

输入：状态空间 S、动作空间 A、转移概率 P、折扣因子 γ、奖励函数 R

1：初始化随机策略：$\forall s,\forall a,\pi(a|s)=1/|A|$；

2：REPEAT

3：　　REPEAT

4：　　　　$\forall s\in S$，根据贝尔曼期望方程计算值函数 $V_\pi(\mathrm{s})=\mathbb{E}_{(r,s')}[r+\gamma V_\pi(s')]$；

5：　　UNTIL $\forall s\in S$，值函数 $V_\pi(s)$ 收敛

6：　　根据公式(14.10)计算动作值函数 $Q_\pi(s,a)=\mathbb{E}_{(r,s')}[r+\gamma V_\pi(s')|s,a]$；

7：　　$\forall s\in S$，更新策略 $\pi(s)=\underset{a\in A}{\operatorname{argmax}}Q_\pi(s,a)$；

8：UNTIL $\forall s\in S$，策略 $\pi(s)$ 收敛

输出：策略 $\pi(s)$

14.2.2　值迭代

策略迭代需要交替执行策略评估和策略改进两个步骤。在策略评估的过程中，为使值函数收敛，需要进行大量的迭代计算。贝尔曼最优方程给出了与最优策略对应的值函数之间的关系，也可以用来直接求解控制问题。

最优策略 π_* 是指使值函数最大化的策略 π，由公式(14.21)给出，即

$$\forall s,\pi_*=\underset{\pi}{\operatorname{argmax}}\,V_\pi(s) \tag{14.21}$$

贝尔曼最优方程(公式(14.16～14.19))给出了关于最优状态值函数 $V_*(s)$和最优动作值函数 $Q_*(s,a)$各自内部以及互相之间的关系,即

$$V_*(s)=\max_a Q_*(s,a) \tag{14.22}$$

$$Q_*(s,a)=R_s^a+\gamma\sum_{s'}P_{ss'}^a V_*(s') \tag{14.23}$$

$$V_*(s)=\max_a\left\{R_s^a+\gamma\sum_{s'}P_{ss'}^a V_*(s')\right\} \tag{14.24}$$

$$Q_*(s,a)=R_s^a+\gamma\sum_{s'}P_{ss'}^a \max_{a'}Q_*(s',a') \tag{14.25}$$

以状态值函数为例,可以运用公式(14.24)进行状态值函数的迭代计算,收敛后再运用公式(14.23)确定各状态下的动作,从而实现策略的优化[2]。其求解过程如算法 14-3 所示。不同于策略迭代,值迭代在整个过程中并不存在明确的策略,运算过程中的状态值函数的值也可能不对应任何策略。

算法 14-3　值迭代算法求解控制问题

输入：状态空间 S、动作空间 A、转移概率 P、折扣因子 γ、奖励函数 R

1：初始化最优状态值函数：$\forall s\in S, V_*(s)=0$；

2：REPEAT

3：　　$\forall s\in S$,根据贝尔曼最优方程更新最优状态值函数：

$$V_*(s)=\max_a\left\{R_s^a+\gamma\sum_{s'}P_{ss'}^a V_*(s')\right\};$$

4：UNTIL $\forall s\in S$,最优状态值函数 $V_*(s)$收敛；

5：根据贝尔曼最优方程计算当前最优动作值函数：

$$Q_*(s,a)=R_s^a+\gamma\sum_{s'}P_{ss'}^a V_*(s');$$

6：$\forall s\in S$,更新最优策略 $\pi_*(s)=\underset{a\in A}{\operatorname{argmax}}Q_*(s,a)$；

输出：策略 $\pi_*(s)$

本节介绍了用动态规划的思想求解预测和控制问题的 3 种方法,总结如表 14-1 所示。

表 14-1　策略评估、策略迭代、值迭代三种方法的比较

问题	思　想	算　法
预测	根据给定策略，由贝尔曼期望方程迭代更新值函数	策略评估
控制	随机初始化策略，交替根据贝尔曼期望方程更新值函数和根据值函数改进当前策略两个步骤	策略迭代 （策略评估＋贪婪策略改进）
控制	使用贝尔曼最优方程更新值函数	值迭代

这 3 种方法在环境模型已知的情况下，根据贝尔曼期望方程或最优方程迭代更新值函数或最优值函数。但是在实际应用中，强化学习模型的状态转移概率和奖励函数通常是不可知的。下面两节将介绍无环境模型情况下的强化学习。

14.3　无环境模型的控制：基于值函数

在强化学习中，ε 贪心策略使得智能体的状态更具有多样性，这样相比采用固定策略能更好地探索环境。ε 贪心策略实际上是以 ε 的概率从动作集合中随机选取动作，即每个动作被选取的概率为 $\varepsilon/|A|$，其中 $|A|$ 表示所有动作的数量，并且以 $1-\varepsilon$ 的概率根据策略函数选取当前的最佳动作，因此当前的最佳动作被选取的概率为 $\varepsilon/|A|+1-\varepsilon$。对于一个给定的策略 π，ε 贪心策略 $\pi^{\varepsilon}(a|s)$ 可以形式化地定义为

$$\pi^{\varepsilon}(a \mid s)=\begin{cases}\dfrac{\varepsilon}{|A|}+1-\varepsilon & a_{*}=\underset{a\in A}{\operatorname{argmax}}\, Q_{\pi}(s,a)\\ \dfrac{\varepsilon}{|A|} & \text{其他}\end{cases} \tag{14.26}$$

在强化学习中，有两种策略学习的机制，即同策略(on policy)学习和异策略(off policy)学习。如果智能体运用从当前策略采样出的经验数据学习，称为同策略学习。如果智能体运用从别的策略采样出的经验数据学习，称为异

策略学习，如重要性采样方法和 Q 学习方法等。

考虑到在基于值函数的控制问题中，预测常常是控制的基础，本节将预测相关内容融入控制部分。

14.3.1 蒙特卡洛控制

在许多真实的环境下，马尔可夫决策过程的状态转移概率 $p(s'|s,a)$ 和奖励函数 R_s^a 都是未知的。在这种情况下，需要智能体和环境进行交互，并收集一些经验样本，然后再根据这些样本求解最优策略。这种模型未知，基于采样的学习算法也称为无环境模型的强化学习算法。由于环境模型未知，动作值函数无法通过状态值函数的值计算，所以通常直接计算动作值函数。

按照之前的表示方法，$Q_\pi(s,a)$ 是在初始状态 s 执行动作 a 后的总的期望收益，它可以形式化地表示为

$$Q_\pi(s,a)=\mathbb{E}_{\tau\sim p(\tau)}[G(\tau_{s_0=s,a_0=a})] \tag{14.27}$$

其中 $\tau_{s_0=s,a_0=a}$ 表示该马尔可夫决策过程的初始状态为 s_0，初始动作为 a_0，$p(\tau)$ 为相应轨迹 τ 的概率分布。

在环境模型未知的情况下，可以通过采样方法，即蒙特卡洛方法来计算 Q 函数的值。假设给定初始状态 s_0 和初始动作 a_0，智能体通过随机游走的方式来认知周围的环境。如果进行 N 次实验，就可以得到 N 条马尔可夫决策轨迹 $\tau^{(1)},\tau^{(2)},\cdots,\tau^{(N)}$，并计算每一条轨迹的总奖励值。通过蒙特卡洛估计器，Q 函数可以被估计为

$$Q_\pi(s,a)\approx\hat{Q}_\pi(s,a)=\frac{1}{N}\sum_{n=1}^{N}G(\tau^{(n)}\mid s_0=s,a_0=a) \tag{14.28}$$

当采样的轨迹足够多时，$\hat{Q}_\pi(s,a)$ 可以很好地对 $Q_\pi(s,a)$ 进行近似。之后利用 Q 函数对策略进行优化，然后在新的 ε 贪心策略下重新采样轨迹估计 Q 函数的值，直到 Q 函数收敛为止。

值得注意的是，采用蒙特卡洛进行动作值函数学习，从而实现控制的方

法，仅适合于回合类型的马尔可夫过程，而且每个回合必须到达终止状态，以便于计算每个回合中的收益。在实际应用中，动作值函数的更新不限于起始时刻的动作-状态对，它包括每个回合里出现的所有动作—状态对。可以用一定数量的回合样本来更新值函数，然后更新策略，再采样生成一定数量的回合样本，再更新值函数和策略。也可以在每个回合完成后就更新值函数和策略，然后用得到的新策略再与环境交互生成新的单个回合样本。

14.3.2 时序差分控制：SARSA

与蒙特卡洛学习方法不同，时序差分方法[1]不需要运用整个完整的回合计算收益，它可以运用不完整的回合学习，也可以在连续的（非终止）环境下学习。它在每个时序点都可以学习，在对值函数初始化后通过反复的迭代优化 Q 函数，直到 Q 函数收敛。SARSA 算法[2]是一种基于时序差分学习方法的同策略学习算法，其命名来自 state-action-reward-state-action 的首字母缩写，表示该学习方法仅使用当前时刻的状态、动作与即时奖励以及下一时刻的状态和动作。SARSA 算法可以认为是时序差分学习方法和 ε 贪心策略的结合。它比仅仅使用蒙特卡罗采样方法的效率要高很多[3]。

SARSA 的主要思路是通过迭代的方式优化 Q 函数，并更新策略。具体过程如下：首先初始化 Q 函数，在离散的情况下，Q 函数是一张关于状态 s 和动作 a 的二维表格，之后根据策略 $\pi^{\varepsilon}(a|s)$ 执行一个动作 a，执行完该动作后到达新的状态 s'，再次根据策略 $\pi^{\varepsilon}(a|s)$ 执行动作 a'，利用 $r+\gamma Q_{\pi}(s',a')$ 与 $Q_{\pi}(s,a)$ 之间的差距来优化 Q 函数，最后更新策略。循环往复直至 Q 函数收敛。$r+\gamma Q_{\pi}(s',a')$ 被称为时序差分目标，它与 $Q_{\pi}(s,a)$ 的差被称为时序差分误差。

算法 14-4 给出了 SARSA 算法的流程，其中从每个状态—动作对到下一个状态—动作对之后都进行动作值函数和策略的更新。算法中的学习率 α 体现了历史信息与当前信息的折中，在不稳定的环境或不满足马尔可夫决策过程的情况下可灵活调节当前信息对动作值函数的影响，这也是强化学习中的一个常用做法。

算法 14-4　SARSA 算法（同策略的时序差分学习方法）

输入：状态空间 S、动作空间 A、折扣因子 γ、学习率 α、贪心概率 ε

1：初始化 $Q_\pi(s,a)$ 表；

2：对于任意的状态 s，使得选择动作的概率满足 $\pi(a|s)=1/|A|$；

3：REPEAT

4：　　初始化起始状态 s；

5：　　在状态 s 以 ε 的贪心概率执行动作 a，即满足 $a\sim\pi^\varepsilon(a|s)$；

6.　　REPEAT

7：　　　　执行动作 a 后，收获即时奖励 r，并到达新的状态 s'；

8：　　　　在状态 s' 以 ε 的贪心概率选择动作 a'，即满足 $a'\sim\pi^\varepsilon(a'|s')$；

9：　　　　更新 $Q_\pi(s,a)$ 表：

$$Q_\pi(s,a)=Q_\pi(s,a)+\alpha(r+\gamma Q_\pi(s',a')-Q_\pi(s,a));$$

10：　　　　更新策略（对于固定状态 s，选择 $Q_\pi(s,a)$ 表中取值最大的动作）：

$$\pi(s)=\underset{a\in A}{\operatorname{argmax}}\,Q_\pi(s,a);$$

11：　　　　更新状态和动作：$s=s',a=a'$；

12：　　UNTIL 当前的状态 s 到达终止状态

13：UNTIL $Q_\pi(s,a)$ 表的值收敛

输出：策略 $\pi(s)$

14.3.3　基于 Q 学习的异策略控制

异策略学习运用别的策略（称为行为策略）的数据对目标策略的值函数进行评估，具有十分重要的应用。异策略学习表现出的优点和应用包括通过对其他智能体的观察进行学习，使用旧策略产生的经验数据进行学习，沿用探索性策略对最优策略进行学习，沿用一个策略对多个策略进行学习等。

Q 学习算法是一种异策略的时序差分学习算法[4]，其优势是可以沿用探索性策略对最优策略进行学习。在 Q 学习中，Q 函数的估计方法为

$$Q_\pi(s,a)=Q_\pi(s,a)+\alpha(r+\gamma Q_\pi(s',a')-Q_\pi(s,a)) \tag{14.29}$$

其中与同策略的时序差分学习方法不同的是，动作 a 来自行为策略，动作 a'

来自目标策略。基于 Q 学习求解控制问题时，允许行为策略和目标策略都进行提升。例如行为策略设定为按照 $Q_\pi(s,a)$ 的 ε 贪心策略，而目标策略设定为按照 $Q_\pi(s,a)$ 的贪心策略。如此一来，Q 函数的估计方法变为

$$Q_\pi(s,a)=Q_\pi(s,a)+\alpha(r+\gamma\max_{a'}Q_\pi(s',a')-Q_\pi(s,a)) \tag{14.30}$$

相当于让 $Q_\pi(s,a)$ 直接去估计最优动作值函数 $Q_*(s,a)$。与 SARSA 算法不同，Q 学习算法是一种异策略的时序差分方法，计算时序差分目标时，直接用最优的 Q 值，而不是根据行为策略选择的动作对应的 Q 值。

概括地说，基于 Q 学习的控制算法的主要思路也是通过迭代的方式优化 Q 函数，并进行策略优化。具体过程是：首先初始化 Q 函数，在离散的情况下 Q 函数是一张关于状态 s 和动作 a 的二维的表格，之后根据策略 $\pi^\varepsilon(a|s)$ 执行一个动作，执行完该动作后到达新的状态 s'，利用 $r+\gamma\max\limits_{a'\in A}Q_\pi(s',a')$ 与 $Q_\pi(s,a)$ 之间的差距来优化 Q 函数，然后更新策略，循环往复，直至 Q 函数收敛。

算法 14-5 给出了基于 Q 学习的控制算法的流程。

算法 14-5　基于 Q 学习的控制算法（异策略的时序差分学习方法）

```
输入：状态空间 S、动作空间 A、折扣因子 γ、学习率 α、贪心概率 ε
初始化 Q_π(s,a) 表；
对于任意的状态 s，使得选择动作的概率满足 π(a|s)=1/|A|；
REPEAT
    初始化起始状态 s；
    REPEAT
        在状态 s 以 ε 的贪心概率选择动作 a，即满足 a～π^ε(a|s)；
        执行动作 a 后，收获即时奖励 r，并到达新的状态 s'；
        更新 Q_π(s,a) 表：
        Q_π(s,a)=Q_π(s,a)+α(r+γ max_{a'∈A} Q_π(s',a')-Q_π(s,a))；
        更新策略：π(s)=argmax_{a∈A} Q_π(s,a)；
        更新状态：s=s'；
    UNTIL 当前的状态 s 到达终止状态
UNTIL Q_π(s,a) 表中的值收敛
输出：策略 π(s)
```

14.3.4　基于 Q 学习的深度 Q 网络控制

强化学习可以求解大规模问题，比如状态空间和动作空间包含的元素众多或者本身是连续空间的情况。这时，很难通过表格列出针对不同状态或状态—动作对的值函数的全部值。可以运用值函数近似的方法，实现从已出现的状态或动作到未出现的状态或动作的推广。

为了在大规模问题中计算值函数 $Q_\pi(s,a)$，可以用一个函数 $Q_\theta(s,a)$ 来近似计算，即值函数近似

$$Q_\theta(s,a) \approx Q_\pi(s,a) \tag{14.31}$$

其中函数 $Q_\theta(s,a)$ 通常是一个参数为 θ 的函数，比如深度神经网络，其输出为一个实数，称为 Q 网络。如果动作空间包含 m 个离散动作 $a_1,a_2,\cdots,a_m$，也可以让 Q_θ 网络输出一个 m 维向量，其中每一维用 $Q_\theta(s,a_i)$ 来表示，对应值函数 $Q_\pi(s,a_i)$ 的近似值。

为充分运用数据进行训练，往往把经验数据存在一起构成训练集（经验池），记为 ρ，在学习过程中反复运用。这是一种经验回放过程，经验池中既包括早期策略生成的数据，也包括近期策略生成的数据，新加入的数据逐步代替早期加入的数据。因此，适合运用基于 Q 学习的异策略控制方法。

首先初始化 Q_θ 网络中的参数和初始化状态 s。在状态 s 根据策略 $\pi^\varepsilon(a|s)$ 执行动作 a，收获即时奖励 r，之后到达状态 s'，将 (s,a,r,s') 这一序列存入经验池中。从经验池中随机采样一些序列，单个序列表示为 $(s_{\mathrm{tmp}},a_{\mathrm{tmp}},r_{\mathrm{tmp}},s'_{\mathrm{tmp}})$，计算 $Q_{\mathrm{tar}}=r_{\mathrm{tmp}}+\gamma \max\limits_{a'} Q_{\theta'}(s'_{\mathrm{tmp}},a')$，作为 Q 学习目标，通过最小化 $(Q_{\mathrm{tar}}-Q_\theta(s_{\mathrm{tmp}},a_{\mathrm{tmp}}))^2$ 在这些序列上的和来优化 Q_θ 中的参数，循环往复，直至 Q_θ 网络中的值收敛。详细过程见算法 14-6，其中计算 Q 学习目标时考虑到了终止状态的存在。

算法 14-6　深度 Q 网络控制

输入：状态空间 S、动作空间 A、折扣因子 γ、学习率 α、贪心概率 ε、经验池容量 N、Q 学习目标网络更新的步数间隔 I

1：初始化经验池 ρ，即初始化 N 组 (s,a,r,s') 序列；

2：初始化 Q_θ 网络中的参数 θ；

3：初始化 Q 学习目标网络 $Q_{\theta'}$ 中的参数 $\theta'=\theta$；

4：REPEAT

5：　　初始化起始状态 s；

6：　　REPEAT

7：　　在状态 s 根据 Q_θ 网络以 ε 的贪心概率选择动作 a，即满足 $a\sim\pi^{\varepsilon}(a|s)$；

8：　　执行动作 a 后，收获即时奖励 r，并到达新的状态 s'；

9：　　将上述步骤得到的 (s,a,r,s') 序列存入经验池 ρ 中；

10：　　从经验池 ρ 中采样一些序列 $\{(s_{\text{tmp}},a_{\text{tmp}},r_{\text{tmp}},s'_{\text{tmp}})\}$；

11：　　计算每一条采样序列的 Q 学习目标：

$$Q_{\text{tar}}=\begin{cases}r_{\text{tmp}} & \text{如果 } s'_{\text{tmp}} \text{ 是终止状态}\\ r_{\text{tmp}}+\gamma\max\limits_{a'}Q_{\theta'}(s'_{\text{tmp}},a') & \text{如果 } s'_{\text{tmp}} \text{ 不是终止状态}\end{cases}$$

12：　　将 $(Q_{\text{tar}}-Q_\theta(s_{\text{tmp}},a_{\text{tmp}}))^2$ 在采样序列上的和作为损失优化 Q_θ 网络中的参数 θ；

13：　　更新状态：$s=s'$；

14：　　每隔 I 步，利用 Q_θ 网络中的参数 θ 去更新 $Q_{\theta'}$ 网络中的参数 θ'：$\theta'=\theta$；

15：　　UNTIL 当前的状态 s 到达终止状态

16：UNTIL $Q_\theta(s,a)$ 网络中的值收敛

输出：网络 $Q_\theta(s,a)$

14.4　无环境模型的控制：基于策略

本章至此主要介绍了基于值函数的预测与控制方法，这些方法在很多领域中得到了广泛应用。除了基于值函数的方法外，也可以直接参数化策略函数 $\pi_\theta(a|s)$，通过直接表达策略函数的方法求解强化学习问题。基于策略的强化学习在动作数量众多或连续动作空间时非常有效，而且具有对随机策略的表达和学习能力。

14.4.1　蒙特卡洛策略梯度法和 REINFORCE 算法

设要最大化起始状态的期望收益为

$$J(\theta)=\mathbb{E}_{\backslash\tilde{\tau}}\tilde{J}(\theta),\quad \tilde{J}(\theta)=\mathbb{E}_{\tilde{\tau}\sim p_\theta(\tilde{\tau})}[G(\tau)] \tag{14.32}$$

其中定义 $\tilde{\tau}=s_0,a_0,s_1,a_1,\cdots,s_{T-1},a_{T-1}$ 为 $\tau=s_0,a_0,r_1,s_1,a_1,r_2,\cdots,s_{T-1},a_{T-1},r_T$ 的子序列，$\backslash\tilde{\tau}$ 表示除 $\tilde{\tau}$ 之外对 $G(\tau)$的影响因素。

一种直接的想法是运用梯度上升法，用目标函数 $J(\theta)$关于参数 θ 的梯度不断优化策略函数 π_θ，达到最大化目标函数的目的。策略函数 $\pi_\theta(a|s)$根据实际应用场景设定，例如可以根据动作空间是离散型还是连续型选择 softmax 策略或高斯策略。

强化学习的中间目标 $\tilde{J}(\theta)$关于参数 θ 的梯度推导为

$$\begin{aligned}\nabla_\theta\tilde{J}(\theta)&=\nabla_\theta\mathbb{E}_{\tilde{\tau}\sim p_\theta(\tilde{\tau})}[G(\tau)]\\&=\nabla_\theta\int p_\theta(\tilde{\tau})G(\tau)\mathrm{d}\tilde{\tau}\\&=\int p_\theta(\tilde{\tau})\left[\frac{1}{p_\theta(\tilde{\tau})}\nabla_\theta p_\theta(\tilde{\tau})\right]G(\tau)\mathrm{d}\tilde{\tau}\\&=\int p_\theta(\tilde{\tau})(\nabla_\theta\log p_\theta(\tilde{\tau}))G(\tau)\mathrm{d}\tilde{\tau}\\&=\mathbb{E}_{\tilde{\tau}\sim p_\theta(\tilde{\tau})}[\nabla_\theta\log p_\theta(\tilde{\tau})G(\tau)]\end{aligned} \tag{14.33}$$

由于轨迹 $\tilde{\tau}$ 的概率为 $p_\theta(\tilde{\tau})=p(s_0)\prod_{t=0}^{T-1}\pi_\theta(a_t\mid s_t)\prod_{i=0}^{T-2}p(s_{i+1}\mid s_i,a_i)$，其中初始状态概率 $p(s_0)$ 和状态转移概率 $p(s_{i+1}\mid s_i,a_i)$ 与参数 θ 无关，$\nabla_\theta\log p_\theta(\tilde{\tau})$ 可以分解为

$$\begin{aligned}\nabla_\theta\log p_\theta(\tilde{\tau})&=\nabla_\theta\log\left(p(s_0)\prod_{t=0}^{T-1}\pi_\theta(a_t\mid s_t)\prod_{i=0}^{T-2}p(s_{i+1}\mid s_i,a_i)\right)\\&=\nabla_\theta\left(\log p(s_0)+\sum_{t=0}^{T-1}\log\pi_\theta(a_t\mid s_t)+\sum_{i=0}^{T-2}\log p(s_{i+1}\mid s_i,a_i)\right)\end{aligned}$$

$$= \sum_{t=0}^{T-1} \nabla_\theta \log \pi_\theta (a_t \mid s_t) \tag{14.34}$$

其中$\nabla_\theta \log \pi_\theta (a_t | s_t)$被称为分值函数(score function)。

于是,函数 $\tilde{J}(\theta)$关于策略函数的参数 θ 的梯度可以表示为

$$\nabla_\theta \tilde{J}(\theta) = \mathbb{E}_{\tilde{\tau} \sim p_\theta(\tilde{\tau})} \left[\left(\sum_{t=0}^{T-1} \nabla_\theta \log \pi_\theta (a_t \mid s_t) \right) G(\tau) \right] \tag{14.35}$$

对于策略梯度方法,可以采用蒙特卡洛采样的方式对轨迹的期望进行近似。采样轨迹 $\tau^{(1)}, \tau^{(2)}, \cdots, \tau^{(N)}$,则目标函数 $J(\theta)$关于参数 θ 的梯度计算为

$$\nabla_\theta J(\theta) \approx \frac{1}{N} \sum_{n=1}^{N} \left[\left(\sum_{t=0}^{T-1} \nabla_\theta \log \pi_\theta (a_t^{(n)} \mid s_t^{(n)}) \right) G^{(n)}(\tau) \right] \tag{14.36}$$

这是蒙特卡洛策略梯度法的基本思想,其中运用了每个回合在初始状态的收益 $G^{(n)}(\tau)$。

对于时刻 t,$G(\tau) = G(\tau_{0:t-1}) + \gamma^t G(\tau_{t:T-1})$,公式(14.36)可写为

$$\nabla_\theta J(\theta) \approx \frac{1}{N} \sum_{n=1}^{N} \left[\left(\sum_{t=0}^{T-1} \nabla_\theta \log \pi_\theta (a_t^{(n)} \mid s_t^{(n)}) \right) \left(G^{(n)}(\tau_{0:t-1}) + \gamma^t G^{(n)}(\tau_{t:T-1}) \right) \right] \tag{14.37}$$

其实,人们常常希望在某状态—动作对之后的累计奖励变大时就提升该动作出现的概率,即忽略该状态—动作对之前的奖励 $G^{(n)}(\tau_{0:t-1})$。因此,可以将每个回合在初始状态的收益更改为在回合中的每个相应时刻的状态—动作对的收益 $G^{(n)}(\tau_{t:T-1})$,并做适当简化,就得到了著名的 REINFORCE 算法[5]。

REINFORCE 算法由算法 14-7 给出。

算法 14-7　REINFORCE 算法

输入:状态空间 S、动作空间 A、由 θ 参数化的策略函数 $\pi_\theta(a|s)$、折扣因子 γ、学习率 α

1:随机初始化策略函数的参数 θ;

2:REPEAT

3:　　FOR $n=1$ to N do

4:　　　　根据当前策略 $\pi_\theta(a|s)$ 生成轨迹 $\tau^{(n)} = s_0, a_0, r_1, s_1, a_1, r_2, \cdots, s_{T-1}, a_{T-1}, r_T$;

For $t=0$ to $T-1$ do
计算 s_t, a_t 在当前回合的收益 $G^{(n)}(\tau_{t:T-1})$；
计算梯度 $\nabla_\theta J(\theta) \approx [\nabla_\theta \log \pi_\theta(a_t \mid s_t)] G^{(n)}(\tau_{t:T-1})$；
梯度上升法更新策略函数的参数 $\theta = \theta + \alpha \nabla_\theta J(\theta)$；
END FOR
END FOR
UNTIL 策略函数的参数 θ 收敛
输出：策略函数 π_θ

14.4.2　行动者—评论者算法

REINFORCE 算法中的梯度 $\nabla_\theta J(\theta)$ 涉及在回合中每个相应的状态—动作对的收益，导致策略梯度具有较大的方差。行动者—评论者算法结合了基于值函数的方法和基于策略的方法，它使用一个评论者估计动作值函数 $Q_w(s,a)$，即认为梯度 $\nabla_\theta J(\theta) \approx \mathbb{E}_{\pi_\theta}[\nabla_\theta \log \pi_\theta(a_t \mid s_t) Q_w(s_t, a_t)]$，并在策略优化过程中交替更新策略 π_θ 的参数和动作值函数的参数，其中更新策略 π_θ 的参数是行动者的任务[6]。评论者解决的是策略评估问题，用估计的值函数引导策略改进。使用蒙特卡洛学习或时序差分学习等方法都可以实现值函数估计，使用较多的是时序差分方法。

设评论者选取了基于时序差分和最小二乘的值函数近似方法，其优化目标是

$$\min_w (r + \gamma Q_w(s', a') - Q_w(s, a))^2 \tag{14.38}$$

用 δ 表示时序差分误差，即

$$\delta = r + \gamma Q_w(s', a') - Q_w(s, a) \tag{14.39}$$

则在单步迭代中，值函数的参数 w 的更新可表示为

$$w = w + \beta \delta \nabla_w Q_w(s, a) \tag{14.40}$$

其中，β 是值函数更新的学习率，δ 关于 w 的梯度计算只使用 $Q_w(s,a)$ 所在的项。策略函数的参数 θ 更新可表示为

$$\theta=\theta+\alpha[\nabla_{\theta}\log\pi_{\theta}(a \mid s)]Q_{w}(s,a) \tag{14.41}$$

其中,α 是策略函数更新的学习率。如此迭代,直到策略函数的参数收敛,结束训练过程。

行动者—评论者算法如算法 14-8 所示。

算法 14-8　行动者—评论者算法

输入:状态空间 S、动作空间 A、由 θ 参数化的策略函数 $\pi_{\theta}(a|s)$、由 w 参数化的动作值函数 $Q_w(s,a)$、折扣因子 γ、学习率 α 和 β

随机初始化策略函数的参数 θ 和值函数的参数 w;

REPEAT

　　初始化起始状态 s;

　　REPEAT

　　　　在当前状态 s,由策略函数选择动作 $a\sim\pi_{\theta}(a|s)$;

　　　　与环境交互得到奖励 r,进入新状态 s',选择新动作 $a'\sim\pi_{\theta}(a'|s')$;

　　　　计算时序差分误差 $\delta=r+\gamma Q_w(s',a')-Q_w(s,a)$;

　　　　更新值函数的参数 $w=w+\beta\,\delta\,\nabla_w Q_w(s,a)$;

　　　　更新策略函数的参数 $\theta=\theta+\alpha[\nabla_{\theta}\log\pi_{\theta}(a|s)]Q_w(s,a)$;

　　　　更新状态 $s=s'$;

　　UNTIL 状态 s 到达终止状态

UNTIL 策略函数的参数 θ 收敛

输出:策略函数 π_{θ}

思考与计算

1. 列举 3 个可以使用强化学习框架的任务,并确定这些任务中的状态、动作、即时奖励。

2. 假设需要把汽车驾驶到某一目的地,尝试为这一任务设计即时奖励或奖励函数,并讨论如此设计的作用和意义。

3. 请自行设计状态空间和动作空间的大小,随机生成奖励函数和转移概率,用动态规划法编程实现策略迭代算法和值迭代算法。

4. 在未给定环境模型的情况下，可以通过用随机策略采样的做法估计出环境模型，再使用规划方法进行强化学习，这种做法与无环境模型的控制方法有什么区别？

5. 蒙特卡洛控制方法采用的是动作值函数，可以采用状态值函数吗？为什么？

6. 推导算法 14-4(SARSA 算法)中的更新公式。

7. 分析 SARSA 算法和 Q 学习算法的异同。

8. 推导强化学习的目标关于参数 θ 的梯度，并写出 REINFORCE 算法的详细推导步骤。

9. 查找资料，学习优势函数的定义、优势行动者—评论者算法(Advantage Actor-Critic, A2C)、异步优势行动者—评论者算法(Asynchronous Advantage Actor-Critic, A3C)，并分析同步与异步算法的优缺点。

参考文献

[1] Sutton R S, Barto A G. Reinforcement Learning: An Introduction [M]. Cambridge, MA: MIT Press, 2018.

[2] Rummery G A, Niranjan M. On-Line Q-learning Using Connectionist Systems [R]. Cambridge England: Cambridge University Engineering Department, 1994.

[3] Sutton R S. Learning to Predict by the Methods of Temporal Differences [J]. Machine Learning, 1988, 3(1): 9-44.

[4] Watkins C J, Dayan P. Q-learning[J]. Machine Learning, 1992, 8(3): 279-292.

[5] Williams R J. Simple Statistical Gradient-Following Algorithms for Connectionist Reinforcement Learning[J]. Machine Learning, 1992, 8(3-4): 229-256.

[6] Konda V R, Tsitsiklis J N. Actor-Critic Algorithms [C]//Advances in Neural Information Processing Systems. Cambridge, MA: MIT Press, 2000: 1008-1014.

附录A　近　邻　法

近邻法是模式识别与机器学习中一种常用的分类方法。该方法原理简单，易于实现，对异常值和噪声干扰有较高的鲁棒性。从直观上讲，日常生活中人们将好朋友的选择作为自己的选择就是一种近邻法，这里的“好”朋友可类比两者之间某种距离的“近”。

本章将介绍最近邻法、k-近邻法及其错误率分析。

A.1　最近邻法

最近邻法计算输入向量 $\boldsymbol{x}$ 与训练集中所有样本之间的距离，并将距离最近的样本所属的类别作为 $\boldsymbol{x}$ 的分类结果 y。对于一个 n 类分类问题，每一类可以定义一个判别函数，即

$$g_i(\boldsymbol{x}) = \min_k \| \boldsymbol{x} - \boldsymbol{x}_i^k \|, \quad k = 1,2,\cdots,N_i \tag{A.1}$$

其中 $N_i(i=1,2,\cdots,n)$ 表示训练集中第 i 类的样本个数。然后，通过比较判别函数值的大小关系可以得到样本 $\boldsymbol{x}$ 的分类结果 y，即

$$y = \operatorname*{argmin}_i g_i(\boldsymbol{x}) \tag{A.2}$$

根据数据的特性，近邻法中的距离可以有不同的选择，比如欧式距离、汉明距离、马氏距离等，其中式(A.1)在介绍最近邻法时中采用了通常的欧式距离。

A.2　最近邻法的错误率分析

下面分析最近邻法的渐近错误率。当训练样本的数量有限时，最近邻法的错误率具有一定的偶然性。这是因为最近邻法的分类结果只由距离最近

的样本决定，训练样本多一个或少一个都可能改变分类结果。渐近错误率考虑的是训练样本数趋于无穷时的错误率，对于深刻理解最近邻法具有重要理论意义。

错误率可以通过对单个样本的条件错误率求数学期望得出。对于最近邻法，假设 $\boldsymbol{x}'$ 是输入 $\boldsymbol{x}$ 的最近邻，那么在 $\boldsymbol{x}$ 和 $\boldsymbol{x}'$ 给定条件下的错误率可以表示为 $P(e|\boldsymbol{x},\boldsymbol{x}')$。因此，单个样本的条件错误率即给定 $\boldsymbol{x}$ 时的条件错误率，可以表示为

$$P(e \mid \boldsymbol{x}) = \int P(e \mid \boldsymbol{x},\boldsymbol{x}') p(\boldsymbol{x}' \mid \boldsymbol{x}) \mathrm{d}\boldsymbol{x}' \tag{A.3}$$

当训练样本数 $N\to\infty$ 时，公式(A.3)中关于 $\boldsymbol{x}'$ 的条件概率 $p(\boldsymbol{x}'|\boldsymbol{x})$ 趋向于一个中心在 $\boldsymbol{x}$ 的 δ 函数(仅中心点处有非零值，函数积分为 1)，即

$$\lim_{N\to\infty} p(\boldsymbol{x}' \mid \boldsymbol{x}) = \delta(\boldsymbol{x}' - \boldsymbol{x}) \tag{A.4}$$

若输入 $\boldsymbol{x}$ 属于类别 z，假定其最近邻 $\boldsymbol{x}'$ 属于类别 z'，其中 z 和 z' 均属于 n 个类别状态 $c_1,c_2,\cdots,c_n$ 之一。根据数据的独立同分布假设，$\boldsymbol{x}'$ 所属的类别与 $\boldsymbol{x}$ 无关，因此有

$$P(z,z' \mid \boldsymbol{x},\boldsymbol{x}') = P(z \mid x) P(z' \mid \boldsymbol{x}') \tag{A.5}$$

采用最近邻规则的条件错误率 $P(e|\boldsymbol{x},\boldsymbol{x}')$ 为

$$\begin{aligned} P(e \mid \boldsymbol{x},\boldsymbol{x}') &= 1 - \sum_{i=1}^{n} P(z = c_i, z' = c_i \mid \boldsymbol{x},\boldsymbol{x}') \\ &= 1 - \sum_{i=1}^{n} P(c_i \mid \boldsymbol{x}) P(c_i \mid \boldsymbol{x}') \end{aligned} \tag{A.6}$$

进而可以写出给定 $\boldsymbol{x}$ 的渐近条件错误率，即

$$\begin{aligned} \lim_{N\to\infty} P(e \mid \boldsymbol{x}) &= \lim_{N\to\infty} \int P(e \mid \boldsymbol{x},\boldsymbol{x}') p(\boldsymbol{x}' \mid \boldsymbol{x}) \mathrm{d}\boldsymbol{x}' \\ &= 1 - \sum_{i=1}^{n} P^2(c_i \mid \boldsymbol{x}) \end{aligned} \tag{A.7}$$

因此，当训练样本数 $N\to\infty$ 时，最近邻法的渐近错误率 P 为

$$
\begin{aligned}
P = \lim_{N\to\infty} P(e) &= \lim_{N\to\infty}\int P(e \mid \boldsymbol{x}) p(\boldsymbol{x}) \mathrm{d}\boldsymbol{x} \\
&= \int \lim_{N\to\infty} P(e \mid \boldsymbol{x}) p(\boldsymbol{x}) \mathrm{d}\boldsymbol{x} \\
&= \int \left(1 - \sum_{i=1}^{n} P^2(c_i \mid \boldsymbol{x})\right) p(\boldsymbol{x}) \mathrm{d}\boldsymbol{x} \qquad (\text{A.8})
\end{aligned}
$$

为了将最近邻法的渐近错误率与贝叶斯错误率进行比较，需要分析贝叶斯最大后验分类方法的错误率。给定输入 $\boldsymbol{x}$，若设 $\boldsymbol{x}$ 以最大的概率属于类别 c_m，那么贝叶斯条件错误率为

$$
P^*(e \mid \boldsymbol{x}) = 1 - P(c_m \mid \boldsymbol{x}) \qquad (\text{A.9})
$$

贝叶斯错误率为

$$
P^* = \int P^*(e \mid \boldsymbol{x}) p(\boldsymbol{x}) \mathrm{d}\boldsymbol{x} \qquad (\text{A.10})
$$

由于贝叶斯错误率是最优的，近邻法的渐近错误率不可能低于 P^*。下面证明，在特定条件下二者可以相等，从而得到渐近错误率的下界。考虑一个二分类问题，由公式(A.7)可知

$$
\lim_{N\to\infty} P(e \mid \boldsymbol{x}) = 1 - P^2(c_1 \mid \boldsymbol{x}) - P^2(c_2 \mid \boldsymbol{x}) \qquad (\text{A.11})
$$

不失一般性，假设 $P(c_1|\boldsymbol{x}) \geqslant P(c_2|\boldsymbol{x})$，也即公式(A.9)中的 $c_m = c_1$，然后将公式(A.11)减去公式(A.9)，可得

$$
\begin{aligned}
\Delta P &= \lim_{N\to\infty} P(e \mid \boldsymbol{x}) - P^*(e \mid \boldsymbol{x}) \\
&= P(c_2 \mid \boldsymbol{x})[P(c_1 \mid \boldsymbol{x}) - P(c_2 \mid \boldsymbol{x})] \qquad (\text{A.12})
\end{aligned}
$$

由于 $P(c_1|\boldsymbol{x}) \geqslant P(c_2|\boldsymbol{x})$，因此 $\Delta P \geqslant 0$。实际上，仅当 $P(c_1|\boldsymbol{x}) = 1$ 或 $P(c_1|\boldsymbol{x}) = P(c_2|\boldsymbol{x}) = 1/2$ 时，$\Delta P = 0$。因此，当 $N\to\infty$ 时，最近邻法的渐近错误率 P 可以达到下界 P^*。事实上，也可以证明，对于多类问题在各类的后验概率相等或某类后验概率为 1 时，P 都可以达到下界 P^*。

接下来分析最近邻法渐近错误率的上界。根据公式(A.8)和公式(A.9)以及 Jensen 不等式，有

$$
\begin{aligned}
P &= \int \left[1 - \sum_{i=1}^{n} P^2(c_i \mid \boldsymbol{x})\right] p(\boldsymbol{x}) \mathrm{d}\boldsymbol{x} \\
&= \int \left\{1 - \left[P^2(c_m \mid \boldsymbol{x}) + \sum_{i \neq m} P^2(c_i \mid \boldsymbol{x})\right]\right\} p(\boldsymbol{x}) \mathrm{d}\boldsymbol{x} \\
&\leqslant \int \left[2P^*(e \mid \boldsymbol{x}) - \frac{n}{n-1} P^{*2}(e \mid \boldsymbol{x})\right] p(\boldsymbol{x}) \mathrm{d}\boldsymbol{x} \\
&= 2\int P^*(e \mid \boldsymbol{x}) p(\boldsymbol{x}) \mathrm{d}\boldsymbol{x} - \frac{n}{n-1} \int P^{*2}(e \mid \boldsymbol{x}) p(\boldsymbol{x}) \mathrm{d}\boldsymbol{x} \\
&\leqslant 2P^* - \frac{n}{n-1} P^{*2} = P^* \left(2 - \frac{n}{n-1} P^*\right)
\end{aligned} \tag{A.13}
$$

因此，最近邻法的错误率与贝叶斯错误率的关系为

$$
P^* \leqslant P \leqslant P^* \left(2 - \frac{n}{n-1} P^*\right) \tag{A.14}
$$

由于一般情况下 P^* 很小，因此最近邻法的错误率又可以简略地表示为

$$
P^* \leqslant P \leqslant 2P^* \tag{A.15}
$$

因此，可以说最近邻法的渐近错误率在贝叶斯错误率和两倍贝叶斯错误率之间。

A.3　k-近邻法

本节介绍的 k-近邻法（k-nearest neighbors algorithm，k-NN）是近邻法的一般化形式。

k-近邻法计算输入 $\boldsymbol{x}$ 与训练集中所有样本之间的距离，与最近邻法不同的是，k-近邻法取训练样本中与输入 $\boldsymbol{x}$ 距离最近的 k 个近邻，看这 k 个近邻多数属于哪一类，就把 $\boldsymbol{x}$ 归于那一类，也即通过投票的方式决定分类结果 y。形式化的表示为

$$
y(x) = \underset{c_j}{\operatorname{argmax}} \sum_{\boldsymbol{x}_i \in N_k(\boldsymbol{x})} I(z_i = c_j), \quad i \in \{1,2,\cdots,N\}; j \in \{1,2,\cdots,n\} \tag{A.16}
$$

其中 N 为训练样本总数，$N_k(x)$表示由与 x 最近的 k 个样本所构成的邻域集合，z_i 表示第 i 个样本的类别，$c_1, c_2, \cdots, c_n$ 表示 n 个类别。I 为指示函数，当 $z_i = c_j$ 时，I 为 1，否则 I 为 0。对于多类分类问题，k-近邻法渐近错误率的界仍有与 A.2 节一致的结论[1]。

k-近邻法的参数 k 常常是根据经验人为设定的。对于两类问题，一般取奇数，以避免因两种票数相同而难以决策的情况出现。自适应 k-近邻法[2]可以为每个待分类样本确定一个适合的近邻数目。

近邻法的一大缺点是寻找近邻的过程所需的计算量较大(每次决策都要计算待识别样本与全部训练样本之间的距离)，并且需要存储整个训练集。在实际应用中，可以参考一些改进的方法[3]。

参考文献

[1] Fukunaga K. Introduction to Statistical Pattern Recognition[M]. 2nd ed. Boston: Academic Press, 1990.

[2] Sun S, Huang R. An Adaptive k-Nearest Neighbor Algorithm[C]//Proceedings of the Seventh International Conference on Fuzzy Systems and Knowledge Discovery. Yantai, China: IEEE, 2010, 91-94.

[3] 张学工. 模式识别[M]. 3 版. 北京：清华大学出版社，2000.

附录B 决 策 树

决策树(decision tree)是模式识别与机器学习中一种常用的分类方法。它具有可用于非数值型数据、原理简单、可解释性强等特点。

决策树分类是对一系列问题回答的过程,下一个问题依赖于对当前问题的回答。因此,从结构上看,决策树可以被描述成许多规则的集合。训练决策树时,通常包括 3 个阶段:特征的选定、决策树的生成和决策树的剪枝。

B.1 基本原理

决策树由根节点、内部节点、分支和叶子节点组成。根节点和内部节点测试样本的某些特征,分支对应于特征的取值,叶子节点表示某种类别,并完成分类任务。图 B-1 给出了一个决策树分类器的示例。

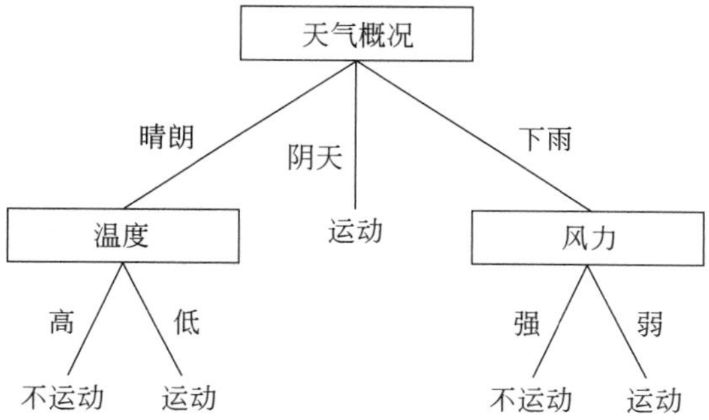

图 B-1 表达天气是否适宜运动的决策树

使用决策树处理分类问题时,从根节点开始,对数据的某一特征进行判断,根据特征的取值,样本会经由不同分支被分配到其子节点上。如此不断地对样本进行判断和分配，直至最终到达叶子节点。最后叶子节点所表达的类别就表示该样本的类别。

决策树可以被看成许多 if-then 规则的集合。决策树上每一条从根节点到叶子节点的路径都能构建一条完整的分类规则。路径中的内部节点代表不同的特征，最终的叶子节点表示规则得出的结论。每一个样本在对应的决策树中有且仅有一条路径将其完全表达。

假定已有的训练数据集为

$$\mathcal{D}=\{(\boldsymbol{x}_1,y_1),(\boldsymbol{x}_2,y_2),\cdots,(\boldsymbol{x}_N,y_N)\} \tag{B.1}$$

在公式(B.1)中，$\boldsymbol{x}_i=(x_i^{(1)},x_i^{(2)},\cdots,x_i^{(n)})^\top$ 是输入样本的特征向量，其中 n 表示特征的维数，N 表示样本个数。y_i 表示样本的类别。训练决策树的主要出发点是在使得对训练数据很好地分类的情况下，提高它的泛化能力。决策树学习算法，实质上就是循环往复地寻找最优特征的一个过程，它根据选择的最优特征划分训练数据，尽量让每个样本落在它应该出现的那个类别中。

构建决策树的具体过程如下。首先，建立决策树的根节点，在训练数据中把某一特征作为已知条件，观察这一特征对于数据集的影响，通过观察所有的特征对于训练集的影响选择一个最优的特征。根据上一步选出的最优特征将数据集划分成子集。当子集中的样本可以反映类别时，为这个子集构建叶子节点。当子集中的样本不能很好地反映类别时，就需要继续寻找新的最优特征，生成内部节点，以此类推，当所有的子集都已经被正确分类后，或者在子集中已经选不出最优特征时，算法结束。此时每个子集都有自己所属的类。

用上述方法构建的决策树能很好地对训练数据进行分类，但是对于未知数据，可能发生过拟合。为了让决策树有更好的泛化能力，往往通过剪枝算法让决策树的结构变得简单一些，从而提高泛化能力。如果数据的特征很多，在最初训练决策树时，也可以首先对特征进行选择，留下对训练数据具有足够分类能力的特征。

B.2　信息增益和信息增益比

特征选定的目的是，当给定训练数据的特征过于繁多时，选取最优的特征有利于提高决策树的学习效率。通常使用的准则是信息增益或信息增益比。

为了更好地理解信息增益，这里给出熵和条件熵的定义。在概率统计中，熵是表示随机变量不确定性的度量。换句话说，熵表示的是随机变量的不确定性程度，熵越大，则随机变量的不确定性就越大，熵越小，则随机变量的不确定性就越小。假设 X 是一个离散的随机变量，它的概率分布可以表示为

$$P(X=\boldsymbol{x}_i)=p_i,\quad i=1,2,\cdots,n \tag{B.2}$$

那么随机变量 X 的熵定义为

$$H(X)=-\sum_{i=1}^{n}p_i\ln p_i \tag{B.3}$$

因为随机变量的熵只与其分布有关，所以通常也将 X 的熵记为

$$H(P)=-\sum_{i=1}^{n}p_i\ln p_i \tag{B.4}$$

假设两个离散随机变量(X,Y)的联合概率分布为

$$P(X=\boldsymbol{x}_i,Y=\boldsymbol{y}_i)=P_{ij},\quad i=1,2,\cdots,n;j=1,2,\cdots,m \tag{B.5}$$

条件熵 $H(Y|X)$表示在已知随机变量 X 的条件下随机变量 Y 的不确定性，定义式为

$$H(Y\mid X)=\sum_{i=1}^{n}p_iH(Y\mid X=\boldsymbol{x}_i) \tag{B.6}$$

信息增益表示在知道特征 X 的情况下类别 Y 的不确定性减少的程度。从分类的角度讲，不确定性减少越多越好，也即信息增益越大越好。令 $g(\mathcal{D},A)$表示特征 A 对当前数据集$\mathcal{D}$的信息增益，即

$$g(\mathcal{D},A)=H(\mathcal{D})-H(\mathcal{D}|A) \tag{B.7}$$

其中 $H(\mathcal{D})$表示集合$\mathcal{D}$中类别变量的熵，$H(\mathcal{D}|A)$表示给定特征 A 情况下$\mathcal{D}$中类别变量的条件熵。可以发现，信息增益实际上就是当前节点上的样本类别变量与特征之间的互信息。决策树通过选择信息增益最大的特征生成根节点或内部节点。

决策树选择特征的主要过程可以被描述成如下过程：对于一个数据集(或者子数据集)$\mathcal{D}$计算每个特征的信息增益，选择信息增益最大的那个特征。令$|\mathcal{D}|$表示$\mathcal{D}$中样本的总数，并假设在数据集$\mathcal{D}$中存在 K 个类，每一类样本构成集合$\hat{\mathcal{D}}_i(i=1,2,\cdots,K)$。假设$\{a_1,a_2,\cdots,a_n\}$表示特征 A 的 n 种不同的取值，由于有 n 种取值，所以样本可以被划分为 n 个不同的子集$\mathcal{D}_i$，而且这些子集容量之和与数据集$\mathcal{D}$的容量是相等的。令$\mathcal{D}_{ij}$表示数据集$\mathcal{D}_i$中属于第 j 类的样本集合。

下面阐述信息增益的具体计算过程。数据集$\mathcal{D}$的熵 $H(\mathcal{D})$可以根据数据计算为

$$H(\mathcal{D})=-\sum_{i=1}^{K}\frac{|\hat{\mathcal{D}}_i|}{\mathcal{D}}\ln\frac{|\hat{\mathcal{D}}_i|}{\mathcal{D}} \tag{B.8}$$

随后，在已知特征 A 的情况下计算条件熵 $H(\mathcal{D}|A)$，即

$$H(\mathcal{D}|A)=\sum_{i=1}^{n}\frac{|\mathcal{D}_i|}{\mathcal{D}}H(\mathcal{D}_i)=-\sum_{i=1}^{n}\frac{|\mathcal{D}_i|}{\mathcal{D}}\sum_{j=1}^{K}\frac{|\mathcal{D}_{ij}|}{\mathcal{D}_i}\ln\frac{|\mathcal{D}_{ij}|}{\mathcal{D}_i} \tag{B.9}$$

最后，计算熵和条件熵的差值，就可以得到最终的信息增益 $g(\mathcal{D},A)$，即

$$g(\mathcal{D},A)=H(\mathcal{D})-H(\mathcal{D}|A) \tag{B.10}$$

信息增益使得样本的特征对于数据集的影响得到了充分发挥。但是，如果单纯使用信息增益选择最优特征，则会存在对于数据集的划分偏向于那些导致分支多的特征，而分支多并不一定能带来收益，比如根据样本独有的编号进行分支时。为了能够解决这一问题，人们引入了信息增益比。信息增益比被定义为信息增益 $g(\mathcal{D},A)$与$\mathcal{D}$关于特征 A 的熵之比，即

$$g_R(\mathcal{D},A)=\frac{g(\mathcal{D},A)}{H_A(\mathcal{D})} \tag{B.11}$$

其中 $H_A(\mathcal{D})$写为

$$H_A(\mathcal{D})=-\sum_{i=1}^{n}\frac{|\mathcal{D}_i|}{|\mathcal{D}|}\ln\frac{|\mathcal{D}_i|}{|\mathcal{D}|} \tag{B.12}$$

其中 n 代表特征 A 取值的个数，也即导致的分支的数目。

除了信息增益和信息增益比之外，还有许多准则用于特征选定。有实验表明，这些方法可以影响决策树的大小，但对于决策树泛化性能的提升并没有显著效果[1]。

B.3　代表性算法

决策树生成有两种主要的方法，第一种是 ID3 算法[2]，第二种是 C4.5 算法[3]。

ID3 算法在选择特征的过程中对决策树中的每个节点运用信息增益准则，而且会将实值变量归入不同的间隔中。概括地说，建立决策树时，从根节点开始，计算节点所有的特征信息增益，然后从计算的集合中找出信息增益最大的特征，作为该节点的特征。为该特征的不同取值建立子节点，递归地调用上述方法，直到所有特征的信息增益小于某个阈值或者没有特征可以选择时结束。算法 B-1 给出了 ID3 算法的训练流程。

算法 B-1　决策树 ID3 算法

输入：训练数据集$\mathcal{D}$、特征的集合 F、信息增益的最小阈值 ϵ

1：如果训练数据集$\mathcal{D}$中所有的样本全部都可以归为一类 C，那么定义 T 是根节点，并将 C 作为该节点的类的标记返回决策树 T；

2：如果特征集 F 是空集，那么决策树 T 就是单节点树，并将训练数据集$\mathcal{D}$中最大数量的那个类 C 作为类别标记，并返回决策树 T；

3：如果特征集 F 不是空集，那么计算每个特征对于训练数据集$\mathcal{D}$的信息增益，并选出信息增益最大的特征 F_g；

4：如果特征 F_g 的信息增益不大于信息增益的最小阈值 ϵ，那么 T 为单节点树，并将训练数据集 $\mathcal{D}$ 中最大数量的那个类 C 作为类别标记，并返回决策树 T；
5：如果信息增益大于信息增益的最小阈值 ϵ，那么对 F_g 的每一个可能的取值 a_k，令 $F_g = a_k$，将训练集划分成若干个非空子集 $\mathcal{D}_k$，同时构建子节点，当前节点与子节点共同构成决策树 T，并返回决策树 T；
6：对每个子节点 k，以子集 $\mathcal{D}_k$ 为训练集，剩余特征 $F \setminus F_g$ 为特征集合递归地调用(1)～(5)得到树 T_k，并返回每一棵子树。
输出：决策树 T

作为对 ID3 算法的改进，C4.5 算法在特征选择的时候利用信息增益比，而不是信息增益，而且增加了对树的剪枝操作，以提高决策树的泛化性能。C4.5 算法的决策树生成过程跟算法 B-1 类似，只需要将其中的信息增益更换为信息增益比。

决策树对于训练集中的数据具有好的分类效果，但是对于训练集以外的数据，往往因为过拟合而导致性能显著下降。过拟合来自于决策树学习过程中力图将所有的样本全部正确分类而可能使得构建的决策树过于复杂。为了增强决策树的泛化能力，需要让决策树的结构简单一些。决策树的简化过程称为剪枝。剪枝的做法有多种，比如直接对树进行剪枝，就是从生成的树上剪去一些枝干和树叶，保留树的核心部分。从优化的角度看，此过程可以通过将叶子节点的数量作为模型的复杂度度量，并定义一个损失函数在对树结构收缩时进行折中考虑。

C4.5 算法可以使用更灵活的对规则剪枝的做法，即首先对树做完全生长(尽可能拟合训练数据，不考虑过拟合问题)，然后将学习到的树转换为一组等价的规则集合(每条规则对应于从根节点到叶子节点的一条路径)，再移除规则中的部分前提条件，以实现性能的改进。

参考文献

[1] Mingers J. An Empirical Comparison of Selection Measures for Decision-Tree Induction[J]. Machine Learning, 1989, 3(4): 319-342.

[2] Olshen R A, Quinlan J R. Introduction of Decision Trees[J]. Machine Learning, 1986, 1(1): 81-106.

[3] Quinlan J R. C4.5: Programs for Machine Learning[M]. San Francisco, CA: Morgan Kaufmann, 1993.

附录C　向量微积分

在模式识别与机器学习问题中，对模型的参数进行优化时，往往涉及目标函数对参数的求导运算。例如，传统的神经网络的优化目标是最小化训练数据上的经验损失，可以表示为关于参数的复合函数。关于神经网络的参数优化需要对复合函数运用求导的链式法则获取每一层参数的梯度。再如，基于概率模型的算法通常以最大似然或最大后验为目标，其求解过程也涉及参数的求导。

解决现实问题时，模型经常包含关于向量或矩阵的运算，这就需要了解向量微积分的相关知识。大多数读者都已经具备高等数学中标量微积分的知识，但可能对于向量微分和向量积分并不十分了解。这里介绍向量微积分的相关知识、运算法则及其一些特殊的性质，更多详细的内容可以参考文献[1]。

C.1　向量微分

首先了解几个与向量微分相关的常用定义，包括梯度、雅可比矩阵、Hessian 矩阵。

C.1.1　常用定义

(1) 梯度。

梯度是标量对向量的偏导构成的向量。假设 $f(\boldsymbol{x})$是 $\boldsymbol{x}$ 的标量函数，其中 $\boldsymbol{x}=[x_1,x_2,\cdots,x_N]^{\top}$。那么定义 $f(x)$对 $\boldsymbol{x}$ 的梯度为

$$\frac{\partial f(\boldsymbol{x})}{\partial \boldsymbol{x}} = \begin{bmatrix} \dfrac{\partial f(\boldsymbol{x})}{\partial x_1} \\ \dfrac{\partial f(\boldsymbol{x})}{\partial x_2} \\ \vdots \\ \dfrac{\partial f(\boldsymbol{x})}{\partial x_N} \end{bmatrix} \tag{C.1}$$

（2）雅可比矩阵。

由于矩阵都可以通过向量化操作转为向量，所以关于矩阵的微积分都可以转换为向量微积分。在向量微积分中，雅可比矩阵用于表示向量的一阶偏导数，它是各个元素的偏导数以一定方式排列成的矩阵。假设 $F:\mathbb{R}^N \to \mathbb{R}^M$ 是一个从 N 维欧氏空间映射到 M 维欧氏空间的函数。这个函数由 M 个实函数组成：$\{y_1(x_1, x_2, \cdots, x_N), y_2(x_1, x_2, \cdots, x_N), \cdots, y_M(x_1, x_2, \cdots, x_N)\}$，$\boldsymbol{x} = [x_1, x_2, \cdots, x_N]^\top$ 是 $\mathbb{R}^N$ 中的一点。假设 F 在点 $\boldsymbol{x}$ 处可导，$\boldsymbol{J}_{F:\boldsymbol{x}\to\boldsymbol{y}}$ 是点 $\boldsymbol{x}$ 处的导数。向量函数与标量函数类似，具有一阶泰勒展开式，即

$$F(\boldsymbol{x} + \mathrm{d}\boldsymbol{x}) = F(\boldsymbol{x}) + \boldsymbol{J}_{F:\boldsymbol{x}\to\boldsymbol{y}} \mathrm{d}\boldsymbol{x} + o(\| \mathrm{d}\boldsymbol{x} \|) \tag{C.2}$$

$\boldsymbol{J}_{F:\boldsymbol{x}\to\boldsymbol{y}}$ 表示从 $\boldsymbol{x}$ 到 $\boldsymbol{y}$ 的映射函数的导数，也称为雅可比矩阵。雅可比矩阵是向量关于向量的导数，具体形式为

$$\boldsymbol{J}_{F:\boldsymbol{x}\to\boldsymbol{y}} = \begin{bmatrix} \dfrac{\partial y_1}{\partial x_1} & \cdots & \dfrac{\partial y_1}{\partial x_N} \\ \vdots & \ddots & \vdots \\ \dfrac{\partial y_M}{\partial x_1} & \cdots & \dfrac{\partial y_M}{\partial x_N} \end{bmatrix} \tag{C.3}$$

雅可比矩阵与梯度有着密切的关系，但是需要注意二者的区别。雅可比矩阵的第 i 行是函数 F 的第 i 个分量 y_i 关于 $\boldsymbol{x}$ 的梯度的转置。

（3）Hessian 矩阵。

在向量微积分中，Hessian 矩阵用于表示标量函数关于向量的二阶偏导

数。假设 $f(\boldsymbol{x}):\mathbb{R}^N \to \mathbb{R}$ 是一个从 N 维欧氏空间映射到实数空间的函数。标量函数 f 关于向量 $\boldsymbol{x}$ 的二阶偏导数表示为

$$H_{\boldsymbol{x}\to f}=\frac{\mathrm{d}^2 f}{\mathrm{d}\boldsymbol{x}\mathrm{d}\boldsymbol{x}^\top}=\left[\frac{\partial f}{\partial x_i \partial x_j}\right] \tag{C.4}$$

通过定义也可以看出，Hessian 矩阵可以写成一阶导数构成的向量关于自变量的雅可比矩阵。具体来看，标量函数 f 关于向量 $\boldsymbol{x}$ 的一阶梯度是列向量 $\boldsymbol{a}(\boldsymbol{x})=[\partial f/\partial x_i]$，该梯度关于向量 $\boldsymbol{x}$ 的雅可比矩阵也就是函数 f 关于向量 $\boldsymbol{x}$ 的 Hessian 矩阵，为

$$H_{\boldsymbol{x}\to f}=\frac{\mathrm{d}\boldsymbol{a}}{\mathrm{d}\boldsymbol{x}}=\left[\frac{\mathrm{d}a_i}{\mathrm{d}x_j}\right]=\left[\frac{\partial f}{\partial x_i \partial x_j}\right] \tag{C.5}$$

函数 f 也可以写成关于 Hessian 矩阵的泰勒展开式，即

$$f(\boldsymbol{x}+\mathrm{d}\boldsymbol{x})=f(\boldsymbol{x})+\boldsymbol{a}^\top\mathrm{d}\boldsymbol{x}+\frac{1}{2}\mathrm{d}\boldsymbol{x}^\top H_{x\to f}\mathrm{d}\boldsymbol{x}+o(\|\mathrm{d}\boldsymbol{x}\|^2) \tag{C.6}$$

C.1.2 求导规则

如果仔细地考虑向量微分的情况，把变量分为标量、向量、矩阵三种类型，那么它们之间的求导运算关系可以通过表 C-1 中的规则表示(只列出了结果可以用矩阵表达的情形)。这里假设 $\boldsymbol{x}$ 与 $\boldsymbol{y}$ 分别是长度为 N 和 M 的列向量，$\boldsymbol{X}$ 和 $\boldsymbol{Y}$ 分别是大小为 $N\times P$ 和 $M\times Q$ 的矩阵。

导数矩阵(或向量)的每一个元素由分子与分母中每一个元素的微分相除得到。需要特别注意导数矩阵中各个元素微分的排列顺序与形状，其中分子的微分与分子原始向量相对应，分母的微分则与原始向量的转置相对应。不同情况的求导最终获得的导数矩阵的大小各不相同，例如，$d\boldsymbol{y}/\mathrm{d}x$ 是一个长度为 M 的列向量，$\mathrm{d}y/\mathrm{d}\boldsymbol{x}$ 是一个长度为 N 的行向量，$\mathrm{d}\boldsymbol{y}/\mathrm{d}\boldsymbol{x}$ 是一个 $M\times N$ 的矩阵；dy/dX 是一个 $P\times N$ 的矩阵。

接下来首先介绍一些常用的矩阵微分运算法则来帮助计算 $\mathrm{d}\boldsymbol{Y}$。对一个包含矩阵变量的复杂函数进行求导时，一些常用的运算规则可能会被反复使

用。下面介绍一些常用的矩阵微分运算法则。

表 C-1　矩阵求导规则

	标　　量	向　　量	矩　　阵
标量	$\frac{\mathrm{d}y}{\mathrm{d}x}=\frac{\mathrm{d}y}{\mathrm{d}x}$	$\frac{\mathrm{d}\boldsymbol{y}}{\mathrm{d}x}=\begin{bmatrix}\frac{\partial y_1}{\partial x}\\ \vdots\\ \frac{\partial y_M}{\partial x}\end{bmatrix}$	$\frac{\mathrm{d}\boldsymbol{Y}}{\mathrm{d}x}=\begin{bmatrix}\frac{\partial y_{11}}{\partial x} & \cdots & \frac{\partial y_{1Q}}{\partial x}\\ \vdots & \ddots & \vdots\\ \frac{\partial y_{M1}}{\partial x} & \cdots & \frac{\partial y_{MQ}}{\partial x}\end{bmatrix}$
向量	$\frac{\mathrm{d}y}{\mathrm{d}\boldsymbol{x}}=\begin{bmatrix}\frac{\partial y}{\partial x_1} & \cdots & \frac{\partial y}{\partial x_N}\end{bmatrix}$	$\frac{\mathrm{d}\boldsymbol{y}}{\mathrm{d}\boldsymbol{x}}=\begin{bmatrix}\frac{\partial y_1}{\partial x_1} & \cdots & \frac{\partial y_1}{\partial x_N}\\ \vdots & \ddots & \vdots\\ \frac{\partial y_M}{\partial x_1} & \cdots & \frac{\partial y_M}{\partial x_N}\end{bmatrix}$	
矩阵	$\frac{\mathrm{d}y}{\mathrm{d}\boldsymbol{X}}=\begin{bmatrix}\frac{\partial y}{\partial x_{11}} & \cdots & \frac{\partial y}{\partial x_{N1}}\\ \vdots & \ddots & \vdots\\ \frac{\partial y}{\partial x_{1P}} & \cdots & \frac{\partial y}{\partial x_{NP}}\end{bmatrix}$		

首先介绍 4 条与标量相同的微分运算规则(设 $\boldsymbol{A}$ 为常量矩阵),即

$$\mathrm{d}\boldsymbol{A}=\boldsymbol{0} \tag{C.7}$$

$$\mathrm{d}(\boldsymbol{AX})=\boldsymbol{A}\,\mathrm{d}\boldsymbol{X} \tag{C.8}$$

$$\mathrm{d}(\boldsymbol{X}+\boldsymbol{Y})=\mathrm{d}\boldsymbol{X}+\mathrm{d}\boldsymbol{Y} \tag{C.9}$$

$$\mathrm{d}(\boldsymbol{XY})=(\mathrm{d}\boldsymbol{X})\boldsymbol{Y}+\boldsymbol{X}\,\mathrm{d}\boldsymbol{Y} \tag{C.10}$$

除了以上几条较为简单的微分运算规则以外,还有一些涉及矩阵运算的常用微分运算规则,比如矩阵的迹、矩阵的 Kroneker 乘积、矩阵的逆、矩阵的行列式等。一些更为复杂的运算可以参考文献[2],这里列举一些常用的公式,即

① 关于矩阵的迹。

$$\mathrm{d}(\mathrm{Tr}(\boldsymbol{X})) = \mathrm{Tr}(\mathrm{d}\boldsymbol{X}) \tag{C.11}$$

② 关于矩阵的乘积。

$$\mathrm{d}(\boldsymbol{X} \otimes \boldsymbol{Y}) = (\mathrm{d}\boldsymbol{X}) \otimes \boldsymbol{Y} + \boldsymbol{X} \otimes \mathrm{d}\boldsymbol{Y}(\text{Kroneker 乘积}) \tag{C.12}$$

$$\mathrm{d}(\boldsymbol{X} \odot \boldsymbol{Y}) = (\mathrm{d}\boldsymbol{X}) \odot \boldsymbol{Y} + \boldsymbol{X} \odot \mathrm{d}\boldsymbol{Y}(\text{逐点乘积}) \tag{C.13}$$

③ 关于矩阵的逆。

$$\mathrm{d}\boldsymbol{X}^{-1} = -\boldsymbol{X}^{-1}(\mathrm{d}\boldsymbol{X})\boldsymbol{X}^{-1} \tag{C.14}$$

④ 关于矩阵的行列式。

$$\mathrm{d}|\boldsymbol{X}| = |\boldsymbol{X}|\mathrm{Tr}(\boldsymbol{X}^{-1}\mathrm{d}\boldsymbol{X}) \tag{C.15}$$

$$\mathrm{d}\ln|\boldsymbol{X}| = \mathrm{Tr}(\boldsymbol{X}^{-1}\mathrm{d}\boldsymbol{X}) \tag{C.16}$$

⑤ 关于矩阵的转置。

$$\mathrm{d}\boldsymbol{X}^{\top} = (\mathrm{d}\boldsymbol{X})^{\top} \tag{C.17}$$

通过对 $\mathrm{d}y$,$\mathrm{d}\boldsymbol{y}$ 或 $\mathrm{d}\boldsymbol{Y}$ 运用微分运算公式后,如果能够将它们化简为表 C-2 中的几种特定形式,那么就可以直接得到相应的导数。

表 C-2 几种典型的导数计算方法

$\mathrm{d}y = a\,\mathrm{d}x$	$\mathrm{d}\boldsymbol{y} = \boldsymbol{a}\,\mathrm{d}x$	$\mathrm{d}\boldsymbol{Y} = A\,\mathrm{d}x$
$\mathrm{d}y = \boldsymbol{a}\,\mathrm{d}\boldsymbol{x}$	$\mathrm{d}\boldsymbol{y} = A\,\mathrm{d}\boldsymbol{x}$	
$\mathrm{d}y = \mathrm{Tr}(A\,\mathrm{d}\boldsymbol{X})$		

下面通过一个例子来说明相关向量微分法则的使用。

【示例】 对多元高斯分布的对数密度函数关于均值求导数。假设多元高斯分布的对数密度函数如下:

$$\ln p(\boldsymbol{x} \mid \boldsymbol{\mu}, \boldsymbol{\Sigma}) = -\frac{1}{2}\ln|\boldsymbol{\Sigma}| - \frac{1}{2}(\boldsymbol{x}-\boldsymbol{\mu})^{\top}\boldsymbol{\Sigma}^{-1}(\boldsymbol{x}-\boldsymbol{\mu}) + \mathrm{const} \tag{C.18}$$

对该函数求微分可得:

$$
\begin{aligned}
\mathrm{d}\ln p &= -\frac{1}{2}\mathrm{d}((\boldsymbol{x}-\boldsymbol{\mu})^{\top}\boldsymbol{\Sigma}^{-1}(\boldsymbol{x}-\boldsymbol{\mu})) \\
&= -\frac{1}{2}[\mathrm{d}(\boldsymbol{x}-\boldsymbol{\mu})^{\top}(\boldsymbol{\Sigma}^{-1}(\boldsymbol{x}-\boldsymbol{\mu}))+(\boldsymbol{x}-\boldsymbol{\mu})^{\top}\mathrm{d}(\boldsymbol{\Sigma}^{-1}(\boldsymbol{x}-\boldsymbol{\mu}))] \\
&= -\frac{1}{2}[-\mathrm{d}\boldsymbol{\mu}^{\top}(\boldsymbol{\Sigma}^{-1}(\boldsymbol{x}-\boldsymbol{\mu}))-(\boldsymbol{x}-\boldsymbol{\mu})^{\top}\boldsymbol{\Sigma}^{-1}\mathrm{d}\boldsymbol{\mu}] \\
&= (\boldsymbol{x}-\boldsymbol{\mu})^{\top}\boldsymbol{\Sigma}^{-1}\mathrm{d}\boldsymbol{\mu}
\end{aligned} \tag{C.19}
$$

根据表 C-2 得到对数密度函数(C.18)关于均值向量的导数是$(\boldsymbol{x}-\boldsymbol{\mu})^{\top}\boldsymbol{\Sigma}^{-1}$。

C.2　向量积分

向量积分与标量积分规则类似，它可以看成多重标量积分。多重积分是定积分的一类，它将定积分扩展到多元函数。多重积分具有很多与单变量积分一样的性质，如线性、可加性等等。多重积分通常可以表示为一系列单变量的累次积分，即

$$
\int_D F(\boldsymbol{x})\mathrm{d}\boldsymbol{x} = \int \cdots \int_D F(x_1, x_2, \cdots, x_N)\mathrm{d}x_1\mathrm{d}x_2\cdots\mathrm{d}x_N \tag{C.20}
$$

向量积分的通常解法是转换成累次积分，通常表示为一系列具有次序的单变量积分。与原始向量积分的表示不同，累次积分中每个单变量积分具有明确的积分上下限。在转化为累次积分的过程中，除了运用标准的积分规则之外，常用的方法是积分变量的变换，也称为换元法。在向量积分中，有时原始被积函数或被积区域过于复杂，使用换元法能够化简被积函数或被积区域。下面重点介绍积分中的换元法。

积分换元

关于积分换元法，标量积分（单变量积分）和向量积分（多变量积分）的换元法通常使用不同的表述定理。标量积分可以理解为向量积分的特例，二者

也可以统一到一个框架中。这里首先分开介绍两个不同的定理，然后给出将标量积分换元统一到向量积分换元框架的解释。定理 C.1 给出了标量积分的变换规则，定理 C.2 给出了向量积分的变换规则。

【定理 C.1】 假设①关于变量 x 的函数 $F(x)$ 在 a 到 b 上连续；②变换函数 $y=f(x)$ 存在反函数 $x=g(y)$，反函数具有连续导数且不等于 0；③当 y 从 α 到 β 变化时，$g(y)$ 的变化范围是从 a 到 b，且 $g(\alpha)=a$，$g(\beta)=b$。那么，关于变量 x 的积分与关于变量 y 的积分的变换关系为

$$\int_a^b F(x)\mathrm{d}x=\int_\alpha^\beta F(g(y))g'(y)\mathrm{d}y \tag{C.21}$$

【定理 C.2】 假设①关于变量 $\boldsymbol{x}$ 的多元函数 $F(x_1,x_2,\cdots,x_N)$ 在区域 D 上连续；②变换函数 $\boldsymbol{y}=f(\boldsymbol{x})$ 存在反函数 $\boldsymbol{x}=g(\boldsymbol{y})$，反函数具有一阶连续偏导数且雅可比行列式不等于 0；③对原始积分区域 D，通过变换函数得到变换后的积分区域为 D'。那么，关于变量 $\boldsymbol{x}$ 的积分与关于变量 $\boldsymbol{y}$ 的积分的变换关系为

$$\begin{aligned}&\iint\limits_D\cdots\int F(x_1,x_2,\cdots,x_N)\mathrm{d}x_1\mathrm{d}x_2\cdots\mathrm{d}x_N\\&=\iint\limits_{D'}\cdots\int F(g(y_1,y_2,\cdots,y_N))\mid\det\boldsymbol{J}_{g:\boldsymbol{y}\to\boldsymbol{x}}\mid\mathrm{d}y_1\mathrm{d}y_2\cdots\mathrm{d}y_N\end{aligned} \tag{C.22}$$

其中，$\boldsymbol{J}_{g:\boldsymbol{y}\to\boldsymbol{x}}$ 表示逆变换函数 $\boldsymbol{x}=g(\boldsymbol{y})$ 的雅可比矩阵，符号 $|\det J_{g:\boldsymbol{y}\to\boldsymbol{x}}|$ 表示雅可比行列式的绝对值。逆变换函数的雅可比矩阵的具体形式为

$$\boldsymbol{J}_{g:\boldsymbol{y}\to\boldsymbol{x}}=\begin{bmatrix}\dfrac{\partial g_1(\boldsymbol{y})}{\partial y_1} & \cdots & \dfrac{\partial g_1(\boldsymbol{y})}{\partial y_N}\\ \vdots & \ddots & \vdots\\ \dfrac{\partial g_N(\boldsymbol{y})}{\partial y_1} & \cdots & \dfrac{\partial g_N(\boldsymbol{y})}{\partial y_N}\end{bmatrix} \tag{C.23}$$

这里需要注意：一般的雅可比矩阵不一定是方阵，但是该行列式中的雅可比矩阵必须是方阵。也就是说，变换中的两组变量的数目是相同的。

观察以上两个换元法定理，可以发现标量与向量有着类似的换元条件

与换元规则，但是需要注意一些细节上的不同。①注意区分标量积分和向量积分的积分上下限。标量积分通常直接描述积分的上下限，积分的上限不一定大于积分下限。当向量积分表示为多重积分时，通常要描述一个被积区域，此时每个单变量的积分上限一定要大于积分下限。②注意区分换元时积分上下限的变换。标量积分进行换元时，积分上限与积分下限直接进行一对一变换。向量积分进行换元时，先根据变换函数得到新的积分区域，然后写成积分上下限的形式，这样始终保证积分上限大于积分下限。新的积分区域可以使用几何方法，或者利用不等式变换关系获得。③注意区分换元规则中的导数与雅可比行列式。标量积分换元规则中包含逆变换函数的导数，向量积分换元规则中包含逆变换函数的雅可比矩阵行列式的绝对值。

标量积分的换元法同样也可以通过向量积分的换元法描述。相比于定理C.1，积分上下限的变换方式以及换元规则都有所改变。标量积分的换元法可以看成定理C.2在向量退化为标量时的特殊情况，为便于区分记为定理C.3，具体表达如下。

【定理C.3】　假设①关于变量 x 的函数 $F(x)$ 在区域 D 上连续；②变换函数 $y=f(x)$ 存在反函数 $x=g(y)$，反函数具有连续导数且不等于0；③对原始积分区域 $D=[a,b]$，$a\leqslant b$，通过变换函数得到变换后的积分区域为 $D'=[\alpha,\beta]$，$\alpha\leqslant\beta$。那么，关于变量 x 的积分与关于变量 y 的积分的变换关系如下：

$$\int_a^b F(x)\mathrm{d}x=\int_\alpha^\beta F(g(y))\,|\,g'(y)\,|\,\mathrm{d}y \tag{C.24}$$

下面介绍一个关于向量积分中变量变换的例子。

【示例】　已知函数 $F(x,y,z)$ 在直角坐标系中是连续函数，积分区域定义为 D。球面坐标系与直角坐标系之间的变换关系为 $[r,\phi,\theta]^{\top}=f(x,y,z)$，具体形式如下。

$$\begin{cases} r=\sqrt{x^2+y^2+z^2} \\ \phi=\arccos\left(\dfrac{z}{r}\right) \\ \theta=\arctan\left(\dfrac{y}{x}\right) \end{cases} \tag{C.25}$$

其中 $r\in[0,+\infty]$，$\phi\in[0,\pi]$，$\theta\in[0,2\pi]$，通过变换关系可得到对应的积分区域 D'。其逆变换为 $[x,y,z]^\top=g(r,\phi,\theta)$，具体形式为

$$\begin{cases} x=r\sin\phi\cos\theta \\ y=r\sin\phi\sin\theta \\ z=r\cos\phi \end{cases} \tag{C.26}$$

变换时所需的关于函数 $g(r,\phi,\theta)$ 的雅可比行列式为

$$\det\boldsymbol{J}_g=\begin{vmatrix} \dfrac{\partial x}{\partial r} & \dfrac{\partial x}{\partial \phi} & \dfrac{\partial x}{\partial \theta} \\ \dfrac{\partial y}{\partial r} & \dfrac{\partial y}{\partial \phi} & \dfrac{\partial y}{\partial \theta} \\ \dfrac{\partial z}{\partial r} & \dfrac{\partial z}{\partial \phi} & \dfrac{\partial z}{\partial \theta} \end{vmatrix}=\begin{vmatrix} \sin\phi\cos\theta & r\cos\phi\cos\theta & -r\sin\phi\sin\theta \\ \sin\phi\sin\theta & r\cos\phi\sin\theta & r\sin\phi\cos\theta \\ \cos\phi & -r\sin\phi & 0 \end{vmatrix}=r^2\sin\phi \tag{C.27}$$

根据积分变换规则，在直角坐标系中积分可以变换为在球面坐标系中的积分，即

$$\iiint_D F(x,y,z)\,\mathrm{d}x\,\mathrm{d}y\,\mathrm{d}z=\iiint_{D'} F(g(r,\phi,\theta))\,|\det\boldsymbol{J}_g|\,\mathrm{d}r\,\mathrm{d}\phi\,\mathrm{d}\theta \tag{C.28}$$

参 考 文 献

［1］ Magnus J R，Neudecker H. Matrix Differential Calculus with Applications in Statistics and Econometrics[M]. Hoboken：John Wiley & Sons，2019.

［2］ Minka T P. Old and New Matrix Algebra Useful for Statistics[EB/OL].（2000-12-28）［2020-02-28］. http://ce.sharif.edu/courses/93-94/1/ce717-2/resources/root/Review/minka-matrix.pdf.

附录 D　随机变量的变换

这里主要介绍两种情形下随机变量的变换：概率密度中的变量变换和期望中的变量变换。两种变换以向量积分的换元法为基础推导得出，并使用雅可比行列式。两种变换通常应用于不同的场景中。

D.1　概率密度中的变量变换

【定理 D.1】 设随机变量 X 与 Y 均是标量，已知随机变量 X 的密度函数为 $p_X(x)$，随机变量 X 与 Y 的变换关系为 $Y=f(X)$，其逆变换为 $X=g(Y)$，那么 Y 的概率密度函数为

$$p_Y(y)=p_X(x)\,|\,g'(y)\,| \tag{D.1}$$

其中，$g'(y)$是 $g(y)$的导数。

【证明】 首先，引入累积分布函数 $F_Y(y)$与 $F_X(x)$，二者分别表示 $F_Y(y)=P_Y(Y\leqslant y)$和 $F_X(x)=P_X(X\leqslant x)$。根据 X 与 Y 之间变换函数的单调性可以得到

$$\begin{aligned}F_Y(y)&=P_Y(f(X)\leqslant y)=P_X(X\leqslant g(y))\\&=F_X(g(y)),\ f(X)\text{ 单调递增}\end{aligned} \tag{D.2}$$

或者

$$\begin{aligned}F_Y(y)&=P_Y(f(X)\leqslant y)=P_X(X\geqslant g(y))\\&=1-F_X(g(y)),\ f(X)\text{ 单调递减}\end{aligned} \tag{D.3}$$

然后，分别对上述等式的两边求导，可得到公式(D.1)。

上述变换规则仅适用于标量型随机变量，下面介绍 $\boldsymbol{x}\in\mathbb{R}^N$ 与 $\boldsymbol{y}\in\mathbb{R}^N$ 均为

向量的情形。

【定理 D.2】 设随机变量 X 与 Y 均是向量，令变换函数 f 表示从 $X\in\mathbb{R}^N$ 到 $Y\in\mathbb{R}^N$ 的映射，即 $Y=f(X)$，其逆变换为 $X=g(Y)$，如果随机变量 X 的密度函数为 $p_X(\boldsymbol{x})$，那么随机变量 Y 的密度函数为

$$p_Y(\boldsymbol{y})=p_X(g(\boldsymbol{y}))\mid \det \boldsymbol{J}_{g:\boldsymbol{y}\to\boldsymbol{x}}\mid \tag{D.4}$$

其中，$\boldsymbol{J}_{g:\boldsymbol{y}\to\boldsymbol{x}}$ 表示逆变换函数 $\boldsymbol{x}=g(\boldsymbol{y})$ 的雅可比矩阵。

【证明】 设 D、D' 分别是 X、Y 的取值范围。根据向量积分的换元公式可以得到

$$\int_D p_X(\boldsymbol{x})\mathrm{d}\boldsymbol{x}=\int_{D'} p_X(g(\boldsymbol{y}))\mid \det\boldsymbol{J}_{g:\boldsymbol{y}\to\boldsymbol{x}}\mid \mathrm{d}\boldsymbol{y} \tag{D.5}$$

根据概率密度函数积分的含义可以得到

$$\int_D p_X(\boldsymbol{x})\mathrm{d}\boldsymbol{x}=\int_{D'} p_Y(\boldsymbol{y})\mathrm{d}\boldsymbol{y}=1 \tag{D.6}$$

结合公式(D.5)和公式(D.6)可以得到公式(D.4)。

下面给出两个具体的概率密度函数的变换例子。

【示例 1】 设随机变量 $\boldsymbol{x}$ 服从标准多元高斯分布，即 $\boldsymbol{x}\sim\mathcal{N}(\boldsymbol{0},\boldsymbol{I})$，变量 $\boldsymbol{y}$ 与 $\boldsymbol{x}$ 之间的变换关系为 $f(\boldsymbol{x})$: $\boldsymbol{y}=\boldsymbol{A}\boldsymbol{x}+\boldsymbol{\mu}$（矩阵 $\boldsymbol{A}$ 可逆），其逆变换为 $g(\boldsymbol{y})$: $\boldsymbol{x}=\boldsymbol{A}^{-1}(\boldsymbol{y}-\boldsymbol{\mu})$，那么

$$\mid \det \boldsymbol{J}_{g:\boldsymbol{y}\to\boldsymbol{x}}\mid=\mid \det(\boldsymbol{A}^{-1})\mid=\frac{1}{\mid \det(\boldsymbol{A})\mid}=\frac{1}{\mid \det(\boldsymbol{A}\boldsymbol{A}^\top)\mid^{1/2}} \tag{D.7}$$

定义 $\boldsymbol{\Sigma}=\boldsymbol{A}\boldsymbol{A}^\top$，根据变换规则，可以得到变量 $\boldsymbol{y}$ 的概率密度为

$$\begin{aligned}p_{\boldsymbol{y}}(\boldsymbol{y})&=p_{\boldsymbol{x}}(g(\boldsymbol{y}))(\mid \det(\boldsymbol{A}\boldsymbol{A}^\top)\mid)^{-1/2}\\&=\frac{1}{(2\pi)^{N/2}\det(\boldsymbol{\Sigma})^{1/2}}\exp\left[-\frac{1}{2}(\boldsymbol{y}-\boldsymbol{\mu})^\top\boldsymbol{\Sigma}^{-1}(\boldsymbol{y}-\boldsymbol{\mu})\right]\end{aligned} \tag{D.8}$$

该变换通常用于产生服从任意高斯分布的样本，具体做法是：首先从标准高斯分布中采取样本 $\boldsymbol{x}$，然后对 $\boldsymbol{\Sigma}$ 分解得到 $\boldsymbol{A}$，再根据变换关系 $f(\boldsymbol{x})$: $\boldsymbol{y}=\boldsymbol{A}\boldsymbol{x}+\boldsymbol{\mu}$ 获得样本 $\boldsymbol{y}$。

【示例 2】 假设标量随机变量 X 的累积分布函数可逆，其概率密度函数为 $p_X(x)$，如果变换 $Y=f(X)$ 是 $p_X(x)$ 的累积分布，即 $y=F_X(x)=P_X(X\leqslant x)$，其逆变换函数 $g(Y)$ 是累积分布的逆函数，即 $x=g(y)=F_X^{-1}(y)$，那么变换后的随机变量 Y 的概率分布是在[0,1]区间上的均匀分布。

该结论可以通过定理 D.1 获得。由于假设累积分布函数可逆，因此该变换函数是单调递增函数，且取值范围是[0,1]，根据公式(D.1)可以得到

$$p_Y(y)=p_X(x)\mid g'(y)\mid=p_X(F_X^{-1}(y))\frac{\mathrm{d}F_X^{-1}(y)}{\mathrm{d}y} \tag{D.9}$$

分别对公式(D.9)两边在$[0,u]$($0\leqslant u\leqslant 1$)区间上关于 y 求积分，得到

$$\begin{aligned}P_Y(y\leqslant u)&=\int_0^u p_X(F_X^{-1}(y))\frac{\mathrm{d}F_X^{-1}(y)}{\mathrm{d}y}\mathrm{d}y\\&=\int_0^{F_X^{-1}(u)}p_X(x)\mathrm{d}x\\&=P_X(x\leqslant F_X^{-1}(u))\\&=F_X(F_X^{-1}(u))\\&=u\end{aligned} \tag{D.10}$$

因此，随机变量 Y 的概率分布是在[0,1]区间上的均匀分布。

此外，还可以不使用定理 D.1 证明上述示例中的结论。由于 $Y=F_X(X)$，易知 $Y\in[0,1]$。且根据假设，累积分布函数可逆，因此是严格增函数。对于 $u\in[0,1]$，可以得出

$$P\{Y\leqslant u\}=P\{F_X(X)\leqslant u\}=P\{X\leqslant F_X^{-1}(u)\}=F_X(F_X^{-1}(u))=u \tag{D.11}$$

因此，$Y=F_X(X)$ 是在[0,1]区间上均匀分布的随机变量。

累积分布函数变换通常用于对一般分布进行采样，具体步骤如下：首先从均匀分布[0,1]中采出样本 $y^{(s)}$，然后利用逆变换函数 $g(y)$ 得到变量 $x^{(s)}$，那么获得的 $x^{(s)}$ 就是服从 $p_X(x)$ 的样本。

D.2 期望中的变量变换

在概率模型中,通常会遇到对变量的相关统计量求期望的操作。例如,对于模型中存在的随机变量 z,其概率密度函数为 $p(z)$,模型中需要计算统计量 $f(z)$关于随机变量 z 的期望,计算公式为

$$\mathbb{E}_{p(z)} f(z) = \int p(z) f(z) \mathrm{d}z \tag{D.12}$$

如果使用另外一个随机变量 ϵ 对 z 进行替换,并且假设二者之间的可逆变换关系是 $z = g_\phi(\epsilon)$,那么变换后的期望是

$$\int p(z) f(z) \mathrm{d}z = \int p(\epsilon) f(z) \mathrm{d}\epsilon = \int p(\epsilon) f(g_\phi(\epsilon)) \mathrm{d}\epsilon \tag{D.13}$$

其中 $p(\epsilon)$与 $p(z)$的转换关系如公式(D.4)所示。

下面介绍一个应用期望中变量变换的例子。

【示例】 期望中的变量变换通常用于对概率模型进行重参数化,如变分自编码[1]。例如,模型中的随机变量的概率密度函数包含需要优化的参数 φ,使用基于梯度的优化算法,优化的目标式中包含相关统计量 $f(z)$关于 $p(z)$的期望,其梯度表示为

$$\nabla_\varphi \mathbb{E}_{p_\varphi(z)}[f(z)] \tag{D.14}$$

通常的做法是使用蒙特卡洛方法估计梯度,即

$$\begin{aligned}
\nabla_\varphi \mathbb{E}_{p_\varphi(z)}[f(z)] &= \nabla_\varphi \int p_\varphi(z) f(z) \mathrm{d}z \\
&= \int f(z)\ \nabla_\varphi p_\varphi(z) \mathrm{d}z \\
&= \int p_\varphi(z) f(z)\ \nabla_\varphi \ln p_\varphi(z) \mathrm{d}z \\
&\approx \frac{1}{S} \sum_{s=1}^{S} f(z^{(s)})\ \nabla_\varphi \ln p(z^{(s)} \mid \varphi)
\end{aligned} \tag{D.15}$$

其中 $z^{(s)}$是从密度函数 $p(z)$中采样得到的样本。这种随机近似方法得到的

梯度的方差较大。一种解决方案是使用重参数化的技巧，通过对目标函数中的随机变量进行变换，显式地保留概率密度函数中的参数，从而可以直接计算其梯度，减小随机近似优化时梯度的方差。具体来说，引入新的随机变量 $\boldsymbol{\epsilon}$，假设二者的可逆变换关系为 $\boldsymbol{z}=g_{\varphi}(\boldsymbol{\epsilon})$，那么原始目标式则变为

$$\begin{aligned}\nabla_{\varphi}\mathbb{E}_{p_{\varphi}(\boldsymbol{z})}[f(\boldsymbol{z})]&=\nabla_{\varphi}\mathbb{E}_{p(\boldsymbol{\epsilon})}[f(\boldsymbol{z})]=\nabla_{\varphi}\mathbb{E}_{p(\boldsymbol{\epsilon})}[f(g_{\varphi}(\boldsymbol{\epsilon}))]\\&\approx\frac{1}{S}\sum_{s=1}^{S}\nabla_{\varphi}f(g_{\varphi}(\boldsymbol{\epsilon}^{(s)}))\end{aligned}\tag{D.16}$$

其中 $\boldsymbol{\epsilon}^{(s)}$ 是从密度 $p(\boldsymbol{\epsilon})$ 中采样得到的样本，不依赖于参数 φ。采用重参数化方法，在实验中往往发现可以减小梯度估计的方差，可能的原因是采样出的样本不再依赖于待优化参数。常用的重参数化变换包括一维及多维情况下高斯分布与标准高斯分布之间的变换，或均匀分布与一般分布之间的变换。

参 考 文 献

[1] Kingma D P, Welling M. Auto-encoding Variational Bayes[C/OL]//Proceedings of the First International Conference on Learning Representations. 2013: 1-14. [2020-02-28]. https://arxiv.xilesou.top/pdf/1312.6114.pdf.

图书资源支持

感谢您一直以来对清华版图书的支持和爱护。为了配合本书的使用，本书提供配套的资源，有需求的读者请扫描下方的“书圈”微信公众号二维码，在图书专区下载，也可以拨打电话或发送电子邮件咨询。

如果您在使用本书的过程中遇到了什么问题，或者有相关图书出版计划，也请您发邮件告诉我们，以便我们更好地为您服务。

我们的联系方式：

地　　址：北京市海淀区双清路学研大厦 A 座 714

邮　　编：100084

电　　话：010-83470236　010-83470237

客服邮箱：2301891038@qq.com

QQ：2301891038（请写明您的单位和姓名）

资源下载：关注公众号“书圈”下载配套资源。

资源下载、样书申请

书圈　　获取最新书目　　观看课程直播